U0256411

“十三五”国家重点图书出版规划项目
中国特色畜禽遗传资源保护与利用丛书

浙 东 白 鹅

何大乾 陈维虎 主编

中国农业出版社
北 京

图书在版编目（CIP）数据

浙东白鹅 / 何大乾，陈维虎主编．—北京：中国农业出版社，2020.1

（中国特色畜禽遗传资源保护与利用丛书）

国家出版基金项目

ISBN 978-7-109-26549-3

Ⅰ.①浙…　Ⅱ.①何…②陈…　Ⅲ.①白鹅－饲养管理　Ⅳ.①S835.4

中国版本图书馆 CIP 数据核字（2020）第 013638 号

内容提要：本书主要包含浙东白鹅品种起源与形成过程、品种特征和生产性能、保种状况、遗传特性研究、繁育技术、饲料与营养、饲养管理、疾病防治、鹅场建设与环境控制、产品开发与品牌建设等内容。本书力求以图文并茂、浅显易懂的形式，系统、全面地介绍以浙东白鹅种源为中心展开的产业链各环节的知识和技术。

中国农业出版社出版

地址：北京市朝阳区麦子店街 18 号楼

邮编：100125

责任编辑：肖　邦　孙　铮

版式设计：杨　婧　　责任校对：沙凯霖

印刷：北京通州皇家印刷厂

版次：2020 年 1 月第 1 版

印次：2020 年 1 月北京第 1 次印刷

发行：新华书店北京发行所

开本：720mm×960mm　1/16

印张：22.25　　插页：4

字数：383 千字

定价：145.00 元

本书编写人员

主　编　何大乾　陈维虎

副主编　陈国宏　张大丙　王惠影　刘　毅

参　编　卢立志　王宗沛　陈景葳　徐　琪

　　　　　蒋桂韬　李光全　王　翠

审　稿　王继文

出版说明

我国是世界上畜禽遗传资源最为丰富的国家之一。多样化的地理生态环境、长期的自然选择和人工选育，造就了众多体型外貌各异、经济性状各具特色的畜禽遗传资源。入选《中国畜禽遗传资源志》的地方畜禽品种达 500 多个、自主培育品种达 100 多个，保护、利用好我国畜禽遗传资源是一项宏伟的事业。

国以农为本，农以种为先。习近平总书记高度重视种业的安全与发展问题，曾在多个场合反复强调，“要下决心把民族种业搞上去，抓紧培育具有自主知识产权的优良品种，从源头上保障国家粮食安全”。近年来，我国畜禽遗传资源保护与利用工作加快推进，成效斐然：完成了新中国成立以来第二次全国畜禽遗传资源调查；颁布实施了《中华人民共和国畜牧法》及配套规章；发布了国家级、省级畜禽遗传资源保护名录；资源保护条件能力建设不断提升，支持建设了一大批保种场、保护区和基因库；种质创制推陈出新，培育出一批生产性能优越、市场广泛认可的畜禽新品种和配套系，取得了显著的经济效益和社会效益，为畜牧业发展和农牧民脱贫增收作出了重要贡献。然而，目前我国系统、全面地介绍单一地方畜禽遗传资源的出版物极少，这与我国作为世界畜禽遗传资源大国的地位极不相称，不利于优良地方畜禽遗传资源的合理保护和科学开发利用，也不利于加快推进现代畜禽种业建设。

为普及对畜禽遗传资源保护与开发利用的技术指导，助力做大做强优势特色畜牧产业，抢占种质科技的战略制高点，在农业农村部种业管理司领导下，由全国畜牧总站策划、中国农业出版社出版了这套“中国特色畜禽遗传资源保护与利用丛书”。该丛书立足于全国畜禽遗传资源保护与利用工作的宏观布局，组织以国家畜禽遗传资源委员会专家、各地方畜禽品种保护与利用从业专家为主体的作者队伍，以每个畜禽品种作为独立分册，收集汇编了各品种在管、产、学、研、用等相关行业中积累形成的数据和资料，集中展现了畜禽遗传资源领域最新的科技知识、实践经验、技术进展与成果。该丛书覆盖面广、内容丰富、权威性高、实用性强，既可为加强畜禽遗传资源保护、促进资源开发利用、制定产业发展相关规划等提供科学依据，也可作为广大畜牧从业者、科研教学工作者的作业指导书和参考工具书，学术与实用价值兼备。

丛书编委会

2019 年 12 月

序言

我国是世界畜禽遗传资源大国，具有数量众多、各具特色的畜禽遗传资源。这些丰富的畜禽遗传资源是畜禽育种事业和畜牧业持续健康发展的物质基础，是国家食物安全和经济产业安全的重要保障。

随着经济社会的发展，人们对畜禽遗传资源认识的深入，特色畜禽遗传资源的保护与开发利用日益受到国家重视和全社会关注。切实做好畜禽遗传资源保护与利用，进一步发挥我国特色畜禽遗传资源在育种事业和畜牧业生产中的作用，还需要科学系统的技术支持。

“中国特色畜禽遗传资源保护与利用丛书”是一套系统总结、翔实阐述我国优良畜禽遗传资源的科技著作。丛书选取一批特性突出、研究深入、开发成效明显、对促进地方经济发展意义重大的地方畜禽品种和自主培育品种，以每个品种作为独立分册，系统全面地介绍了品种的历史渊源、特征特性、保种选育、营养需要、饲养管理、疫病防治、利用开发、品牌建设等内容，有些品种还附录了相关标准与技术规范、产业化开发模式等资料。丛书可为大专院校、科研单位和畜牧从业者提供有益学习和参考，对于进一步加强畜禽遗传资源保护，促进资源可持续利用，加快现代畜禽种业建设，助力特色畜牧业发展等都具有重要价值。

中国科学院院士
中国农业大学教授 吴常信

2019 年 12 月

前言

我国是世界上养鹅数量最多的国家，拥有丰富多样的鹅品种资源。人类驯化和饲养家鹅已经至少有 4 000 年的历史，地方品种在独特的生态和社会经济条件下孕育而成，与之相生相伴的正是悠久的养鹅历史及鹅文化的传承和发展。浙东白鹅是我国鹅种大家庭中独特的一员，是中型优质白鹅的典型代表，是世界第一个被全基因组测序的鹅种。

浙东白鹅起源于鸿雁，形成于浙江东部沿海地区，体型中等，早期生长迅速、羽毛纯白、体态优美，是“宁波冻鹅”和“白斩鹅”的上好原料品种，也是“书圣”王羲之最钟情的鹅。尤其是进入 21 世纪以来，在政府政策支持下，在当地研究所、大学、农业科学院和企业的共同努力下，浙东白鹅产业呈现蓬勃发展的势头。该品种纯种群体保护很好，整个象山县 2018 年就有近 30 万羽浙东白鹅种鹅纯繁群体，在全国的养殖量已经突破 1 000 万羽，这彰显出浙东白鹅这一独特品种资源在我国社会经济发展中，特别是在畜牧行业发展、乡村振兴、脱贫攻坚中不可替代的巨大作用。当今，特色畜禽品种的资源优势越来越为人们所认可，中央及地方从各个方面对畜禽遗传资源进行了卓有成效的保护，浙东白鹅国家级保种场、保护区、基因库（泰州）建设稳步发展，种质评价和遗传多样性、本品种选育、营养需要等研究正在不断深入推进；利用浙东白鹅本品种选育与新品系选育成果，建立良种繁育体系，实现了浙东白鹅养殖产业的完全自我供种，产生了巨大的经济效益；浙东白鹅生产的肉、绒、蛋等产品也因其良好的品质受到消费者的欢迎……遗憾的是，多年来没有一本系统介绍浙东白鹅的著作，致使即使是多年从事畜牧工作的专业人员对它的了解也极为有限，这显然不利于对其保护和开发利用工作的开展。近年来，随着浙东白鹅养殖向规模化、集约化、高效化的方向发展，广大的养殖户和畜牧工作者认识和了解浙东白鹅的品种形成历史、性能特点、饲养管理方法和加工利用途径的需求更加急迫。因此，我们编写了《浙东白鹅》一书，期望读者更系统、清晰地了解浙东白鹅这一独特地方品种，使其得到更有效的保护和利用，为发展我国农村经济、建设美丽乡村作出更大贡献。

本书共分九章，力求以图文并茂、浅显易懂的形式系统、全面介绍浙东白鹅独特的、科学的、实用的，以种源为中心展开的产业生产各环节的知识和技术。本书第一章由何大乾、陈维虎和陈国宏编写，第二章由何大乾、陈维虎和徐琪编写，第三章由何大乾、陈维虎、王惠影和陈景葳编写，第四章由何大乾、陈维虎、刘毅和李光全编写，第五章由何大乾、陈维虎和蒋桂韬编写，第六章由何大乾、陈维虎、王宗沛和卢立志编写，第七章由张大丙、何大乾和陈维虎编写，第八章由陈维虎、王翠和王宗沛编写，第九章由何大乾、陈国宏和王惠影编写。

本书的编写出版，得到了国家重点研发计划资金（2018YFD0501505）、现代农业产业技术体系资金（CARS-42-7）和上海市农业科学院卓越团队建设计划的资助。同时，本书在编写过程中参考了国内外有关家鹅研究和生产的文献资料，在此一并致以衷心的感谢！

鉴于编者水平有限，书中不足和疏漏之处在所难免，恳请读者不吝斧正，以便我们再版时修订。

编　者

2019年12月

目录

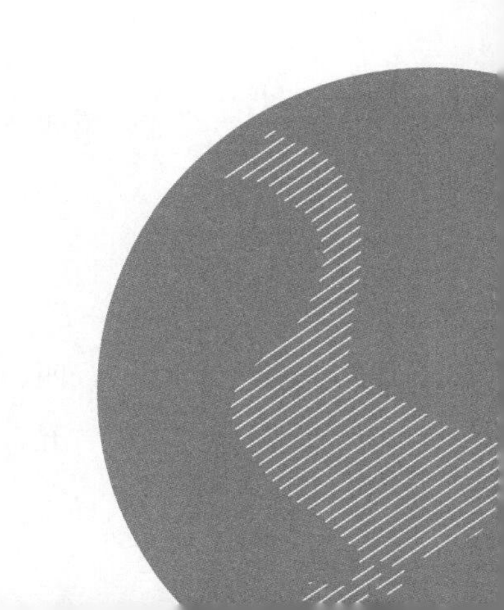

第一章
浙东白鹅品种起源与形成过程

浙东白鹅和其他家鹅一样，是人类驯化饲养的鸿雁的后裔。

第一节　产区自然生态条件

一、产地及分布

（一）原产地

浙东白鹅是我国中型白鹅地方品种，以早期生长速度快、耐粗饲、性成熟早、肉味鲜美、适应性强、外形洁白美观为特点。浙东白鹅原产于浙江省的东南沿海平原丘陵、东部丘陵盆地和宁绍平原区域。不同地区原有不同称谓，如象山（大）白鹅、奉化白鹅、绍兴白鹅、定海（舟山）白鹅等，由于体形外貌、生产性能和适应性等相近，后统称为浙东白鹅。

（二）中心产区

浙东白鹅中心产区为浙江省象山县。1978 年以来，浙东白鹅作为“三水”农业之一——水禽，受到政策扶持，得以快速发展，到 1983 年，饲养量达到 30 万只，种鹅存栏 1.54 万只。20 世纪 90 年代末，由于产业结构调整，发展速度减慢。21 世纪以来，象山县人民政府把浙东白鹅产业提升为农业“七大龙型”产业，进行重点发展；2012 年全县饲养量达到 263 万只，比 1983 年增加 7.8 倍，其中种鹅存栏 17.8 万只；到 2018 年，全县浙东白鹅种鹅饲养量达到 27.6 万只，同时，有 5 万只以上浙东白鹅种鹅饲养在江苏和山东等地，所

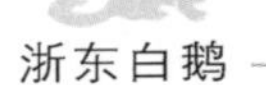

产种蛋运回象山县孵化，鹅苗再销往全国各地。

（三）分布范围

浙东白鹅现主要分布区域为宁波市的象山县、余姚市、奉化区、宁海县、慈溪市、鄞州区、镇海区，绍兴市的上虞区、绍兴区、新昌县、嵊州市，舟山市的定海区、普陀区，杭州市的萧山区，台州市的三门县、天台县、临海市等浙江东部地区。1993 年，产区饲养量超过 500 万只。2014 年，浙东白鹅占浙江全省鹅年末存栏 165 万只的 75%左右，其中浙东白鹅的种鹅存栏约 40 万只。目前，浙东白鹅养殖范围已扩展至江苏、海南、江西、广东、山东、安徽、湖北等十几个省，年饲养量约 800 万只。21 世纪以来，象山县种鹅生产大户开始在江苏、江西、山东等地投资建立种鹅规模生产基地，带动当地养鹅产业发展，拓展浙东白鹅养殖范围。

二、中心产区自然生态条件

（一）地理特征

浙江省位于我国东部沿海，地理位置在北纬 27°05′—31°11′，东经 118°—123°，东西和南北距离均为 450 km 左右，面积 10.18 万 km^2。浙东地区包括宁波市、舟山市、台州市、绍兴市及温州市、杭州市部分。中东部以丘陵为主，交错散落不同大小盆地，溪流围绕其间，形成丘陵、平原相间的地理环境。东北部以堆积平原为主，地势低平，河流成网，其中浙东地区最大平原——宁绍平原，是东西向的狭窄海岸平原，面积约 4 824 km^2。浙东地区平原小河道纵横交错，池塘、水库星罗棋布，丘陵地区溪水长流，为浙东白鹅提供了良好的游水场地。东部海域广阔，海岸线漫长曲折，达 2 253.7 km，沿海拥有大小岛屿 216 个，浅海湿地资源十分丰富。浙东地区处于南北过渡地带，加之海域分布和地貌类型的影响，生态环境复杂多样，生物资源十分丰富，野生动植物种类和农牧品种资源繁多，为农牧业多样化生产提供了自然条件。

浙东白鹅核心产区象山县位于浙东地区的中心，即北纬 29°19′—29°33′，东经 121°5′—122°1′。南北两翼分别由三门湾内港岳井洋和象山港内西沪港深嵌内陆构成三面环海、南北曲折、狭长的半岛地形，并由天台山余脉延伸境内，形成滨海辽阔，港湾、岛屿众多，丘陵、平原相间的地理环境。天台山余脉自宁海县境内向东延伸至象山半岛，直至舟山群岛，处于偏东北30°的大陆方向的隆起带和西南地壳下沉带之间的过渡带，形成全县由西北向东南倾斜的地势。境内低山丘陵起伏，海拔300～500 m，主峰在500 m以上的有牛料岗、蒙顶山、大雷山、五狮山、射箭山、珠山及宁海县交界的东搬山（海拔811 m）。据地质资料查证，象山县低山丘陵形成，距今约有2亿年。滨海平原属近代浅海沉积，被山丘分割成若干块，经人工围垦而成。

（二）气候条件

浙东地区属典型的亚热带季风气候区，位于大陆性与海洋性气候之间，其特点是冬、夏季节交替明显，季风显著，四季分明，年气温适中，无霜期长，光照较多，热量充足，雨量充沛，空气湿润，冬夏长、春秋短，雨热季节变化同步，气候多样，灾害性气候频繁。年平均气温15～18℃，1月、7月分别为全年气温最低和最高的月，5月、6月为集中降水期。极端最高气温44.1℃，极端最低气温－17.4℃；年平均降水量在1 000～2 000 mm，年平均日照时数1 710～2 100 h。气候上具有春末夏初的“雨热同步”和秋冬季的“光温互补”特点，同时受海洋性气候影响，光、温、水和季风资源孕育出非常独特的农牧业生产模式。

根据象山县气象资料统计，全县年平均气温在16～17℃。最冷月为1月，平均气温在4.7～5.9℃，极端最低气温为－7.5℃。最热月，东南沿海和海拔100 m以上的海岛地区出现在8月；北部沿海地区出现在7—8月，平均气温在27.6～28.2℃，极端最高气温为38.8℃。全年10℃以上的积温平均为5 150～5 350℃，100 m以上的海岛在5 025℃，400 m山区在4 420℃。年降水量1 250～1 600 mm，年降水天数125～165 d。年日照时数为1 670～2 048 h，一般以8月为最高，达206～275 h；3月为最少，只有93～138 h。全年太阳总辐射量为406.03～460.44 kJ/cm^2，平均光合有效辐射量为200.92～230.22 kJ/cm^2。年平均相对湿度为80%左右。无霜期235～250 d。

（三）水资源及土质

浙东地区没有大江大河，但有丰富的水库和池塘，人均水资源占有量少，为2 008 m^3，最少的舟山等海岛人均水资源占有量仅为600 m^3。

丘陵、山地土壤以黄壤和红壤为主，山间小平原多为水稻土，沿海平原有黏土、盐土和脱盐土分布。

主产区象山县年降水量虽然较大，但拦蓄能力差，近几年来随着水利设施建设的力度加强，拦蓄能力已大大提高。全县每年平均水资源总量为9.85亿m^3（其中地下水为1.07亿m^3），平均地表径流量约为5.22亿m^3，平均地表径流深为730mm，在地区分布上是不平衡的：西部山区为880.2mm，东南沿海岛屿为497.1mm。全县每666.67m^2耕地水资源占有量为2 547m^3，西部山区为4 353m^3，东南沿海岛屿为1 923m^3，人均占有水资源量为2 089m^3。在时间分布上，丰枯期明显，7月、8月两个月是作物需水高峰期，但降水量只占全年的20%，此季节种鹅属休蛋期，肉鹅饲养量极少，故影响不大。

象山县土壤包含低山丘陵和滨海平原两大分布区。

1. 低山丘陵区土壤　包括红壤、黄壤、潮土、水稻土4个土类，8个亚类，17个土属，30个土种，共有面积81 580hm^2。其中山地土壤有3个大类，6个亚类，10个土属，14个土种，共有面积70 330hm^2，以黄泥土、石砂土为主，分别占36.8%和42%。水稻土有2个亚类，7个土属，16个土种，面积1 125hm^2。

2. 滨海平原土壤　土质较黏，土层深厚，在不同的成土时间与耕作制度的支配下，自海边向内陆作有规则的分布：涂黏土、咸黏土、浆粉泥和灰泥。旱地土壤分盐土和潮土2大类，3个亚类，5个土属，9个土种，总面积5 580hm^2，含盐量较高，pH6.8～8.0，石灰性反应强，有机质含量低（为1.56%）。水稻土类分为3大亚类，7个土属，11个土种，面积19 093hm^2，pH6.4～7.1，有机质含量为3.3%～4.8%。

（四）农作物、饲料资源

浙东地区的农作物生产和饲料资源丰富，种类繁多，具有明显的地方特色，并与浙东白鹅日粮关系十分紧密。

1. 籽实类　浙东白鹅日粮中的籽实类包括禾本科籽实和豆科籽实两大类。传统有稻谷、大麦、小麦、玉米、大豆和蚕豆等。

2. 农产品加工辅料　浙东白鹅利用的农产品加工辅料中，糠麸类有统糠、麸皮、米粞、砻糠、细糠等，糟渣类有豆腐渣、酱渣、黄酒糟、啤酒糟、烧酒糟、糖糟等，饼粕类有豆粕、糠饼、菜籽粕、棉粕等。

3. 青绿水生类　青绿水生类饲料营养物质丰富，尤其是维生素的含量较高，幼嫩多汁，易于消化，是浙东白鹅的主要饲料来源。浙东地区的青绿水生类饲料种类多、来源广，利用时间长，几乎全年有青饲料轮作。

（1）叶菜类饲料　种植业结构调整后，蔬菜生产得到迅速发展，可用作饲料的废弃蔬菜及菜梗、废叶等下脚料产量很大，如象山县蔬菜年播种面积16 000 hm^2，可用作饲料的蔬菜下脚料共96 000 t，其中用于浙东白鹅饲料的有57 600 t，占60%。

（2）野生青饲料　农田及农作物间隙的各类杂草，是养鹅的一项辅助青绿饲料，是放牧鹅采食的饲草。荒地上的加拿大一枝黄花、沿海滩涂的大米草、河塘的水花生等外来入侵植物可以作为浙东白鹅新饲料资源开发。据统计，浙东地区沿海滩涂的大米草面积超过13 000 hm^2。

（3）水生饲料　水生饲料是利用水面种植的青绿饲料，主要有水葫芦、绿萍、水花生等。水生饲料生长快、产量高，一般产量为105～180 t/hm^2，但含水量高，营养价值相对较低，同时需要防控寄生虫的危害。

（4）块茎块根及瓜果类饲料　主要有番薯、马铃薯、大头菜（球茎甘蓝）、萝卜、南瓜等，是小规模饲养的辅助饲料。

4. 人工牧草　浙东地区种植的人工牧草主要是禾本科的黑麦草、饲用高粱、墨西哥饲用玉米、杂交苏丹草，豆科的紫花苜蓿、三叶草类及多汁类的菊苣、苦荬菜等，能基本确保规模养殖长年青饲料均衡供应。

5. 草场资源　浙东地区以丘陵为主。随着农林生产的发展，过去的一些低山丘陵草场因无人管理和改造，再加上林果产业的发展，已基本退化，可以利用部分林下草场养鹅。在家庭及小规模养殖条件下，养鹅所需的牧草主要依靠人工种植以及在空闲田、冬闲田、果园地等放牧来解决。

6. 水产饲料资源　浙东白鹅产地地处浙东沿海，海岸线漫长，拥有丰富的水产饲料资源。主产区象山县属半岛地形，三面环海，南部的石浦港是我国四大传统渔港之一，除了本地1 000多艘的大马力渔船外，还有大量的各地渔船往来泊驻于此，带来丰富的海产品，留下的小鱼虾、加工下脚料加工成鱼粉，年产量达50 000 t以上，可以作为鹅配合饲料的蛋白质饲料原料。养殖的海带、紫菜、海苔及其他海洋藻类植物年产量10 000 t以上，能够调节鹅饲料品质。人工养殖和自然采收牡蛎及其他螺、蛏、蛤、蚶等留下大量的贝壳年产量估计在50 000 t以上，是当地种鹅饲养的主要钙补充料。

第二节　产区社会经济与文化习俗

浙东白鹅原产于浙江东部沿海地区。历史上，嘉兴、绍兴、余姚、宁波、象山、舟山是主产区。但是，随着这些地区社会经济发展，特别是城市化的发展，目前主产区仅剩下象山县，而且以饲养种鹅为主。

一、产区经济

（一）经济概况

2018 年，全县生产总值 531.65 亿元，按可比价格计算，比上年增长 7%。分产业看，第一产业增加值 73.42 亿元，增长 2.9%；第二产业增加值 225.59 亿元，增长 4.9%，其中工业增加值 168.04 亿元，增长 5.9%；第三产业增加值 232.64 亿元，增长 10.5%。三次产业结构由 2017 年的 14.8∶42.6∶42.6 调整为 13.8∶42.4∶43.8。人均生产总值 96 746 元（按年平均汇率折算为 14 623美元），比 2017 年增加 9 860 元。

（二）工业

建县前，象山已有百作工匠活动。传统行业有造船、晒盐、泥石、木竹、棕棉、纺织、砖瓦、陶瓷、造纸、铁锡等。

改革开放以后，象山工业始终站在前列，充当着象山经济发展的火车头。随着工业经济的迅速发展，成熟而完整的产业体系逐步建立，形成了“针织、汽配、水产食品加工、输变电、装备制造及关键机械基础件”五大传统优势产业。21 世纪以来，象山工业在一轮临港重工业的建设热潮中实现了华丽转身，以船舶修造为代表的临港重工业强势崛起，扭转了以往以轻工业为主的局面，工业重型化趋势日趋明显。软件产业、光伏产业等新兴高科技产业的兴起，工业化与信息化的加速融合，又为象山工业插上了腾飞的翅膀。

（三）农业

2017 年，象山农林牧渔业产值 121.15 亿元。其中，种植业产值 21.36 亿元，畜牧业产值 6.20 亿元，渔业产值 89.37 亿元，农民人均可支配收入

28 385元。

象山是浙东白鹅主产区，全年饲养量80万只，种鹅存栏25.4万只，年产值1.36亿元。2014年，浙东白鹅列入《国家级畜禽遗传资源保护名录》，目前象山是全国浙东白鹅最大的种苗输出基地。

全县大力发展高效、优质、精品、生态、安全农业，实施农业地方标准25项，标准化生产技术规程和模式图38种，标准模式图入户率达100%，农业标准化生产程度达64%。创建市级以上标准化示范区89个，农业农村部水产生态健康养殖示范场16家，市级初级水产品质量安全示范场1家。

（四）商业

2017年，象山合同利用外资1.9亿美元，实际利用外资14 073万美元、内资60亿元，对外贸易恢复性增长，实现进出口总额28.24亿美元，增长17.1%。浙商回归利用资金33亿元。完成外贸进出口191.5亿元，增长20.4%，其中出口179亿元，增长18.9%，增长率位居全市第三，进口12.5亿元，增长48.9%。完成对外承包工程营业额4.8亿美元，总量继续位居全市第一；核准中方投资额1.8亿美元；实际中方投资额3 448.65万美元。

二、浙东白鹅文化与习俗

浙东白鹅的形成和发展与浙东地区的文化和习俗有着千丝万缕的联系。

（一）文化

浙江是吴越文化、江南文化的发源地，也是中国古代文明的发祥地之一。早在5万年前的旧石器时代，这里就有原始人类“建德人”活动，境内有新石器时代的余姚河姆渡（6 960±90年）、桐乡罗家谷（7 045±45年）文化和距今6 000多年的嘉兴马家浜文化、象山塔山文化。距今5 000多年的余杭良渚文化，已是山水江南、鱼米之乡的典型代表。

独特的自然环境、养殖方式和几千年的人文历史，形成了著名的浙东白鹅，它不仅是自然的造化，更是一笔珍贵的历史遗产，蕴藏着巨大的经济、社会、文化价值。文化也一直伴随在浙东白鹅的驯养过程中。作为产业文化的提炼和结晶，在浙东地区，鹅文化的留世作品丰满。尤其是改革开放以来，浙东白鹅这一历史瑰宝，经40多年的精心雕琢，已现夺目光彩。

浙东白鹅全身羽毛洁白光亮，船形的躯体、细长的颈项、高昂的头颅，组合成流线型的完美形象，具有天鹅的特性，古人有“飘若浮云，矫若惊龙”的赞誉。浙东白鹅神形灵动，性格温驯，处乱不惊；外貌雅洁，气宇轩昂，鸣声响亮。其极具特色的形态，和由此产生的美感，受到历代文人墨客的喜爱和敬慕，尤以抒写千古名篇《兰亭集序》的东晋大书法家王羲之为典型代表。王羲之35岁时辞官归隐剡源九曲溪（今浙江奉化），便与浙东白鹅结下了不解之缘，成为浙东白鹅文化起源和发展的重点。王羲之归隐生活在浙东地区期间，其爱鹅情结为天下人所知，以字换鹅的故事广为传咏。《晋书·王羲之传》中提到“山阴有一道士，好养鹅，羲之往观焉，意甚悦，固求市之，道士云，为写《道德经》，当举群相赠耳，羲之欣然，写毕，笼鹅而归，甚以为乐”。

王羲之好鹅、爱鹅、买鹅、养鹅、赏鹅。他赏鹅不仅陶冶情操，还从浙东白鹅的美貌、体态、行走姿态、游泳姿势，体悟鹅的自然美，融入其书法的构思、执笔、运笔奥妙之中。他在构思时，犹如鹅那样机警敏捷；执笔时，食指要像鹅头那样昂扬微曲；运笔时，则要像鹅掌拨水那样，方能精神贯注于笔端。他的草书游龙走蛇，自谓得悟于鹅：“我书比钟繇，当抗行；比张芝草，犹当雁行也。”

南宋杭州画家马远的《王羲之玩鹅图》中王羲之松下玩赏水中嬉戏的白鹅，元代湖州画家钱选的《王羲之观鹅图》中王羲之凭栏观望白鹅悠闲游水；两位画家所作之鹅与现今浙东白鹅十分形似，与其他各代画家笔下的鹅区别明显。

唐代，与王勃、杨炯、卢照邻合称“初唐四杰”的著名诗人骆宾王出生浙江，少年成才，“鹅，鹅，鹅，曲项向天歌。白毛浮绿水，红掌拨清波”一首七岁时写的《咏鹅》诗一直吟诵至今，成为浙东地区儿童咏诗的启蒙教材。《咏鹅》以清新欢快的语言，抓住鹅的突出特征来进行描写，让人联想到鹅细长的颈项和高亢的鸣声，勾勒出浙东白鹅洁白羽毛和橘红掌蹼，浮在绿水清波之上，互相映衬的一幅美丽的“白鹅嬉水图”，写得自然、真切、传神，朗朗上口。诗中的“曲项向天歌”所表达的浙东白鹅特有的细长颈项和高亢鸣声，应该是骆宾王创作灵感的核心。

历史上称鹅为可鸟。鹅“韵会长头，善鸣，峩首似傲”，古人称其有君子之风。浙东白鹅是由观赏鹅、警用鹅逐渐发展到肉用鹅的，它保留着独有的灵性。北宋文学大家苏东坡在杭州任职期间写的《仇池笔记》中记有“鹅有二能：能警盗，亦能却蛇，蜀人园池养鹅，蛇即远去。有二能而不能免死，又有祈雨之厄。悲夫，安得人如逸少乎！”近代浙江漫画家丰子恺有两次养鹅经历，在散文《白鹅》中，“鹅的头在比例上比骆驼更高，与麒麟相似，正是高超的性格的表示。而在它的叫声、步态、吃相中，更表示出一种傲慢之气。”“它有那么庞大的身体，那么雪白的颜色，那么雄壮的叫声，那么轩昂的态度，那么高傲的脾气，和那么可笑的行为。”用拟人手法刻画出画家记忆中鹅的形象和性情，把鹅的灵性烘托了出来，让人读后对鹅肃然起敬。

旅美15年的《解放日报》资深记者周稼骏先生原籍象山，在他的随笔《白鹅，心中的感恩》一文中，记叙了作者对浙东白鹅深切的怀念。周先生每当在异乡过感恩节的时候，一边吃着火鸡大餐，一边就会想起故乡象山的大白鹅。“常常梦中浮现象山大白鹅，出现儿时在西周镇的大溪坑边，手舞足蹈地看着一群大白鹅在铺满鹅卵石的溪水里扑打嬉戏。”周稼骏先生的家谱里记载说，祖先荒年“惟带雌鹅四雄鹅一，仅此五鹅，选择西周，牧养营生”迁居象山，使周家家族度过荒年，繁衍生息，一代一代发展到今天。因此，浙东白鹅成为他心中永远的感恩！这也是浙东白鹅故乡人民的共同感受。

如今的浙东白鹅还是那样的美好，在浙东绿原清水中的浙东白鹅犹如一群群洁白的“天使”。“天使”般的浙东白鹅体态姣美，曲线玲珑，细腻的羽毛雪白光滑，高突的橘红色额冠像是镶嵌在光洁玲珑体上的宝石，白、红、绿、蓝色交融，春天明媚的阳光下，显露美丽的身形；元宝状的身躯、强健的双翅和流线型的颈项勾画出振翅飞舞、曲颈高歌的神态，呈现出白天鹅的高贵典雅。

（二）习俗

乾隆五十四年（1789），象山文人倪象占的《蓬山清话》载：“鹅古名舒雁，白者多，苍色间有，俗谓之家雁，婚礼必用之。”浙江沿海地区居民喜食鹅肉，崇尚鹅文化，有“无鹅不成宴”之习俗。

浙东白鹅与浙东地区人民的文化风俗密切相关，逢年过节、婚嫁喜事，餐桌上都离不开鹅肉。旧时，在浙东地区有端午送节的风俗，白鹅是端午女婿给丈母娘送节时必不可少的礼物。传说白鹅是古人将雁鹅驯化而成，而雁鹅终身只有一个配偶，是忠诚的象征，唐代诗人李商隐有诗为证：“眠沙卧水自成群，曲岸残阳极浦云。那解将心怜孔翠，羁雌长共故雄分。”作女婿的以此向丈母娘表明他将对她女儿一生忠诚，同时也向岳父母表达孝心。这种白鹅送节的风俗习惯一直流传至今。女婿用“端午担”礼送岳父母家，节礼中少者四色，多者八色，其中鱼要成双，鹅头颈涂红颜色，送节路上鹅叫得越响越好，说是越叫越旺，俗称“吭吭鹅”。大白鹅的一路高歌，使路人邻里老远就知道谁家女婿上门，主人盛邀亲朋邻里共品“白斩鹅”美味，倾听女儿家的喜闻乐见，这些无不显耀着家有女儿的一种幸福感和节日的喜庆祥和氛围。

倪象占的《蓬山清话》又载：“象俗娶妇至三日，入厨下，必先举厨刀割熟鹅之首。”就是说古时象山举行婚礼一定要有鹅，新娶媳妇嫁入夫家后三日内需要下厨，并有切熟鹅头的习俗，以示贤惠。

婴孩三四月龄时，家长常用煮熟的鹅头开荤，以浙东白鹅特有的高额包，象征婴孩学走路时不怕碰跌，也预示其成长过程中像鹅一样昂首阔步，顺顺利利。

在浙东地区，人们对鹅是崇敬的，鹅一般作为褒义词，如用“呆头鹅”形容老实木讷可爱，宁波市区把老实敦厚的人称为“象山呆大（yanduo）鹅”。“鹅公腔”形容少年发育后嗓音的变化，以示成长；“生蛋鹅娘”形容走路的形态可笑；“鹅鸭脚”称赞身体好不怕冷，冬天赤脚（当时指不穿袜子）也可以。美丽的“鹅蛋脸”，圆滑漂亮的“鹅卵石”。还有用雏鹅的“鹅黄”，大鹅的“鹅白”来形容颜色的鲜嫩、洁净，更是显得朴实无二。

作为浙东白鹅核心产区，象山的山、水、海、岛，无时无处不透出一种纯朴安逸的美。象山半岛，既有江南水乡的浓厚底蕴，又有“东方不老岛、海山仙子国”的独特魅力。山、水、海、岛元素，形成海陆一体的修性养生天堂，成为传说中的寿星彭祖及历史名人徐福、安期生、陶弘景等避世隐迹、掘井炼丹的仙境。有历史才有故事，由此产生的历史文化积淀，为浙东白鹅提供了深厚的文化基础，成为白鹅产业的形成、发展所特有的文化依附。浙东白鹅从王羲之笔端孵化而来，从骆宾王“曲项向天歌”的童韵中涉水而来。千余年的吟唱，一丝丝轻盈的念想，至今仍在象山半岛的一片片绿原上流淌。彭祖养生、徐福炼丹之福地永远是她生活繁衍的故乡。

（三）节庆

在浙东白鹅产区，鹅肉是春节及端午、清明等的节庆佳肴，婚丧筵席的必备菜。宁波、舟山、绍兴饭店的常用菜，基本是无鹅不成宴。为了挖掘“鹅”文化内涵，夯实白鹅养殖基地，做强白鹅餐饮，进一步提高浙东白鹅品牌影响力，2009 年，象山县举办了首届象山·浙东白鹅节。白鹅节以浙东白鹅及鹅文化为主题，以“浙东白鹅，绿色健康”为主题，进行了鹅王擂台赛暨鹅王慈善拍卖，赠送扶贫鹅苗，展示浙东白鹅产品，开展白鹅主题摄影、征文大赛，鹅文化艺术品、摄影征文赛入选作品及剪纸作品展览等活动。白鹅节期间举办了浙东白鹅产业论坛，邀请有关专家参加并提出发展建议。上海市农业科学院何大乾研究员、浙江省农业科学院卢立志研究员、宁波市农业局副局长朱红霞高级畜牧师分别作了《我国鹅业育种现状与未来发展方向展望》《我国水禽业的技术创新与未来产业化格局》《浙东白鹅保护与开发利用的昨天、今天和明天》等专题报告。

后来几届的白鹅节还增加了象山白鹅养殖技术现场咨询、鹅产品现场展销会、百名孩童鹅头开荤、象山白鹅推介会、养鹅新技术培训、白鹅文艺表演、向低收入农户赠送鹅苗等系列活动。

白鹅节在弘扬传统文化的同时创新性地加入了现代文化元素，有机嵌入了促进浙东白鹅产业发展的文化、艺术、技术等，有效地宣传了浙东白鹅品种，促进了它在全国各地的推广。

三、主要畜产品及消费习惯

随着“三改一拆”和“五水共治”环境整治行动的推进，畜禽养殖户数量减少，规模化养殖场比例增加。2016 年底全省生猪存栏 573.83 万头，其中能繁母猪存栏 50.10 万头，生猪出栏 1 169.24 万头，猪肉产量 90.73 万 t。牛存栏 14.50 万头，出栏 8.76 万头。羊存栏 113.08 万头，出栏 119.44 万头。年末家禽存栏 6 592.55 万只，出栏 14 941.73 万只。

在浙东白鹅产区，鹅肉是春节及端午、清明等的节庆佳肴，婚丧筵席的必备之菜。宁波、舟山、绍兴饭店，基本是无鹅不成宴。浙东地区有端午送节的风俗，白鹅是端午女婿给丈母娘送节时必不可少的礼物。

浙东地区人民除海鲜外，也喜欢吃鹅肉，白斩鹅是他们最爱的美食之一。目前，浙东地区最大的城市宁波，仅仅通过批发市场卖掉的生鲜白鹅每年就达到 510 万只以上。

第三节　品种形成的历史过程

一、品种形成发展的历史进程

浙东地区属亚热带海洋性气候，沿海平原江河纵横交错，湖泊水库星罗棋布，沼泽众多，水草丰盛，自古就是候鸟——野雁（鸿雁）冬来春去途中歇憩的场地。鸿雁被当地居民捕捉后，经过长期人工驯化、培育和选育而成现在的浙东白鹅，在适宜的自然环境下，其易管理、耐粗饲、成熟早、生长快、肉质好的特点也逐步形成。历史上，浙东地区地处我国东海之隅，交通闭塞，出行需要翻山越岭、跋山涉水，区域封闭明显，社区间隔大，语言种类多、差异大，外来人员极难携带活鹅进入浙东地区，至20世纪70—80年代，仍旧远离交通要道，是典型的交通不便之地。因此，鹅的品种交流困难，保证了浙东白鹅遗传资源的纯净稳定。

距今7 000多年的浙江余姚河姆渡遗址出土的各类动物骨中就发现了雁鹅的左肱骨，表明当时已有雁鹅的豢养、驯化。《晋书·王羲之传》记载，在西晋（265—420）时期浙东地区就有白鹅饲养。

鹅在浙东地区驯养后，逐渐从最初的观赏鹅、警鹅养殖转到肉鹅养殖上来，适应了当地社会、地理、气候等饲养环境；同时，人们根据当地鹅肉消费习俗，对其进行了有针对性的长期选育，使浙东白鹅具备了羽毛纯白、早期生长速度快、肉质鲜嫩、抗病力强、食草性广、精料耗料量少、饲料报酬高、合群易饲养等特点。

近代，浙东白鹅产业已有一定规模。在20世纪60年代，奉化县选送白鹅至北京参加全国农业展览，始以奉化白鹅命名。80年代初全国畜禽品种资源调查发现，浙东地区均有白鹅养殖，分别有象山（大）白鹅、舟山（定海）白鹅、奉化白鹅、绍兴白鹅等称谓，其生产性能与外貌近似，故统称为浙东白鹅，并列入《浙江省畜禽品种志》，随后列入浙江省畜禽品种资源名录，后列入我国家禽品种志中（品种登记号Q-03-01-006-01），2014年进入国家畜禽遗传资源名录。1964年，江苏省句容县的县食品公司从象山县引入浙东白鹅2 000只，20世纪70年代、80年代江苏省又有多批次引进，作为当地鹅业发展的改良品种，当地农户称之为“四季鹅”。

在主产区象山县，民国时期《象山县志》载：“今象山山农多畜羊，泽农多畜鹅鸭，平地之农通畜猪，吠犬鸣鸡，遍于城乡，饭稻羹鱼，取资不竭。”《象山县行政概况统计汇编》记载，1937年2月，全县出栏商品鹅7 523只，县内消费4 523只，外销宁波3 000只。次年运销宁波达6 213只，产值1.24万元，为当时象山外销的主要土特产。中华人民共和国成立后，浙东白鹅产业发展更快，1949年饲养量仅4.1万只，1965年就发展到7.74万只。1979年，浙江省计划委员会把绍兴、定海、奉化、象山列为浙江省白鹅生产基地和出口基地，分别建立了冷冻厂、育肥场、种鹅场，冷冻鹅“冻宁波鹅”出口至日本、马来西亚和新加坡等市场。1980 年出口 593 t；1982 年象山县出口达 376.9 t，成为当时外贸的拳头产品。千家万户养鹅成为农户增加收入的一个主要途径。整个浙东白鹅产区的饲养量在 20 世纪 80 年代末超过 300 万只。

浙东白鹅长期以来纯种群体保护得很好，2019 年象山县饲养该品种种鹅达到 30 万只。如此数量的群体，不管是生长发育性状还是繁殖性能性状都有丰富的遗传变异，是选育成各种专门化品系的良好材料。浙东白鹅研究所和上海市农业科学院开展了高生长发育速度的父系和高繁殖性能母系的选育工作。经过选育，父系生长速度明显提高，70 日龄公、母鹅平均体重从 3 876.87 g 提高到 4 063.01 g；母系选育中由于家系数量有限，个体产蛋记录缺乏，繁殖性能没有提高，仍然徘徊在 39～40 个/只。经过本品种选育的浙东白鹅体形外貌更加整齐，特别是逐年淘汰了有少量灰羽的个体，形成今天全身羽毛纯白的种群。总之，经过本品种选育的浙东白鹅，虽然还未形成品种内的高度专门化的品系，但体形外貌更加整齐，生长速度有较大提高，繁殖性能稳定在 40 个/只左右，适应性强，深受广大养殖户喜爱，种鹅养殖扩展到其他地区，肉鹅养殖更是遍及全国养鹅主产区。

二、象山县浙东白鹅持续发展的推力

20 世纪 90 年代，由于农村产业结构调整，农业劳动力减少，产区浙东白鹅饲养量迅速下降，但象山县由于抓住机遇，适时采取措施而得以稳定发展，并成为浙东白鹅的核心产区。进入 21 世纪，浙东白鹅的优良性能进一步受消费者认可，市场需求增加，促进了鹅产业的新一轮发展。产区此后新发展的种鹅多数由象山输出，因此，“象山白鹅”应是目前浙东白鹅的主要种源。“象山白鹅”生产为何能在浙东白鹅产区中脱颖而出，一枝独秀，究其原因，在政策扶持、科技进步、产业引导等方面有其特有的推力。

（一）抓住发展的关键节点

象山白鹅持续发展的关键节点在四个阶段。第一个发展阶段是 20 世纪 80 年代初，农村千家万户养鹅，白鹅产业起步。1983 年饲养量达到 30 万只，比 1978 年增加 66.7%，种鹅存栏 1.5 万余只。第二个发展阶段是随着我国产业结构调整，农村劳动力解放，家庭承包经营责任制实行后分化出的农业富余劳动力大幅减少，加之商业改革的滞后，靠农村闲散人员千家万户发展的养鹅生产迅速下降。自20世纪80年代后期以来，象山县白鹅专业养殖的兴起取代千家万户养殖，使白鹅生产很快止跌回升，至1990年饲养量为68.4万只，种鹅存栏4.1万只。第三个发展阶段是20世纪90年代中期开始，规模养殖因关键技术突破而又有新的发展，养殖规模扩大，2000年饲养量超过100万只，种鹅存栏7.5万只。第四个发展阶段是2006年以来，进入以种苗为中心的稳步发展时期，2015年种鹅存栏23.8万只，比2000年增加2.17倍。

（二）领先发展的综合推力

1. 政府扶持　在第一发展阶段，政府发挥农民解放劳动生产力后的积极性，象山县委、县政府把白鹅作为农业“三水”主导产业，“三水”就是水产、水禽（白鹅、蛋鸭）、水果，制定了一系列发展措施和扶持政策，投资建立白鹅屠宰加工厂，对农户饲养的白鹅实行统一收购、屠宰、加工，当时出口的“冻宁波鹅”一年最高近380 t，农户出售白鹅经济收入显著，还有“饲料票”等政策奖励，农户称养“三只鹅娘抵头猪娘”，养殖积极性得到调动。实行家庭承包经营责任制后，从种植业中被释放出来的老少妇女等富余劳动力从事养鹅，千家万户养鹅蔚然成风，促进养鹅生产的快速发展。象山白鹅生产在产区中的地位慢慢提升，进入主要生产县行列。此后，县政府把白鹅作为优势产业，列入象山县农业“七大龙型产业”之一，在促进专业化养殖向规模化养殖提升方面进行了专门政策扶持，如对新发展1 000只规模以上的养殖户，每只种鹅补贴10元；又如连片种植牧草6 666.67 m^2 以上的，每666.67 m^2 补贴100元。县政府投入专项资金补助，对发展规模养殖进行立项建设。在象山县扶贫方式由“输血”向“造血”转变中，对扶贫对象发放鹅苗，发展养鹅脱贫致富，同时帮助养鹅户销售种苗。根据不同发展阶段，组织养殖大户“走出去”考察学习，增强对外合作和经营能力，为以后养殖户走向全国历练了胆识。

2. 养殖方式调整　农民开始“出田”经商办厂后，大量的“正劳力”出“土”离乡，种田的重任落到了老人妇女身上，利用富余劳动力养鹅的优势消失，千家万户养殖方式不能维持，饲养量下降，加之个体贩鹅户抢购，国有白鹅加工厂原料减少，生产不能维继而倒闭，产业进入低谷。对此，政府主管部门审时度势，适时转变扶持策略，于浙东白鹅加工厂倒闭之前，冲破计划经济观念束缚，率先放开收购市场。于是，宁波等地的个体白鹅贩运户进入象山，以高于国有白鹅加工厂、食品公司的价格收购，农民养鹅利益得到基本保障。在政策上，扶持“两户一体”（农业专业户、重点户、生产联合体），突出鼓励养鹅专业户发展，规定一定规模以上，给予更高的奖励，还在专业户中发放选育提高的种鹅，推广良种，使养殖方式得以调整。目前象山最大的种鹅养殖户陈文杰（其父陈庆伦），就是在当时县食品公司发放的17只种鹅基础上，养殖24只浙东白鹅种鹅起家的。随着饲养方式由千家万户向专业化逐渐转变，至20世纪80年代后期，鹅产业开始止跌回升。饲养方式的适时转变，使象山成为浙东白鹅重点产区。

3. 科技与协会的共同作用　20世纪90年代中期开始，我国社会经济快速发展，市场消费能力和要求不断提高，浙东白鹅作为产区人民传统佳肴，需求量大增，鹅肉由过去的节日食品，成为家常便饭；酒店都有鹅肉供应，基本是无鹅不成宴。市场的需求，促进产区养鹅生产的新发展。象山县抓住了这个发展机遇，一是农业部门克服困难，保住了种鹅场及为期7年5个世代本品种提纯复壮的浙东白鹅种群，一批农技人员积极投身科研，持续开展选育与大力推广，达到规模养殖良种全覆盖目标，也为此后的浙东白鹅产区良种化做出贡献。21世纪开始，舟山、绍兴、萧山等全省各产区的浙东白鹅新发展均从象山引种。科研人员开展配套技术试验研究，根据发展需要不断突破；人工牧草全年均衡生产、小鹅瘟综合防控、种蛋人工孵化替代传统的自然孵化等规模生产关键技术应用，为劳动生产率提高和生产规模扩大提供了技术保障。二是引导养鹅户联合，提高组织化程度。1999年成立象山县养鹅专业技术协会，业务部门通过协会组织养鹅户，开展技术培训、信息交流、产销协同；在养殖技术提升的同时，引导养鹅户形成大市场观念，克服“大家都养起来了，太多卖不出”的心理，树立“量大成市”理念。养殖规模扩大了，正迎合了消费需求的增长，总体上并没有出现所担心的卖不出去的问题，养殖户的胆子也大了，全县的饲养量每年增加。

4. 引导大户发挥龙头功能　2006年以来，由于地域环境的制约，养殖空间压缩，养鹅比较效益有所下降，肉鹅养殖收入减少更为突出，鹅苗没人要，影响种鹅生产。为应对这一局面，象山县借发展农业专业合作组织东风，在专业协会的基础上，于2007年指导成立象山县浙东白鹅生产专业合作社。通过

项目实施等形式扶持种鹅大户做强做大。在合作社的统一运作下，种鹅养殖大户成为产销龙头，由他们统一人工孵化种蛋、销售种苗，并开拓省外市场，从而保证了产销畅通。种鹅大户陈文杰养殖种鹅4万只，还有20余种鹅养殖户5万多只种鹅的种蛋由他人工孵化销售，象山的鹅苗销到全国10多个省份。同时，象山养鹅开始走出象山，在周边地区开展合作养殖。种鹅养殖大户吴声祥投资江苏省洪泽县，建立省外浙东白鹅饲养基地，种鹅养殖数达2万多只。2009年成立了专业加工白鹅的象山曙海大白鹅食品有限公司，到了2011年注册资金由200万元迅速增加至2 500万元，加工销售量达到20万只，产业化格局基本形成。象山县的浙东白鹅种苗大县地位巩固。

第四节　以本品种为育种素材培育的配套系

浙东白鹅羽毛纯白，特别是适应性强、早期生长速度快、肉质好、公鹅配种能力强，是选育为肉鹅生产父本品系的良好素材。江苏立华牧业股份有限公司从2006年开始攻关鹅的选育工作，经过十多年的不懈努力，终于培育出体型外貌一致、遗传性能稳定的“江南白鹅配套系”。“江南白鹅配套系”利用浙东白鹅、四川白鹅和扬州鹅等优良鹅种的基因资源，结合传统育种方法和现代育种技术，经过多个世代选育而成，具有适应性强、生长速度快、成活率高、肉质优良等特点。该配套系唯一的一个父系正是以浙东白鹅为素材选育而成，两个母本品系由四川白鹅和扬州鹅选育而成。该配套系父母代种鹅开产日龄210～220d，年产蛋量达70～80个；商品代肉鹅上市日龄63d，体重平均达到3.7kg，远远短于国内外平均70d以上的上市日龄；料重比3.19：1，成活率96%以上，生产性能优于大多数肉鹅品种。目前，该配套系父母代种鹅存栏7万套，自中试以来在华东及以外地区推广商品鹅2 000多万只，为提高我国肉鹅产业整体发展水平提供了良种支撑，为广大养殖户增收致富开辟了新路。

第二章 浙东白鹅品种特征和性能

第一节 体形外貌

浙东白鹅起源于鸿雁，体形与其他家鹅品种有类似之处，如成年鹅头上有额包，颈弯曲而长等，但又有其独特特征。浙东白鹅体型中等偏大，体躯结构紧凑，羽毛纯白、体态清秀（彩图 1 至彩图 3）。按解剖部位分为头部、颈部、躯干部、翼部和后肢部，外形见图 2－1，对应的骨骼结构见图 2－2。

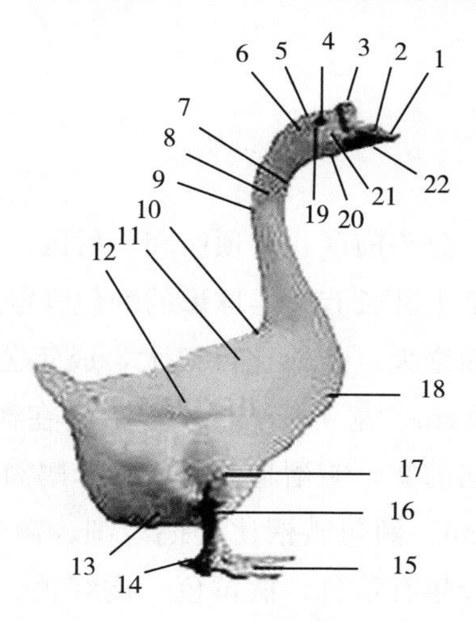

图 2－1 浙东白鹅外形

1. 上喙 2. 鼻孔 3. 肉瘤 4. 眼 5. 颅顶区 6. 耳 7. 颈腹区 8. 颈侧区 9. 颈背区 10. 背区 11. 翼区 12. 主翼羽 13. 腹区 14. 趾区 15. 蹼 16. 蹠区 17. 股区 18. 胸骨区 19. 眶下区 20. 垂皮 21. 颊区 22. 下喙

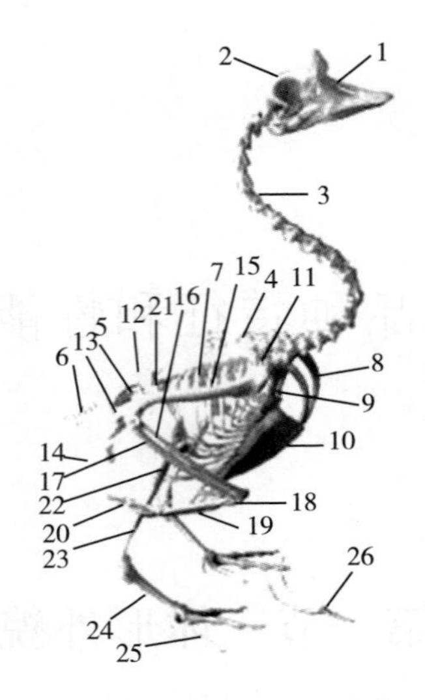

图 2－2　浙东白鹅骨骼结构

1. 颅骨　2. 面骨　3. 颈椎　4. 胸椎　5. 腰椎　6. 尾椎　7. 肋骨　8. 锁骨　9. 乌喙骨　10. 胸骨　11. 肱骨　12. 髂骨　13. 坐骨　14. 耻骨　15. 肩胛骨　16. 桡骨　17. 尺骨　18. 腕骨　19. 掌骨　20. 指骨　21. 股骨　22. 腓骨　23. 胫骨　24. 跖骨　25. 趾骨　26. 舌骨

一、头颈

（一）颅部

颅部位于眼眶背侧，分头前区、头顶区和头后区。浙东白鹅属中国鹅，起源于鸿雁，在头顶区喙基上部长有呈半球形的额包（额瘤）。额包在 30 日龄后开始形成，随年龄增大而增大。公鹅比母鹅大，成年公鹅额包形状呈长圆形，略向前突，平均高约 6.8 cm，宽 4 cm，2 岁以上会在额包中下部形成 V 形皱褶，年龄越大，额包越向前突，皱褶越深；成年母鹅额包圆润，小于公鹅，平均高约 5.7 cm，宽 3.1 cm，额包皱褶比公鹅浅细。额包颜色呈橘黄色，随年龄增大而加深，从小到经年有黄色、橘黄色、橘红色、深橘红色（淡紫红色）的颜色加深过程（彩图 4）。

（二）面部

面部位于眼眶下方及前方，分上喙区、下喙区、眼下区、颊区。浙东白鹅面部光滑，无肉垂，无咽袋。喙由上、下喙组成，上喙长于下喙，略扁，呈楔形。浙东白鹅喙较一般鹅品种宽长，角质较软，表面覆有蜡膜，下喙有50～80个数量不等的锯齿，食面乳头发达，喙色呈橘黄色，随年龄增大而加深，至呈橘红色，较深于额包颜色。眼圆大有神，眼睑金黄色，虹彩灰蓝色。

（三）颈部

颈部可分颈背区、颈侧区（两侧）和颈腹区，各占1/4。浙东白鹅颈部与头部、躯体连接良好，弯长如弓，挺伸灵活，颈背微曲，颈部长度公鹅可达40 cm以上，母鹅可达35 cm以上，为体长的120%以上。是与其他品种不同的一个重要特征。

二、躯体

（一）躯干部

除头、颈、翼和后肢外都属于躯干部。浙东白鹅的体躯长而宽，且紧凑结实，呈船形或长方形。躯干部分为背区、腹区和左右两肋区，也可分为背、腰、荐、胸、肋、腹和尾部等部分。年龄、性别不同，体躯大小、形态有别。产蛋母鹅腹部皮肤下垂形成1～2个袋状皱褶，称皮褶或腹褶，俗称“蛋窝”或“蛋袋”。

（二）翼部

翼部又称翅部，分为肩区、臂区、前臂区和掌指区。臂区与前臂区之间有一薄而宽的三角形皮肤褶，即前翼膜。长而宽的后翼膜连接前臂区和掌指区后缘。成年浙东白鹅翼展130～160 cm。据走访回忆，20世纪40—50年代的浙东白鹅还具有一定的飞翔能力，飞翔距离可达5～6 m，甚至10 m以上。

（三）后肢部

后肢部分为股区、小腿区、蹠区和趾区。浙东白鹅腿部粗壮有力，肌肉发达。蹠区和趾区无羽毛覆盖，为角质化鳞片状。蹠区又称胫部，公鹅较长，母鹅较短，其长短和粗细品种间差异较大。蹼（鹅掌）共有4趾，趾端有爪，呈玉白色，各趾之间有皮肤褶相连，形成蹼。胫和蹼颜色与喙瘤一样为橘黄色，

随年龄增大而加深，至呈橘红色（彩图5）。

三、羽毛

鹅的体表覆盖羽毛，全身羽毛洁白，约有15%的个体在头部、尾部和腰背部夹杂少量斑点状黑色、灰褐色、灰色羽毛。羽毛按形状结构可分为真羽、绒羽和发羽。颈部由细小羽毛覆盖。翼部的翼羽较长，有主翼羽10根，副翼羽12～14根，主、副翼羽间有1根较短的轴羽。尾部有尾羽，略上翘，公鹅尾部无雄性羽。体躯背腹部和颈的中下部羽毛内层、翅下绒羽着生紧密。少量鹅会出现有特色的蓬头，即在头颅后缘有一撮笔杆大小、长1cm多的向后倾斜竖立的羽毛（彩图6）。

四、形态

成年浙东白鹅公鹅体型高大雄伟，步履稳健，鸣声洪亮；成年母鹅性情温驯，鸣声低沉。

五、雏鹅

浙东白鹅初生重100g左右，身体呈元宝状，头大，眼圆而有神，鸣声清脆。绒毛金黄色，喙和蹠橘黄色。随着日龄增大，绒毛颜色逐渐变淡，30日龄左右呈乳白色，并开始生长白色羽毛。45日龄绒毛褪去，白色羽毛基本布满全身，至55～65日龄羽毛完成生长，接近成年。

第二节　生物学习性

一、行为与习性

（一）食性

浙东白鹅属草食水禽，体型较大，凡在有草地和水源的地方均可饲养，尤其是水较多、水草丰富的地方，更适宜成群放牧饲养；在集约化生产条件下，还可实行旱养。鹅喜食青草，不存在与人、畜争粮的矛盾。因此，在我国现今人均占有粮食较低、饲料粮紧张的条件下，大力发展鹅等草食动物生产，是实现畜牧业战略性结构调整的一项重要举措。

鹅具有强健的肌胃，比身体长10倍的消化道，以及发达的盲肠。鹅的肌胃压力比鸡大2倍。胃内有两层厚的角质膜，内中砂石，可把食物磨碎。鹅的肠道较长，盲肠发达，对青草中粗纤维的消化率可达45%～50%，特别是消化青饲料中蛋白质的能力很强。鹅的颈粗长而有力，对青草芽、草尖和果穗有很强的衔食性。鹅吃百样草，除莎草科苔属青草及有毒、有特殊气味的草外，它都可采食，群众称之为“青草换肥鹅”。

我国牧区、农区、半农半牧区都适合养殖浙东白鹅。在播种前的休闲地和收割后没有翻耕的土地上放牧鹅群，可采食各种青嫩杂草或已结实的草穗。在果园里放牧鹅群，既可以利用其除草，节省人力，保护果树，增加土壤肥力，又可省下大量饲料。田间放牧，既能消除杂草，又能除害灭虫，促进作物丰收。种草养鹅还能节约土地，提高土地利用率。据调查，饲喂7kg左右的青草、1～1.2kg精饲料，鹅体重即可增加1kg。

浙东白鹅耐粗饲，既可放牧，也宜舍饲。舍饲时除饲喂鲜草外，还可以饲喂青贮牧草、粉碎的干草和适量秸秆，能开辟饲料资源、节约大量的精饲料。采用先进的包裹青贮技术，对浙东白鹅产区海涂大米草资源进行开发利用，新鲜大米草直接包裹青贮，能贮存3～6个月。在浙东白鹅产蛋种鹅日粮中添加青贮大米草30%～40%，不影响产蛋性能。

（二）戏水、饮水

鹅是水禽，喜欢在水中觅食、嬉戏和求偶交配。因此，宽阔的水域、良好的水源是养鹅的重要环境条件之一。鹅很喜欢水，阴天下雨后，在水面上游时像一只小船，趾上有蹼似船桨，躯体密度只有水的约85%，气囊内充满气体，轻浮如梭，时而潜入水下，扑觅淘食。喙上有触觉，并有许多横向的角质沟，当衔到带杂质的食物，可不断呷水、滤水留食，可充分利用水中食物及矿物质满足生长和生产的需要。浙东白鹅特别喜欢清洁，羽毛总是油亮干净，经常用嘴梳理羽毛，不断以嘴和下颌从尾脂腺处蘸取脂油，涂以全身羽毛，下水可防水，上岸抖身可干，防止污物沾染。有水中交配的习性，特别是在早晨和傍晚，水中交配次数占60%以上。

浙东白鹅饮水行为包括潜呷和铲呷两种，潜呷是将喙甚至头部插入水中，衔水后抬头吞咽；铲呷是将颈部伸直，头低下，喙与水面基本平行铲水，然后仰头吞咽。一般饮水以铲呷为主，但久渴后用潜呷方式饮水。观察15日龄鹅

全天饮水时间分布见表 2－1，在中午 12 时至下午 6 时饮水次数最多，时间最长。

表 2－1　浙东白鹅全天饮水分布

项目	上午 6 时至中午 12 时	中午 12 时至下午 6 时	下午 6 时至凌晨 0 时	凌晨 0 时至上午 6 时
饮水次数	6	6	2	1
饮水时间	5′51″	11′42″	4′24″	5′13″

（三）合群性

浙东白鹅祖先鸿雁在自然状态下，天性喜群居和成群飞行。这种本性在驯化家养之后仍未改变，至今仍表现出很强的合群性。经过训练的鹅在放牧条件下可以成群远行数里而不紊乱。如有鹅离群独处，则会高声鸣叫，一旦得到同伴的应和，孤鹅则循声而归群。这种合群性使鹅适于大群放牧饲养和圈养，管理也比较容易。利用浙东白鹅的合群性，在进行规模饲养时，种鹅每群数量可以在 500～2 000 只，多的在 5 000 只以上也不影响生产（彩图 7）。

（四）耐寒

鹅全身覆盖羽毛，起着隔热保温作用。鹅的尾脂腺发达，尾脂腺分泌物中含有脂肪、卵磷脂、高级醇，鹅在梳理羽毛时，经常用喙压迫尾脂腺，挤出分泌物，再用喙涂擦全身羽毛，来润湿羽毛，使羽毛不被水所浸湿，起到防水御寒的作用。成年浙东白鹅的羽毛紧密贴身，绒羽浓密，比例高，保温性能好，皮下脂肪比较厚，于躯体皮肤下均匀分布。即使是在接近 0℃低温下，仍能在水中正常活动，并可保持正常的产蛋率。雏鹅御寒能力较弱，3 日龄前，环境温度低于 22℃会发生打堆，此后对温度要求降低，但还需要保温。

相对而言，浙东白鹅比较怕热，在炎热的夏季，在水中的时间增长，喜欢在树荫下纳凉休息，觅食时间减少，采食量下降，产蛋量也下降。如在阳光直射环境中，容易发生热应激。

（五）觅食行为

浙东白鹅采食颗粒料、粉料、湿拌料等，喙呈扁平状，主要采用摄食方式，铲进一口后，抬头吞下，然后再重复上述动作，一口一口地进行。补饲时，食槽要有一定高度，平底，且有一定宽度。在采食大粒料或沙砾、贝壳等，或挑食时，也会像鸡那样啄食，一口一口啄起食物，然后吞下；在水中觅食时，会用喙在水下淘食，凭触觉觅食，嘴含带杂质食物，不断呷水，洗淘杂质，然后将食物咽下。放牧采食青草，锯齿状喙边缘能直接切断草茎叶，抬头吞下。

鹅没有嗉囊，浙东白鹅每天必须有足够的采食次数，每间隔2h需采食1次。“边吃边拉，六十天好卖。”小鹅就更短一些，每天必须至少7～8次，“鹅不吃夜草不肥，不吃夜食不产蛋”，特别是夜间补饲更为重要。吴德国等1986年观察报道，浙东白鹅在舍饲条件下自由采食的规律性见表2-2，全天活动中，采食时间有一相对的稳定性。采食时咀嚼频率10日龄为35.3次/min，40日龄体重1.6kg时为33.0次/min、体重2.6kg为35次/min，80日龄平均为30.0次/min，采食频率随日龄增加而稍有下降，同群内体重大小个体间无显著差异。

表2-2 浙东白鹅每天采食时间

项目	年龄对比		饲料对比		体重对比		总平均
	15日龄	44日龄	粉料	湿拌料	2.6kg	1.6kg	
日总采食时间	3h7min 48s	2h3min 21s	2h3min 21s	2h19min 26s	1h19min 30s	2h33min 15s	2h14min 2s
日采食次数	7.2	6.8	6.3	7.3	6.0	6.5	6.7
备注	自由采食，干粉料，饮水		43日龄湿拌料，44日龄粉料		日龄相同，同吃干粉料		

（六）警觉性

浙东白鹅有较好的反应能力，较强的好奇心和探索行为，比较容易接受训练和调教，比其他品种易接近人。特别是一群鹅的领头鹅（公鹅），对细微的变化和声音反应敏捷，当周边有光、声刺激，会立即停止正在进行的活动，静立观察，随后做出相应的反应。

浙东白鹅对红色特别敏感，放牧时可以利用这一特性，在竹竿上绑红色布条驱赶鹅群效果很好。平常应尽可能保持鹅舍的安静，陌生人接近鹅群时，会引起鹅群齐叫和骚动，骤然受惊会影响采食和产蛋，要防止猫、犬、老鼠等动物进入圈舍。

浙东白鹅保留了很强的警戒攻击行为，在受到威胁时，先发现的鹅会用鸣叫声通知鹅群，做好警戒，并盯紧威胁方向，作出攻击或逃跑准备。威胁来临时，公鹅或领头公鹅会发起攻击，把头颈伸直，展翅快步冲向敌害，用喙猛啄，用翅膀用力拍打，鹅群会发出示威性鸣叫声。

（七）择偶交配

1. 择偶性　鹅有“一夫一妻”的特性，但随着驯化不断减弱。浙东白鹅在小群饲养时，每只公鹅常与几只固定的母鹅配种，公鹅认准的母鹅可经常进行交配，而对群体中的其他鹅则视而不配；当重新组群后，公鹅与不熟识的母鹅互相分离，互不交配，这在年龄较大的种鹅中更为突出。择偶性在不同个体、年龄和群体之间都有表现，这一特性影响受精率。因此，种鹅组群要早，让它们年轻时就生活在一起，产生“感情”，形成默契，能保证受精率。大群饲养则择偶性下降，但受精率低于小群饲养。

2. 交配行为　在水中交配时，公鹅追随母鹅并发出轻微的叫声，母鹅则与公鹅同游一段距离后，放慢速度至停止，公鹅啄住母鹅颈部，爬上母鹅背部，下压尾部交配。在岸上交配时，公鹅啄住母鹅颈部，爬上母鹅背部，下压尾部交配。交配完毕，公鹅从母鹅背部滑下，抖动尾部，昂头鸣叫；母鹅站起，抖动羽毛，舒展身体。

（八）产蛋、就巢行为

1. 产蛋行为　母鹅接近产蛋期全身羽毛紧贴，光泽鲜明，项羽光滑紧凑，尾羽和背羽整齐、平伸，后腹下垂，行动迟缓。指按腹部，腹腔增大，感觉满实，耻骨间距明显变宽。临近产蛋时，经常下蹲并稍张翅膀，这种行为称“咕雄”，喜食贝壳、砂砾。

2. 就巢　鹅虽经过人类的长期选育，有的品种已经丧失了抱孵（就巢母鹅自然孵化）的本能（如太湖鹅、豁眼鹅、朗德鹅等）。浙东白鹅仍然保留强烈的就巢性，这与民间靠自然孵化，选择就巢性能好的倾向有关。由于人为选择了鹅的就巢性，致使这一行为保持至今，这就明显减少了母鹅产蛋的时间，造成产蛋性能低于其他品种。

3. 产蛋、就巢规律　母鹅以一年产蛋期为一个产蛋年，分为3～4窝，就巢1次为1窝，一般就巢4次，部分3次，也有1～2次或5次及以上的。由表2-3可见，产蛋期母鹅就巢3～4次为多，占68.26%。就巢后至产下一窝蛋的间隔平均总天数为126.98 d，最长为194 d，最短为41 d，变异系数达到23.08%。根据表2-4结果，就巢1～5次的就巢次数越多，产蛋量越高，就是就巢6次的产蛋量也高于就巢3次的。2018年陈国宏等观察，浙东白鹅产蛋间隔时间为31～60 h，平均44 h，产蛋间隔众数为39 h，而产蛋间隔大于50 h所占比例极少，仅为9.6%；在6：00～18：00出现2个产蛋高峰。

表2-3 浙东白鹅就巢次数

项目	1次	2次	3次	4次	5次	6次	合计
母鹅个体数/只	4	40	95	62	22	7	230
所占比例/%	1.74	17.39	41.30	26.96	9.57	3.04	100

表2-4 不同就巢次数的产蛋

就巢次数/次	母鹅个体数/只	平均产蛋数/个
1	4	17.25±6.18
2	40	22.55±6.03
3	95	30.16±6.21
4	62	32.11±7.72
5	22	37.45±9.81
6	7	31.43±7.65

母鹅结束1窝产蛋后1～2 d就会就巢，就巢行为表现为待在产蛋窝里的时间增加。抱窝开始，产蛋时，留在产蛋窝中时间明显增加，随后整天伏在产蛋窝内，并转动身躯，窝内如有蛋，就会用喙转蛋，纳于腹下。观察发现，每次就巢时间为26.8～41.7 d（表2-5），且随着就巢次数的增加，产蛋量增加。少数母鹅有就巢表现了，还会产蛋1～2个。此后，母鹅可以进行自然孵化，就巢母鹅如进行自然孵化，就待在孵化窝内，每天出窝一次，排粪、饮水，孵化中后期需要采食。不继续进行孵化，则10 d左右醒抱（个体间差异较大），采食量增加，体重增大，为产下一窝蛋做准备。朱慧娟等观察，个别就巢不明显的母鹅，停产半个月左右可继续产蛋。

表 2-5　浙东白鹅平均每次就巢天数

就巢次数/次	母鹅个体数/只	就巢时间/d
1	230	41.68±15.56
2	226	37.85±18.30
3	186	38.49±15.45
4	91	31.33±15.73
5	29	26.83±16.61
6	7	39.43±17.61

（九）生活行为

1. 排粪　鹅排粪过程是尾羽举起，露出肛门，肛门周边肌肉收缩将粪便排出。浙东白鹅排粪频率较高，可以不停吃、不停排，边吃边排。排粪行为有站着，也有卧着。排粪位置稍集中于休息处和食槽边。

2. 睡眠　浙东白鹅睡眠姿势，最常见的是站着，头颈后弯，喙插入背部双翅羽丛中打盹（闭眼或睁眼），有时一脚站立，一脚缩于翅下；伏卧，头颈后弯，喙插入或不插入背部双翅羽丛中睡眠；下伏，头自然下垂至地面睡眠，有的一腿或两腿向后伸直，这种姿势雏鹅较多；伏下，头下垂贴在颈基或胸部打盹。

3. 理毛　鹅理毛是为了去除羽毛中杂物，将尾脂腺的油脂涂抹在羽毛上。浙东白鹅理毛行为与祖先鸿雁一样，用喙插入羽毛中啄理，再用头、喙擦摩羽毛表面，对翼羽会含在嘴里从羽根向羽尖梳理。理毛姿势主要有 3 种：伏在地上梳理羽毛；站在地上梳理羽毛；站在浅水中或浮在水面用喙溅水于羽毛上，清洗羽毛。对浙东白鹅理毛时间观察发现，在白天的上午 6 时至下午 6 时范围内，共理毛 46′24″。

4. 仿效　浙东白鹅仿效能力较强，如雏鹅的开食、饮水，一只鹅采食后，其他鹅就会仿效，并形成习惯，使各种行为具有极强的规律性。如在放牧饲养时，一天之中的放牧、收牧、交配、采食、洗羽、歇息、产蛋等都有比较固定的时间，而且这种生活节奏一经形成便不易改变。如原来每天喂 4 次的，突然改为 3 次，鹅会很不习惯，并会在原来喂食的时候，自动群集鸣叫、骚乱；如原来的产蛋窝被移动后，鹅会拒绝产蛋或随地产蛋；如早晨放牧过早，有的鹅还未产蛋即跟着出牧，当到产蛋时这些鹅会急急忙忙赶回舍内自己的窝内产蛋。因此，在养鹅生产中，一经制定的操作管理规程要保持稳定，不要轻易改变。

5. 争斗　争斗是动物在群体中确立地位的方式，浙东白鹅争斗行为表现为：争斗前，双方低头，伸颈展翅，显示攻击姿势；争斗时，各自用喙啄住对方颈、翅、背、尾部被毛或皮肤，抖动颈部，扇动双翅，势在用力。争斗时间长短因双方力量差异而异，短则十几秒，长的 1 min 以上。争斗至分出胜负或有其他干扰而止，负者低头避让，有叫声；胜者昂头伸颈，抖动双翅，表现一副得意的姿态。鹅群争斗在 9～10 时和中午 12 时至下午 1 时发生较多。观察发现，13 日龄雏鹅也有争斗行为，但无明确的争斗目的，属于“假斗”，因为饲养密度增大、饲料不足并不增加争斗次数。

二、消化特性

鹅是草食家禽，具有与其他家禽不同的消化特点。鹅在生活和生产过程中，需要各种营养物质，包括蛋白质、脂类、无机盐、维生素和水等，这些营养物质都存在于饲料中，饲料在消化器官中要经过消化和吸收两个过程（图 2-3）。

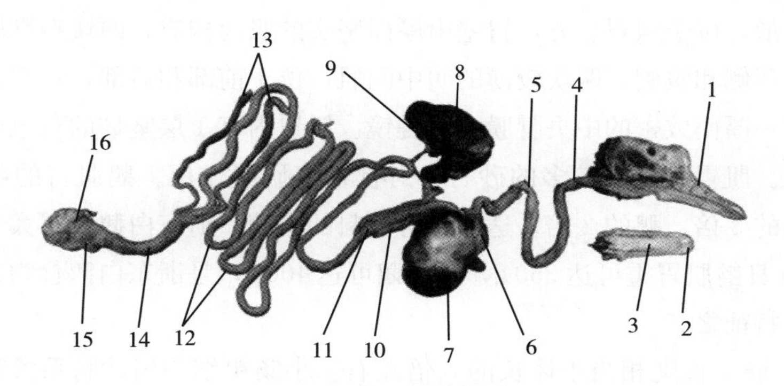

图 2-3　浙东白鹅消化系统

1. 喙　2. 下喙　3. 舌　4. 食管　5. 食管膨大部　6. 腺胃　7. 肌胃　8. 肝　9. 胆囊　10. 胰腺　11. 十二指肠　12. 空肠　13. 盲肠　14. 直肠　15. 肛门　16. 泄殖腔

（一）解剖构造

鹅的消化系统包括消化道和消化腺两部分：消化道由喙、口咽、食管（包括食管膨大部)、胃（腺胃和肌胃）、小肠、大肠和泄殖腔组成；消化腺包括肝脏和胰腺等。

1. 喙　即嘴，由上喙和下喙组成，上喙长于下喙，质地坚硬，扁而长，呈凿子状，便于采食草类。喙边缘呈锯齿状，上下喙的锯齿互相嵌合，在水中觅食时具有滤水保食的作用。

2. 口咽　是一个整体，没有将其分开的软腭，口腔器官也较简单，没有齿，唇颊部很短，活动性不大的舌能帮助采食和吞咽。口咽黏膜下有丰富的唾液腺，这些腺体很小，但数量很多，能分泌黏液，有导管开口于口咽的黏膜面。

3. 食管　较宽大，是一条富有弹性的长管，起于口咽腔，与气管并行，略偏于颈的右侧，与腺胃相连。在食管后段形成纺锤形的食管膨大部，功能与鸡的嗉囊相似。食物装满食管膨大部后，会一直向上，可达口咽部，特别是生长期采食青绿饲料，非常明显，表明其采食量大。采食量大也是其生长速度快的消化特征之一。

4. 胃　由腺胃（前胃）和肌胃（又称砂囊或肫）两部分组成。腺胃呈纺锤形，位于左右肝叶之间的背侧，胃壁黏膜上有许多乳头，乳头虽比鸡的小，但数量较多，腺胃分泌含有盐酸和胃蛋白酶的胃液通过乳头排到腺胃腔中。肌胃呈扁圆形，位于腺胃后方，胃壁由厚而坚实的肌肉构成，两块特别厚的叫侧肌，位于背侧和腹侧，两块较薄的叫中间肌，位于前部和后部，背腹面各肌肉连接处有一厚而致密的中央腱膜，称腱镜。肌胃内有 1 层坚韧的黄色类角质膜保护胃壁。肌胃腔内有较多的砂石，对食物起研磨作用。鹅肌胃的收缩力很强，是鸡的 3 倍、鸭的 2 倍，适于对青饲料的磨碎。浙东白鹅肌胃大于其他鹅品种，70 日龄肌胃重可达 350 g，成年鹅可达 400 g，是浙东白鹅食物消化能力强的消化特征之二。

5. 小肠　长度相当于体长的 8 倍左右。小肠粗细均匀，肠系膜宽大，并分布大量的血管形成网状。小肠又可分为十二指肠、空肠和回肠。

十二指肠开始于肌胃幽门口，在右侧腹壁形成一长袢，由一降支和一升支组成，胰腺夹在其中。十二指肠有胆管和胰管的开口，并常以此为界向后延伸为空肠。空肠较长，形成 5～8 圈长袢，由肠系膜悬挂于腹腔顶壁，空肠中部有一盲突状卵黄囊憩室，是胚胎期间卵黄囊柄的遗迹。回肠短而直，仅指系膜与两盲肠相连的一段。

小肠的肠壁由黏膜层、肌层和浆膜层 3 层构成，除十二指肠外黏膜内有很多肠腺，分泌含有消化酶的肠液，小肠黏膜上有肠绒毛，但无中央乳糜管。肌壁的肌层由两层平滑肌构成。浆膜是一层结缔组织。

6. 大肠　由 1 对盲肠和 1 条短而直的直肠构成，鹅没有结肠。盲肠呈盲管状，盲端游离，长约 25 cm，比鸡、鸭的都长，它具有一定的消化粗纤维的作用。距大小肠连接处约 1 cm 处的盲肠壁上有一膨大部，由位于盲肠内的大量淋巴结组成，称盲肠扁桃体。

7. 泄殖腔　略呈球形，内腔面有 3 个横向的环形黏膜褶，将泄殖腔分为 3 部分：前部为粪道，与直肠相通；中部叫泄殖道，输尿管、输精管或输卵管开口在这里；后部叫肛道，直接通向肛门，肛道壁内有肛腺，分泌黏液，背侧壁还有腔上囊（法氏囊）开口。

8. 肝脏　呈暗红色，分左右两叶，各有一个肝门。右叶有一胆囊，右叶分泌的胆汁先贮存于胆囊中，然后通过胆管开口于十二指肠。左叶肝脏分泌的胆汁从肝管直接进入十二指肠。左、右叶肝脏大小差异明显，右叶大于左叶。

9. 胰腺　呈长条形、淡粉白色的腺体，位于十二指肠的肠袢内，分背叶、腹叶和脾叶 3 部分。胰腺实质分为外分泌部和内分泌部。外分泌部分泌的胰液经 2 条开口于十二指肠末端的导管进入十二指肠腔消化食物。内分泌部称胰岛，呈团块状分布于胰腺腺泡中，分泌胰岛素等激素，随静脉血循环。

（二）消化生理

饲料由喙采食通过消化道直至排出泄殖腔，在各段消化道中消化程度和侧重点各不相同，如肌胃是机械消化的主要部位，小肠以化学消化和养分吸收为主，而微生物消化主要发生在盲肠。

1. 胃前消化　鹅的胃前消化比较简单，食物入口后不经咀嚼，被唾液稍微润湿，即借舌的帮助而迅速吞咽。鹅的唾液中含有少量淀粉酶，有一定的分解淀粉作用。食物贮存于食管假嗉囊（膨大部）中由微生物和食物本身酶对其部分分解。

2. 胃内消化

（1）腺胃消化　腺胃分泌的消化液（即胃液）含有盐酸和胃蛋白酶，不含淀粉酶、脂肪酶和纤维素酶。腺胃中蛋白酶能对食糜起初步的消化作用，但因腺胃体积小，食糜在其中停留时间短，胃液的消化作用主要在肌胃而不是在

腺胃。

(2) 肌胃消化　浙东白鹅肌胃很大，肌胃率（肌胃重占体重的百分率）约为5%，远高于鸡的1.65%，重量达180～200 g，是其他品种鹅不能比拟的，因此其青粗饲料消化力特别强。肌胃容积与体重的比例仅是鸡的一半，肌胃肌肉紧密厚实。同时，肌胃内的沙砾在肌胃强有力的收缩下，可以磨碎粗硬的饲料。在机械消化的同时，来自腺胃的胃液借助肌胃的运动得以与食糜充分混合，胃液中盐酸和蛋白酶协同作用，把蛋白质初步分解为蛋白胨及少量的肽和氨基酸。

鹅肌胃对水和无机盐有少量的吸收作用。

3. 小肠消化　主要靠胰液、胆汁和肠液的化学性消化作用，在空肠段的消化最为重要。

胰液和肠液含有胰淀粉酶、胰蛋白酶、肠肽酶、胰脂肪酶、肠脂肪酶等多种消化酶，能使食糜中蛋白质、糖类（淀粉和糖原）、脂肪逐步分解最终成为氨基酸、单糖、脂肪酸等。而肝脏分泌的胆汁则主要促进对脂肪及脂溶性维生素的消化吸收。此外，小肠运动也对消化吸收有一定的辅助作用。小肠的逆蠕动能使食糜往返运行，增加在肠内停留时间，便于食物更好地消化吸收。

小肠中经过消化的养分绝大部分在小肠吸收，食物经消化成为可吸收的养分，通过肠黏膜绒毛丰富的毛细血管吸收入血液进入肝脏贮存或送往身体各部。

4. 大肠消化　由盲肠和直肠构成。盲肠是纤维素的消化场所，除食糜中带来的消化酶对盲肠消化起一定作用外，盲肠消化主要是依靠栖居在盲肠的微生物的发酵作用。盲肠中有大量的细菌，1 g盲肠内容物中细菌数有10亿个左右，最主要的是严格厌氧的革兰氏阴性杆菌。这些细菌能将粗纤维发酵，最终产生挥发性脂肪酸、氨、胺类和乳酸。同时，盲肠内细菌还能合成B族维生素和维生素K。

盲肠能吸收部分营养物质，特别是对挥发性脂肪酸的吸收有较大实际意义。直肠很短，食糜停留时间也很短，消化作用不大，主要是吸收一部分水分和盐类，形成粪便，排入泄殖腔，与尿液混合排出体外。

（三）消化特点的利用

青饲料是鹅主要的营养来源，完全依赖青饲料也能很好生存。鹅之所以能单靠吃草而活，主要是依靠肌胃强有力的机械消化、小肠对非粗纤维成分的化学性消化及盲肠对粗纤维的微生物消化等三者协同作用的结果。盲肠微生物能更好地消化利用粗纤维，但由于盲肠内食糜量很少，而盲肠又处于消化道的后端，很多食糜并不经过盲肠。因此，粗纤维的营养意义不如想象中的那样重要。当饲料品质较差时，盲肠对粗纤维的消化有重要的意义。鹅的消化道相对较短，是依赖频频采食，采食量大而获得大量养分的，生长期浙东白鹅可以采食鲜草至充满整个食管。当地农谚“家无万石粮，莫饲长颈项”“鹅者饿也，肠直便粪，常食难饱”“边吃边拉，六十天好卖”，反映了浙东白鹅的消化特点。因此，在制订鹅饲料配方和饲养规程时，可采取降低饲料质量（营养浓度），增加饲喂次数和饲喂数量，来适应鹅的消化特点，提高经济效益。

三、繁殖特性

（一）母鹅的生殖系统

1. 解剖构造　母鹅的生殖系统和绝大多数禽类一样，也只有左侧的发育完全，右侧的虽在胚胎时期曾经出现过，但随后退化。生殖系统包括卵巢和输卵管两大部分（图 2-4）。

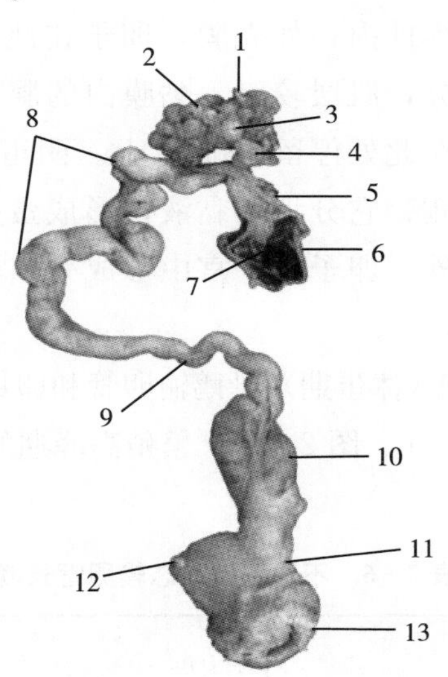

图 2-4　浙东白鹅母鹅的繁殖期生殖系统

1. 卵巢基　2. 发育中的卵泡　3. 成熟的卵泡　4. 排卵后的卵泡　5. 喇叭部颈部　6. 喇叭部　7. 喇叭部入口　8. 蛋白分泌部　9. 峡部　10. 子宫部　11. 阴道部　12. 退化的右侧输卵管　13. 泄殖腔

（1）卵巢　位于左肾前叶的下方，借卵巢系膜固定于腹腔顶壁，同时又以腹膜褶与输卵管相连。卵巢分为皮质部和髓质部，皮质部在外层，含有大量不同发育阶段的各级卵泡，突出于表面，大小不等，呈一串葡萄状，大的肉眼可见。髓质部在皮质部内，具有丰富的血管。成熟的卵泡（蛋黄）以卵泡柄与卵巢相连，并全部突出于卵巢表面，直径可达 5 cm。

卵巢还合成和分泌性激素，维持母鹅生殖系统的发育，促进排卵，调节生殖功能。

（2）输卵管　是一条长而弯曲的管道，从卵巢向后一直延伸到泄殖腔，按其形态和功能，可分 5 段：漏斗部、蛋白分泌部、峡部、子宫部和阴道部。漏斗部边缘呈不整齐的指状突起，叫输卵管伞，当卵巢排卵时，它将卵卷入输卵管中。漏斗颈有管状腺，可贮存精子，卵在此受精。一般卵子在漏斗部停留 18 min。蛋白分泌部又叫膨大部，是输卵管最曲最长的部分，黏膜内有大量的分支管状腺体，分泌蛋白和盐类，形成蛋白，卵子在此处一般停留 3 h，卵子下移通过旋转和运动，形成蛋白的浓稀层次，蛋白内层黏蛋白纤维受机械扭转和分离形成卵黄系带。峡部细而短，黏膜内的腺体分泌一部分蛋白和形成纤维性内、外壳膜，卵子在此处停留约 75 min。子宫部是输卵管最膨大的部分，肌层较厚，黏膜内的腺体分泌钙质、色素和角质层，形成蛋壳，卵子在此处停留 18 h 以上。阴道部是输卵管末段，呈 S 形，开口于泄殖腔的左侧；它分泌的黏液，形成蛋壳表面的保护膜，阴道肌层收缩时将蛋排出体外。卵子在子宫中形成完整的蛋，在此处一般只停留数分钟。

浙东白鹅非繁殖季节（休蛋期）母鹅输卵管和卵巢萎缩，繁殖季节与非繁殖季节有很大差异（表 2－6、图 2－5），繁殖高峰期的输卵管长度可以达到休蛋期的 2.4 倍。

表 2－6　不同繁殖状态输卵管长度

节气	长度/cm	繁殖状态
冬至	61.15±9.70	进入正常繁殖期
春分	81.98±9.89	繁殖高峰期
夏至	24.08±2.93	休蛋期

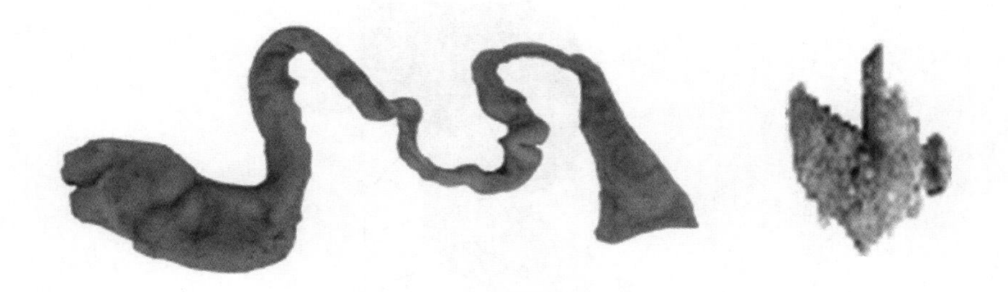

图 2-5　浙东白鹅母鹅休蛋期萎缩的输卵管和卵巢

2. 卵泡发育生理　到产蛋期，卵泡开始发育，逐渐积聚卵黄而增大，逐次成熟。

（二）公鹅的生殖系统

公鹅的生殖系统包括两侧的睾丸、附睾、输精管和阴茎。

睾丸呈椭圆形，以 1 片短的睾丸系膜悬挂在肾前叶的前下方。睾丸外面被覆一层白膜，内为实质，由许多弯曲的精细管构成，性成熟时在精细管内形成精子。精细管之间分散着间质细胞，产生雄激素，以维持性功能。

鹅的附睾不很明显，主要是由睾丸输出管盘曲构成，最后汇成很短的附睾管。

输精管由附睾管延续而来，与输尿管基本平行向前延伸，末端稍膨大形成储精囊，开口于泄殖腔括约肌下方，形成具有勃起功能的输精管乳头，朝后下方突出于泄殖腔内。输精管既是精子通过的管道，又是分泌液体成分和主要储存精子的地方。

阴茎是交配器官，较发达，位于泄殖腔肛道底壁的左侧，由 1 对纤维淋巴体组成，分基部和游离部。回缩时阴茎在基部形成球状，勃起时，基部胀大而填塞整个肛道，游离部呈螺旋状，表面有排状的突起颗粒，伸出长达 7～8 cm，粗 1 cm 以上（图 2-6）。螺旋状的游离部纤维淋巴体之间，形成一条螺旋状的输精沟，始于阴茎基部背侧，勃起时，边缘乳头互相交错紧密嵌合，形成一个暂时性的封闭管道，输精管排出的精液在输精沟的始部。交配时，阴茎游离部插入母鹅泄殖腔，精液从输精沟排出，输入母鹅泄殖腔储精囊内。公鹅阴茎在非繁殖季节萎缩。

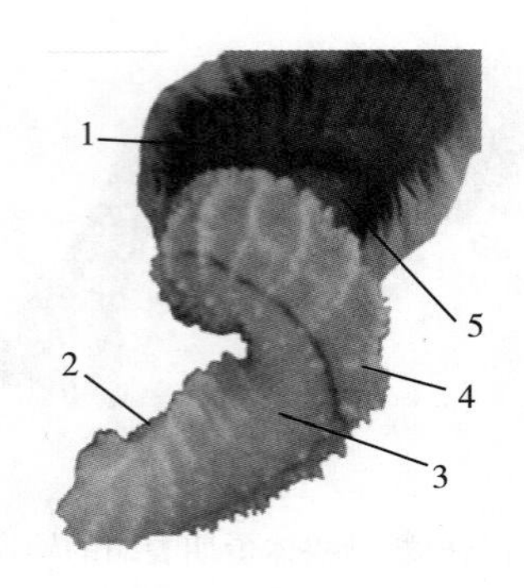

图 2-6 浙东白鹅公鹅阴茎（勃起）

1. 泄殖腔口 2. 输精沟 3. 阴茎游离部 4. 排状突起颗粒 5. 阴茎基部

四、主要免疫器官发育

分别对浙东白鹅胸腺、法氏囊、脾脏 3 个器官的生长发育情况（重量）进行测定。随着年龄增大，胸腺、脾脏明显增大（表 2-7），10 周龄重分别为 (7.911±2.298)g 和 (4.380±1.007)g，是初生的 104.1 倍和 106.8 倍。10 周龄法氏囊重为 (3.205±0.884)g，比初生重仅增加 44.8 倍，且从 6 周龄开始增速变缓。各器官 0～14 日龄增幅最大。2 周龄后各器官绝对重增加较快，但各期差异较大，28～42 日龄胸腺重增幅极小，胸腺发育从 42 日龄后又开始加快。14 日龄后各器官占体重的比例以下降为主，但变化梯度规律性不强。各器官重之间及与体重有一定的相关性：体重与法氏囊相关性较强，0～56 日龄 r（相关系数）在 0.47 以上，但 70 日龄时 r 降为0.119 6；脾脏与胸腺成负相关，初生时 r 为－0.609 2，随年龄增长，相关性减弱，而 56 日龄开始转正相关，至 70 日龄 r 达 0.602 8；28 日龄后体重与胸腺相关性增强，至 56 日龄 r 达 0.720 9；脾脏与体重成弱相关，与法氏囊也成弱相关。

表 2-7 主要免疫器官发育情况

器官发育情况		初生	14	28	42	56	70
法氏囊	重量/g	0.070±0.014	0.068 1±0.250	1.600±0.510	2.229±0.359	2.508±0.659	3.205±0.884
	占体重比例/%	0.065±0.011	0.162±0.054	0.122±0.038	0.114±0.016	0.090±0.014	0.081±0.022
	体重比变化梯度/%		249.23	75.31	93.44	78.95	90.00

（续）

器官发育情况		初生	14	28	42	56	70
胸腺	重量/g	0.076±0.046	0.995±0.209	2.514±0.954	2.647±1.062	3.251±1.150	7.911±2.298
	占体重比例/%	0.071±0.041	0.242±0.058	0.192±0.063	0.135±0.044	0.117±0.034	0.200±0.061
	体重比变化梯度/%		340.85	79.34	70.31	86.67	170.94
脾脏	重量/g	0.041±0.013	0.558±0.184	1.719±0.395	2.390±0.442	2.944±0.742	4.380±1.007
	占体重比例/%	0.039±0.013	0.135±0.045	0.137±0.030	0.125±0.031	0.108±0.027	0.112±0.027
	体重比变化梯度/%		346.15	101.48	91.24	86.40	103.70

五、生理生化指标

（一）血液与循环

1. 血细胞　鹅红细胞与其他禽类一样，有核，呈椭圆形。血液中红细胞数为 271 万个/mm^3，100 mL 血液中血红蛋白含量为 14.9 g。白细胞数为 18 200个/mm^3，其中淋巴细胞占 36.2%，异嗜性粒细胞 50.0%，嗜酸性粒细胞 4.0%，嗜碱性粒细胞 2.2%，单核细胞 8.0%。心率 200 次/min。

2. 理化指标　姜涛等测定 20 只成年浙东白鹅（公母各半），血清与蛋白质代谢有关的指标中，总蛋白（TP）（70.88±12.99)g/L，白蛋白（ALB）(28.25±4.98)g/L，球蛋白（GLB）(42.63±8.10)g/L，白球蛋白比（A/G）0.66±0.03，尿素氮（BUN）（1.47±0.56)mmol/L，谷草转氨酶（AST）(14.38±4.71)U/L，谷丙转氨酶（ALT）（14.00±4.62)U/L。与脂类代谢有关的指标中，甘油三酯（TG）（1.88±0.35)mmol/L，总胆固醇（TC）(4.96±0.63)mmol/L，高密度脂蛋白（HDL-C）5.311.06 mmol/L，低密度脂蛋白（LDL-C）（0.88±0.21)mmol/L。无机离子类血清生化指标中，钾离子（K^+）(3.41±0.19)mmol/L，钠离子（Na^+）(143.11±5.59)mmol/L，氯离子（Cl^-）(101.23±3.63)mmol/L，钙离子（Ca^{2+}）(1.05±0.11)mmol/L。与豁眼鹅、乌鬃鹅、太湖鹅、武冈铜鹅、皖西白鹅、莱茵鹅、朗德鹅比较，品种间各指标的差异见表 2-8。

3. 生长期血清中某些激素水平变化　分别于初生、2、4、6、8、10 周龄随机抽取 10 只浙东白鹅采血测定。

表 2-8　不同品种血清生化指标比较

指　标	豁眼鹅	乌鬃鹅	太湖鹅	浙东白鹅	武冈铜鹅	皖西白鹅	莱茵鹅	朗德鹅	P 值
TP/(g/L)	70.09±9.85	68.30±6.18	67.70±8.07	70.88±12.99	65.40±9.25	70.37±13.78	17.17±8.05	64.90±8.02	0.548
ALB/(g/L)	27.27±3.41	27.40±1.78	24.90±4.95	28.25±4.98	26.11±4.11	27.00±4.03	27.58±2.68	26.50±2.88	0.440
GLB/(g/L)	42.82±6.78^{ab}	40.90±4.70^{ab}	40.54±5.85^{ab}	42.63±8.10^{ab}	39.44±6.15^{ab}	43.37±9.84^{ab}	43.58±5.82^{a}	38.40±5.68^{b}	0.031
A/G	0.65±0.06^{ab}	0.68±0.05^{ab}	0.62±0.09^{b}	0.66±0.03^{ab}	0.67±0.07^{ab}	0.63±0.06^{b}	0.64±0.06^{b}	0.69±0.07^{a}	0.038
BUN/(mmol/L)	0.72±0.15^{eD}	1.11±0.31^{cdeCD}	1.62±0.62^{bB}	1.47±0.56^{beBC}	0.93±0.28^{deCD}	0.94±0.26^{deCD}	2.49±1.21^{aA}	1.32±0.20^{bcdBCD}	0.000
AST/(U/L)	9.58±1.92^{bB}	17.00±6.94^{aA}	15.00±6.99^{aA}	14.38±4.71^{abAB}	13.90±5.48^{abAB}	16.00±8.58^{aA}	18.50±10.84^{aA}	18.60±6.36^{aA}	0.002
ALT/(U/L)	8.09±2.98^{cB}	12.30±7.86^{bcB}	10.54±4.39^{bcB}	14.00±4.62^{bAB}	13.77±5.16^{bAB}	19.12±11.86^{aA}	13.41±6.77^{bAB}	11.80±2.74^{bcB}	0.001
TG/(mmol/L)	1.47±0.34^{eDE}	2.37±0.56^{bcABCD}	2.15±0.66^{bcdBCDE}	1.88±0.35^{deDE}	2.50±0.22^{bcdABC}	1.70±0.26^{deDE}	2.64±0.90^{abAB}	3.04±1.38^{aA}	0.000
TC/(mmol/L)	4.92±0.78^{bAB}	4.92±0.40^{bAB}	5.53±1.13^{aA}	4.96±0.63^{bAB}	4.24±0.87^{cB}	4.55±0.75^{bcB}	4.86±0.57^{bAB}	4.84±0.32^{bAB}	0.000
HDL-C/(mmol/L)	4.97±1.36^{ab}	4.12±1.47^{b}	4.88±1.07^{a}	5.31±1.06^{b}	4.10±1.07^{ab}	4.55±1.12^{a}	5.33±1.22^{ab}	4.37±1.00^{ab}	0.030
LDL-C/(mmol/L)	0.94±0.19	1.08±0.42	1.21±0.19	0.88±0.21	0.91±0.26	1.12±0.56	0.98±0.28	1.22±0.41	0.094
K^+/(mmol/L)	2.72±0.36^{dD}	3.07±0.38^{deD}	3.52±0.37^{aAB}	3.41±0.19^{abABC}	3.10±0.32^{bcBCD}	3.12±0.49^{bcBCD}	3.62±0.48^{aA}	3.63±0.31^{aA}	0.000
Na^+/(mmol/L)	141.81±2.97	142.43±3.74	144.21±2.92	143.11±5.59	142.47±2.42	144.07±1.56	142.26±2.08	142.76±2.89	0.414
Cl^-/(mmol/L)	99.38±1.93	101.47±2.93	100.83±3.80	101.23±3.63	102.03±2.57	101.61±1.52	100.48±1.95	102.26±2.30	0.063
Ca^{2+}/(mmol/L)	1.19±0.05^{aA}	1.01±0.06^{eC}	1.03±0.03^{deBC}	1.05±0.11^{cdeBC}	1.12±0.11^{abcAB}	1.10±0.12^{bcdABC}	1.10±0.12^{bcdABC}	1.17±0.07^{abA}	0.000

注：同行肩标不同小写字母表示差异显著（$P<0.05$），相同字母表示差异不显著（$P>0.05$），不同大写字母表示差异极显著（$P<0.01$）。

（1）T_3、T_4 水平的发育性变化　由图 2－7 可见，出雏时血清中 T_3（甲状腺激素 3）水平较高，为（7.49±0.14）ng/mL，而后显著下降，到 10 周龄时又开始上升；各周龄间比较，出生、10 周龄与其他周龄间差异极显著（$P<0.01$），而其他周龄间差异不显著。图 2－8 可见，从出生到 2 周龄 T_4（甲状腺激素 4）水平较低，到 4 周龄时显著升高（$P<0.05$），6 周龄达到最高，为（28.18±1.65）ng/mL，而后逐渐下降，但变化不明显。说明 T_3 水平变化与日增重基本一致，但初生到 2 周龄时有所区别，这可能与 T_4 水平较低有关，从而可推测 T_4 对禽类的生长起着协调作用。

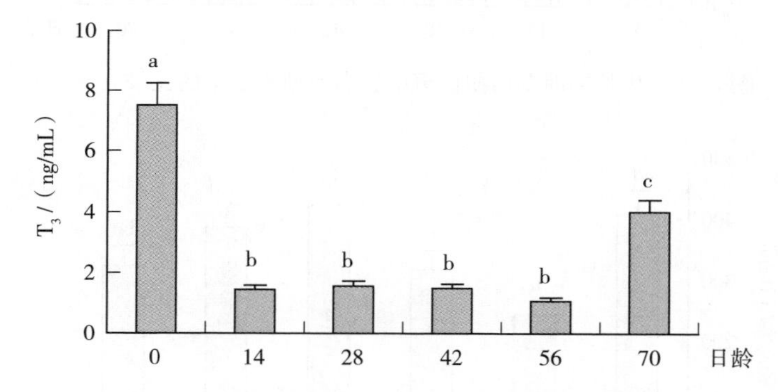

图 2－7　生长期浙东白鹅血清中 T_3 水平的比较（n=8）

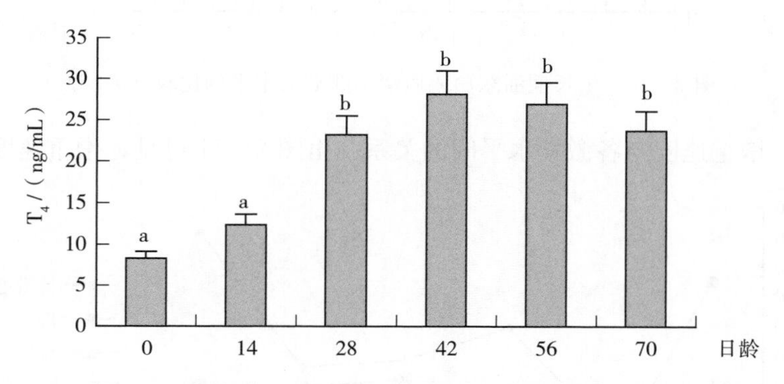

图 2－8　生长期浙东白鹅血清中 T_4 水平的比较（n=8）

（2）胰高血糖素和胰岛素水平的发育性变化　从图 2－9、图 2－10 可见，血清中胰高血糖素和胰岛素水平与 T_3、T_4 水平的变化相似。出雏时较高，分别为（10.80±0.84）IU/mL 和（407.8±15.2）IU/mL，而后呈阶段性变化，分别在 10 周龄和 6 周龄左右又出现较高水平；各周龄间比较，出雏和2 周龄间差异极显著

($P<0.01$)，其他周龄间胰高血糖素差异均不显著，而胰岛素在6周龄时达到最高，为（421.1±7.99）IU/mL，与2、4、10周龄差异显著（$P<0.05$）。

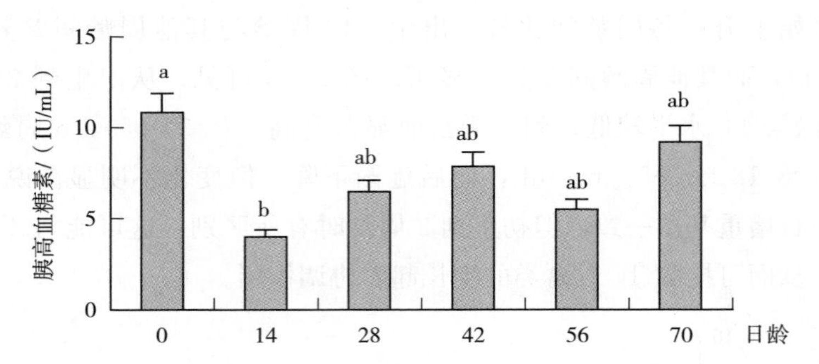

图2-9 生长期浙东白鹅血清中胰高血糖素水平的比较（$n=6$）

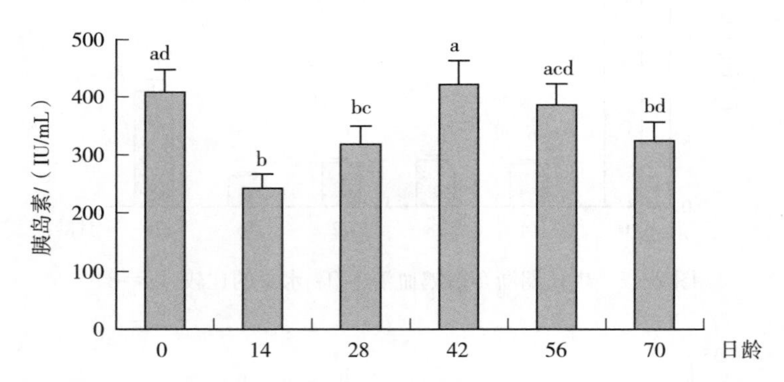

图2-10 生长期浙东白鹅血清中胰岛素水平的比较（$n=6$）

（3）增重速度与各激素水平间的关系 由图2-11可见，增重速度变化与

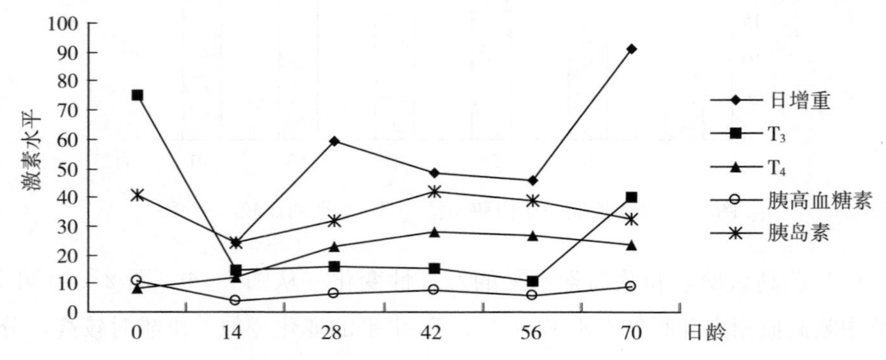

图2-11 浙东白鹅生长速度与血清中激素水平的相互关系

注：纵轴表示趋势值便于各指标曲线不同日龄变化趋势的比较。

T_3、胰高血糖素水平变化趋势一致，而与 T_4、胰岛素关系不明显。胰高血糖素可促进脂肪的沉积和蛋白质、核酸的合成，有利于肌肉的发育，因而促进了雏鹅的快速生长。

（二）呼吸系统

呼吸系统由呼吸道、肺、气囊组成，呼吸道包括鼻腔、喉、气管、鸣管、支气管等。呼吸频率公鹅 20 次/min，母鹅 40 次/min。

第三节　生产性能

一、生长性能

（一）早期生长速度

1. 20 世纪 80 年代调查情况　20 世纪 80 年代，浙东地区浙东白鹅饲养方式为农户零星散养放牧，其生长速度与饲养季节、饲料丰歉关系密切，个体差异也较大。从表 2-9 可见，据 1980 年对奉化、象山、舟山、绍兴等主产区的调查，70 日龄平均体重为 3 773 g，范围达 3 000～4 350 g。

表 2-9　1980 年浙东白鹅生长速度产区调查

日龄		统计数/只	平均体重/g	体重范围/g
1		18	105±23	50～135
30		90	1 315±464	475～2 100
60		46	3 509±720	2 000～4 500
70		62	3 704±388	3 000～4 350
75		28	3 773±822	3 300～5 540
90		5	4 080±610	3 350～5 050
120		39	4 371±551	3 050～4 900
150		4	4 637±369	4 100～5 050
180		3	3 766±378	3 500～4 200
360	公	12	5 495±463	4 650～6 400
	母	49	4 706±504	3 150～5 000

2. 提纯复壮后变化　至 1988 年，宁波市浙东白鹅选育协作组等在象山、奉化对浙东白鹅提纯复壮，早期生长速度明显变化，测定结果见表 2-10。10 周龄体重达到了 4 007.60 g，比 1983 年调查数据增加 8.20%。

表 2-10　浙东白鹅早期生长速度统计

日龄	测定数/只	体重/g	变异系数（C.V）/%	标准误（S_X）/g
初生	92	109.63±8.87	8.09	0.92
7	92	220.04±75.20	34.18	7.84
14	92	414.121±21.23	29.27	12.64
21	92	768.64±202.30	26.32	21.09
28	92	1 254.05±439.00	35.01	45.76
35	92	1 847.72±346.60	18.76	36.14
42	92	2 445.70±416.80	17.04	43.45
49	92	3 070.73±539.40	17.57	56.24
56	92	3 382.72±522.13	15.44	54.44
63	92	3 705.00±501.30	13.53	52.26
70	92	4 007.60±473.24	11.81	49.34
77	92	4 239.02±495.04	11.68	51.61
84	81	4 458.27±508.48	11.41	56.50
91	77	4 500.13±528.18	11.74	60.19

3. 生长特性　2006 年对浙东白鹅生长特性进行测定，在舍饲传统饲养条件下（后期未育肥），从图 2-12、图 2-13、表 2-11 中看出，0～70 日龄浙东白鹅不同年龄的增重幅度较大，早期生长迅速，特别是 28 日龄之前，其相对增重最快，并随着日龄增大而减小。42～56 日龄时，传统饲养中限制精料喂量，其相对增重也较低，为 24.83%，低于 56～70 日龄时增重，但精饲料料重比差异较大，是 6 周龄的 50%，10 周龄的 37.59%，两者差 12.41 个百分点。

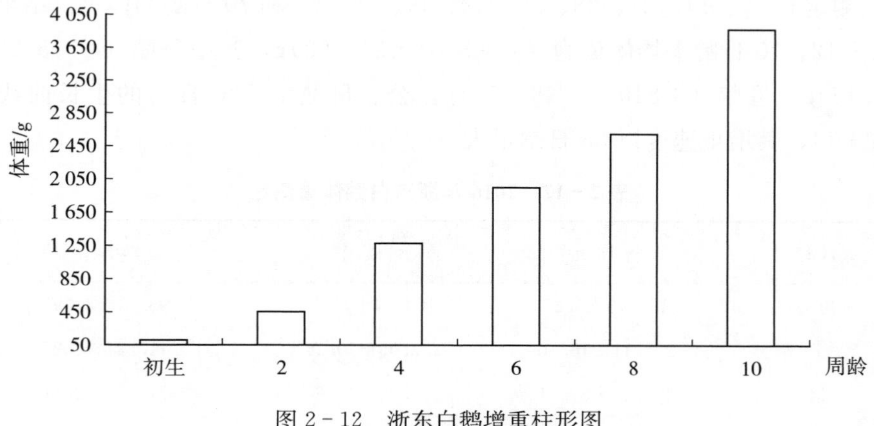

图 2－12　浙东白鹅增重柱形图

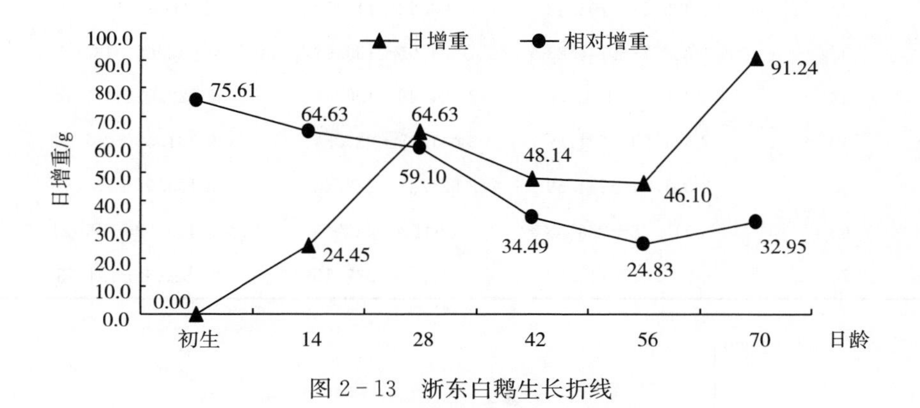

图 2－13　浙东白鹅生长折线

表 2－11　浙东白鹅增重测定

项　目	初生	14	28	42	56	70
体重/g	110.42±6.58	452.73±60.46	1 280.13±150.67	1 954.13±287.18	2 599.47±362.65	3 876.87±221.88
日增重/g	—	24.45	59.10	48.14	46.10	91.24
相对增重率/%	—	75.61	64.63	34.49	24.83	32.95
精饲料料重比	—	1.61：1	0.48：1	0.94：1	1.41：1	1.94：1
测定数/只	150	30	30	30	30	30

2016 年，在浙东白鹅原种场随机选择健雏鹅 379 只，进行舍内保温垫料平养育雏，育雏结束后，按照常规方法饲养，自由采食和饮水，适当补充青饲

料。测定0、7、14、21、28、35、42、49、56、63和70日龄的体重。结果见表2-12，70日龄平均体重为（4 063.01±315.92)g，其中公鹅（4 315.26±337.15)g，母鹅（3 810.8±194.73)g。公、母鹅0～70日龄的生长曲线见图2-14，其增重速度以35日龄最大。

表2-12 2016年浙东白鹅体重测定

日龄	平均/g	公鹅/g	母鹅/g
初生	101.13±5.22	109.24±7.05	93.01±3.39
7	222.11±16.80	232.98±19.36	211.22±14.25
14	493.13±37.51	514.98±42.60	471.22±32.41
21	860.54±69.77	903.44±75.83	817.64±63.73
28	1 320.53±103.42	1 399.98±111.58	1 241.09±95.25
35	1 863.78±144.23	1 984.95±153.92	1 742.62±134.51
42	2 381.2±184.65	2 534.48±196.48	2 227.93±172.85
49	2 871.29±221.59	3 041.05±235.84	2 701.55±207.37
56	3 331.74±254.59	3 525.43±272.42	3 138.07±236.79
63	3 715.78±286.48	3 941±305.78	3 490.59±267.21
70	4 063.01±315.92	4 315.26±337.15	3 810.8±194.73

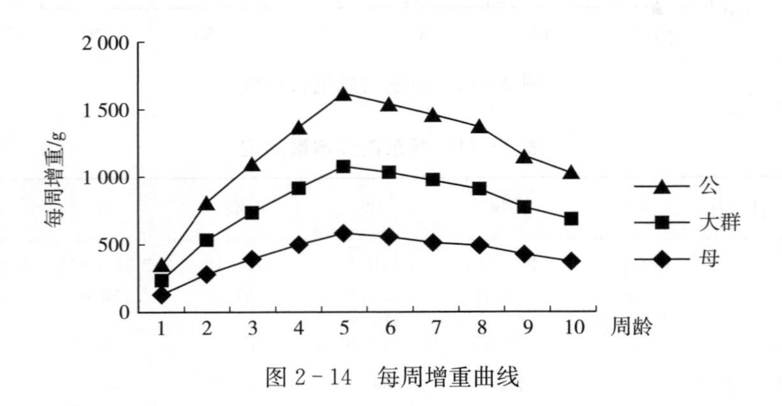

图2-14 每周增重曲线

从以上数据可以看出，浙东白鹅的初生重基本不变，早期生长速度和品种统一性提高十分明显。在1980年品种普查时，70日龄体重为3 704 g，C.V为10.48%，后来经过不断选育和饲养管理技术的提高，达到4 063 g，增加9.69%，C.V为7.78%，下降2.7个百分点。

（二）体重与体尺

根据1980年浙江省畜牧业品种资源调查，对1 236只（其中象山公、母鹅分别71只、312只，奉化87只、252只，定海53只、203只，绍兴47只、211只）360日龄以上成年浙东白鹅的体重、体尺测定统计（表2-13），平均体重公鹅5 044.4g，母鹅3 985.5g。种母鹅繁殖季节与休蛋期间体重差异大，据当年产蛋母鹅30只统计，产蛋体重为（3 739.2±277.3）g，休蛋期（7月11日）体重为（2 715.0±341.1）g，相差达1 024.2g（$P<0.01$）。据朱守信等1983年6月对定海302只（公鹅134只、母鹅168只）成年浙东白鹅调查，体重为4 171.5g，其中公鹅（4 550.0±723.5）g，母鹅（3 993.0±590.0）g，低于全省主产县平均数（表2-14）。

表2-13　1980年浙东白鹅成年体重体尺产区调查

项目	公鹅/258只		母鹅/978只	
	平均	范围	平均	范围
体重/g	5 044.4±673.50	3 200～7 100	3 985.5±581.16	2 750～5 750
体斜长/cm	30.5±1.81	27～36	28.2±1.69	23.5～34.5
龙骨长/cm	18.1±2.99	14～22	15.7±1.21	13～20.5
胸深/cm	9.4±1.39	6～13.5	8.5±1.22	5～13.4
胸宽/cm	8.7±1.81	4.5～12.5	8.2±1.57	4～12.5
骨盆宽/cm	7.8±1.13	4.5～12.5	7.3±1.21	4～10
蹠长/cm	9.1±1.06	6.8～11.5	8.3±0.99	5.5～10.5
颈长/cm	33.0±3.63	25～41	29.1±2.77	20～36
喙长/cm	7.85±0.47	7～8.9	7.29±2.27	6～8.8
喙宽/cm	4.267±1.536	3～4.8	3.638±0.361	2.7～5

表2-14　1983年舟山定海浙东白鹅成年体重体尺调查

项目	公鹅/138只		母鹅/168只	
	平均	范围	平均	范围
体重/g	4 550.0±723.5	3 000～6 700	3 993.0±590.0	2 600～5 650
体斜长/cm	34.3±1.56	30.0～38.4	31.36±1.62	26.2～34.7

（续）

项目	公鹅/138 只		母鹅/168 只	
	平均	范围	平均	范围
龙骨长/cm	16.10±0.71	14.0～18.2	14.76±0.69	13.0～16.8
胸深/cm	10.46±0.81	7.7～12.5	9.82±0.81	7.6～11.5
胸宽/cm	6.68±0.53	5.5～8.0	6.31±0.46	5.3～7.8
骨盆宽/cm	8.11±0.57	6.9～9.5	8.18±0.61	6.2～9.5
蹠长/cm	7.99±0.58	6.8～10.0	7.35±0.54	5.7～8.7
中趾长/cm	9.80±0.65	6.8～11.2	9.06±0.68	7.3～10.9
管围/cm	5.79±0.33	4.8～6.7	5.50±0.30	4.5～6.4
颈长/cm	32.33±1.60	26.5～35.6	28.97±1.67	25.1～34.2
喙长/cm	7.87±0.36	6.9～8.7	7.18±0.28	6.4～8.1
喙宽/cm	4.06±0.03	3.5～4.8	3.63±0.22	3.1～4.3
额包高/cm	6.81±0.57	5.5～8.9	5.72±0.48	4.3～6.7
额包宽/cm	3.95±0.48	3.0～4.8	3.08±0.30	2.0～4.1

从表 2－15、图 2－15 看出，不同周龄背长、胸宽、颈长增长规律与体重相近，但蹠长到 42 日龄后增长变缓，42～70 日龄仅增加 0.19 cm，2.03%。各体尺与体重间均呈正相关，其相关性以 6 周龄时为最强，r 分别达到 0.773 3、0.754 1、0.688 2、0.745 2；各体尺间也均有一定的相关性，但变化规律不明显，r 较小。

表 2－15　2006 年不同日龄浙东白鹅体尺变化

项目	初生	14	28	42	56	70
背长/cm	8.50±0.34	15.59±0.97	19.70±1.27	22.39±1.30	26.50±1.50	35.50±1.54
胸宽/cm	2.30±0.11	4.66±0.32	6.63±0.55	7.46±0.50	8.43±0.72	10.94±0.52
颈长/cm	6.20±0.50	9.20±0.70	16.63±0.95	20.31±1.72	22.40±1.64	28.12±1.62
蹠长/cm	2.90±0.15	5.00±0.34	7.37±0.39	9.38±0.53	9.56±0.49	9.57±0.54
测定数/只	150	30	30	30	30	30

2007 年对 400 日龄成年浙东白鹅公、母鹅各 30 只测定（表 2－16），体重分别为 5 969.33 g，4 750.33 g。与 1980 年调查数据比，体尺、体重均有较大幅度提高。

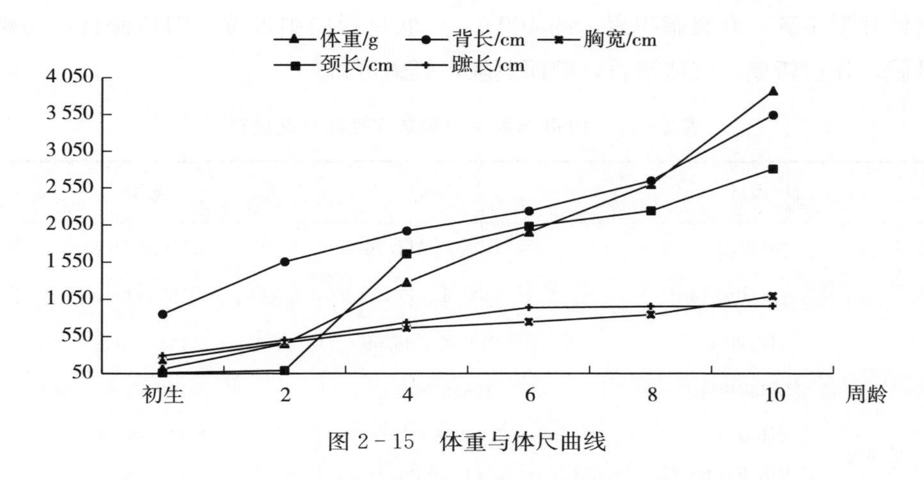

图 2－15　体重与体尺曲线

表 2－16　浙东白鹅体尺、体重测定统计结果

项目	公鹅	母鹅	平均
体重/g	5 969.33±616.24	4 750.33±424.97	5 359.83
体斜长/cm	32.78±2.03	29.63±1.54	31.21
胸宽/cm	11.70±0.76	11.15±0.52	11.43
胸深/cm	9.23±0.84	8.22±0.43	8.73
胸角/°	19.56±1.53	17.42±1.23	18.49
龙骨长/cm	8.31±0.83	7.45±0.61	7.88
骨盆宽/cm	9.37±0.55	8.11±0.31	8.74
胫长/cm	6.08±0.41	5.31±0.29	5.70
胫围/cm	84.75±3.42	75.15±2.79	79.95
半潜水长/cm	33.57±2.32	28.9±2.20	31.24

二、肉用性能

（一）屠宰性能

据 1980 年对 27 只 65～100 日龄浙东白鹅屠宰结果（表 2－17），半净膛率、全净膛率分别为 81.1%和 72.0%，各项指标的差异较大。当时加工厂从养殖户收购 70 日龄肉鹅（未经育肥），一般进行 10～15 d 短期育肥后屠宰，屠体外形丰满，有腹脂积累，约100 g，皮肤色泽白中带黄，肉色深红，肉嫩骨脆，作白斩鹅，气味清香，肥而不腻，鲜嫩可口。

表2-17　1980年浙东白鹅屠宰性能产区调查

项目		平均	范围
	活重/g	3 740±412.44	3 700～4 600
	血重/g	209.6±55.37	150～300
	羽毛重/g	213.37±38.69	125～400
	肠胆胰重/g	196.6±38.69	150～272
半净膛	屠体重/g	3 062.8±38.69	2 800～4 134
	占活重比例/%	81.1±36.9	74.1～89.9
全净膛	屠体重/g	2 688.6±286.8	2 000～3 400
	占活重比例/%	72.0±4.18	64.3～78.95
	头重/g	167.2±23.75	130～235
	掌重/g	120.7±16.7	89.5～155

2006年选用70日龄未经育肥浙东白鹅12只（公5只、母7只）进行屠宰测定，从表2-18中可看出，在未经充分育肥情况下，胸腿肌占屠体的比例25.70%，其中胸肌率8.00%，腿肌率17.70%。左右胸肌重（96.60±23.25）g、（96.57±23.00）g，左右腿肌重（208.33±23.50）g、（203.17±23.79）g，胸、腿肌的左右部分重无显著差异，但个体间胸、腿肌差异较大（$P<0.01$），特别是胸肌C.V达到23.95%。有较大经济价值的翅、掌（蹠）重分别为（353.67±29.56）g和（133.67±1.279）g，羽毛重（185.47±16.84）g，羽绒重7.25 g（因采取干拔法测定，羽绒飞散损失，准确度不高，仅供参考）。从表2-19中可看出，具有重要经济价值的肌胃重达到（171.45±18.72）g，这在中型鹅品种中是少有的，也是浙东白鹅消化率高、生长快的一个解剖见证。肝重（120.53±22.17）g，未经育肥的腹脂率仅为1.35%，但个体差异较大，C.V为43.86%。从表2-20看，宰前体重不同性别间差异显著（$P<0.05$），公鹅为4 172 g，母鹅为3 810 g，全净膛、半净膛重差异极显著（$P<0.01$），腿肌重差异极显著（$P<0.01$），但胸肌重差异不显著（$P>0.05$）。表明除胸肌外，各项屠宰性能公鹅均高于母鹅，且差异显著。

表 2-18 屠宰性能分析

项目		重量	C. V
屠体	重量/g	3 218.83±233.54	7.26
	占比/%	87.07±2.61	3.00
半净膛	重量/g	2 878.16±207.96	7.23
	占比/%	77.64±2.33	3.00
全净膛	重量/g	2 497.43±189.19	7.58
	占比/%	67.51±2.26	3.35
胸肌	左重/g	96.60±23.25	24.07
	右重/g	96.57±23.00	23.82
	占比/%	8.00±1.54	19.25
腿肌	左重/g	208.33±23.50	11.28
	右重/g	203.17±23.79	11.71
	占比/%	17.70±1.41	7.91
	翅重/g	353.67±29.56	8.36
	蹠重/g	133.67±12.79	9.57
羽绒	重量/g	7.25±3.81	52.55
	占比/%	3.91±2.16	55.24
	羽毛重/g	185.47±16.84	9.08

表 2-19 主要内脏占屠体比重

项目		重量	C. V
	屠体重/g	3 218.8±233.54	7.26
肌胃	重量/g	171.45±18.72	10.92
	占比/%	5.33	
腺胃	重量/g	14.28±1.64	1.15
	占比/%	0.44	
心	重量/g	27.01±3.25	12.03
	占比/%	0.84	
肝	重量/g	120.53±22.17	18.39
	占比/%	3.74	
腹脂	重量/g	43.37±19.02	43.86
	占比/%	1.35	
	备注		

表 2－20　屠宰性能性别比较

测定项目	性别		平均	性别差异
	公鹅	母鹅		
宰前体重/g	4 172±257	3 810±237	3 991	362[a]
屠宰体重/g	3 503±480	3 311±184	3 407	192
半净膛重/g	3 128±118	2 814±141	2 971	314[A]
半净膛率/%	75.10±3.18	73.95±2.98	74.53	1.15
全净膛重/g	2 855±122	2 585±159	2 720	270[A]
全净膛率/%	68.55±3.21	68.41±2.91	68.48	0.14
胸肌重/g	264±41	292±32	278	－28
胸肌率/%	9.26±1.42	11.28±0.89	10.27	－2.02[a]
腿肌重/g	508±28	402±25	455	106[A]
腿肌率/%	17.81±1.07	15.56±0.90	16.69	2.25[a]

注：肩标大写字母表示性别间差异极显著（$P<0.01$），小写字母表示差异显著（$P<0.05$）。

2007 年对 60 日龄浙东白鹅（公 27 只、母 33 只）进行屠宰测定（表 2－21），平均屠宰率为 87.91%，半净膛率 77.89%，全净膛率 65.74%。浙东白鹅饲养管理条件好，体重可以提前达到出栏标准，但 60 日龄胸肌、腿肌率明显低于 70 日龄肉鹅，表明 60 日龄后为其肌肉生长快速增加期。平均腹脂重 54.76 g，个体差异较大，C.V 达 42.20%，与 70 日龄测定结果相近；腹脂率母鹅高于公鹅。

表 2－21　浙东白鹅产肉性能测定结果统计

项目	公鹅	母鹅	平均
活重/g	4 275.19±337.17	3 708.82±357.69	3 954.25±447.03
屠体重/g	3 745.77±332.17	3 270.88±319.58	3 476.67±400.45
屠宰率/%	87.57±2.37	88.19±1.12	87.91±1.78
半净膛重/g	3 329.81±285	2 889.12±301.14	3 080.08±365.63
半净膛率/%	77.89	77.90	77.89
全净膛重/g	2 758.77±564.04	2 482.94±246.12	2 602.47±433.22
全净膛率/%	64.53	66.95	65.74
腹脂重/g	54.25±22.81	55.14±23.67	54.76±23.11
腹脂率/%	1.27	1.49	1.38

（续）

项目	公鹅	母鹅	平均
腿肌重/g	561.94±50.32	457.56±65.10	502.79±78.51
腿肌率/%	13.14	12.34	12.74
胸肌重/g	239.06±40.91	234.97±33.30	236.74±36.52
胸肌率/%	5.59	6.34	5.96

2016年随机选择120只（公母各半）70日龄浙东白鹅进行屠宰试验，结果见表2-22，与2006年试验结果相似，公、母之间屠宰率差异极显著（$P<0.01$），超过10个百分点，屠体重相差767.97g。皮脂含量较高，皮脂率为20.27%，母鹅高于公鹅，符合浙东白鹅肉“肥而不腻”的特性，也表明其具有烧烤加工的潜力。从表2-23中可见，各屠宰性状之间大多有极显著相关性，体重、屠体重、半净膛重、全净膛重之间的r高达0.97以上。

表2-22 2016年屠宰性能测定

测定项目	公鹅	母鹅	平均	性别差异
活体重/g	4 113.23±154.38	3 657.70±143.78	3 885.49±146.87	455.53[a]
屠体重/g	3 575.33±121.68	2 807.36±112.73	3 191.34±117.21	767.97[A]
半净膛重/g	3 205.66±189.00	2 727.42±155.35	2 966.54±172.18	478.24[a]
全净膛重/g	2 789.00±117.06	2 247.69±135.32	2 518.35±126.19	541.31[A]
胸肌重/g	317.50±44.82	281.05±37.67	299.28±41.74	36.45
腿肌重/g	432.66±15.97	385.63±14.73	409.15±15.35	47.03[a]
皮脂重/g	526.74±76.35	494.36±68.52	510.55±72.43	32.38[a]
屠宰率/%	86.92	76.75	82.13	10.17[A]
半净膛率/%	77.94	74.56	76.35	3.38
全净膛率/%	67.81	61.45	64.81	6.35[a]
胸肌率/%	11.38	10.30	10.09	1.08
腿肌率/%	15.51	17.16	16.25	−1.65
皮脂率/%	18.89	21.99	20.27	−3.1

表 2－23　各个屠宰性状相关分析

项目	体重	屠体重	半净膛	全净膛	皮脂	胸肌	腿肌	腹脂	心	肝	掌	股骨	胫骨	肌胃
体重	1													
屠体重	1.00^{A}	1												
半净膛	0.99^{A}	0.99^{A}	1											
全净膛	0.97^{A}	0.97^{A}	0.98^{A}	1										
皮脂	0.78^{A}	0.78^{A}	0.78^{A}	0.76^{A}	1									
胸肌	0.41^{A}	0.41^{A}	0.43^{A}	0.45^{A}	0.32^{A}	1								
腿肌	0.76^{A}	0.76^{A}	0.77^{A}	0.74^{A}	0.57^{A}	0.44^{A}	1							
腹脂	0.63^{A}	0.64^{A}	0.63^{A}	0.61^{A}	0.72^{A}	0.25^{A}	0.40^{A}	1						
心	0.73^{A}	0.73^{A}	0.74^{A}	0.74^{A}	0.52^{A}	0.32^{A}	0.56^{A}	0.36^{A}	1					
肝	0.64^{A}	.064^{A}	0.61^{A}	0.59^{A}	0.41^{A}	0.10	0.49^{A}	0.34^{A}	0.53^{A}	1				
掌	0.78^{A}	0.79^{A}	0.78^{A}	0.75^{A}	0.52^{A}	0.10	0.57^{A}	0.40^{A}	0.54^{A}	0.62^{A}	1			
股骨	0.51^{A}	0.51^{A}	0.50^{A}	0.50^{A}	0.33^{A}	−0.15	0.23^{A}	0.30^{A}	0.39^{A}	0.37^{A}	0.56^{A}	1		
胫骨	0.59^{A}	0.59^{A}	0.57^{A}	0.55^{A}	0.32^{A}	0.13	0.33^{A}	0.27^{A}	0.40^{A}	0.40^{A}	0.62^{A}	0.41^{A}	1	
肌胃	0.45^{A}	0.45^{A}	0.41^{A}	0.38^{A}	0.28^{A}	−0.03	0.29^{A}	0.17	0.35^{A}	0.36^{A}	0.36^{A}	0.30^{A}	0.30^{A}	1

注：肩标大写字母表示与无标字母间的相关系数有极显著差异（$P<0.01$）。

（二）肉质

浙东白鹅与其他鹅肉一样，蛋白质含量高，肌肉脂肪含量低，营养全面。从测定结果看，浙东白鹅肌肉单位面积肌纤维含量高，嫩度好；肉中必需氨基酸和鲜味氨基酸含量高；肌间脂肪分布均匀，脂肪中不饱和脂肪酸和挥发性风味脂肪酸含量比例高；还含有丰富的未知风味物质，具有肉质鲜嫩、口感甜美、肥而不腻的特点。浙东白鹅肉质特点的形成与浙东地区人们消费鹅肉的传统习俗密切相关，鹅肉一般的食用方式为白切，当地称“白斩鹅”，烹饪“白斩鹅”不加任何调味料，对鹅肉品质要求特别高，加之浙东白鹅饲养时采食各种鲜草，久而久之，形成了现有肉质特色。

1. 常规营养成分　1985 年测定 20 只肉鹅，胸肌蛋白质含量为 19.99%，脂肪 3.27%，灰分 1.21%，其中脂肪含量差异较大，在 1.43%～5.55%。

2006 年测定（表 2－24），公、母鹅间水分、粗蛋白质、粗脂肪、粗灰分的含量差异不显著；水分含量胸肌小于腿肌，差异显著（$P<0.05$）；粗蛋白质含量胸肌大于腿肌，差异达 1 个百分点（$P<0.05$），粗蛋白含量腿肌大于

胸肌（$P<0.05$），粗灰分含量则腿肌小于胸肌（$P<0.05$）。

表 2-24　肌肉常规营养成分/%

项目	水分	粗蛋白质	粗脂肪	粗灰分
公鹅	75.47±1.70	20.56±1.03	2.42±1.06	1.48±0.12
母鹅	74.70±1.82	20.36±1.36	2.04±1.07	1.59±0.18
腿肌	$75.06±1.54^{a}$	$20.96±1.05^{a}$	$3.17±1.41^{a}$	$1.34±0.12^{a}$
胸肌	$74.10±1.48^{b}$	$21.96±2.63^{b}$	$2.34±0.82^{b}$	$1.53±0.14^{b}$

2. 氨基酸　肌肉中氨基酸构成主要决定了肉品的营养价值和口感，脂肪酸的组成很大程度上影响肉的品质。为了分析浙东白鹅肉的独特风味，1985年对20只70日龄浙东白鹅胸肌进行测定，100g肌肉蛋白质中含谷氨酸12.41g、天门冬氨酸7.74g、赖氨酸7.57g、甘氨酸7.27g、苏氨酸4.22g、缬氨酸4.49g、苯丙氨酸3.17g、异亮氨酸4.11g、亮氨酸7.04g、组氨酸6.58g、蛋氨酸1.86g，其中风味氨基酸谷氨酸含量显著高于其他氨基酸，赖氨酸含量高于普通猪、鸡肉的1倍。

2016年，采用酸水解的方法对35日龄、70日龄和120日龄浙东白鹅肌肉中的氨基酸组成进行测定，结果见表2-25。肌肉中谷氨酸含量远远大于其他氨基酸，其次是天门冬氨酸、赖氨酸、亮氨酸。谷氨酸是最主要的鲜味氨基酸，其含量决定了鹅肉的鲜味程度。必需氨基酸占氨基酸总量在40%左右，与FAO提出的理想蛋白源氨基酸组成的结果一致。从不同日龄看，氨基酸总量、鲜味氨基酸总量120日龄为最高，这与其肌肉含水量低、蛋白质总量高有关，35日龄鹅肉氨基酸总量高于70日龄。

表 2-25　不同日龄肌肉氨基酸含量/%

氨基酸	日龄		
	35	70	120
天门冬氨酸 Asp	$1.66±0.07^{A}$	$1.49±0.09^{A}$	$2.47±0.36^{B}$
苏氨酸 Thr	$0.83±0.04^{A}$	$0.75±0.05^{a}$	$1.21±0.36^{b}$
丝氨酸 Ser	$0.71±0.03^{A}$	$0.64±0.03^{A}$	$1.03±0.10^{B}$
谷氨酸 Glu	$2.98±0.11^{A}$	$2.66±0.17^{A}$	$4.28±0.49^{B}$
甘氨酸 Gly	$0.81±0.06^{A}$	$0.76±0.01^{b}$	$1.23±0.12^{c}$
丙氨酸 Ala	$1.05±0.04^{A}$	$0.96±0.05^{a}$	$1.60±0.16^{b}$

（续）

氨基酸	日龄		
	35	70	120
缬氨酸 Val	0.98±0.04[A]	0.88±0.06[A]	1.51±0.20[B]
异亮氨酸 Ile	0.88±0.03[A]	0.78±0.06[A]	1.32±0.15[B]
亮氨酸 Leu	1.48±0.05[A]	1.32±0.09[A]	2.23±0.30[B]
酪氨酸 Tyr	0.69±0.03[A]	0.58±0.03[A]	0.99±0.08[B]
苯丙氨酸 Phe	0.87±0.04[A]	0.75±0.08[b]	1.31±0.12[c]
赖氨酸 Lys	1.65±0.06[A]	1.47±0.10[a]	2.45±0.21[b]
组氨酸 His	0.55±0.02[A]	0.44±0.04[a]	0.83±0.08[b]
精氨酸 Arg	1.20±0.03[A]	1.05±0.06[B]	1.75±0.19[C]
脯氨酸 Pro	0.74±0.05[A]	0.67±0.02[B]	1.040±.11[C]
氨基酸总量	17.07±0.62[A]	15.20±0.91[B]	25.26±2.72[C]
鲜味氨基酸总量	6.51±0.26[A]	5.87±0.30[B]	9.59±1.11[C]
必需氨基酸/氨基酸总量	39.14±0.18[A]	39.15±0.53[A]	39.69±0.56[A]

注：数字肩标相同字母表示差异不显著（$P>0.05$），不同大写字母表示差异显著（$P<0.05$），不同小写字母表示差异极显著（$P<0.01$）。

3. 脂肪酸　从表 2-26 可见，鹅肉中脂肪酸组成以油酸、棕榈酸、亚油酸、硬脂酸为主，其中油酸最高，其次依次是棕榈酸、亚油酸和硬脂酸，其他脂肪酸含量相对较低。鹅肉中脂肪酸以不饱和脂肪酸（UFA）为主体（不同日龄分别占 68.47%、64.08%和 64.76%），有研究指出，多不饱和脂肪酸与饱和脂肪酸之比（PUFA/SFA）高于 0.4 时，利于人体健康，而不同日龄浙东白鹅肉的 PUFA/SFA 分别达 1.02、0.79、0.75，可见其具有很高的营养价值。另外，UFA 在加热过程中双键发生氧化反应生成氧化物，继而进一步分解为很低香气阈值的羰基化合物，是肌肉风味物质的主要组成。UFA 中以棕榈酸最高，各日龄分别为 2.15%、1.86%、2.46%。不同日龄间，35 日龄鹅肉 SFA 低于 70 日龄和 120 日龄组（$P<0.01$），而 UFA 高于 70 日龄和 120 日龄组（$P<0.01$）。PUFA 和必需脂肪酸（EFA）含量随日龄增大而下降（$P<0.01$），其中二十五碳烯酸（EPA）和二十二碳烯酸（DHA）是人体必需的 ω-3 多不饱和脂肪酸，EPA 在 70 日龄鹅肉中含量为 0.55%，在 35 和 120 日龄中均未检测到，各年龄组均含 DHA，并以 70 日龄最高，为 2.05%。

表 2-26 不同日龄肌肉脂肪酸组成与含量/%

脂肪酸	日龄		
	35	70	120
豆蔻酸 $C_{14:1}$	0.31±0.05	0.35±0.05[A]	0.38±0.06[B]
棕榈酸 $C_{16:0}$	19.79±1.53[a]	22.11±0.65[b]	23.39±0.86[c]
棕榈油酸 $C_{16:1}$	2.15±0.26[A]	1.86±0.19[b]	2.46±0.26[a]
硬脂酸 $C_{18:0}$	11.20±1.63	12.61±0.63[A]	10.45±1.19[B]
油酸 $C_{18:1n9c}$	32.93±3.07	32.37±1.04[A]	35.124±.09[B]
亚油酸 $C_{18:2n6c}$	21.92±0.19[a]	15.04±0.42[b]	18.07±0.90[C]
花生酸 $C_{20:0}$	0.14±0.03[a]	0.20±0.03[b]	0.11±0.03[a]
亚麻酸 $C_{18:3n3}$	1.28±0.21[A]	1.13±0.09[a]	0.97±0.09[b]
花生一烯酸 $C_{20:1}$	0.31±0.04[a]	0.44±0.02[b]	0.33±0.06[a]
花生二烯酸 $C_{20:2}$	0.21±0.02[a]	0.28±0.03[b]	0.24±0.10
花生三烯酸 $C_{20:3n6}$	0.14±0.03[A]	0.28±0.22[A]	0.14±0.15[A]
山嵛酸 $C_{22:0}$	0.08±0.07[A]	0.40±0.23[b]	0.18±0.08[c]
花生四烯酸 $C_{20:4n6}$	7.45±2.73	9.11±0.28[a]	6.20±1.34[b]
EPA $C_{20:5}$		0.55±0.06	
掬焦油酸 $C_{24:0}$		0.25±0.02[A]	0.19±0.05[B]
神经酸 $C_{24:1}$	1.00±0.36	0.97±0.07[a]	0.68±0.15[b]
DHA $C_{22:6n3}$	1.09±0.29[a]	2.05±0.20[b]	0.87±0.59[c]
饱和脂肪酸 SFA	31.53±0.66[a]	35.92±1.23[b]	34.69±1.15[b]
不饱和脂肪酸 UFA	68.47±0.72[a]	64.08±1.23[b]	64.76±0.74[c]
单不饱和脂肪酸 MUFA	36.39±1.53	35.64±1.17[A]	38.60±2.46[B]
多不饱和脂肪酸 PUFA	32.09±1.92[a]	28.44±0.58[b]	26.17±1.84[c]
必需脂肪酸 EFA	31.73±1.87[a]	27.88±0.50[b]	25.78±1.61[c]
PUFA/SFA	1.02±0.05[a]	0.79±0.04[b]	0.75±0.04[b]

注：EFA 包括亚油酸、亚麻酸、花生四烯酸、EPA、DHA。数字肩标字母相同表示差异不显著（$P>0.05$），不同字母表示差异显著（$P<0.05$），其中小写字母不同表示差异极显著（$P<0.01$）。

4. 其他风味物质 据浙江省农业科学院李锐等测定，成年浙东白鹅肌肉中肌肽、鹅肌肽含量分别为 2 363、688 mg/kg，分别高于 500 日龄绍兴麻鸭 1 907、175.5 mg/kg 的 23.91%、292.02%。其中鹅肉中不同部位、性别中含量有一定差异，胸肌高于腿肌，公鹅高于母鹅（表 2-27）。肌肽（L-Carnosine，β-丙氨酰-L-组氨酸）、鹅肌肽（Anserine，β-丙氨酰-1-甲基-L-组氨酸）是一种由β-丙氨酸和L-组氨酸两种氨基酸组成的二肽，具有很强的抗氧化能力，已被证实可清除在氧化应激过程中因细胞膜的脂肪酸过度氧化而形成的活性氧自由基（ROS）以及 α-β 不饱和醛，对人体有益。

表 2-27 肌肽、鹅肌肽含量

项目	肌肽/(mg/kg)	鹅肌肽/(mg/kg)
全肉	2 363	688
胸肌	2 553	973
腿肌	2 173	402
公鹅	2 700	817
母鹅	2 025	558

5. 物理特性　严允逸等 1985 年对浙东白鹅胸肌纤维性状进行测定。肌纤维占总框架面积的（63.1±11.45）%，最高达到 79.08%，脂肪和结缔组织在 37%以下。肌束与肌纤维间沉积的脂肪分布均匀，单根肌纤维横截面积（107.7±38.2）μm^2，是金华猪肉肌纤维的 1/20，每平方毫米肌束中纤维含量（6 917.3±2 198.4）根。

2015 年左晓昕等试验报道，70 日龄浙东白鹅胸肌纤维直径公鹅为 26.63 μm，母鹅为 36.20 μm；肌纤维横截面积公鹅为 587.01 μm^2；母鹅为 587.70 μm^2；每平方毫米肌束中纤维含量公鹅为 2 725.90 根，母鹅为 2 624.49 根，介于皖西白鹅与豁眼鹅之间（表 2-28）。但其结果与严允逸等 1985 年测定结果差异较大，原因有待分析。浙东白鹅腿肌纤维直径公鹅为 33.86 μm，母鹅为 26.70 μm；肌纤维横截面积公鹅为 936.19 μm^2，母鹅为 1 093.44 μm^2，每平方毫米肌束中纤维含量公鹅为 1 885.17 根，母鹅为 1 728.50 根，也介于皖西白鹅与豁眼鹅之间（表 2-29）。

表 2-28 不同品种鹅胸肌组织学特性比较

品种	性别	肌纤维直径/μm	肌纤维横截面积/μm^2	肌纤维密度/(根/mm^2)
皖西白鹅	公鹅	23.80 ± 0.93^{Aa}	477.74 ± 37.62^{Aa}	$2\,978.56 \pm 149.73^{Aa}$
	母鹅	26.22 ± 0.70^{Ab}	579.74 ± 22.40^{Ab}	$2\,509.60 \pm 390.81^{Aa}$
浙东白鹅	公鹅	26.63 ± 1.39^{Ba}	578.01 ± 72.03^{Aa}	$2\,725.90 \pm 212.00^{Aa}$
	母鹅	26.70 ± 0.78^{Aa}	587.70 ± 27.03^{Aa}	$2\,624.49 \pm 43.33^{Aa}$
豁眼鹅	公鹅	35.00 ± 1.39^{Ca}	$1\,017.86 \pm 84.91^{Ba}$	$1\,604.03 \pm 129.67^{Ba}$
	母鹅	36.65 ± 0.77^{Ba}	$1\,139.54 \pm 36.96^{Ba}$	$1\,397.59 \pm 133.56^{Ba}$

表 2-29 不同品种鹅腿肌组织学特性比较

品种	性别	肌纤维直径/μm	肌纤维横截面积/μm^2	肌纤维密度/(根/mm^2)
皖西白鹅	公鹅	30.95±2.29^{Aa}	797.69±128.30^{Aa}	1 998.44±49.75^{Aa}
	母鹅	33.18±0.86^{Aa}	918.88±38.47^{Aa}	2 132.64±302.58^{Aa}
浙东白鹅	公鹅	33.86±0.53^{Ba}	936.19±47.85^{Aa}	1 885.17±89.00^{Aa}
	母鹅	36.20±1.11^{ABb}	1 093.44±67.62^{ABb}	1 650.46±82.35^{Ba}
豁眼鹅	公鹅	36.68±0.63^{Ca}	1 119.36±26.48^{Ba}	1 709.72±84.40^{Ba}
	母鹅	36.98±2.64^{Ba}	1 158.28±168.90^{Ba}	1 728.50±129.18^{Ba}

选用 12 只（公 5 只、母 7 只）70 日龄浙东白鹅右侧胸、腿肌肉进行肉色、系水力、嫩度和 pH 测定，结果见表 2-30，平均肉色级数（OD）为 1.77，其中胸肌 1.66，腿肌 1.89，公、母间差异较大，为 0.69%（$P<0.05$）；系水力胸、腿肌分别为 43.18%、37.93%，二者差异显著（$P<0.05$），公、母间差异不显著；胸、腿肌嫩度分别为 28.58、22.75 N，胸、腿肌和公、母间无显著差异；肌肉 pH 平均 6.19，无差异。

表 2-30 主要肉质物理性状

项目		性别		
		公鹅	母鹅	平均
肉色/OD	腿肌	1.54±0.62^{a}	2.23±0.31^{b}	1.89
	胸肌	1.66±0.60	1.66±0.92	1.66
	平均	1.60	1.95	1.77
系水力/%	腿肌	37.17±6.10^{a}	38.69±3.93	37.93
	胸肌	42.58±1.71^{b}	43.77±2.30	43.18
	平均	39.88	41.23	40.55
嫩度/N	腿肌	24.71±10.98	20.79±6.37	22.75
	胸肌	34.42±18.04	28.44±11.87	28.58
	平均	29.62	24.61	27.07
pH	腿肌	6.13±0.11	6.24±0.07	6.19
	胸肌	6.26±0.17	6.14±0.12	6.20
	平均	6.20	6.19	6.19

三、繁殖性能

（一）繁殖特点

1. 繁殖季节　浙东白鹅繁殖存在明显的季节性，绝大多数品种在气温升高、日照延长的5—9月，卵黄生长和排卵都停止，接着卵巢萎缩，进入休蛋期，一直至秋末天气转凉时才开产，主要产蛋期在冬春两季，即9—10月开始至翌年4—5月结束。母鹅产蛋结束时开始换羽，鹅群根据产蛋结束时间不同陆续开始换羽。换羽顺序先从主翼羽开始，副翼羽、尾羽，然后背部、颈部、腹部羽毛脱落，但在自然状态下，换羽有个体差异，多数不完全换羽。一般1个月后，新羽生长。由于浙东白鹅的产蛋差异很大，换羽一致性较差，换羽期间，人工辅助拔去主、副翼羽，可以提高换羽一致性，继而在一定程度上提高产蛋一致性。

2. 产蛋规律　传统养殖在自然状态下，每年9月上旬（白露前后）开始产蛋，翌年4月底至5月初休蛋。通过饲养条件控制，可提早到8月初开产，延迟至5月底休蛋。朱慧娟等在象山县种鹅场观察48只成年母鹅繁殖情况，进入产蛋期最早开产9月11日，最迟10月15日；最早停产翌年4月20日，最晚6月3日，实际平均产蛋天数158.5 d（137～176 d）。

在规模养殖条件下，母鹅醒抱后经过15～20 d恢复体重后产下一窝蛋，产蛋规律为隔1～3 d产1个蛋为多。经产（第3窝开始）母鹅的窝产蛋数为9～14个，年产蛋数33～36个。对12群规模养殖母鹅进行第一产蛋年产蛋按周统计，产蛋周期为36周（当年的9月至翌年5月），平均周产蛋率13.47%，在产蛋曲线中可见明显的产蛋分隔（图2-16、表2-31），出现4、13、20、26周4个产蛋高峰波段，是鹅群在此期间集中产蛋所形成，其中以第1个为最高，达到23.88%，其次分别为19.72%、18.09%、17.75%，四个高峰产蛋率依次递减。浙东白鹅群体年产蛋率曲线走向前高后低，符合鹅的产蛋规律，也体现了浙东白鹅个体窝产蛋规律。

表2-31　浙东白鹅各周产蛋情况

产蛋周	产蛋率/%	每只母鹅产蛋数/个
1	4.47±2.01	0.312 6
2	11.64±2.76	0.814 8

（续）

产蛋周	产蛋率/%	每只母鹅产蛋数/个
3	23.40±1.93	1.638 2
4	23.88±3.00	1.671 3
5	19.50±2.53	1.364 8
6	12.14±2.84	0.849 5
7	06.32±1.39	0.442 7
8	4.49±1.06	0.314 0
9	5.63±1.65	0.393 8
10	9.37±1.68	0.655 9
11	13.38±1.83	0.936 9
12	17.09±2.86	1.196 2
13	19.72±5.02	1.380 3
14	18.21±4.54	1.274 7
15	14.08±2.47	0.985 7
16	13.23±1.78	0.926 4
17	15.73±2.09	1.100 8
18	16.37±2.13	1.145 9
19	17.86±2.26	1.250 1
20	18.09±3.46	1.266 4
21	17.40±4.74	1.218 2
22	15.57±4.49	1.090 1
23	14.56±3.65	1.019 4
24	14.61±3.22	1.022 6
25	16.42±2.99	1.149 1
26	17.75±3.62	1.242 2
27	17.39±4.06	1.217 5
28	14.99±3.63	1.049 1
29	14.34±3.34	1.003 6
30	13.28±3.55	0.929 7
31	11.19±3.65	0.783 6
32	9.94±3.06	0.695 7
33	9.01±2.23	0.630 4
34	6.59±1.44	0.461 2
35	3.70±1.08	0.259 3
36	2.16±1.17	0.150 9
平均/合计	13.43±1.50	33.85

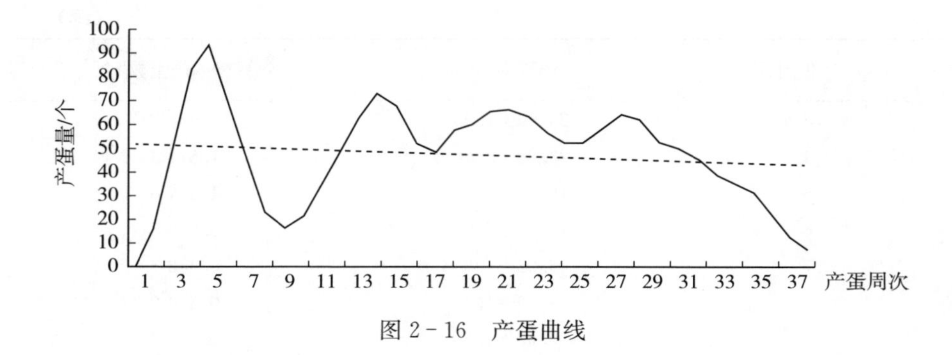

图 2-16 产蛋曲线

对 12 群规模养殖母鹅进行产蛋统计，从表 2-32 中可知，浙东白鹅产蛋一般以清晨为主，早上 8 时前平均为 60.98%，8 时后至下午 4 时的白天为 39.02%。但从记录中发现，产蛋第 9～13 周白天产蛋比例高于清晨前。这一现象可能与日照时间有关，从图 2-17 可见，9 月休蛋期结束，以清晨前产蛋为主，此后随着日照的缩短，清晨前产蛋比例下降。到 13 周（冬至以后）日照增长，清晨前产蛋比例又开始提高。

表 2-32 不同时间段产蛋比例

产蛋周	周产蛋率/%	各时间段产蛋比例/%		
		清晨	白天	正负差异
1	4.50	59.81	40.19	+
2	11.64	58.80	41.20	+
3	23.40	62.74	37.27	+
4	23.88	65.20	34.80	+
5	19.50	64.31	35.69	+
6	12.79	63.91	36.09	+
7	6.32	61.03	38.97	+
8	4.49	54.41	45.59	+
9	5.63	36.99	63.01	—
10	9.37	39.85	60.16	—
11	13.36	42.32	57.68	—
12	17.09	46.91	53.09	—
13	19.72	49.93	50.07	—
14	18.21	56.54	43.46	+
15	14.17	53.98	46.02	+

（续）

产蛋周	周产蛋率/%	各时间段产蛋比例/%		
		清晨	白天	正负差异
16	13.23	56.16	43.84	+
17	15.73	65.06	34.94	+
18	16.39	67.08	32.92	+
19	17.86	71.40	28.60	+
20	18.09	72.67	27.33	+
21	17.39	68.42	31.58	+
22	15.57	73.48	26.52	+
23	14.56	68.73	31.27	+
24	14.61	66.45	33.55	+
25	16.42	63.90	36.10	+
26	17.79	66.01	33.99	+
27	17.39	67.10	32.90	+
28	15.30	65.66	34.34	+
29	14.34	62.43	37.57	+
30	13.28	65.57	34.43	+
31	11.22	65.67	34.33	+
32	9.99	63.10	36.90	+
33	9.03	61.09	38.91	+
34	6.59	63.80	36.20	+
35	3.75	61.10	38.90	+
36	2.17	63.79	36.21	+
平均	13.47	60.98	39.02	+

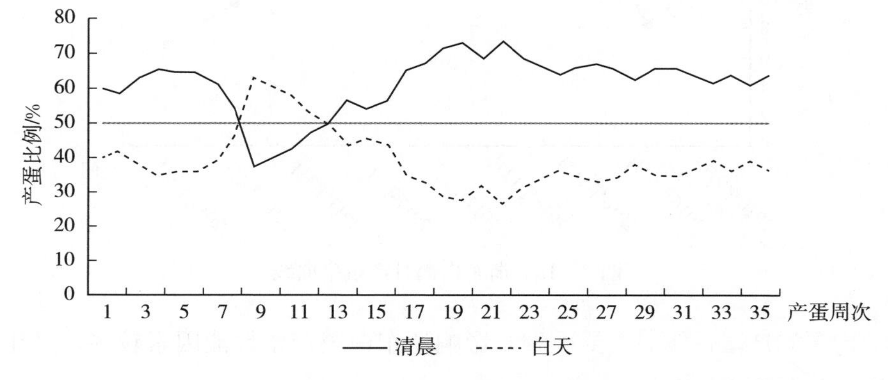

图 2-17　产蛋时间分布规律

对230只母鹅个体记录结果研究分析，在自然光照条件下，种鹅产蛋周期为9月中旬至翌年5月中旬，第一产蛋年平均产蛋29.87个，其中个体母鹅最高产蛋量达58个，最低产蛋量为8个。个体产蛋数30个以上的占46.52%，20个以下的占8.26%，可见浙东白鹅个体间的产蛋量差异很大。母鹅月产蛋率有4个高峰期，其中11月和1月明显，达到15%以上。产蛋（种用）日龄为240日龄，从图2-18中可见，产蛋曲线是一条一直在波动的曲线，最高产蛋率出现在378日龄，为22.12%。由图2-19可知，浙东白鹅月产蛋率有两个高峰期，即11月和1月，达到15%以上。把母鹅出壳日龄按2016年1月16日算，到记录产蛋量（生产种蛋）的第一天也就是9月16日，240日龄。

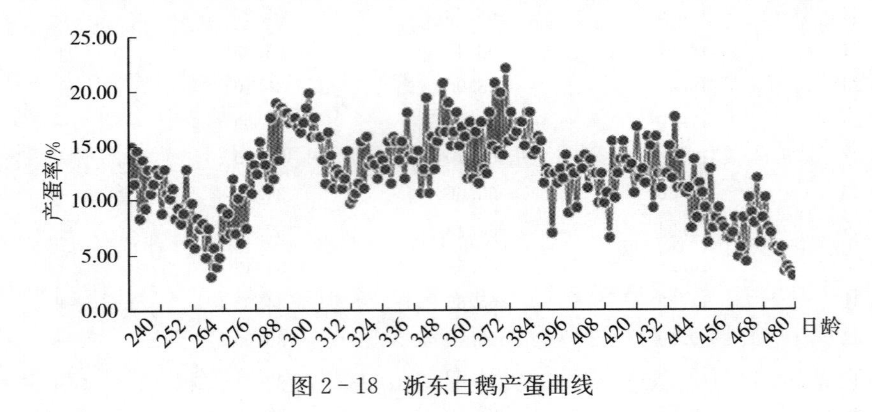

图2-18 浙东白鹅产蛋曲线

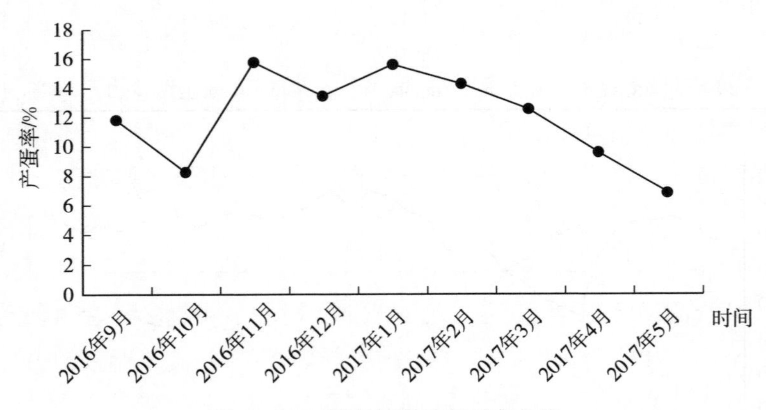

图2-19 浙东白鹅月产蛋率曲线

3. 影响产蛋性能的主要因素　影响浙东白鹅产蛋性能因素较多，且比较复杂，主要有以下几个。

（1）环境因素　包括气候环境、饲养管理等，温度、光照等影响较大，饲养管理水平、环境卫生条件、饲料营养、疾病等明显影响产蛋性能。

（2）年龄　浙东白鹅产蛋随年龄增长而提高，第3年为最高，因此确定的种用年限为4年。据朱慧娟等试验，以第1年浙东白鹅产蛋量为100%计，第2年为120.83%，第3年鹅的产蛋量为139.46%。

（3）年龄影响蛋品质　浙东白鹅初产蛋较小，第1、第2个蛋重一般在90g以下，第1窝蛋重在100g以下，且个体差异较大，一般不能作种用。如果连续产蛋，第2窝蛋差异仍然较大，一般选择第3窝蛋开始作种用。因此，常规生产习惯5—6月在第1窝产蛋结束就直接减料进入休蛋期，待9月继续产蛋，种蛋符合孵化要求。母鹅随着年龄增大，蛋重提高。据朱慧娟等测定，第1产蛋年平均蛋重（130.98±8.41)g，第2、第3年分别为（146.62±8.89)g和（157.89±12.90)g，蛋形指数分别为69.8%、68.7%、67.5%，蛋形有所变长。孵化率也相应提高。

（二）种蛋

1. 蛋品质　浙东白鹅种蛋外形、蛋壳颜色统一，随着年龄增加，蛋重增加。2007年测定（表2-33），初窝蛋重89.49g，第3窝达到156.96g，经产种蛋均重169.08g；种蛋壳铅白色，长椭圆形，蛋形指数1∶1.44，蛋壳厚度0.55～0.62mm。

表2-33　蛋品质测定情况

项目	平均值	C.V/%	测定数/个
蛋重	（169.08±11.29）g	6.68	50
蛋形指数	1∶（1.44±0.06）	4.12	50
蛋壳强度	（0.77±0.15）Pa	19.65	50
蛋壳厚度	（0.55±0.07）mm	12.73	50
蛋相对密度	1∶（1.09±0.01）	0.92	50
蛋黄色泽	（9.46±1.47）级	15.54	50
蛋壳颜色	铅白色	—	50
哈夫单位	（90.25±22.01）Ha	24.39	50
血斑	10%	—	50
蛋黄重	（58.78±4.92）g	8.37	50
蛋黄比率	（34.80±2.37)%	6.81	50

2012年苏蕊等报道，浙东白鹅与四川白鹅、豁眼鹅进行比较，结果见表2-34。浙东白鹅蛋重、蛋壳厚度极显著高于四川白鹅、豁眼鹅（$P<0.01$），蛋白高度极显著高于豁眼鹅（$P<0.01$），蛋黄颜色显著高于四川白鹅（$P<0.05$），蛋相对密度三个品种间差异不显著。表2-35中，蛋白、蛋黄、蛋壳组成比例中，浙东白鹅的蛋白重、蛋白比例、蛋壳重极显著高于四川白鹅、豁眼鹅（$P<0.01$），蛋黄比例虽最小，但蛋黄重最大。三个品种鹅蛋的一般营养成分中，蛋黄中粗脂肪（EE）浙东白鹅极显著高于四川白鹅（$P<0.01$），蛋白中的粗蛋白（CP）及蛋壳中的粗灰分（Ash）、钙（Ca）、磷（P）含量差异不显著（表2-36）。

表2-34 不同品种蛋品质比较

指标	浙东白鹅	四川白鹅	豁眼鹅
蛋重/g	163.28 ± 15.49^{A}	146.29 ± 13.96^{B}	144.70 ± 15.05^{B}
蛋形指数	1∶(1.52±0.03)	1∶$(1.54\pm0.03)^{a}$	1∶$(1.49\pm0.03)^{b}$
蛋壳颜色	57.28 ± 6.289^{A}	53.62 ± 7.016^{B}	58.62 ± 6.574^{A}
蛋相对密度/(g/cm^3)	1.092±0.007	1.091±0.007	1.091±0.007
蛋壳强度/Pa	1.00 ± 0.09^{A}	0.80 ± 0.18^{B}	1.00 ± 0.13^{A}
蛋壳厚度/mm	0.64 ± 0.055^{A}	0.56 ± 0.081^{B}	0.56 ± 0.059^{B}
蛋白高度/mm	8.55 ± 0.87^{A}	8.25 ± 1.19^{a}	7.53 ± 0.76^{Bb}
哈夫单位	69.74 ± 4.49^{A}	69.69 ± 8.66^{A}	61.97 ± 6.26^{B}
蛋黄颜色/DSM	4.50 ± 1.19^{a}	3.80 ± 1.36^{b}	3.95±0.61

表2-35 不同品种鹅蛋组成部分比较

指标	浙东白鹅	四川白鹅	豁眼鹅
蛋白重/g	90.59 ± 9.44^{A}	76.70 ± 8.15^{B}	72.08 ± 10.45^{B}
蛋白比例/%	56.18 ± 2.85^{A}	53.55 ± 2.16^{B}	52.61 ± 3.54^{B}
蛋黄重/g	50.58±5.77	48.84±6.07	48.08±6.28
蛋黄比例/%	31.41 ± 2.87^{A}	34.07 ± 2.28^{B}	35.26 ± 3.56^{B}
蛋壳重/g	19.13 ± 2.12^{A}	17.12 ± 1.56^{B}	16.38 ± 2.06^{B}
蛋壳比例/%	11.89±1.03	11.99±0.80	11.99±0.92

表 2-36 不同品种鹅蛋一般营养成分比较

指标	浙东白鹅	四川白鹅	豁眼鹅
蛋白中 CP/%	18.17±2.28	17.62±2.08	18.59±2.25
蛋黄中 EE/%	35.93±6.21[A]	30.93±5.12[B]	36.77±7.05[A]
蛋壳中 Ash/%	94.33±3.15	93.91±7.63	94.24±5.74
蛋壳中 Ca/%	1.54±0.05	1.55±0.07	1.54±0.06
蛋壳中 P/%	0.13±0.03	0.14±0.02	0.14±0.03

2. 孵化性能　种蛋孵化期 30 d，自然孵化情况下，母鹅每窝 11 个种蛋为宜，散养条件下，每产 1 个蛋，人工辅助交配 1 次，种蛋受精率可达 90%左右，受精蛋孵化率 80%～90%。规模养殖种蛋受精率下降。苏蕊对浙东白鹅（43 周龄）、四川白鹅（54 周龄）和豁眼鹅（44 周龄）种蛋各 180 个进行孵化对比，采取变温孵化（1～3 d 38.1℃，4～7 d 37.8℃，8～18 d 37.5℃，19～21 d 37.3℃，22～27 d 37.1℃，38～41 d 36.8℃），湿度前期 60%～65%，中期 55%～60%，后期 65%～70%，10～20 d 凉蛋 1 次，10 min，20 d 后上、下午各 1 次，10 min；结果浙东白鹅、四川白鹅和豁眼鹅种蛋的蛋重分别在 140～150、135～155 和 121～130 g 范围内的孵化效果最好；蛋形指数分别在 1.40～1.60、1.40～1.60 和 1.43～1.49 孵化效果最好。浙东白鹅种蛋的入孵蛋孵化率最高，显著高于豁眼鹅（$P<0.05$），其次是四川白鹅，浙东白鹅种蛋的不同蛋重、蛋形指数对孵化效果有显著影响，但对种蛋受精率则无明显影响，蛋重对初生重的影响也较明显。

（三）公鹅繁殖特点

1. 配种　浙东白鹅公鹅繁殖特点明显，具有择偶性、配种季节性，配种能力比其他品种鹅弱。在水中交配多于陆上交配，交配时间以早上为多。一般要求公、母比例自然交配为 1∶(6～10)，人工授精为 1∶(15～20)，规模养殖适当降低公、母比例。水上自由交配受精率为 70%～75%，人工辅助和人工授精为 80%～90%。

2. 精液品质　浙东白鹅精液呈乳白色，量少，公鹅个体间差异大。据苏东顿测定，浙东白鹅精液量品质与太湖鹅、豁眼鹅、狮头鹅比（表 2-37），精液量最多，为 0.407 mL，但精子密度和活力偏低。

表 2-37　不同品种 1 岁公鹅精液品质

指标	太湖鹅	豁眼鹅	浙东白鹅	狮头鹅
精液量/mL	0.249	0.316	0.407	0.340
精子密度/(亿个/mL)	9.21	8.88	5.56	5.60
活力/级	7.0	7.2	6.7	6.5
精液 pH	7.0	6.85	7.1	7.2

(四) 种用特性

1. 性成熟　浙东白鹅具有早熟性，公鹅性成熟时间为 120 日龄，适配时间为 180～210 日龄。母鹅初产时间为 120 日龄，饲养管理水平不同，可提早到 100 日龄，或推迟到 145 日龄。种用产蛋适宜时间为 180 日龄。一般年产蛋 4 窝，少数产蛋 3 窝和 5 窝，窝产蛋 9～14 个，年产蛋 33～36 个。在散养条件下，以年产蛋 4 窝调查统计，年产蛋量 39.91 个，平均每窝产蛋 9.98 个。

2. 种用年限　公鹅 3～5 年，规模养殖以 2～3 年为宜。母鹅第 2 产蛋年产蛋量高于第 1 产蛋年，其种用年限以 3～5 年为宜。

(五) 不同饲养方式繁殖性能表现

1990 年 9 月，对象山县农户散养种鹅繁殖情况进行调查统计（表 2-38）。母鹅平均年产蛋数为 38.97 个，每只母鹅自然孵化条件下，生产雏鹅 32.69 只，7 日龄成活率 89.78%。

表 2-38　散养母鹅繁殖性能调查

调查地区	母鹅数/只	产蛋数/[个/(年・只)]	出雏数/[只/(年・只)]	7 日龄成活率/%
大徐区	100	36.33	30.28	29.58
南庄区	97	45.36	33.89	33.79
西周区	103	43.98	34.01	31.59
定山区	138	37.22	35.62	35.21
石浦区	117	33.90	27.45	25.54
丹城镇	37	28.00	38.00	38.00
平均/合计	592	38.97	32.69	29.35

随着规模养殖的发展，采用大群养殖自然交配，种蛋人工孵化，浙东白鹅的繁殖成绩也有变化。2016 年对 12 群规模养殖母鹅进行产蛋统计，第一产蛋年的产蛋数为 33.85 个（表 2－39），产蛋数群养低于散养，相差 13.14％，但个别舍产蛋较高，其中 11、12 号 2 群分别达到 39.93 个、40.24 个，超过散养平均数，表明群养产蛋可以达到散养水平。

表 2－39　第一产蛋年产蛋情况

产蛋群号	产蛋率/％	每只母鹅产蛋数/个
1	13.40	33.77
2	13.63	34.34
3	12.06	30.40
4	12.29	30.97
5	13.39	33.75
6	13.83	34.85
7	11.69	29.47
8	13.71	34.55
9	14.25	35.92
10	11.11	28.00
11	15.85	39.93
12	15.97	40.24
平均	13.43±1.50	33.85±3.78

四、产绒性能

浙东白鹅羽毛质量较好，与周边地区鹅地方品种比，羽毛产量 100～180 g/只，羽绒绒朵长 20～30 mm，千朵绒重 2.3～2.8 g，蓬松度 15 cm，含绒量 25％～35％；羽毛（主、副翼羽和尾羽）洁白，羽干致密，外形美观。

沈军达等 1991 年对成年浙东白鹅与太湖鹅、豁眼鹅羽绒性能进行比较测定（表 2－40、表 2－41），羽毛产量浙东白鹅＞豁眼鹅＞太湖鹅，浙东白鹅、豁眼鹅与太湖鹅产毛量间差异显著（$P<0.05$）。品种内性别比较，公鹅显著高于母鹅（$P<0.05$）。羽毛的含绒量浙东白鹅＞豁眼鹅＞太湖鹅，浙东白鹅的母鹅羽毛含绒量高于公鹅 12.5％。千朵绒重浙东白鹅最高，与豁眼鹅、太湖鹅比差异显著（$P<0.05$）。绒朵长度也以浙东白鹅最好。千朵绒重、绒朵长度公、母鹅间无显著差异。

表 2-40　羽毛产量比较

品种	性别	数量/只	体重/kg	产毛量/g	相对产毛量/(g/kg)
浙东白鹅	公鹅	5	4.70	109.4	23.28
	母鹅	10	3.38	81.96	24.25
	平均	15	4.04	95.95	23.75
太湖鹅	公鹅	5	3.48	77.35	22.23
	母鹅	10	2.51	61.41	24.27
	平均	15	3.01	69.38	23.05
豁眼鹅	公鹅	5	3.47	101.40	29.22
	母鹅	10	2.95	77.90	26.41
	平均	15	3.21	89.65	27.93

表 2-41　羽毛品质分析

品种	性别	产毛量/g	含绒量/%	千朵绒重/g	绒朵长度/cm
浙东白鹅	公鹅	109.4	24	2.276 6	2.105
	母鹅	81.96	27	2.337 3	2.115
	平均	95.95	25.2	2.306 9	2.11
太湖鹅	公鹅	77.35	19	1.833 0	1.89
	母鹅	61.41	24.5	2.065 8	1.99
	平均	69.38	21.43	1.949 4	1.94
豁眼鹅	公鹅	101.40	14	1.902 6	1.855
	母鹅	77.90	18	2.150 2	1.97
	平均	89.65	15.74	2.026 4	1.912 5

五、与其他品种性能比较

（一）浙江省内品种比较

2012 年报道，浙东白鹅与浙江省其他地方品种太湖鹅、永康灰鹅、江山白鹅的体重、体尺、屠宰性能比较，结果如下。

1. 体重体尺　从表 2-42 可见，浙东白鹅与其他品种间存在显著差异（$P<0.05$），体斜长、骨盆宽最大；浙东白鹅与永康灰鹅、太湖鹅的体重、胸深公、母间差异极显著（$P<0.01$）。报道中浙东白鹅体重与其他试验相比偏

表 2－42 浙东白鹅与其他品种鹅体重、体尺比较

品种	性别	n	体重/g	胸深/cm	胸宽/cm	骨盆宽/cm	胫长/cm	胫围/cm	体斜长/cm	龙骨长/cm	半潜水长/cm
浙东白鹅	公鹅	14	$3\,992.86 \pm 473.63^{b}$	8.17 ± 0.46^{b}	9.45 ± 0.43	7.26 ± 0.38	7.98 ± 0.32^{b}	5.64 ± 0.37^{b}	31.61 ± 1.90^{b}	18.50 ± 2.07	72.57 ± 2.79^{b}
	母鹅	16	$3\,650.00 \pm 371.93^{a}$	7.94 ± 0.24^{a}	9.39 ± 0.54	7.19 ± 0.26	7.60 ± 0.31^{a}	5.52 ± 0.29^{a}	30.09 ± 1.37^{a}	18.25 ± 1.48	69.72 ± 2.94^{a}
	平均/合计	30	$3\,810.00 \pm 479.48^{B}$	8.05 ± 0.37^{A}	9.42 ± 0.48^{A}	7.22 ± 0.32^{C}	7.78 ± 0.37^{B}	5.58 ± 0.33^{D}	30.80 ± 1.78^{B}	18.37 ± 1.75^{C}	71.05 ± 3.17^{B}
永康灰鹅	公鹅	15	$5\,793.33 \pm 865.17^{b}$	10.19 ± 0.57^{b}	11.67 ± 0.67^{b}	6.13 ± 0.64^{b}	8.87 ± 0.55^{b}	5.65 ± 0.31^{b}	31.53 ± 2.17^{b}	17.47 ± 0.79^{b}	73.77 ± 2.98^{b}
	母鹅	15	$4\,873.33 \pm 638.60^{a}$	9.33 ± 0.58^{a}	10.77 ± 0.70^{a}	5.70 ± 0.57^{a}	7.55 ± 0.50^{a}	5.06 ± 0.28^{a}	28.80 ± 1.25^{a}	15.72 ± 0.88^{a}	65.70 ± 1.80^{a}
	平均/合计	30	$5\,333.33 \pm 881.55^{D}$	9.76 ± 0.71^{C}	11.20 ± 0.81^{C}	5.91 ± 0.63^{A}	8.21 ± 0.85^{C}	5.35 ± 0.41^{C}	30.17 ± 2.23^{B}	16.59 ± 1.21^{B}	69.73 ± 4.76^{B}
江山白鹅	公鹅	18	$3\,317.43 \pm 347.55$	7.56 ± 0.56	9.20 ± 0.29	6.62 ± 0.39	8.08 ± 0.30	4.92 ± 0.26^{a}	22.86 ± 4.27^{a}	15.82 ± 1.31^{b}	62.86 ± 6.14
	母鹅	12	$3\,306.97 \pm 348.25$	7.71 ± 0.71	9.12 ± 0.45	6.74 ± 0.30	7.96 ± 0.58	5.11 ± 0.37^{b}	24.96 ± 3.74^{b}	15.25 ± 1.12^{a}	64.75 ± 4.85
	平均/合计	30	$3\,313.25 \pm 341.82^{A}$	7.62 ± 0.62^{A}	9.17 ± 0.36^{A}	6.67 ± 0.36^{B}	8.03 ± 0.43^{B}	5.00 ± 0.31^{B}	23.70 ± 4.13^{A}	15.59 ± 1.25^{A}	63.62 ± 5.65^{A}
太湖鹅	公鹅	15	$3\,588.40 \pm 768.22^{b}$	10.95 ± 1.00^{b}	10.43 ± 0.98^{b}	7.91 ± 0.79^{b}	7.66 ± 0.61^{b}	4.46 ± 0.39^{b}	24.27 ± 2.32^{b}	17.00 ± 1.18^{b}	68.20 ± 4.13^{b}
	母鹅	15	$2\,814.85 \pm 274.60^{a}$	8.60 ± 1.03^{a}	9.11 ± 0.66^{a}	6.43 ± 0.46^{a}	6.67 ± 0.50^{a}	4.14 ± 0.37^{a}	22.69 ± 2.17^{a}	15.10 ± 1.27^{a}	58.27 ± 2.25^{a}
	平均/合计	30	$3\,201.63 \pm 689.97^{A}$	9.78 ± 1.56^{C}	9.77 ± 1.06^{B}	7.17 ± 0.99^{C}	7.17 ± 0.74^{A}	4.30 ± 0.41^{A}	23.48 ± 2.35^{A}	16.05 ± 1.54^{AE}	63.23 ± 6.02^{A}

注：数字肩标相同字母表示差异不显著（$P>0.05$），不同字母表示差异显著（$P<0.05$），其中小写字母不同表示差异极显著（$P<0.01$）。

小，可能与试验样本数、饲养管理条件有关。

2. 屠宰性能　从表 2-43 可见，浙东白鹅处于中游，各品种内公、母之间存在不同程度的差异。也可以从屠宰数据中看出，试验鹅肥度不足，也是导致屠宰性能偏低的原因。

3. 品种间聚类分析　利用体重、体尺、屠宰性能构成要素在内的表型性状进行品种聚类分析，结果与其体重、体尺表现出较高的一致性。在分成的 3 个类群中，浙东白鹅属于体重较大的鹅种，具有体型大、生长快、肉质好、耐粗饲的特点，江山白鹅、太湖鹅属于小型鹅，生长速度相对较慢，永康灰鹅体型中等。

（二）与句容四季鹅比较

句容四季鹅是 20 世纪 60 年代由引进的浙东白鹅在句容当地饲养而育成，分布于句容、高淳、溧阳、溧水等地，通称为四季鹅。经 40 多年的隔离饲养，生产性能有所差异。

1. 体重体尺　2007 年试验报道，在相同饲养条件下，测定浙东白鹅 61 只（公鹅 27 只，母鹅 34 只）、四季鹅 43 只（公鹅 21 只，母鹅 22 只），不同日龄体重结果见表 2-44。7～70 日龄浙东白鹅体重要比四季鹅大（$P<0.01$），分别高 110.81%、66.74%、47.45%、44.69%、35.39%、20.17%、31.75%、28.71%、21.78%、11.55%。表 2-45 中 70 日龄体尺比较，浙东白鹅体尺比四季鹅大，除胸深外，差异均极显著（$P<0.01$）。

2. 屠宰性能与肉质　表 2-46 中 70 日龄屠宰性能除屠宰率和腿肌率无显著差异外，浙东白鹅半净膛率、全净膛率、胸肌率、腹脂率、心重、肌胃重、肝重均极显著高于四季鹅（$P<0.01$），其中半净膛率、全净膛率、胸肌率分别高 3.50%、4.75%、54.20%，特别是浙东白鹅的胸肌明显大于四季鹅；腹脂沉积量浙东白鹅大，但个体差异大，腺胃重差异显著（$P<0.05$）。表 2-47 中 pH 浙东白鹅与四季鹅无显著差异，OD 值、失水率差异极显著（$P<0.01$），剪切力差异显著（$P<0.05$）。从以上比较数据看，浙东白鹅引入句容后，在当地饲养条件下，已混入当地鹅种血缘，而浙东白鹅原产地经本品种选育提高，两者差异加大，尤为显著的是生产速度（各日龄体重）、屠宰性能（半净膛率、全净膛率、胸肌率）、肉鲜嫩度（OD 值、失水率、剪切力）等指标，浙东白鹅均优于四季鹅。

表 2-43　浙东白鹅与其他品种鹅屠体性状比较

品种	性别	屠宰率/%	半净膛率/%	全净膛率/%	腹脂率/%	胸肌率/%	腿肌率/%
浙东白鹅	公鹅	89.49±8.54	76.74±6.83^{b}	67.88±6.40^{b}	1.76±0.61	6.68±1.17	9.88±19.44^{b}
	母鹅	87.70±1.59	74.57±2.86^{a}	64.59±2.84^{a}	1.88±0.78	7.06±1.19	9.02±1.61^{a}
	平均	88.53±5.90^{AB}	75.58±5.13^{A}	66.13±5.03^{A}	1.82±0.70^{B}	6.88±1.17^{A}	9.42±1.79^{B}
永康灰鹅	公鹅	90.78±1.80^{a}	82.76±2.06^{b}	74.40±2.25^{b}	2.75±1.42^{a}	10.25±1.35^{b}	9.30±1.38^{b}
	母鹅	93.05±2.09^{b}	74.34±3.51^{a}	60.55±15.26^{a}	4.21±1.23^{b}	8.01±1.28^{a}	7.68±1.18^{a}
	平均	91.92±2.24^{C}	78.55±5.13^{A}	67.48±12.83^{A}	3.48±1.50^{D}	9.13±1.72^{C}	8.49±1.51^{A}
江山白鹅	公鹅	85.90±1.45	78.37±1.16	68.69±1.44	0.50±0.22^{a}	7.86±1.20^{b}	8.45±1.62^{a}
	母鹅	85.58±1.95	78.28±1.95	68.40±1.99	0.61±0.37	8.10±1.07	9.09±1.49^{b}
	平均	85.77±1.64^{A}	78.33±1.49^{A}	68.57±1.66^{A}	0.55±0.29^{A}	7.95±1.14^{B}	8.71±1.57^{AB}
太湖鹅	公鹅	93.26±15.86	86.08±14.48^{b}	76.89±13.79^{b}	2.66±1.06	8.94±2.56	11.99±2.87^{b}
	母鹅	88.97±5.75	77.50±4.26^{a}	68.38±4.87^{a}	2.81±1.80	9.57±1.15	9.66±1.39^{a}
	平均	91.11±11.92^{BC}	81.79±11.36^{B}	72.63±11.05^{B}	2.74±1.46^{C}	9.25±1.97^{C}	10.82±2.51^{C}

注：数字肩标相同字母表示差异不显著（$P>0.05$），不同字母表示差异显著（$P<0.05$），其中小写字母不同表示差异极显著（$P<0.01$）。

表 2－44　不同日龄浙东白鹅体重比较

日龄	浙东白鹅/g			句容四季鹅/g		
	公鹅	母鹅	平均	公鹅	母鹅	平均
7	422.04±135.87	402.47±125.02	411.13±129.19^{C}	212.29±151.39	178.55±30.16	195.02±107.98^{A}
14	844.37±209.12	767.44±191.33	801.49±201.42^{C}	521.24±203.64	411.95±75.30	480.67±155.53^{A}
21	1 266.33±334.04	1 255.97±285.30	1 243.84±305.83^{C}	893.86±257.95	795.55±99.29	843.56±197.71^{A}
28	1 798.59±339.81	1 679.68±346.10	1 732.31±345.64^{C}	1 268.33±198.93^{c}	1 129.45±125.45^{a}	1 197.28±177.90^{A}
35	2 102.48±429.22	1 925.79±347.69	2 004.00±292.62^{C}	1 533.33±247.91	1 429.36±227.61	1 480.14±240.70^{A}
42	2 308.11±429.44	2 125.03±318.07	2 206.07±379.43^{C}	1 937.95±315.84^{b}	1 738.27±294.44^{a}	1 835.79±317.88^{A}
49	2 810.04±542.15^{b}	2 539.53±369.17^{a}	2 659.26±469.76^{C}	2 097.24±363.74	1 943.32±353.13	2 018.49±362.51^{A}
56	3 028.96±502.37^{c}	2 717.15±362.75^{a}	2 855.16±454.01^{C}	2 292.95±362.50	2 147.00±418.56	2 218.28±394.50^{A}
63	3 201.30±434.81^{c}	2 819.24±330.59^{a}	2 988.34±422.67^{C}	2 510.52±403.94	2 399.64±424.11	2 453.79±413.25^{A}
70	3 296.15±436.58^{c}	2 890.88±436.58^{a}	3 070.26±427.12^{C}	2 821.05±454.01	2 686.91±465.36	2 752.42±459.39^{A}

注：数字肩标相同字母表示差异不显著（$P>0.05$），不同字母表示差异显著（$P<0.05$），其中小写字母不同表示差异极显著（$P<0.01$）。

表 2-45　70 日龄浙东白鹅和句容四季鹅体尺比较

体尺	浙东白鹅/cm			句容四季鹅/cm		
	公鹅	母鹅	平均	公鹅	母鹅	平均
体斜长	27.54±1.73[c]	26.49±1.30[a]	26.96±1.58[C]	25.42±1.42[c]	24.20±1.38[a]	24.75±1.51[A]
龙骨长	14.78±1.16	14.40±1.07	14.57±1.12[C]	12.58±1.43	12.53±1.25	12.55±1.31[A]
颈长	29.61±3.10	28.56±1.85	29.03±2.52[C]	26.63±2.07	25.43±1.83	25.97±2.01[A]
胸宽	10.68±0.61	10.49±0.66	10.58±0.64[C]	9.88±0.73	9.78±0.63	9.83±0.67[A]
胸深	7.50±0.28[b]	7.36±0.25[a]	7.42±0.27	7.63±0.37[b]	7.40±0.24[a]	7.51±0.32
髋宽	8.06±0.22	7.95±0.26	8.00±0.25[C]	7.78±0.24	7.80±0.20	7.79±0.22[A]
胫长	9.57±0.54[c]	9.17±0.52[a]	9.35±0.56[C]	8.56±0.34	8.37±0.54	8.46±0.47[A]
胫围	5.12±0.28	4.97±0.34	5.03±0.32[C]	4.60±0.27	4.46±0.37	4.53±0.33[A]
半潜水长	60.37±4.08[b]	58.06±3.23[a]	59.09±3.78[C]	51.99±3.88	51.53±3.88	51.74±3.84[A]

注：数字肩标相同字母表示差异不显著（$P>0.05$），不同字母表示差异显著（$P<0.05$），其中小写字母不同表示差异极显著（$P<0.01$）。

表 2-46　70 日龄浙东白鹅和句容四季鹅屠宰性能比较

屠宰性能	浙东白鹅			句容四季鹅		
	公鹅	母鹅	平均	公鹅	母鹅	平均
屠宰率/%	90.35±3.78	91.65±2.32	91.10±3.06	89.72±2.33	90.47±2.51	90.12±2.43
半净膛率/%	84.12±3.81	85.02±2.55	84.66±3.14[C]	80.95±3.03	82.53±2.41	81.80±2.79[A]
全净膛率/%	63.23±4.06	63.80±2.76	63.56±3.35[C]	59.48±2.89[a]	61.72±2.84[b]	60.68±3.04[A]
腿肌率/%	18.17±2.24	17.75±3.20	17.92±2.82	18.84±3.96	17.36±5.65	18.05±4.94
胸肌率/%	8.97±2.48	9.65±2.77	9.36±2.65[C]	5.08±1.52[a]	6.92±2.25[c]	6.07±2.14[A]
腹脂率/%	0.36±0.27[a]	0.55±0.41[b]	0.47±0.37[C]	0.05±0.16	0.27±0.49	0.17±0.39[A]
心重/g	23.80±4.21[c]	19.94±2.15[a]	21.57±3.70[C]	13.66±2.59	14.66±3.58	14.20±3.16[A]
腺胃重/g	14.47±2.63	13.02±3.22	13.63±3.05[B]	12.89±4.36	11.71±2.33	12.26±3.42[A]
肌胃重/g	135.40±21.36[b]	122.83±25.11[a]	128.13±24.24[C]	109.83±27.36	116.94±17.64	113.65±22.65[A]
肝重/g	83.57±13.82[c]	70.15±9.61[a]	75.82±13.27[C]	61.43±17.23	57.91±12.18	59.54±14.65[A]

注：数字肩标相同字母表示差异不显著（$P>0.05$），不同字母表示差异显著（$P<0.05$），其中小写字母不同表示差异极显著（$P<0.01$）。

表 2-47　70 日龄浙东白鹅与句容四季鹅肉品质比较

项目	浙东白鹅			句容四季鹅		
	公鹅	母鹅	平均	公鹅	母鹅	平均
pH	6.099±0.170	6.152±0.287	6.129±0.244	6.173±0.162	6.134±0.158	6.151±0.159
OD 值	0.975±0.279[b]	0.825±0.234[a]	0.889±0.263[C]	0.486±0.173	0.643±0.319	0.577±0.276[A]
失水率/%	31.004±4.812	31.544±7.171	31.314±6.234[B]	29.634±4.373	27.480±5.355	28.387±5.019[A]
剪切力/N	55.89±21.20	45.45±22.12	49.93±22.18[A]	87.77±22.62[b]	70.13±26.39[a]	77.56±26.09[C]

注：数字肩标相同字母表示差异不显著（$P>0.05$），不同字母表示差异显著（$P<0.05$），其中小写字母不同表示差异极显著（$P<0.01$）。

（三）与四川白鹅比较

四川白鹅属于我国无就巢性的中型鹅品种，生产性能与浙东白鹅有较大的差异，20 世纪 90 年代浙江省农业科学院为了充分发掘两个不同特色品种的遗传潜力，科学利用遗传资源，进行了两个品种的对比试验。试验各用种鹅 50 只，在相同环境中采用一致的饲养管理方法，其繁殖性能见表 2-48，浙东白鹅产蛋数为 36.05 个，四川白鹅为 68.15 个，相差 32.10 个，89.04%。

表 2-48　浙东白鹅与四川白鹅繁殖性能比较

品种	开产日龄	5%产蛋率日龄	每只母鹅年产蛋数/个	产蛋期成活率/%
浙东白鹅	189	224	36.05	95
四川白鹅	168	197	68.15	95

第四节　品种标准

目前我国鹅地方品种中，浙东白鹅相关的标准最为完善，对浙东白鹅标准化生产和产业发展具有重要作用和意义。《浙东白鹅》品种标准最早在 1987 年制定发布。浙东白鹅品种经提纯复壮后，生产性能和品种统一性提高，为品种标准制定提供基础，并由宁波市浙东白鹅选育协作组牵头，制定并发布了《浙东白鹅》浙江省标准，于1987年1月1日实施。随着浙东白鹅生产的发展，《浙东白鹅》品种标准及配套生产技术规范不断制定并逐步完善，如宁波市的《象山白鹅》、舟山市的《舟山白鹅》、余姚市的《浙东白鹅》等相关地方标准相继制定发布。21世纪以来，中心产区象山县制定了以象山白鹅为代表的浙东白鹅系列标准，为浙东白鹅标准化生产奠定基础，并形成了《浙东白鹅》国家标准。

一、《浙东白鹅》国家标准

标准起草单位：浙江省农业科学院、象山县畜牧兽医总站、温州市农业科学研究院、象山县浙东白鹅研究所。主要起草人：卢立志、陈维虎、董丽艳、李国勤、沈军达、孙红霞、田勇、陶争荣、陈黎、徐小钦、徐坚、俞照正。本标准2016年制定并通过审评，中华人民共和国国家质量监督检验检疫总局、中国国家标准化管理委员会于2018年发布，2018年实施。

1. 范围　本标准规定了浙东白鹅原产地和特性、体型外貌、体重体尺、生长发育性能、屠宰性能、繁殖性能、蛋品质量和测定方法。

本标准适用于浙东白鹅品种。

2. 规范性引用文件　下列文件对于本文件的应用是必不可少的。凡是注日期的引用文件，仅注日期的版本适用于本文件。凡是不注日期的引用文件，其最新版本（包括所有的修改单）适用于本文件。

NY/T 823　家禽生产性能名词术语和度量统计方法。

3. 原产地和特性　浙东白鹅原产地为浙江省宁波市的象山县、宁海县、奉化市、余姚市、慈溪市以及绍兴市、舟山市部分县市等浙东地区。属中型鹅地方品种，肉质好。

4. 体型外貌　浙东白鹅结构紧凑，体态匀称。头大小适中，额包高突，喙、额包呈橘黄色，眼睑金黄色，虹彩灰蓝色。全身羽毛洁白（公母一起描述）。

公鹅体躯呈斜长方形，站立昂首挺胸，体格雄伟。胫、蹼呈橘黄色，爪玉白色。尾羽短而上翘。

母鹅行动敏捷。头颈清秀灵活。腹部宽大，尾羽平伸。

雏鹅绒毛黄色。

成年鹅和苗鹅图片参见附录A。

5. 体重体尺　400日龄体重和体尺见表2-49。

表 2-49 浙东白鹅（400 日龄）体重和体尺

项目	公	母
体重/g	5 220～6 270	4 240～5 260
半潜水长/cm	80.6～89.0	71.8～78.6
体斜长/cm	30.5～35.3	27.8～31.4
胸深/cm	8.3～10.3	7.8～8.8
龙骨长/cm	17.8～21.4	16.0～18.8
胫长/cm	8.7～10.1	7.7～8.5
胫围/cm	5.6～6.6	4.9～5.7

6. 生长发育性能 生长发育性能见表 2-50。

表 2-50 浙东白鹅生长发育性能

周龄	体重/g	
	公鹅	母鹅
0	98.4～120.8	78.4～100.8
3	1 066.9～1 319.1	790.3～1 060.3
4	1 636.4～2 011.0	1 365.7～1 676.5
5	2 249.1～2 557.3	1 644.6～2 158.4
6	3 043.4～3 545.2	2 352～2 808
7	3 642.4～4 235.0	2 977.8～3 589.4
8	4 011.3～4 508.3	3 130.0～3 664.4
9	4 348.1～5 416.5	3 341.8～4 350.8

7. 屠宰性能 70 日龄屠宰性能见表 2-51。

表 2-51 浙东白鹅（70 日龄）屠宰性能

项目	公鹅	母鹅
屠宰率/%	84.7～90.5	86.9～89.5
半净膛率/%	75.3～80.5	74.7～81.1
全净膛率/%	61.9～67.1	65.3～68.7
胸肌率/%	6.2～16.6	10.2～12.4
腿肌率/%	11.0～20.4	14.5～16.7

8. 繁殖性能　繁殖性能见表 2－52。

表 2－52　浙东白鹅繁殖性能

项　　目	范　　围
5%开产日龄/d	130～150（控制在 210 d 左右较好）
年产蛋数/个	28 ～ 40
受精率/%	≥85
受精蛋孵化率/%	≥80
公母比例	自然交配 1：(5～7)

9. 蛋品质量　蛋品质量见表 2－53。

表 2－53　浙东白鹅蛋品质量（300 日龄）

项　　目	范　　围
蛋重/g	145～175
蛋壳颜色	白色

10. 测定方法　体型外貌为目测，体重体尺、生长发育性能、屠宰性能、繁殖性能、蛋品质量测定按照 NY/T 823 执行。

第三章
浙东白鹅品种保护

第一节　保种概况

一、实施单位简况

浙东白鹅保种单位象山县浙东白鹅研究所是宁波市民营农业科研机构，属股份制企业，成立于1995年。研究所专门从事浙东白鹅良种保护、繁育及配套饲养管理、饲料生产、疾病防治等技术研究和成果应用，2011年列入国家水禽产业技术体系宁波综合试验站。研究所开展了为期7年5个世代的浙东白鹅本品种继代选育和为期5年的提纯复壮，与浙江省农业科学院和华大基因研究院共同完成了浙东白鹅全基因组图谱绘制，研究推广种鹅人工醒抱和种蛋人工孵化技术，将分子生物学技术应用于浙东白鹅的种质测定，研究和示范牧草全年均衡生产技术并实现江南地区紫花苜蓿高产栽培。

浙东白鹅保种工作由浙江省农业科学院、浙江省畜牧兽医局、上海市农业科学院、浙江农林大学、宁波市畜牧兽医局及国家水禽产业技术体系等单位专家参与技术指导，合作开展相关试验研究，象山县畜牧兽医总站及象山县浙东白鹅专业技术协会、象山县浙东白鹅专业合作社、文杰大白鹅有限公司等参与保种群种鹅选择和新血液增加、年度更新等工作。

二、保种场、保护区

（一）范围

浙东白鹅保种场建设地点位于浙江省象山县涂茨镇，保护区位于浙江省象山县涂茨镇、东陈乡、新桥镇、定塘镇、贤庠镇、西周镇、鹤浦镇、墙头镇。

（二）保种群组建

1. 保种素材收集　家系保种的保种素材采集，以象山县6个主要规模种鹅场种鹅繁殖后代作为保种鹅群来源基础群。6个种鹅场存栏种鹅21.46万只，年提供商品种苗450万只，在6个种鹅场选择的4.65万只当年后备种鹅中随机选留组建家系保种群。群体保种的下一代保种素材采集，在原有浙东白鹅种鹅场（浙江省级种鹅场）大群保种（种鹅数量7 000只）的种群后代中随机选留。

2. 家系保种　组建146个单父本家系保种群，每个家系公、母数为1∶4。保种群数量730只，其中公鹅146只，产蛋前平均体重5 083 g；母鹅584只，产蛋前平均体重4 105 g。家系保种世代间隔时间确定为3～4年，保种过程中家系公鹅缺失由预留公鹅顶替，母鹅缺失在2只以下的，由该家系当年后代中随机选留。各家系采用家系等量留种；组建家系时，根据系谱记录，同一配种小间公、母鹅来源于不同家系，而且每一世代都按照这一方法。

3. 群体保种　群体保种采用小群集中饲养，公、母自由配种的方式。群体保种世代间隔时间为3～4年，群体数量保持在500只。每一世代保种群继代留种下一世代保种群时，采用随机留种方式。

4. 保护区　保护区内浙东白鹅种鹅场必须符合当地种畜禽场生产经营要求，按品种及市场标准实施选种繁育和饲养管理，并获得《种畜禽生产经营许可证》，否则不能经营浙东白鹅种苗。保护区内不得进行任何浙东白鹅杂交繁育，确保保护区内浙东白鹅的品种纯净。对保护区内种鹅生产经营者开展技术培训指导，组织浙东白鹅养殖协会、合作社、种苗大户加强生产经营过程的自律性监管。

第二节　保种方案

一、实施方案

（一）保种策略、保种目标

保种群公鹅不少于30只，母鹅200只以上，世代间隔为3～4年。通过采取科学合理的保种方法和继代留种方式，有效减缓群体近交系数增量，避免近交退化，保持原有品种的特征与特性。

（二）品种需要重点保护的性状

重点保护浙东白鹅中等偏大体型、额包发达、白羽等特征，以及早期生长速度快、料重比高、肉质优良和具有攻击性的特性。

（三）保种方法

保种方法可选择家系保种或群体保种，家系保种可选择单父本或多父本家系保种。

1. 家系保种　单父本家系是指每个家系配有 1 只公鹅；多父本群体家系是指每个家系配有多只公鹅。母鹅仅做家系繁殖记录，按照系谱进行继代繁育。保种群继代繁殖时要求单父本家系数不少于 30 个；多父本家系数不少于 8 个，公鹅 30 只以上，母鹅 200 只以上。具体实施步骤如下：

（1）种蛋收集　按照家系收集种蛋，在每个种蛋的小头记上家系号。连续收集 8～12 d 种蛋入孵，保证足够的出雏数，数量不够可进行多批次繁殖。

（2）种蛋孵化　入孵前把每个家系的种蛋归类，依次排进蛋盘，记录各个家系的入孵蛋数。登记好的种蛋入孵、消毒，按常规进行孵化，7 日龄照检，拣出无精蛋、死胚，并做好记录。种蛋孵化至 28 d 时，按蛋上家系号顺序依次将每个家系的蛋转入谱系孵化专用的出雏笼或网袋。

（3）出雏　查看蛋壳上的家系号，从每个系谱孵化专用出雏笼或网袋中取出雏鹅，选留全部体型外貌符合品种标准的健雏。每个家系的公、母雏均做好家系标记和记录（可采用戴翅号或断趾、撕蹼、蹼上打洞等方法进行标记），并记录各家系的数量、翅号范围或标记方法。抽样称测初生重，公、母各 50 只。

（4）育雏　按常规育雏期饲养方法进行饲养管理，记录饲养日报表，4 周龄抽样称测体重，公、母各 50 只以上。

（5）育成　按常规育成期饲养方法进行饲养管理，记录饲养日报表，抽样测定 10 周龄体重，公、母各 50 只以上。8～10 周龄时选种，按家系等量原则初步选留体型外貌符合品种标准、体格健壮的个体。单父本家系初选公鹅每个家系选留 2 只（1 只种用，1 只后备），多父本家系初选公鹅根据家系公、母比例选留，每个家系多选公鹅 2～4 只作为备用；按同一公、母比例选留每个家系母鹅（多留 20%～50%）。

（6）产蛋　开产蛋前进行选留，单父本家系公鹅每个家系选留 2 只（1 只种用，1只后备），多父本家系每个家系公鹅根据家系公母比例选留，另留1～2只公鹅，2～4只母鹅备用。

按常规种鹅产蛋期饲养方法进行饲养管理。记录5%开产日龄；抽样称测开产体重和43周龄体重（公鹅30只以上，母鹅60只以上）；抽样称测开产蛋重（样本数不少于30个，连续称测3～5 d）；抽样称测43周龄蛋重，样本数不少于60个；做好日报表和家系产蛋记录；每两个世代抽样称测43周龄体尺，公、母各抽测30只以上；记录受精率和孵化率。

（7）组建家系繁殖　根据所需的世代间隔，适时组建家系。各家系等量留种，制订配种表，配种应避免全同胞或半同胞交配。开展种蛋收集、孵化、出雏、育雏等工作。

（8）保种群更替　下一世代的鹅群基本性成熟后，可淘汰上一代保种鹅群。

（9）整理资料存档　统计体型外貌、受精率、孵化率，初生、4周龄、10周龄、开产和43周龄体重，开产日龄，43周龄蛋重，产蛋数（以1个产蛋周期计），成活率（育雏、育成和产蛋期），体尺等数据。所有资料按年归档。

2. 群体保种　要求群体保种群公鹅不少于60只，母鹅400只以上。群体保种的具体实施步骤如下：

（1）从基础群或上一世代保种群中，选择符合品种标准的适配公、母鹅个体，按照一定的配比，组建保种群。

（2）组建的保种群采用大群自由交配方式，收集种蛋孵化，并根据鹅群产蛋、饲养条件等具体情况确定留种批次。

（3）在全部后代中按照品种标准、品种特征和个体表型值的高低选留个体，留种方式可以是等量的（公、母保持原比例，群体规模保持不变），也可以是不等量的（公、母比例和群体规模均发生变化）。

（四）血缘补充

保种实施过程中，需根据保种效果监测情况制订血缘补充计划。3～5个世代方可申请更新，可从原产地筛选符合品种标准的公、母鹅引入保种群，但应严格控制数量，且必须做好更新记录。

（五）疫病防控和环境保护

为了资源保护的可持续性，必须加强疫病防控和环境保护，制订完善的规章制度、防疫制度和环境保护方案，合理免疫和用药，避免保种群出现重大疫情，在保种过程中对鹅尸、粪污和生活垃圾必须进行无害化处理和资源化利用。

二、保种效果监测

主要监测本品种需要保护的特征性状，并选择一定的常规性状列入监测范围。对所有监测内容进行规范的档案记录。

（一）外貌特征性状监测

重点监测浙东白鹅中等偏大体型、额包发达、纯白羽的特征在各世代的变化情况。

（二）体重体尺监测

每2个世代43周龄左右，测定体重、体斜长、龙骨长、胸宽、胸深、胫长、胫围、半潜水长等性状。

（三）生产性能监测

（1）生长性能　测定初生、4、10和43周龄体重。

（2）繁殖性能　测定开产日龄、开产体重、开产蛋重、43周龄蛋重、每个产蛋周期产蛋数、种蛋受精率和受精蛋孵化率。

（四）分子水平监测

采用联合国粮食及农业组织（FAO）和国际动物遗传学会（ISAG）联合推荐的用于鹅遗传多样性检测的微卫星标记，从推荐的微卫星标记中选取有代表性的10对以上标记进行分析，公、母鹅各20只以上；结果分析建议采用群体观察杂合度和期望杂合度（H）、多态信息含量（PIC）指标。有条件的也可利用SNP标记进行检测分析。

三、开发利用

根据浙东白鹅特点，制订长期选育和开发利用计划，建立独立的开发利用群体。采用本品种选育专门化品系形成配套系或筛选与其他品种杂交配套的组合，促进肉鹅规模化养殖，以开发利用促进保护。

四、记录表式

（1）系谱孵化出雏记录表　见表3-1。

表3-1　系谱孵化出雏记录

品种（系）：　　　　世代：　　　　批次：

入孵日期：　　年　　月　　日　　　　出雏日期：　　年　　月　　日

家系号	入孵蛋数/个	无精蛋数/个	死胚蛋数/个	健雏数/只	翅号范围	备注

记录人：　　　　审核人：

（2）家系号与翅号（脚号）对照表　见表3-2。

表3-2　家系号与翅号（脚号）对照

品种（系）：　　世代：　　日期：　　年　　月　　日　　公鹅数：　　母鹅数：

家系号	翅/脚号	家系号	翅/脚号	家系号	翅/脚号	家系号	翅/脚号

记录人：　　　　审核人：

（3）配种表　见表3-3。

表3-3　配种情况

品种（系）：　　舍号：　　世代：　　留蛋日期：　　年　　月　　日至　　年　　月　　日

家系号	公鹅翅号	与配母鹅翅号	家系号	公鹅翅号	与配母鹅翅号

制定人：　　　　审核人：　　　　批准人：

（4）体重测定记录表　见表 3－4。

表 3－4　体重测定记录

品种（系）：　　世代：　　性别：　　日龄：　　日期：　　年　月　日　　单位：g

翅/脚号	体重	翅/脚号	体重	翅/脚号	体重

测定人：　　　　记录人：　　　　审核人：

（5）蛋重测定记录表　见表 3－5。

表 3－5　蛋重测定记录

品种（系）：　　世代：　　日龄：　　日期：　　年　月　日　　单位：g

序号	蛋重	序号	蛋重	序号	蛋重	序号	蛋重

测定人：　　　　记录人：　　　　审核人：

（6）外貌特征统计表　见表 3－6。

表 3－6　外貌特征统计

品种（系）：　　群体数量：　　舍号：　　世代：　　单位：只

项目	类　型			
羽色	白	灰	灰白花	
数量				
肤色	黄色	淡黄色	白色	
数量				
额包大小	无	小	中	大
数量				
额包颜色	橘黄色	黑色		
数量				

（续）

项目	类　　型			
喙色	橘黄色	黑色	象牙色	
数量				
胫、蹼色	橘红色	黄色	黑色	
数量				
咽袋	有	无		
数量				
顶星毛	有	无		
数量				
腹褶	有	无		
数量				
反翅	有	无		
数量				
雏鹅毛色	黄色	灰黑色		
数量				

注：表中外貌特征可根据本品种常见类型进行分类，没有的类型不列于表中。某些品种的独特性状可单独列入表中。

（7）日常孵化出雏记录表　见表 3－7。

表 3－7　日常孵化出雏记录

品种（系）：　　　　　　　　　　　　　　　　　　　　　　　世代：

批次	入孵日期	出雏日期	入孵蛋数（个）	无精蛋数（个）	死胚蛋数（个）	健雏数（个）	受精蛋孵化率/%	备注

记录人：　　　　　　　　　　　　　　　　　　　　　　　审核人：

（8）家系产蛋性能汇总表　见表3-8。

表3-8　家系产蛋性能汇总

品种（系）：　　　　世代：　　　　日期：　　年　　月　　日　　　　单位：个

家系号	产蛋数													总产蛋数
	月份	月份	月份	月份	月份	月份	月份	月份	月份	月份	月份	月份	月份	

统计人：　　　　审核人：

（9）家系产蛋记录表　见表3-9。

表3-9　家系产蛋记录

品种（系）：　　　　世代：　　　　舍号：　　　　年份：　　　　月：　　　　单位：个

家系	1	2	3	4	5	6	7	8	9	10	11	12	13	14	15	16	17	18	19	20	21	22	23	24	25	26	27	28	29	30	31

饲养员：　　　　审核人：

（10）体尺测定记录表　见表 3－10。

表 3－10　体尺测定记录

品种（系）：　　世代：　　日龄：　　日期：　　年　月　日

脚/翅号	性别	体重/g	体斜长/cm	龙骨长/cm	胸深/cm	胸宽/cm	胫长/cm	胫围/cm	半潜水长/cm

测定人：　　记录人：　　审核人：

（11）疾病免疫记录表　见表 3－11。

表 3－11　疾病免疫记录

品种（系）：　　数量：　　舍号：　　世代：　　出雏日期：　年　月　日

日期	日龄	疫苗名称	生产厂家	批号	接种方法	剂量	接种人	备注

记录人：　　免疫计划制订人：　　审核人：

（12）饲养记录表　见表3－12。

表3－12　饲养记录

品种（系）：　　　　舍号：　　　　世代：

日期	日龄	存栏数/个		死淘数/个		总料量/kg	只耗料/g	总产蛋数/个	种蛋数/个	产蛋率/%	备注
		公	母	公	母						

饲养员：　　　　审核人：

（13）供参考的鹅DNA遗传多样性检测微卫星引物信息　见表3-13。

表3-13　供参考的鹅DNA遗传多样性检测微卫星引物信息

座位	引物序列（5′-3′）	退火温度/℃
CKW10	F：acatccagtttgtgctgcatac R：caaagcccccattcaaataata	52
CKW11	F：ctgagttgaacctgatgcagac R：aacaccaaaggagagcagagac	55
CKW12	F：cataagttctcccaaacaagagtg R：agaaagggacacacagctaacc	53
CKW20	F：gatcagaaatgaagtgcagacg R：tgctccattaattatgcaacctt	55
CKW21	F：cccagaacagtgctagaagagg R：agcgagtcactccagtaccttc	53
CKW43	F：cagaagacaggcctgcaaat R：tccaaggcttacttcccaag	56
CKW46	F：gcagctgatgagaagcagaa R：gagtgtgtgtgtgcgtctgtt	60
TTUCG1	F：ccctgctggtatacctga R：gtgtctacacaacagc	54
TTUCG2	F：gagagcgttactcagcaaa R：tcactctgagctgctacaaca	55
TTUCG4	F：ggtgtatacttgctgagtgt R：ctagaactagtggatctctc	56
TTUCG5	F：gggtgttttccaactcag R：cactttccttacctcatctt	58
ADL166	F：tgccagcccgtaatcatagg R：aagcaccacgacccaatcta	55
ADL210	F：acaggaggatagtcacacat R：gccaaaaagatgaatgagta	55
MCW4	F：ggattacagcacctgaagccacta R：aaaccagccatgggtgcagattgg	63
MCW0014	F：aaaatattggctctaggaactgtc R：accggaaatgaaggtaagactag	63
MCW0085	F：gtgcagttatatgaagtctctc R：ggtatacagggcttctgaaaca	56

（续）

座位	引物序列（5′-3′）	退火温度/℃
LEI0094	F：caggatggctgttatgcttcca R：cacagtgcagagtggtgcga	62
MCW0264	F：agactgagtcacactcgtaag R：cttacttttcacgacagaagc	55
MCW104	F：tagcacaactcaagctgtgag R：agacttgcacagctgtgacc	60
Apl272580	F：ggatgttgccccacatattt R：ttgccttgtttatgagccatt	55
AaLu1	F：catgcgtgtttaaggggtat R：taagacttgcgtgaggaata	52
WD206	F：gggtgttttccaactcag R：cactttccttacctcatctt	58
G04	F：tcaagacctacttctatgtc R：aatgactaatttccccactc	56
G05	F：gtaacacaacacaattccatg R：gctgaaggcaacagtagcatc	62
G07	F：acaggtgatgctattattacg R：cattccctaggaacaacctgc	56
G09	F：taccttattaagcataggtc R：attcaaccatcgtgttggac	51.5
G10	F：acgctggcagatcttgatgtc R：ttaaagcctgttctctgtac	60
G12	F：atggatgctaatcagccactc R：gtacaacaggtcatggagaag	58

第三节　保种现状与成效

经过建立国家级保种场及联合保种区内养殖协会、养鹅合作社、养殖公司开展浙东白鹅保种，并在保护的同时积极开展推广应用，浙东白鹅这一优良品种得到了很好的保护。目前，象山全县养殖浙东白鹅纯种群体达到 30 万只，江苏、山东、河南、江西等地也有纯种群体 10 万只以上。浙东白鹅基因库在这样大的群体中等到了有效的保护。

一、遗传资源结构及保种动态效果

（一）浙东白鹅与浙江省饲养品种遗传多样性比较

对磐石灰鹅、永康灰鹅、太湖鹅、浙东白鹅、江山白鹅和朗德鹅6个品种在30个微卫星座位上的等位基因、基因杂合度、多态信息含量进行了系统的研究，30个微卫星座位上共检测到334个等位基因，基因频率分布在0～1，表现出较丰富的多态性。在一些微卫星座位上，185 bp、199 bp和201 bp等位基因仅浙东白鹅所特有；6个鹅品种平均基因杂合度由高到低依次为太湖鹅、江山白鹅、永康灰鹅、浙东白鹅、磐石灰鹅和朗德鹅，平均多态信息含量由高到低的次序为江山白鹅、太湖鹅、永康灰鹅、浙东白鹅、磐石灰鹅和朗德鹅。浙东白鹅的 D_A 遗传距离与永康灰鹅最近，为0.153。遗传多样性分析，浙东白鹅总核苷酸多样度0.008 97。

运用聚类分析方法，对5个鹅品种的15个表型性状进行分析。结果表明，5个品种可大致分为三类，浙东白鹅和朗德鹅为一类，ZAAS030和ZAAS154座位与浙东白鹅的胸宽存在显著的关联；ZAAS001微卫星座位与鹅胫长和胫围存在显著的关联。通过对5个鹅品种体尺、体重和屠宰性能的比较发现，鹅品种间体尺、体重和屠宰性能等部分性状之间存在显著的或极显著的差异，说明浙江省主要鹅种在体尺、体重和屠宰性能等性状上具有丰富的遗传多样性。

（二）浙东白鹅与其他鹅品种遗传多样性比较

1. 与我国主要中型鹅品种比较　2006年，李慧芳等借助微卫星DNA标记，分析了浙东白鹅与丰城灰鹅、广丰白翎鹅、兴国灰鹅、钢鹅、四川白鹅、马岗鹅、织金白鹅、溆浦鹅、雁鹅、武冈铜鹅、皖西白鹅11个我国主要中型鹅品种的群体遗传分化、种内群体的遗传多样性及群体间的系统发育关系。31个微卫星位点在测定（表3-14）的12个鹅种群体中共检测到172个等位基因。利用Nei氏公式根据各微卫星位点等位基因频率计算各群体的平均等位基因数、有效等位基因数、平均观察杂合度和平均期望杂合度，结果见表3-15。除平均等位基因数外，浙东白鹅的有效等位基因数、平均观察杂合度和平均期望杂合度三者的高低顺序与其他群体完全一致。遗传杂合度（H）最高的为浙东白鹅，遗传杂合度反映各群体在 n 个位点上的遗传变异，是度量群体遗传变异的一个最适参数，即浙东白鹅品种内的遗传变异大，遗传多样性丰富。动物保护的关键是保护物种的遗传多样性或进化潜力，对于保种效果而言，保护品种在尽可能多的位点上保持较高的杂合度是保种工作的主要方向；可见保种场在对物种遗传多样性充分了解的基础上，采取了切实有效的保护策略。

表 3-14　各微卫星位点的遗传指标

位点	等位基因数	期望杂合度	多态信息含量
CKW 27	6	0.428	0.342
CKW 25	7	0.585	0.513
ADL166	7	0.584	0.518
CKW 28	7	0.713	0.675
CKW 26	7	0.152	0.149
M CW 134	5	0.678	0.624
CKW 13	4	0.612	0.535
CKW 15	3	0.495	0.380
CKW 20	5	0.500	0.387
M CW 0264	9	0.682	0.627
CKW 19	2	0.499	0.374
M CW 104	6	0.689	0.624
M CW 0085	4	0.730	0.680
TTUCG 1	4	0.503	0.388
CKW 10	6	0.537	0.429
TTUCG 2	4	0.623	0.544
TTUCG 5	12	0.811	0.788
CKW 21	6	0.588	0.507
CKW 17	4	0.531	0.431
CKW 16	5	0.521	0.406
CKW 141	7	0.536	0.428
CKW 115	4	0.502	0.380
CKW 11	5	0.523	0.409

（续）

位点	等位基因数	期望杂合度	多态信息含量
CKW 12	6	0.560	0.469
CKW 22	5	0.616	0.573
CKW 14	3	0.611	0.542
LE I0094	5	0.645	0.569
ADL210	3	0.585	0.518
M CW 4	7	0.760	0.726
M CW 0014	6	0.705	0.649
TTUCG 4	8	0.679	0.633
Average	5.548 4 ±2.013 9	0.413 5 ±0.121 5	0.510 2±0.135 1

表 3-15 鹅品种群体遗传参数比较

品种	平均等位基因数	有效等位基因数	平均观察杂合度	平均期望杂合度
浙东白鹅	3.129 0±1.707 7	2.156 1±0.944 4	0.654 7±0.317 6	0.483 7±0.174 8
丰城灰鹅	3.677 4±1.012 8	1.921 2±0.573 8	0.597 6±0.342 3	0.432 0±0.194 0
广丰白翎鹅	2.871 0±1.359 9	2.014 6±0.630 7	0.643 4±0.331 8	0.454 3±0.197 6
兴国灰鹅	3.387 1±1.308 4	1.997 7±0.562 2	0.586 9±0.327 4	0.468 1±0.149 4
钢鹅	3.225 8±1.407 4	2.037 0±0.630 7	0.650 8±0.349 7	0.473 7±0.162 0
四川白鹅	3.064 5±1.236 5	1.973 3±0.566 6	0.641 5±0.342 7	0.452 7±0.166 5
马岗鹅	3.096 8±1.398 9	1.980 6±0.592 8	0.651 2±0.365 7	0.446 0±0.201 1
织金白鹅	3.129 0±1.454 7	1.982 1±0.645 8	0.599 4±0.341 6	0.446 9±0.195 8
溆浦鹅	3.096 8±1.220 8	2.026 1±0.551 8	0.605 6±0.331 7	0.474 9±0.156 3
雁鹅	2.935 5±1.152 8	1.800 7±0.569 1	0.498 5±0.365 7	0.390 7±0.199 9
武冈铜鹅	3.000 0±1.366 3	1.886 6±0.504 4	0.563 9±0.351 5	0.431 0±0.178 3
皖西白鹅	3.064 5±1.526 1	1.910 8±0.907 5	0.505 6±0.372 7	0.392 3±0.223 5

遗传距离是研究物种遗传多样性的基础，通过遗传距离分析可估测品种遗传结构和进化关系，遗传距离的信息应作为在决策保种计划时群体结构和品种分化最基本的指标。若要保存尽量多的遗传多样性，必须有可靠的方法对品种

间的遗传分化进行测定，微卫星等位基因频率的分析是目前最佳的方法之一，由微卫星得出的遗传距离更能反映分化时间的长短，能客观地反映品种间的遗传变异和分化。一般认为群体分化时间越短，遗传距离越小。从表 3－16 中可以看出，浙东白鹅和广丰白翎鹅的 D_A 遗传距离最近，为 0.188 3。图 3－1 采用 NJ 法聚类形成 3 类，浙东白鹅与广丰白翎鹅、皖西白鹅、钢鹅、雁鹅聚为一类。

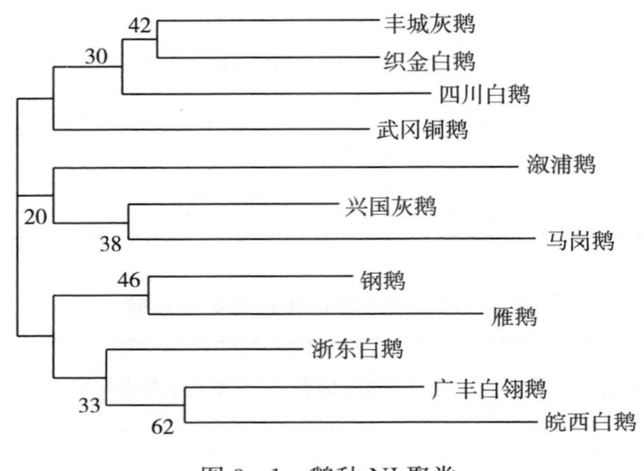

图 3－1　鹅种 NJ 聚类

杨凤萍等（2007）对浙东白鹅、扬州鹅、四季鹅、皖西白鹅、莱茵鹅、雁鹅、五龙鹅、兴国灰鹅等进行微卫星标记，测得浙东白鹅 6 个微卫星基因座基因杂合度和多态信息含量见表 3－17，显示较高的数值。通过品种（类群）间总群杂合度（H_S）、亚群杂合度（H_T）和遗传分化系数（G_{ST}）分析，浙东白鹅与皖西白鹅间的 Nei 氏遗传距离最小（0.047 8），聚类分析，与四季鹅聚为一类。

2006 年，汤青萍等对浙东白鹅等 15 个地方白羽鹅品种的 22 个微卫星位点遗传多样性分析，浙东白鹅与籽鹅聚为一类，并再与固始鹅聚类，认为是品种形成过程中北鹅南迁而选育成不同的地方品种。

2014 年，韩威等采用 25 个微卫星标记计算浙东白鹅等 14 个鹅地方品种间 D_A 遗传距离、基因流（Nm）、有效等位基因数（Ne）、杂合度（Ho）和多态信息含量（PIC），并采用 Weitzman 和 Caballero 两种遗传多样性保护理论，分析了各品种在遗传多样性最大化保护中的相对重要性，结果浙东白鹅的有效等位基因数为 3.280±1.487，观察杂合度为 0.736 0±0.316 1，期望杂合度为

表 3-16　各品种间的遗传距离 D_A

品种	浙东白鹅	丰城灰鹅	广丰白翎鹅	兴国灰鹅	钢鹅	四川白鹅	马岗鹅	织金白鹅	溆浦鹅	雁鹅	武冈铜鹅	皖西白鹅
浙东白鹅		0.236 2	0.188 3	0.233 9	0.803 2	0.712 4	0.778 4	0.739 4	0.715 3	0.679 4	0.766 8	0.759 7
丰城灰鹅	0.789 7		0.741 0	0.778 7	0.699 4	0.800 4	0.708 3	0.796 3	0.682 1	0.646 8	0.686 8	0.694 2
广丰白翎鹅	0.828 4	0.299 8		0.731 2	0.755 1	0.690 5	0.691 6	0.740 7	0.694 5	0.739 1	0.723 5	0.806 3
兴国灰鹅	0.791 4	0.250 1	0.313 1		0.746 2	0.740 2	0.765 5	0.775 3	0.717 0	0.689 3	0.789 1	0.680 2
钢鹅	0.219 1	0.357 5	0.280 9	0.292 8		0.779 9	0.653 4	0.698 0	0.740 4	0.816 4	0.672 5	0.658 0
四川白鹅	0.339 1	0.222 6	0.370 4	0.300 9	0.248 6		0.631 8	0.757 5	0.670 6	0.700 6	0.752 6	0.646 3
马岗鹅	0.250 5	0.344 9	0.368 7	0.267 2	0.425 6	0.459 2		0.737 5	0.661 5	0.583 0	0.656 9	0.644 9
织金白鹅	0.301 9	0.227 8	0.300 2	0.254 5	0.359 6	0.277 7	0.304 6		0.688 9	0.666 1	0.726 3	0.704 9
溆浦鹅	0.335 1	0.382 6	0.364 5	0.332 6	0.300 5	0.399 6	0.413 2	0.372 7		0.657 2	0.717 9	0.634 4
雁鹅	0.386 5	0.435 7	0.302 3	0.372 1	0.202 8	0.355 8	0.539 5	0.406 4	0.419 7		0.722 4	0.747 6
武冈铜鹅	0.265 6	0.375 8	0.323 7	0.236 9	0.396 8	0.284 2	0.420 2	0.319 8	0.331 4	0.325 2		0.727 5
皖西白鹅	0.274 9	0.365 0	0.215 3	0.385 3	0.418 5	0.436 5	0.438 7	0.349 7	0.455 1	0.290 9	0.318 1	

注：下三角为 D_A 遗传距离，上三角为遗传相似性。

表 3-17　浙东白鹅 6 个微卫星基因座的基因杂合度和多态信息含量

项目	CKW13	CKW14	CKW21	CAUD013	G07	G10	平均
基因杂合度	0.632 2	0.438 8	0.633 0	0.458 0	0.723 8	0.610 3	0.582 6
多态信息含量	0.331 8	0.342 5	0.559 4	0.353 1	0.675 3	0.541 5	0.467 3

0.497 5±0.195 6，与丰城灰鹅间遗传距离最近（0.218 8），且在各品种间的基因流最大（1.493 4）。Weitzman 保护等级分析，浙东白鹅的现实多样性（V/S－i）为 5.167 1，多样性变化量（dv/i）为 0.218 8，品种贡献率（dv/i）4.06%。Caballero 遗传多样性为 0.652 0，品种内多样性 0.281 0%，品种间多样性 0.729 1%，多样性改变 0.448 1 个百分点，品种内多样性比较丰富，其保护等级顺序有所上升。

张扬等 2013 年利用 10 对多态性丰富的微卫星引物对浙东白鹅等 9 个地方品种分析，对 CKW21 的扩增效果见图 3－2，其基因型为 246/258，其核心序列相差 12 bp，图谱显示双峰，判别为杂合子。无杂峰说明扩增和分型的特异性较好。浙东白鹅测定的优势等位基因频率见表 3－18。平均等位基因数 4.80，平均期望杂合度 0.590 0，多态信息含量 0.521 5。计算 D_S 遗传距离及 NJ 聚类结果，太湖鹅与豁眼鹅一类，再渐次与皖西白鹅、浙东白鹅一类。

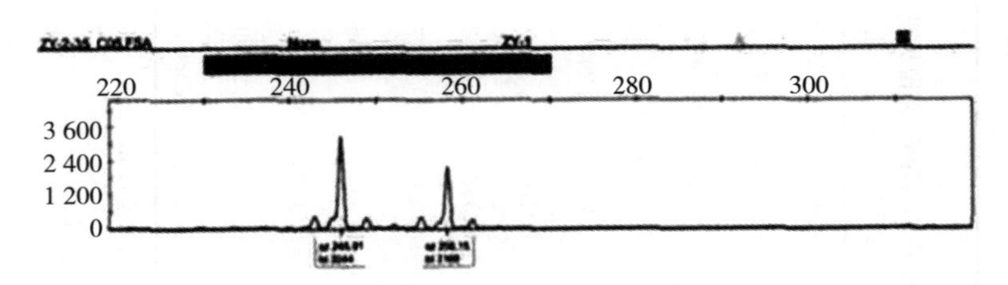

图 3－2　CKW21 位点的 PCR 产物分型效果

表 3－18　浙东白鹅优势等位基因及频率

座位	位点/bp	频率/%
CKW12	199	25.00
	200	21.67
	202	47.50
TTUGG5	180	30.80

（续）

座位	位点/bp	频率/%
CKW13	152	75.00
WWX1	127	60.83
	147	34.17
CKW14	221	49.17
	223	50.83
G10	166	40.83
	168	44.17
G07	144	39.17
	160	40.00
CKW21	236	29.17
	260	30.83
CKW32	160	40.83
	165	55.83
CKW49	198	77.50

秦永浩等2016年对浙东白鹅与皖西白鹅、四川白鹅、太湖鹅的研究与张扬等研究结果比较。由表3-19可见，优势等位基因及频率有差异。其测得的群体遗传参数相近，平均期望杂合度为0.603 4，多态信息含量0.533 6，测得9个座位的多态信息含量为0.51。

表3-19 浙东白鹅优势等位基因及频率

座位	位点/bp	频率/%
WWX1	127	55.83
	147	30.83
CKW13	152	86.67
	154	13.33
CKW14	221	39.17
	223	60.83
CKW21	236	30.00
	260	25.00

（续）

座位	位点/bp	频率/%
G10	156	30.83
	166	44.17
	168	20.83
CKW12	199	25.83
	200	25.00
	202	49.17
TTUCG5	177	49.17
	182	15.83
CKW49	194	25.00
	200	43.33
	208	25.00
CKW32	158	30.83
	160	10.83
	165	50.83

2. 与国内大型、小型鹅品种比较　2000年，郝家胜等对浙东白鹅与我国大型鹅狮头鹅、小型鹅太湖鹅进行遗传多样性比较，浙东白鹅、狮头鹅、太湖鹅的品种内DNA多态性片段分别为14、8、11个，占总片段数的14.1%、11.6%、16.3%；品种内的遗传距离指数分别为0.026 2～0.053 1（平均0.036 7)、0.030 1～0.046 8（平均0.035 9)、0.027 3～0.044 9（平均0.036 6)。品种间，浙东白鹅与狮头鹅有18个多态片段，占其总片段数的15.2%，太湖鹅有9个多态片段，占它们总片段数的8.1%；各个体间的遗传距离指数，与狮头鹅为0.104 5～0.118 8（平均为0.108 1)，与太湖鹅为0.088 1～0.126 3（平均为0.080 3)。

杜文兴等2004年采用双重抑制PCR技术分离浙东白鹅与太湖鹅微卫星标记，分离出11对微卫星引物，成功扩增出特异条带，部分PCR反应结果如图3-3、图3-4所示，扩增出多态位点（表3-20)，可应用于微卫星DNA标记。11个微卫星座位在两个品种中分别检测到37个和36个等位基因，其中20个等位基因为两个鹅品种所共有，在两个鹅品种上微卫星座位所获得的平均杂合度分别为0.592和0.579，G01、G03、G06、G08和G11位点的平均多态信息含量小于0.5而大于0.25，呈中等多态；而其余的位点的平均多态信息含量都大于0.5，呈高度多态；其中平均多态信息含量最高的G07位点为0.737，而最低的G01、G03和G11位点的平均多态信息含量均为0.375。两个品种的平均有效等位基因数分别为2.655和2.558，而实测平均等位基因数为3.364和3.273，有效等位基因平均值分别为2.655和2.558。实测等位基因数的平均值分别为3.364和3.273，实测值与理论值接近，两个品种间的等位基因数差异不显著（$P>0.05$）。

表3-20 9个微卫星位点在浙东白鹅、太湖鹅中的特性

品种	引物编号	等位基因数	片段大小/bp	平均杂合度	平均多态信息含量	有效等位基因数
浙东白鹅	G01	2	141～161	0.500	0.375	2.000
	G03	2	137～157	0.500	0.375	2.000
	G04	3	201～211	0.646	0.574	2.827
	G05	4	127～161	0.652	0.599	2.876
	G06	3	140～186	0.475	0.440	1.905
	G07	6	155～211	0.806	0.777	5.165
	G08	3	127～143	0.524	0.410	2.100
	G09	4	103～125	0.654	0.590	2.889
	G10	4	172～224	0.584	0.496	2.404
	G11	2	139～157	0.500	0.375	2.000
	G12	4	131～171	0.671	0.613	3.042
	平均	3.364		0.592	0.511	2.655
太湖鹅	G01	2	143～161	0.500	0.375	2.000
	G03	2	137～157	0.500	0.375	2.000
	G04	3	201～211	0.560	0.499	2.273
	G05	4	127～165	0.748	0.700	3.960
	G06	4	132～186	0.436	0.396	1.774
	G07	6	155～207	0.738	0.697	3.820

（续）

品种	引物编号	等位基因数	片段大小/bp	平均杂合度	平均多态信息含量	有效等位基因数
太湖鹅	G08	2	125～143	0.500	0.375	2.000
	G09	3	101～121	0.564	0.469	2.293
	G10	4	174～226	0.738	0.689	3.811
	G11	2	139～161	0.500	0.375	2.000
	G12	4	131～171	0.548	0.445	2.210
	平均	3.273		0.579	0.490	2.558

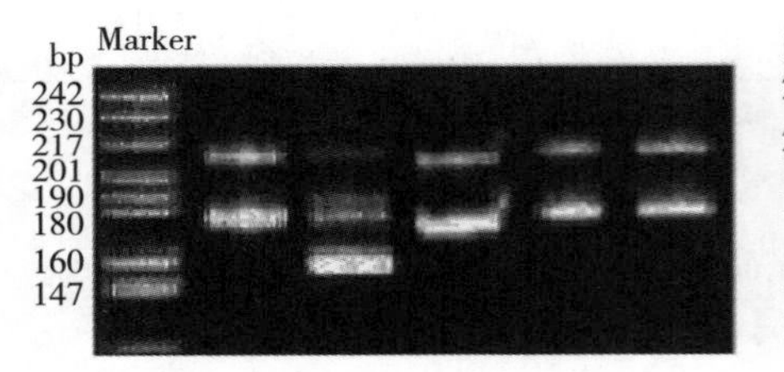

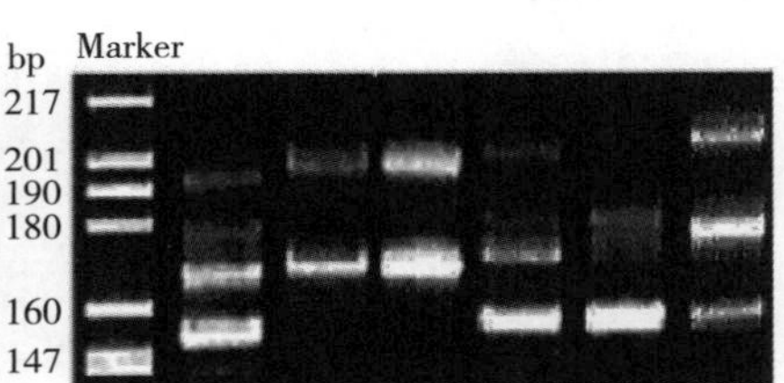

图 3-3　G 07 引物在太湖鹅（左）和浙东白鹅（右）上扩增的部分特异条带

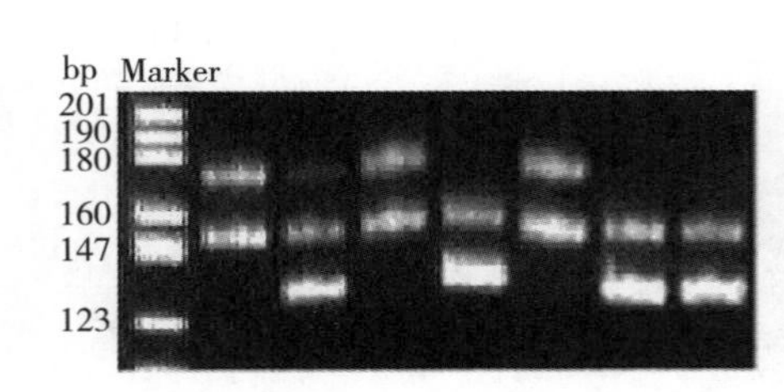

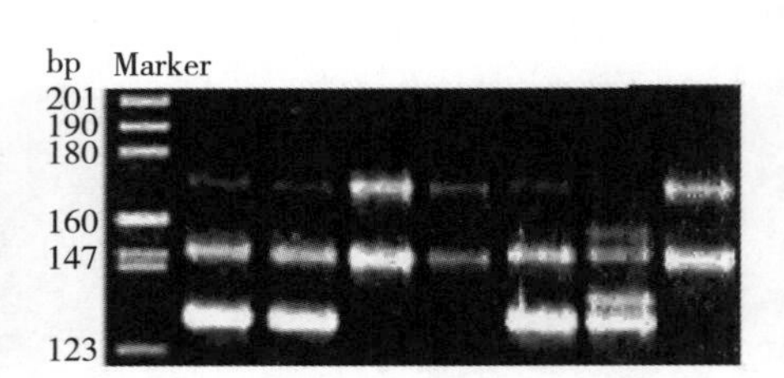

图 3-4　G12 引物在太湖鹅（左）和浙东白鹅（右）上扩增的部分特异条带

3. 与国内外主要鹅品种比较　表 3-21 为浙东白鹅与 20 个国内外鹅品种微卫星遗传多样性参数比较。浙东白鹅的期望杂合度（0.565）和平均有效等位基因数（2.511）较高，平均多态信息含量（PIC）位于国内品种中间，但明显高于国外品种。聚类分析表明，浙东白鹅与伊犁鹅外的中国鹅聚为一类，UPGMA 和 NJ 法聚类结果一致（图 3-5、图 3-6），浙东白鹅的 D_A 遗传距离与长乐鹅最近。

表 3-21　浙东白鹅与国内外地方品种鹅微卫星遗传多样性参数比较

品种	位点	有效等位基因数	平均期望杂合度	多态信息含量	群体间的遗传分化
浙东白鹅/ZW	10	2.511	0.565	0.508	0.07
豁眼鹅/HY	10	2.052	0.560	0.496	0.10
长乐鹅/CL	10	2.770	0.605	0.536	0.05
籽鹅/ZG	10	2.253	0.488	0.441	0.22
太湖鹅/TH	10	2.579	0.552	0.488	0.02
伊犁鹅/YL	10	2.498	0.580	0.502	0.10
溆浦鹅/XP	10	2.693	0.577	0.528	0.06
雁鹅/YG	10	2.867	0.543	0.491	0.12
皖西白鹅/WX	10	2.635	0.586	0.520	0.13
狮头鹅/ST	10	2.609	0.548	0.495	0.05
四川白鹅/SW	10	2.794	0.591	0.534	0.11
莱茵鹅/RN	10	2.159	0.470	0.402	−0.28
朗德鹅/LD	10	2.134	0.421	0.362	−0.38
Rypinka/Ry	14	3.42	0.47	0.39	−0.02
Kartuska/Ra	14	4.07	0.45	0.38	−0.11
Sub-carpathian/Sc	14	3.35	0.38	0.31	−0.27
Kieleka/Ki	14	3.42	0.45	0.37	−0.19
Lubelska/Lu	14	3.71	0.43	0.35	−0.22
Suvalska/Su	14	3.57	0.44	0.37	−0.22
Hunched Beak/Hu	14	3.92	0.51	0.43	0.05
Pomeranian/Po10	14	3.5	0.42	0.34	−0.07

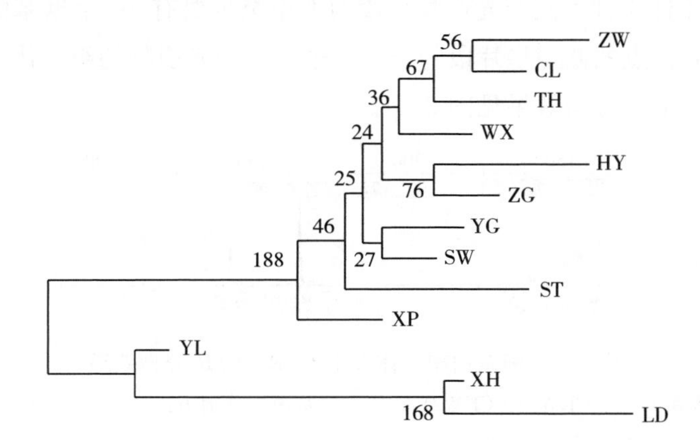

图 3-5　13 个地方品种鹅基于 D_A 遗传距离的 UPGMA 法聚类

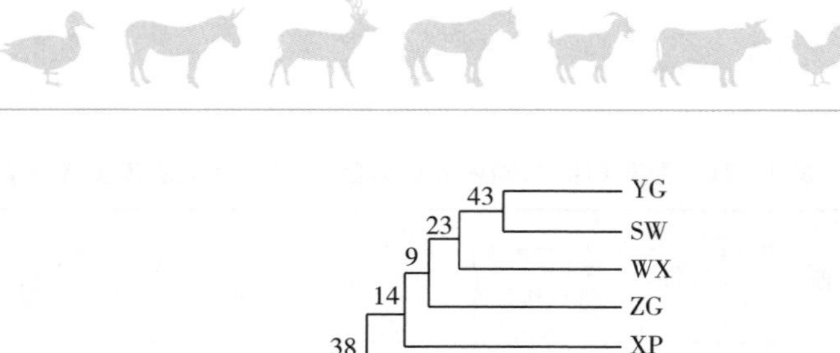

图 3-6　13 个地方品种鹅基于 D_A 遗传距离的 NJ 法聚类

二、主要生产性能的保种效果

浙东白鹅研究所与扬州大学、国家家禽遗传资源保护中心等合作开展保种效果研究，从象山县种鹅场现有的保种群后代中随机抽样 288 只，与国家家禽遗传资源保护场（泰州）的浙东白鹅保护后代 198 只，进行同环境下饲养的生长速度、肉质特性比对试验。

（一）PCR 产物 STR 分型结果

基于 ABI-3730XL 型 DNA 测序仪进行的 STR 分型，要求产物的扩增特异性较高，并且 3 种不同荧光产物片段的大小至少要有 10 个碱基的差异。本实验根据不同位点的微卫星片段的长度，进行了荧光引物的组合优化。部分个体在部分座位上的分型效果见图 3-7。

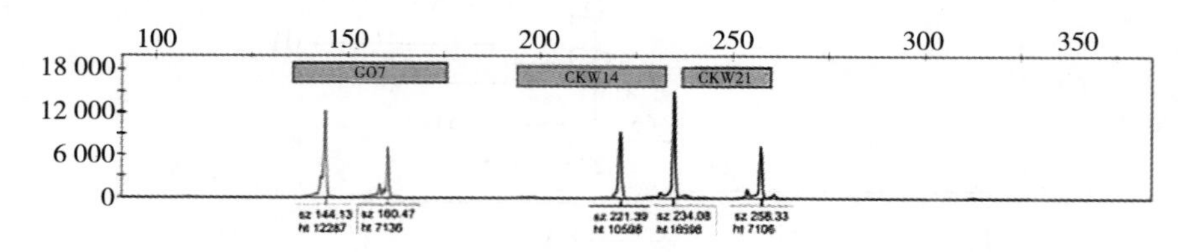

图 3-7　浙东白鹅个体多重 PCR-STR 分型效果

注：该个体在 GO7、CKW14、CKW21 座位上的基因型分别为：144/160（杂合子）、221/221（纯合子）、234/258（杂合子）。

（二）优势等位基因变化

2个群体优势等位基因频率的比较，以原产群体在10个微卫星座位上的优势等位基因频率为标准，比较异地保种群体的优势等位基因在保种过程中产生的差别，但差异不显著（$P>0.05$）。由表3-22可见，异地保种群体在位点CKW13、CKW14、CKW12、GO10、TTUCG5、GO7的优势等位频率提高，进一步巩固了本品种特性；位点CKW21、CKW32、CKW49、WWX1的优势等位基因较原产地群体有小幅下降。对2个群体在10个座位上的优势等位基因进行统计学分析（位点成对t检验），2个群体间的优势等位基因频率差异不显著。

表3-22　2个群体的优势等位基因大小及其频率

位点	优势等位基因/bp	异地	原产地
CKW13	153	71.35	47.57
CKW14	222	56.51	55.73
CKW21	234	30.73	36.98
CKW12	224	98.18	35.24
GO10	155	41.15	34.90
TTUCG5	177	68.75	45.49
CKW32	167	48.70	54.17
CKW49	198	36.91	44.25
GO7	160	34.90	16.84
WWX1	147	51.56	65.97

（三）体重体尺变异

从表3-23可见，异地保种群体的He、PIG较原产地群体均有所降低，分别降低了11.86%和12.07%；异地保种的Fis高于原产地，升高了7.71%；2个群体的群体遗传学参数的比较，差异均不显著（$P>0.05$）。从表3-24可见，异地保种群体公、母鹅体重均小于原产地群体（$P<0.01$）；在7项公鹅体尺指标中，胸深差异极显著（$P<0.01$），其他差异不显著（$P>0.05$）；母鹅异地保种群体的龙骨长极显著小于原产地（$P<0.01$），胸深和胫长显著小于原产地（$P<0.05$），保种群体的体斜长、潜水长、胫围、胸宽等指标较原

产地群体均未发生显著变化（$P>0.05$）。现有后代的生长速度极显著快于保护后代，显示浙东白鹅种群扩大后，生产性能在良种繁育体系建设中没有衰退。

表 3-23　原产地与异地浙东白鹅群体遗传学指标对比

项目	期望杂合度		多态信息含量		群体间的遗传分化	
	异地	原产地	异地	原产地	异地	原产地
CKW13	0.409 9	0.506 9	0.325 2	0.384 8	1.000 0	1.000 0
CKW14	0.503 9	0.534 7	0.388 8	0.437 0	−0.095 6	−0.039 0
CKW21	0.770 9	0.738 9	0.733 0	0.694 5	−0.053 9	0.022 5
CKW12	0.036 0	0.498 7	0.035 4	0.403 8	0.855 2	0.874 7
GO10	0.631 4	0.756 8	0.557 3	0.717 8	0.562 8	0.504 5
TTUCG5	0.506 6	0.771 4	0.484 2	0.760 0	0.547 6	0.383 3
CKW32	0.674 9	0.658 0	0.628 6	0.626 0	0.498 4	0.461 7
CKW49	0.770 1	0.708 6	0.735 9	0.664 5	0.510 5	0.464 0
GO7	0.786 0	0.797 8	0.757 2	0.769 9	0.185 0	0.255 7
WWX1	0.627 6	0.515 3	0.566 3	0.470 1	0.302 9	0.076 9
$\bar{x}+S_e$	0.571 7±0.071 8	0.648 7±0.038 6	0.521 2±0.071 1	0.592 8±0.048 3	0.431 3±0.112 3	0.400 4±0.108 8
P 值	0.193		0.170		0.354	

表 3-24　原产地与异地浙东白鹅体重、体尺指标对比

项目	公鹅		母鹅	
	异地（95 只）	原产地（115 只）	异地（103 只）	原产地（173 只）
体重/g	3 950±389.2^{B}	4 369±383.8^{A}	3 505±352.8	3 866±437.3^{B}
体斜长/cm	33.07±1.82^{A}	33.35±1.333^{A}	31.37±1.818^{B}	31.56±1.677^{B}
潜水长/cm	75.37±2.372^{A}	75.28±2.292^{A}	69.71±2.993^{B}	70.15±3.772^{B}
胫围/cm	5.352±0.321^{A}	5.372±0.301^{A}	5.091±0.328^{A}	5.160±0.297^{A}
胸宽/cm	11.76±0.705^{A}	11.89±0.741^{A}	11.52±0.675^{B}	11.37±0.680^{B}
胸深/cm	7.963±0.645^{Ba}	8.569±2.945^{A}	7.560±0.761^{Bb}	8.002±0.775^{Ba}
龙骨长/cm	13.90±0.751^{A}	13.80±0.994^{A}	13.00±0.804	13.49±1.088^{B}
胫长/cm	12.21±0.590^{A}	12.20±0.606^{A}	11.20±0.597^{Bb}	11.37±0.704^{Ba}

注：同行肩注小写字母不同表示差异显著（$P<0.05$）；大写字母不同表示差异极显著（$P<0.01$）。

第四节　遗传特性研究

一、染色体组型

1986年严允逸等对20日龄浙东白鹅骨髓细胞压片测定，染色体数（$2n$）公鹅为81，母鹅为80。浙东白鹅染色体数远大于哺乳动物，且染色体的组成表现奇特，以微小染色体为主，占总数的70%～80%；大染色体数目很少，为7～9对。按长度、大小排列，前2对为近中着丝点；第3对为近端着丝点；第4对为性染色体；公鹅为ZZ，母鹅ZW，Z染色体为中着丝点；第5对为近中着丝点；第6～9对为近端着丝点。图3-8中浙东白鹅与国外品种核型有一定差异：阿菲利加鹅No.4染色体为中央着丝粒染色体，比尔格里姆鹅为亚中央着丝粒染色体，这可能发生了臂间倒位。

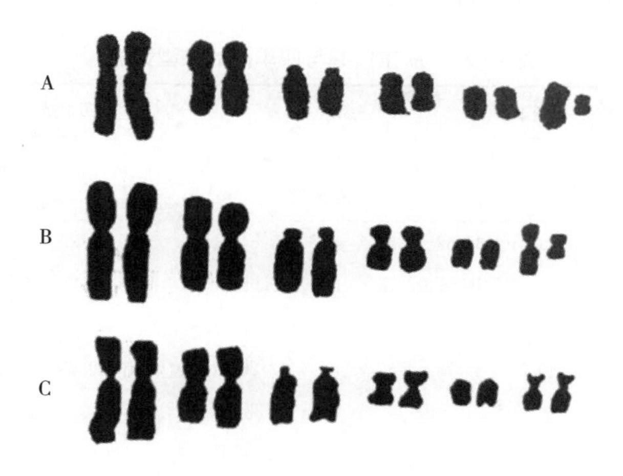

图3-8　浙东白鹅与国外品种鹅部分核型图比较

A. 浙东白鹅　B. 比尔格里姆鹅　C. 阿菲利加鹅

2007年，邢军等对浙东白鹅与江苏四季鹅进行染色体核型比较，外周血淋巴细胞染色体中期分裂象观察（图3-9），浙东白鹅和四季鹅的染色体$2n$数目均为78对，比严允逸等测定的数量要少，其核型对比数见表3-25。浙东白鹅和四季鹅的染色数包括10对大型染色体和29对微小染色体。性染色体雄性为同配ZZ，雌性为异配ZW；Z染色体为第4大染色体，W染色体呈异固缩，长度与No.6染色体相当。No.1染色体为sm型染色体，No.2、No.4、

Z和W染色体为sm型染色体，No. 3、No. 5、No. 6、No. 7、No. 8和No. 9染色体为t型染色体。

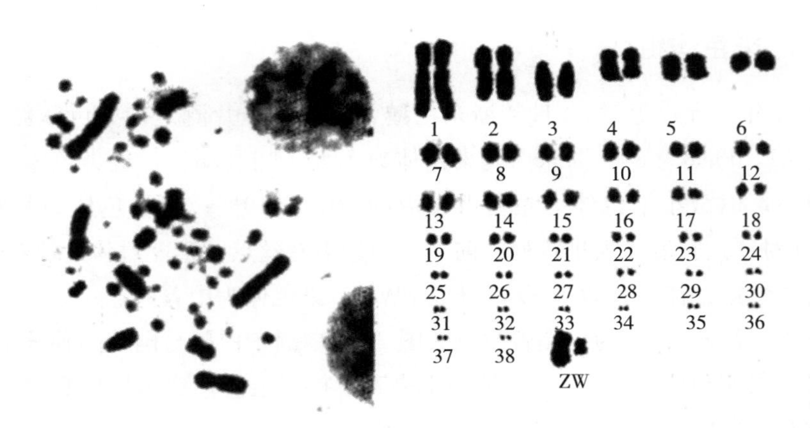

图3－9　浙东白鹅染色体核型（$2n=78$，ZW，1×1 000）

表3－25　浙东白鹅与四季鹅的核型数据

染色体号	浙东白鹅				四季鹅			
	相对长度（%）	臂比值	着丝粒指数	着丝点位置	相对长度（%）	臂比值	着丝粒指数	着丝点位置
1	22.68±1.85	1.73±0.31	36.62±3.51	sm	20.64±1.89	1.75±0.35	36.36±3.67	sm
2	14.38±1.43	1.14±0.19	46.67±3.76	m	15.95±1.47	1.13±0.22	47.06±4.04	m
3	12.62±1.12	∞	0	t	12.57±1.35	∞	0	t
4	9.42±0.83	1.19±0.21	45.76±4.86	m	12.20±1.08	1.10±0.25	47.69±3.96	m
5	7.19±0.79	∞	0	t	7.88±0.83	∞	0	t
6	6.23±0.66	∞	0	t	6.19±0.71	∞	0	t
7	5.27±0.62	∞	0	t	5.44±0.64	∞	0	t
8	4.95±0.65	∞	0	t	4.69±0.59	∞	0	t
9	3.83±0.53	∞	0	t	4.50±0.57	∞	0	t
Z	10.86±1.12	1.27±0.17	44.12±1.83	m	9.94±1.23	1.30±0.19	43.40±1.75	m
W	6.23±0.74	1.17±0.13	46.15±1.55	m	6.19±0.88	1.20±0.14	45.45±1.63	m

注：表中“m”表示中央着丝粒染色体；“sm”表示亚中央着丝粒染色体；“t”表示端着丝粒染色体。

二、全基因组图谱

以浙东白鹅为样本，研究采用全基因组鸟枪测序法（WGS），分别构建了

170 bp、500 bp、800 bp、2 kb、5 kb、10 kb 和 20 kb 等不同插入片段长度的文库，进行双末端测序，得到数据总量约为 139 Gb 的原始数据，获得鹅全基因组(107.35×) 序列图谱，从中可以预测 16 150 个蛋白编码基因。经初步注释，得到 14 950 个基因，鹅基因组含有 1.12 Gb，属于 12 751 个基因家族，其中 10 063 个基因家族为鸡、火鸡、斑胸草雀、蜥蜴和人所共有，重复序列占整个基因组的5.67%，小于鸡和人类，169 个基因家族为鹅独有（表 3-26)。比较基因组学表明，鹅与其他陆生鸟类基因组有显著差异，尤其是免疫和抗病力基因。结合转录组数据进一步表明涉及鹅肥肝及肥肝相关性状敏感性的蛋白分子机制。研究成果可以在浙东白鹅遗传育种及脂类代谢机制等研究中应用。

表 3-26 浙东白鹅全基因组分汇总

特 征	数 据
基因组大小估计	1 208 661 181 bp
长序列片段数量（≥2 kb)	1 049 个
组装长序列总大小	1 122 178 121 bp
N50（长序列片段）	5.2 Mb
最长的序列片段	24 Mb
重叠群数量（≥2 kb)	60 979 个
组装重叠群总大小	1 086 838 604 bp
N50（重叠群）	27.5 kb
最长的重叠群	201 kb
GC 含量	38%
基因模型数量	16 150 个
重复序列总大小	71 056 681 bp
基因组中的重复序列	6.33%
转录组测序数据的支持	77.7%

（一）不同鸟类基因组的基因同线性和直系同源关系比较

用 Illumina HiSeq-2000 测鸿雁基因组序列，得到约 139.55G-bass。用 SOAPdenovo 软件将该序列整合到一个 1.12 Gb 的基因组图谱中。整合涵盖了 98%以上的转录组非重复序列。鹅 DNA 中平均 GC 含量近 38%，这与鸡、鸭、火鸡、斑胸草雀等其他鸟类类似。结合同源基础、*ab initio* 预测和转录组辅助方法，预测了 16 150 个基因，其中 75.7%的基因有同源基础支持。研究发现 77.7%的已识别基因被转录组序列覆盖，77.7%的已识别基因都与公共蛋白序列数据库吻合。鹅的重复部分与鸡、鸭、火鸡、斑胸草雀等类似。此外，还测了鹅基因组的 153 个 miRNA、69 个 rRNA、226 个 tRNA 和 206 个小核 RNA。

鹅与鸭基因组有着很高的基因同线性，各涵盖了 81.09%和 82.35%的基因组，然而约 592 个长度大于 5kb 的鹅染色体支架能定位，这个比例在鸡基因组中占 67.67%。发现鸡和鹅中出现染色体重排。对比 1∶1 直系同源基因，70%的鹅基因与鸡基因中的 1∶1 直系同源基因吻合；然而与鸭的 1∶1 直系同源基因相比，26.62%一致达到了 90%。鸡与火鸡相比，48.33%一致达 90%。游隼与猎隼相比，57.87%一致达 90%。对鹅、鸭、鸡、火鸡、斑胸草雀、蜥蜴、鸽子、游隼和猎隼等 9 个已知序列的基因组进行系统发生分析，显示鹅和鸭属于同一分支，极可能在约 2 080 万年前源于共同祖先，而鸡和火鸡则分离于 2 000 万年前，游隼和猎隼分离于 130 万年前。在这 9 个物种中，鹅特有的基因家族（其他物种缺少这些基因家族）具有强化的基因本体学功能，如锌离子的结合、整合酶活性以及 DNA 整合（图 3－10）。此外，与其他鸟类相比，鹅嗅觉感受器活性、DNA 代谢过程、G 蛋白偶联受体活性及跨膜转运受体活性等基因本体类别是最显著的基因家族扩展，表明这些功能在鹅驯化中强化了（图 3－11）。

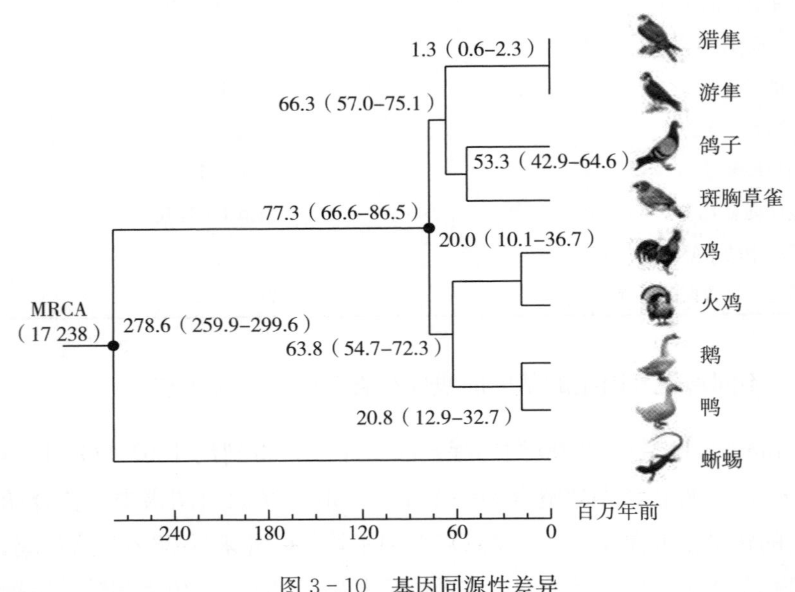

图 3－10　基因同源性差异

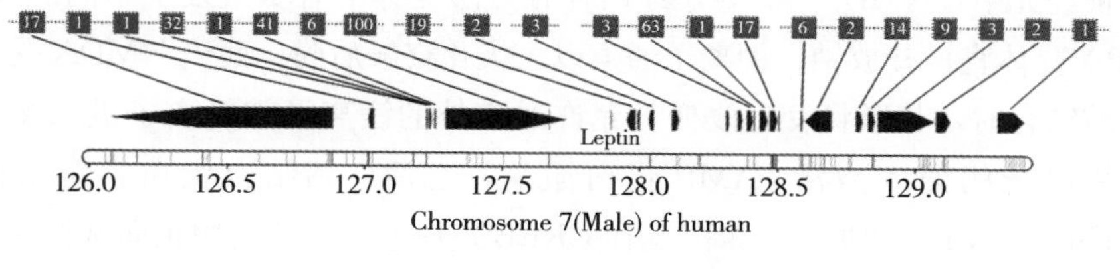

图 3-11　鹅基因不同性

（二）快速和慢速变异的基因本体类别

为确定水禽基因本体类别经历快速还是慢速变异，比较了两种水禽（鹅和鸭）与其他陆生鸟类（鸡和火鸡）。在鹅和鸭中寻找特别高或低选择限制的功能相关基因。对于至少 10 个基因的类别，计算其 ω 值（$\omega = K_a/K_s$，K_a = 非同义替代每个非同义点的数量，K_s = 同义替代每个同义点的数量）并标准化地使用两个品种的中间 ω 值。在水禽和陆生鸟类中的特定临界值，用提高的 K_a/K_s 比例鉴定了 191 个基因本体类别。这些基因本体类别中的 19 个，包括 GTP 酶活性、半乳糖基转移酶活性，氯离子转运和 GABA-A 受体活性可能经历了显著的快速变异。

（三）正向选择

在鹅、鸭、鸡、火鸡、斑胸草雀、鸽子上进行直接同源识别，采用的是加速基因本体类别分析法。7 861 个同源基因排列用于估测非同义和同义替代每个基因（ω）的比例，在分支点和 F3x4 密码子频率下采用 codeml 程序。进行了似然比检验（LRT）并鉴定了水禽分支的 21 个正向选择基因（PSGs），并用 FDR 调整 Q 值小于 0.05。有些正向选择基因，包括 *eIF-3S1*，*GATA1* 和 *eIF-3A* 等涉及转录或转录调节。同时，正向选择之下的激酶（*PIK3R*，*FGFR2*）和信号分子（*KAI1*）基因可能涉及水生环境的适应。

（四）鹅的长期记忆

鹅的野生祖先每年需要进行季节性长途迁徙，这依赖于其对迁徙路线的长期记忆。为探索记忆巩固的遗传学基础，将研究重点集中于与突触效能和突触发生相关的基因。当一连串的动作电位到达突触前末梢，形成级联信号，导致神经递质的释放，如谷氨酸释放至突触间隙，神经元中记忆就开始形成。在突触后神经元中，NMDA 和 AMPA 两种谷氨酸受体与谷氨酸发生不同的反应。AMPA 受体直接开放钠、钾离子通道以去极化突触后膜。而当 NMDA 受体与谷氨酸结合时，其形状发生改变，允许通道外的镁离子和钙离子进入突触末梢。钙离子的涌入激活 cAMP 蛋白激酶，之后，钙结合蛋白钙调素激活 CaMKii，CaMKii 增加一个磷酸基在 CREB 蛋白上。本研究用正向选择鉴定了几种基因，包括 *NMDA*，*CaM*，*CaN*，*Paf*，*CREB*，*CBP* 和 *IP3R*。CREB 作为一种转录因子，在长期记忆形成中起着重要作用。结合于 CPB 转录活化子的磷酸化 CREB 活性增加，不仅作用于 cAMP 应答基因，也同样作用于改变染色质结构的组蛋白乙酰转移酶（HAT），在记忆巩固中起重要作用。HAT 活性被消除的转基因小鼠试验显示，短期记忆向长期记忆巩固作用损坏。综上，本研究揭示了鹅良好的长期记忆的基础。

（五）对疾病的抵抗力

主要组织相容性复合体（MHC）被认为广泛存在于颌类脊椎动物，其作用与抗宿主反应疾病和免疫反应相关。鸡 MHC 区域转录元件大于鹅的（鹅 15.11%，鸡 54.62%）。此外，鹅和鸡中 MHC 区域的分布规律也不同（鸡中是成群分布的，而鹅中是分散分布的）。

研究发现，鹅与鸡、火鸡、斑胸草雀、人类和大鼠的先天性免疫应答相关基因复制数和基因结构有所不同。脱离 TLRs 并渗透细胞质的 RNA 病毒能被 RIG-1 辨别，RIG-1 是一种模式识别受体，在抗病毒过程中起重要作用。同进，*RIG-1* 基因在鹅和斑胸草雀中能很好地对齐，但鹅 *RIG-1* 基因与鸡和火鸡只有部分碎片对齐。根据这些数据并构建了系统发生树，发现鸡和火鸡没有表达 *RIG-1* 基因。*Mx* 基因是鸟嘌呤-3-磷酸激酶基因家族成员之一，其表达由干扰素诱导。在细胞水平，许多 Mx 蛋白表现出对流感病毒的抵抗作用。另外，不同的 Mx 蛋白对不同疾病有抵抗作用，且单基座突变会导致不同的抵抗能力。

（六）对肥肝的敏感性

之前的许多研究都集中于鹅肥肝的形成，而诱导肝脂肪合成，尤其是对碳水化合物丰富饮食有反应的不饱和脂肪酸合成的相应分子机制仍有待研究。彩图 8 显示了高能饲料过量饲喂鹅导致的肝增大，肝细胞有脂滴储存。转录组分析显示，涉及肝细胞脂肪酸合成的关键酶基因表达水平显著提高，而细胞外脂蛋白脂肪酶（lpl）和肝胆固醇合成的第一关键酶（pksG）活性显著降低。转运外源性脂肪入细胞的脂肪酸转运蛋白（fatp）表达显著增加，而与内源性脂肪结合并将其转出肝细胞外的载脂蛋白 B（apoB），如 VLDL，表达显著降低。鹅的某些与肝脂肪合成及转运相关基因的复制数显著多于其他物种。例如，鹅 *scd* 基因复制数多于鸡、鸿雁和人的 3 倍。这些结果显示，鹅肥肝形成机制主要是由于新合成内源性脂肪及胞质外源性脂肪存储和分泌的不平衡。

肝脏合成单不饱和脂肪酸过程中有一种关键酶，即 scd。其基因表达由胰岛素和瘦素独立调节，两者调节作用不同：胰岛素促进 scd 的表达，而瘦素则通过 Jak2，ERK1/2 和 p90RSK 信号通路抑制其表达，瘦素可以调节 scd 启动子下游的 sp1 转录因子，以抑制 scd 的表达。而本研究显示，鸿雁不具有 *lep* 基因。早前研究显示，肝脏饱和脂肪酸（SFA）的毒性和损伤作用显著大于单不饱和脂肪酸（MUFA）。这意味着 scd 酶介导的 SFA 到 MUFA 的转化能减轻过量 SFA 对肝脏的毒性作用。此外，一些研究指示，ob/ob 小鼠（*lep*

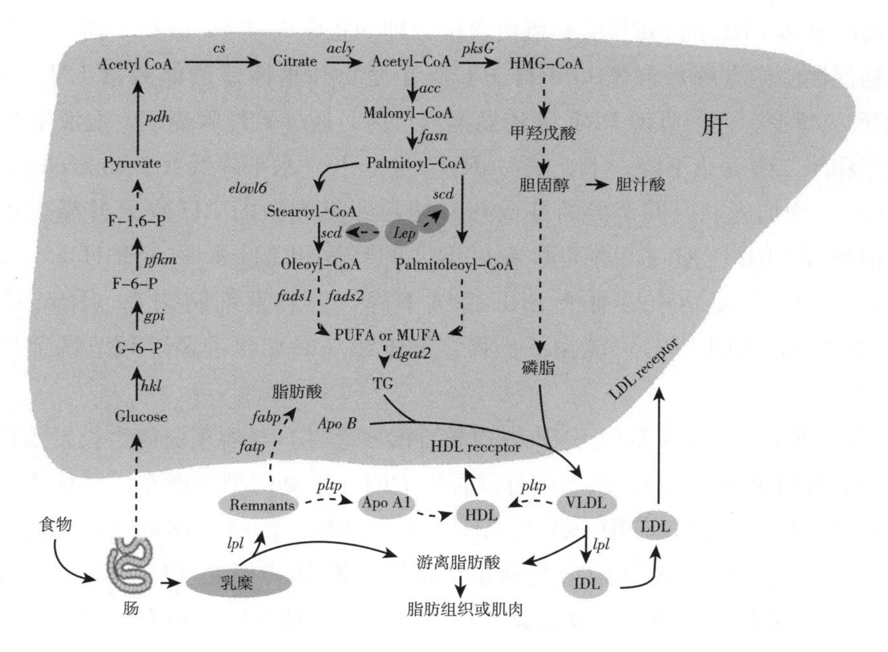

图 3-12　肝脏脂肪代谢基因作用

基因缺失模型小鼠）容易显现出肝脂肪变性，但并不自发发展成脂肪性肝炎或肝纤维变性，因为瘦素是肝纤维变性的必要调节因子。因此，假设鹅 *lep* 基因缺失可能是正向选择的结果，从而允许肝脏适应能量储存机制以应对长距离迁徙，正如在其他野生鸟类中观测到的一样。研究显示（图 3－12），微 RNA 与鹅肝脂肪代谢密切相关，肝脏脂类合成和转运的相关基因如 *lpl*、*fads1*、*pfkm*、*mdh1*、*pksG*、*fatp*、*acly*、*scd*、*cs* 和 *elovl1* 由单一或多种微 RNA 调节，尽管这一点需要进一步研究。

三、繁殖有关的候选基因研究

在禽类，PRL 主要引起和维持雌禽就巢及孵化等母性行为。早在 1935 年，Riddler 等就曾报道，注射 PRL 能诱发禽的抱窝行为；随后一系列试验研究表明，随产蛋进行，血清中 PRL 浓度升高，当出现就巢行为时达到最高峰，随着雏禽的孵化而降低（Lea et al，1981；El Halawani et al，1986；Sharp et al，1997b）。禽类抱窝期间产蛋停止，卵巢萎缩退化，血液 LH 水平下降，PRL 含量升高的现象在鸡、鸭、火鸡等多种禽类中均有报道（Bluhm et al，1983；Youngren et al，1991；March et al，1994）。Wong 等人（1991）发现，抱窝时垂体 PRL 的 mRNA 和蛋白含量分别为正常时的 50 倍和 3 倍。同时下丘脑促性腺激素释放激素 GnRH（Ⅰ及Ⅱ型）和垂体促黄体激素 LH－β 的 mRNA 减少。注射外源 PRL 除诱发抱窝行为，还导致性腺萎缩，血液中 LH、睾酮和雌二醇含量下降，下丘脑 GnRH（Ⅰ、Ⅱ）水平降低（Youngren et al，1993）。增加光照时间诱导的性成熟和切除卵巢刺激的 LH 水平升高也可被注射外源 PRL 所抑制，进而影响 GnRH 的释放和 LH 水平（El Halawani et al，1991），就巢结束后血清 PRL 持续下降，催乳素细胞凋亡（Ramesh et al，2001），表明 PRL 可能在下丘脑、垂体和（或）卵巢多层环节调节性腺功能。

对 *PRL*、*PRLR* 基因 SNPs（单核苷酸多态性）与浙东白鹅生长繁殖性状的相关分析见表 3－27。从表中可以看出 *PRL－1* 基因型与浙东白鹅体重有显著相关（$P<0.05$），其中 AA 与 AB，AB 与 BB 基因型的体重有显著的差异（$P<0.05$）；*PRL－8* 基因型与浙东白鹅胸宽有显著相关（$P<0.05$），其中 AA 与 BB 基因型胸宽有显著差异（$P<0.05$）；其他基因型和 *PRLR* 的基因型和浙东白鹅生长和产蛋均无显著的相关（$P>0.05$）。

表 3-27 *PRL*、*PRLR* 基因 SNPs 与浙东白鹅生长繁殖性状的相关分析

基因	基因型	体重/kg	背长/cm	颈长/cm	体长/cm	胸宽/cm	产蛋数/只
PRL-1	AA	4.10±0.09[*a]	28.95±0.27	27.80±0.58	6.79±0.10	14.52±0.35	35.27±1.30
	AB	3.80±0.07[*b]	28.11±0.29	27.85±0.27	6.56±0.11	13.99±0.20	32.29±2.43
	BB	4.06±0.12[*a]	28.81±0.34	27.53±0.41	6.66±0.14	14.50±0.41	34.50±2.57
	M±SE	3.93±0.06	28.48±0.19	17.75±0.21	6.63±0.07	14.24±0.17	33.50±1.49
PRL-6	AA	3.97±0.09	28.59±0.25	27.88±0.28	6.80±0.10	14.22±0.30	33.61±1.21
	AG	3.91±0.07	28.41±0.27	27.66±0.29	6.53±0.10	14.25±0.21	33.43±2.30
	M±SE	3.93±0.06	28.48±0.19	27.75±0.21	6.63±0.07	14.24±0.17	33.50±1.49
PRL-7	AA	3.88±0.08	28.40±0.34	27.96±0.37	6.65±0.12	14.48±0.32	34.44±2.70
	AB	3.94±0.08	28.48±0.26	27.52±0.27	6.65±0.11	13.90±0.19	32.45±2.04
	BB	4.12±0.19	28.75±0.40	27.97±0.72	6.52±0.13	14.48±0.49	34.67±0.67
	M±SE	3.93±0.06	28.48±0.19	27.75±0.21	6.63±0.07	14.24±0.17	33.50±1.49
PRL-8	AA	4.04±0.13	28.85±0.43	27.20±0.43	6.82±0.14	13.56±0.18[*a]	31.80±2.04
	AB	3.93±0.08	28.08±0.29	27.69±0.33	6.58±0.11	14.11±0.21[*]	33.63±2.67
	BB	3.88±0.10	28.88±0.29	28.10±0.33	6.63±0.13	14.77±0.38[*b]	34.15±1.80
	M±SE	3.93±0.06	28.48±0.19	27.75±0.21	6.63±0.07	14.24±0.17	33.50±1.49
PRLR-1	AA	3.95±0.91	28.38±0.26	27.51±0.29	6.58±0.11	14.12±0.25	33.83±2.32
	AC	3.86±0.80	28.43±0.39	27.79±0.36	6.64±0.11	14.32±0.31	31.57±2.35
	CC	4.02±0.12	28.85±0.35	28.35±0.56	6.77±0.17	14.39±0.39	36.60±3.21
	M±SE	3.93±0.06	28.48±0.19	27.75±0.21	6.63±0.07	14.24±0.17	33.50±1.49
PRLR-2	AA	3.96±0.14	29.07±0.06	27.00±0.56	6.86±0.19	13.54±0.26	30.71±2.74
	AG	3.92±0.06	28.36±0.20	27.85±0.22	6.59±0.08	14.33±0.19	34.22±1.68
	GG	4.22±0.25	29.25±1.75	27.75±0.75	6.95±0.07	14.45±1.05	25.00±2.00
	M±SE	3.93±0.06	28.48±1.49	27.75±0.21	6.33±0.74	14.24±0.17	33.50±1.49

注：肩标星号表示所在基因型与对应性状存在显著差异（$P<0.05$），不同字母表示基因型之间差异显著（$P<0.05$）。

四、就巢行为的机制分析

（一）就巢性状分子标记

赵辉等 2017 年根据鹅 *DRD5* 基因序列突变位点 921 bp：G>A 设计引物

研究，对浙东白鹅DNA模板扩增，进行序列分析。*DRD5* 基因型GG、AA、GA的频率分别为1.0、0、0，等位基因G和A的频率分别为1.0、0，杂合度为0，表明浙东白鹅属G等位基因纯合型。

根据鸭的催乳素（*PRL*）基因序列、鸡的催乳素受体（*PRLR*）基因序列、鸭的垂体特异性转录因子1（*Pit-1*）基因序列设计引物，通过PCR技术扩增浙东白鹅的 *PRL*、*PRLR*、*Pit-1* 基因的核苷酸序列。

1. *PRL* 基因扩增　*PRL* 基因组DNA见图3-13，Marker的最大片段长度为19.37 kb，以此为模板，分别扩增出了特异性的DNA序列（图3-14）。根据Marker（3 000、2 000、1 500、1 031、900、800、700、600、500、400、

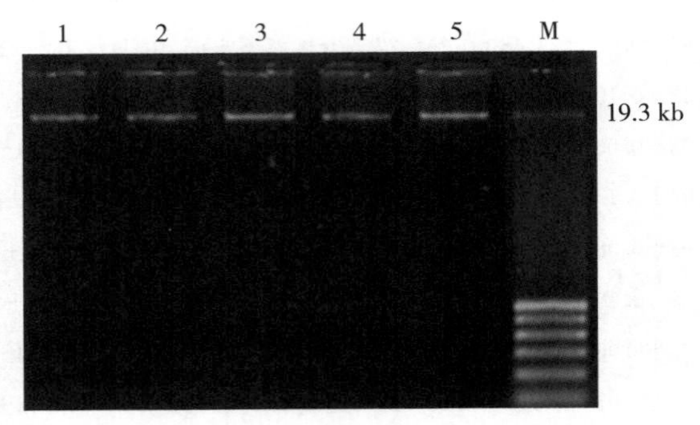

图3-13　基因组DNA凝胶电泳检测结果

注：泳道1～6代表浙东白鹅基因组DNA，M代表DNA Marker。

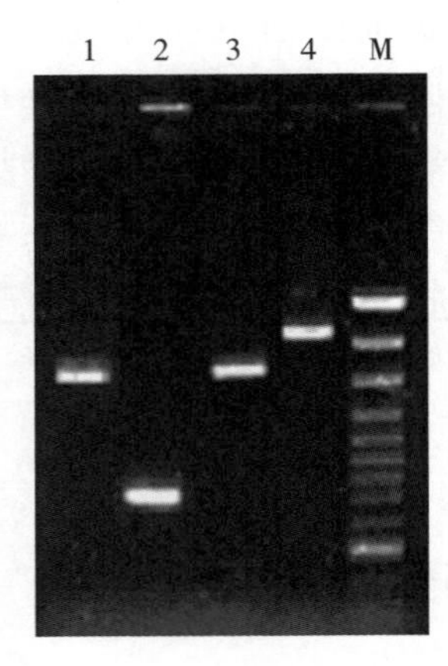

图3-14　*PRL* 基因的PCR扩增结果

注：泳道1代表引物P1的扩增产物，泳道2代表引物P2的扩增产物，泳道3代表引物P3的扩增产物，泳道4代表引物P4的扩增产物，M代表100 bp DNA Ladder。

300、200 和 100 bp）的标示，PCR 产物大小和预期的 DNA 片段大小相符。PCR 产物第一、三、四段直接进行两端测序，第二段克隆测序，把测序所得的 4 段 DNA 序列分析拼接，得到了浙东白鹅 *PRL* 基因的全序列为 5 917 bp，它含有 5 个外显子，分别为 27、181、107、179 和 191 bp，处于 21..48，1 557..1 738，2 135..2 242，3 631..3 810 和 5 706..5 897。这 5 个外显子与鸭 *PRL* 基因序列（AY 547 323）的同源性分别为 89%、98%、98%、100%、98%。其 4 段内含子与鸭 *PRL* 的该序列同源性分别为 88%、94%、80%、94%，基因序列的编码氨基酸序列见图 3-15。

MSTKGASLKGLLLVVLLVSNMLLTKEGVTSLPICPNGSANCQVSLGELFDRAVKLSHYIHF
LSSEMFNEFDERYAQGRGFITKAVNGCHTSSLTTPEDKEQAQQIHHEDLLNLVLGVLRSW
NDPLIHLASEVQRIKEAPDTILWKAVEIEEQNKRLLEGMEKIVGRVHSGDIGNEVYSQWEG
LPSLQLADEDSRLFAFYNLLHCLRRDSHKIDNYLMVLKCRLIHDSNC

图 3-15　浙东白鹅 *PRL* 基因编码氨基酸序列

分析比较浙东白鹅 *PRL* 基因与猪 *PRL*（NM 213926）的同源性为 72%，与鸡 *PRL*（J04614）的同源性为 86%，与火鸡 *PRL*（U05952）的同源性为 88%，与牛 *PRL*（NM173953）的同源性为 64%，与绵羊 *PRL*（NM 001009306）的同源性为 62%，与斑马鱼 *PRL*（BC092358）的同源性为 39%。可见，*PRL* 基因在进化上是一个比较保守的基因。利用网站（http：//motif. genome. jp）分析 *PRL* 基因的调控序列，发现了多个转录因子结合位点，位置和 Motif（表 3-28）。其中有 6 个类表皮生长因子的信号位点，而表皮生长因子与催乳素的表达调控有关。同时对 *PRL* 氨基酸序列进行了分析，发现了 2 个生长激素、催乳素及其相关激素的信号位点，可能参与蛋白质翻译的调控，见表 3-29。

表 3-28　浙东白鹅 *PRL* 基因 DNA 序列的调控位点

序列名称	位点	发现的序列
VWFC 结构域特征	1 030..1 072	CAAACTCCCAGGACAATCAGAACTTTA-AAAGAGTGACCTAACC
	5 786..5 837	CAGACTCTTTGCCTTTTACAACCTGCTG-CATTGCCTCCGCAGAGATTCCCAC
过敏毒素结构域特征	2 725..2 759	CCTTACCAAGAGGCAAAAGTGGTCACATTATTGCC

（续）

序列名称	位点	发现的序列
表皮生长因子样结构域特征	26..37	CACCAAGGGGGC
	1 630..1 641	CCCCAATGGATC
	1 659..1 670	CCCTTGGGGAAC
	3 500..3 511	CACAGTCAGTGC
	4 469..4 480	CTCTGGCAGTCC
	4 658..4 669	CCCATCCAGGCC
2Fe-2S 铁还原氧化蛋白信号区	460..468	CATAACTAC
	1 000..1 008	CAAAACAGC
	1 515..1 523	CGTGTCAAC
	1 887..1 895	CAAATCTGC
	2 124..2 132	CTGATCTGC
	2 410..2 418	CTAAGCTAC
	5 904..5 912	CTGGGCTTC
硫解酶活性位点	2 213..2 226	GAAGACAAGGAGCA
	4 743..4 756	GATAACAGTAGAAG

表 3-29 浙东白鹅 *PRL* 基因氨基酸序列的调控位点

序列名称	位点	发现的序列
生长激素、催乳素及相关激素标识 1	88..121	CHTSSLTTPEDKEQAQQIHHEDLLNLVL-GVLRSW
生长激素、催乳素及相关激素标识 2	204..221	CLRRDSHKIDNYLMVLKC

2. *PRLR* 基因扩增　扩增出了 *PRLR* 特异性的 DNA 序列（图 3-16）。根据 Marker（3 000、2 000、1 500、1 031、900、800、700、600、500、400、300、200 和 100 bp）的标示，测序结果表明，该片段为 1 305 bp，为 *PRLR* 基因的主要外显子序列，它与鸡 *PRLR*（AY547323）的同源性为 86%，与火鸡的同源性为 82%～86%，与鸽的同源性为 86%。

PRLR 基因序列对比分析发现，浙东白鹅 *PRLR* 与火鸡 *PRLR*（L76587）的同源性为 72%，与鸡 *PRLR*（NM204854）的同源性为 73%，与家鸽 *PRLR*（U07694）的同源性为 72%，与猪 *PRLR*（NM001001868）的同源性为 50%，

与人 *PRLR*（NM000949）的同源性为 51%，与大鼠（NM 001034111）、小鼠（NM011169）*PRLR* 的同源性分别为 47%、50%，与牛（NM001039726）、绵羊（NM001009204）*PRLR* 的同源性分别为 49%、41%。可见，*PRLR* 基因在进化上也是一个比较保守的基因。*PRLR* 基因的调控序列分析如表 3-30。表中的各个位点均是 *PRLR* 基因转录的调控位点，参与 *PRLR* 基因转录表达的调控。

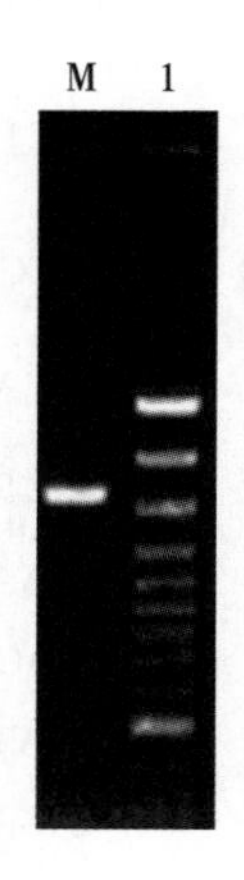

图 3-16 *PRLR* 基因的 PCR 扩增结果

注：泳道 1 代表引物 PR 的扩增产物，M 代表 100 bp DNA Ladder。

表 3-30 浙东白鹅 *PRLR* 基因 DNA 序列的调控位点

序列名称	位点	发现的序列
TATA（逆转录病毒 TATA 盒）	214..205	ACTATAATAGNCTATAAAAR
Oct-1（八聚体结合转录因子 1）	311..299	GACATAATAAATA
	726..738	CTGATAATCAGCC
	917..903	TGGAATGCAAATTCT
	1 101..1 115	AAGAATATACAAAGG
NF-1（核转录因子 1）	50..33	GTTTGGCAAGAAGGTAAT
C/E BP alpha（CCAAT/增强子结合蛋白 α）	39..52	TTCTTGCCAAACCC
	1 037..105	GTATTACTGAAACA

（续）

序列名称	位点	发现的序列
USF （上游激活因子）	568..559	GGCACGGGACGYCACGTGNC
	699..712	CATCCACGTGGCCTNNRYCACGTGRYNN
	701..710	TCCACGTGGC GYCACGTGNC
Poly（逆转录病毒多聚 A 下游元件）	694..686	TGTGCTCTC NGTGGTCTC
STATx （信号传导和转录激活因子）	549..541	TTCTCAGAA TTCCCRKAA
	1 086..1 094	TTCCAGGAA TTCCCRKAA
GATA-1 （GATA-结合因子 1）	70..58	AGCAGATAAGGGTNNCWGATARNNNN
	724..736	ACCTGATAATCAGNNCWGATARNNNN
Dof2 （Dof2-单锌指转录因子）	466..476	TAAAAAAGCAA NNNWAAAGCNN
	546..536	TCAGAAAGCAGNNNWAAAGCNN
	613..623	AAATAAAGCTGNNNWAAAGCNN
	831..841	AAGAAAAGCATNNNWAAAGCNN
	960..970	ATGTAAAGTCA NNNWAAAGCNN
	979..969	CAAAAAAGGTGNNNWAAAGCNN
	1 048..1 058	ACATAAAGAAA NNNWAAAGCNN
	1 274..1 284	ACATAAAGATA NNNWAAAGCNN
CRE-BP1 （cAMP-反应元件结合蛋白 1）	997..1 004	TTACGTAG TTACGTAA
	1 004..997	CTACGTAA TTACGTAA

3. *Pit*-1 基因扩增　扩增出 *Pit-1* 基因特异性的 5 段 DNA 序列（图 3-17）。根据 Marker（1 000、900、800、700、600、500、400、300、200 和 100 bp）的标示，克隆测序得到的 5 个外显子（Pit1～Pit5）序列 DNA 片段长度分别为 963 、803 、253 、169 和 210 bp。它们与鸭 *Pit-1*（AB258456）、鸡 *Pit-1*（AJ236855）、火鸡 *Pit-1*（X69471）的同源性均达 94%以上。对获得的鹅 *Pit-1* 基因各个片段的调控序列分析见表 3-31。表中所列的转录因子结合位点和增强子位点均是 *Pit-1* 基因转录表达的调控位点，如 Oct-1 促进 *Pit-1* 基因转录并和 Pit-1 协同作用而调节 *PRL* 基因的表达。

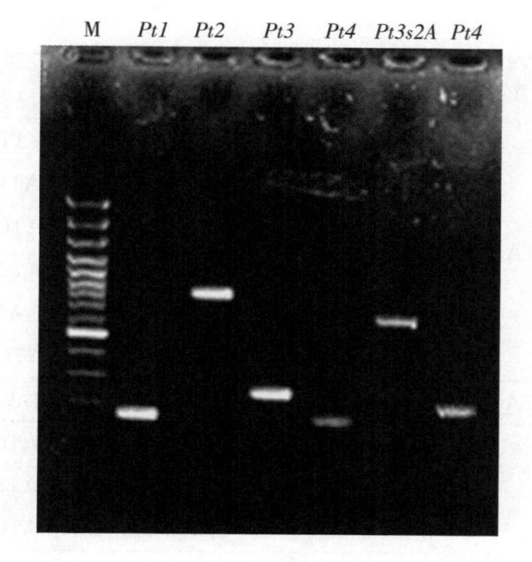

图 3-17 *Pit-1* 基因的 PCR 扩增结果

表 3-31 浙东白鹅 *Pit-1* 基因的调控序列分析

基因	序列名称	位点	发现的序列
Pt1	Oct-1（八聚体结合转录因子 1）	370..358	CTTGTAATAAATT
		434..422	ACTATAATGACAA
		433..445	GTCTTAATGATAA
		688..700	CTAGTAATTACAT
		701..689	AATGTAATTACTA
		939..951	TAGGTAATGAAAA
	GATA-1（GATA-结合因子 1）	761..774	CTACAGATATGGGA
	C/E BP beta（CCAAT/增强子结合蛋白 β）	27..14	AGATGAAGCAAACG
		226..213	ATATTGTGAAACTT
		294..281	GTTTTGTGAAATTG
	C/E BP（CCAAT/增强子结合蛋白）	233..245	TGTTTGGTATCAA
		544..556	TATATGGAAATGT
	CRE-BP1（cAMP-反应元件结合蛋白 1）	480..473	TTACATAA TTACGTAA
		791..798	TTACGGAA TTACGTAA
	TATA（逆转录病毒 TATA 盒）	266..275	GCTTTAAAAT
		679..688	TATATAAAAC

（续）

基因	序列名称	位点	发现的序列
Pt1	GATA－1（GATA－结合因子 1）	71..83	CTCTGATAATGCA
		196..205	GATGATATGC
		303..294	CATGATGCAG
		635..644	GCTGATGGAA
		762..774	TACAGATATGGGA
		963..954	GCCGATGTTT
Pt2	GATA－1（GATA－结合因子 1）	110..122	ACAAGATAAATGA
	GATA－2	3..12	GGGGATGACG
		239..248	TGGGATAGCC
		332..341	GGTGATCATG
	GATA－3	786..795	ATAGATCTTC
	TATA	388..379	ACTTTAAAAC
	CREB（cAMP－反应元件结合蛋白）	4..15	GGGATGACGGCT
	C/E BP（CCAAT/增强子结合蛋白）	56..68	ATTTTGGTCAGTT
		355..343	TGAGTGGAAAAAT
		627..639	TGTGTGCAAATGT
		477..465	TGTGTGTTAATCT
	C/E BP（CCAAT/增强子结合蛋白）	94..107	CAATTGCTTAAAGA
Pt3	C/E BP beta（CCAAT/增强子结合蛋白 β）	205..218	AGCTGGAGAAATTT
Pt4	IRF－2（干扰素调节因子 2）	112..124	GCAAACTGAAAT
	IRF－1（干扰素调节因子 1）	112..124	GCAAACTGAAATC
	USF（USF 结合位点）	162..155	CCACTTGC
Pt5	C/E BP beta（CCAAT/增强子结合蛋白 β）	124..111	CTGTTGCAAAACCA
	GATA－1（GATA－结合因子 1）	188..179	CTTGATAATA
	GATA－2（GATA－结合因子 2）	65..74	GAGGATGGCT
	GATA－3（GATA－结合因子 3）	89..81	AAGATTGAG

4. 不同生理时期 *PRL* 和 *PRLR* 基因的表达特点　浙东白鹅母鹅具有分段明显的繁殖周期，包括产蛋期、就巢期和恢复期，其采食、代谢及神经内分泌

均发生相应的变化。从mRNA水平研究*PRL*和*PRLR*基因在浙东白鹅不同繁殖生理时期的表达特点，以及二者表达量的相关关系，从分子水平来探索其就巢性发生的遗传机理。

研究发现浙东白鹅*PRL*和*PRLR*基因在产蛋期、就巢期和恢复期的表达量具有显著差异，其中就巢期和恢复期的表达量差异极显著。就巢期鹅的*PRL*和*PRLR*基因表达量最高，其次为产蛋期鹅，恢复期鹅*PRL*基因表达量最小。

对不同组织*PRL*的表达量分析，发现在垂体与下丘脑、卵巢中的表达量有极显著的差异，卵巢与下丘脑的表达量差异显著。*PRL*表达量垂体＞下丘脑＞卵巢。对不同组织*PRLR*的表达量分析，发现在垂体与卵巢中的表达量、卵巢与下丘脑的表达量均有极显著的差异，在垂体与下丘脑中的表达量差异不显著。*PRLR*表达量垂体＞下丘脑＞卵巢。浙东白鹅*PRL*和*PRLR*的表达具有极显著的相关性，其表达量的相关系数是0.698。

（二）鹅卵巢颗粒细胞培养

颗粒细胞是雌激素生成的重要场所，雌激素刺激卵巢和卵泡发育，并为其他组织提供内分泌信号。浙江农林大学赵阿勇等建立了浙东白鹅颗粒细胞的培养方法，用FSHR抗体进行免疫荧光染色，同时用DAPI对细胞核染色，荧光显微镜拍照（彩图9）。

（三）就巢鹅判定

采集及鉴定了浙东白鹅母鹅产蛋期和就巢期的卵泡样品，根据血清雌二醇、孕酮和催乳素建立了就巢鹅的判定标准。

1\. 不同时期的样品收集　分别于2014年的4—5月和9—10月两个阶段，在象山县浙东白鹅种鹅场饲养50只试验种母鹅，每个阶段25只，每个阶段又分为两期（产蛋期、抱窝期），至2014年10月，采样获得30只健康母鹅的有效数据。

饲养期间对试验母鹅抱窝行为进行观察、记录产蛋（托蛋）情况。从鹅开产后，每天记录母鹅的产蛋情况，观察是否有抱窝行为，分别于开产2～3个蛋和有抱窝行为再产2～3个蛋为时间分界线，采集试验母鹅的血样（促凝，获得血清，－20℃保存，用于检测激素）、SWF、BWF、SYF和卵巢等。

2. 产蛋期和就巢期的卵泡内环境变化检测　血清 PRL、P 和 E2 的变化，作为母鹅抱窝卵巢机能退化的重要指标。以血清雌二醇（Estradiol）/孕酮（Progesterone）比值（E/P）≤1 作为卵泡发育停止或就巢开始的指标；同时测定母鹅就巢行为产生过程中血清催乳素（PRL）水平的变化规律；分析以上 2 个指标，确定就巢母鹅的判定标准，根据这一标准制定卵巢样品采集方案。

结果发现（表 3－32），在就巢母鹅卵泡中 PRL 的水平明显上调，而且 P4/E2 也明显增加。上述结果表明，母鹅就巢与卵泡内环境激素水平紊乱有关。同时，试验中还发现闭锁卵泡颜色较深，血管较多，失去光泽，有的甚至表面坍塌。

表 3－32　鹅卵泡内激素水平分析

样本	E2（ng/g prot）	P4（ng/g prot）	PRL（ng/mg prot）	P4/E2
LO	3.34±0.24	22.76±0.46	0.78±0.10	6.84±0.63
BO	4.99±0.44*	67.62±7.85*	1.48±0.19*	13.54±0.39**

注：LO 代表正常下蛋鹅卵泡；BO 代表就巢鹅卵泡。单星号表示差异显著（$P<0.05$），双星号表示差异极显著（$P<0.01$）。

（四）就巢的调控网络体系

根据标准采集不同时期的卵泡样品，针对小白卵泡、大白卵泡和小黄卵泡进行了非编码单链 RNA（miRNA）和转录组测序，分析两个转录组解析鹅就巢的调控网络体系。

1. 不同阶段等级前卵泡 miRNA 测序　通过激素水平和卵泡形态学的变化收集生长、闭锁卵泡，分别取就巢前后鹅的小白卵泡、大白卵泡和小黄卵泡，每个样品三个重复，进行 miRNA 转录组分析，其中 let7 家族、miR－10 家族和 miR－143 家族在卵泡中高表达，被认为在卵泡发生过程中起到看家的作用。联合分析不同时期和不同阶段的差异 miRNA（表 3－33 和表 3－34），GO 和 KEGG 分析认为关于细胞凋亡和细胞增殖的通路和卵泡的生成相关，如细胞骨架、细胞连接以及癌症通路。结果证明 miRNA 在鹅就巢卵泡发育过程的许多重要通路中发挥作用。

表 3-33　至少在两个不同时期的卵泡比较中有显著差异的 miRNAs

miR 名称	上调/下调	表达水平	LSWF 与 BSWF		LLWF 与 BLWF		LSYF 与 BSYF	
			倍数变化	*P* 值	倍数变化	*P* 值	倍数变化	*P* 值
aca-miR-10c-3p	上调	中等			1.93	**	2.32	**
aca-miR-31-5p	上调	中等	2.53	*	3.14	***		
bta-miR-342	下调	中等	0.04	*			-inf	*
bta-miR-652	不确定	低			inf	***	0.10	**
chi-miR-16b-5p	下调	中等	0.12	*			0.25	*
csa-let-7d	下调	高			0.51	**	0.55	**
gga-let-7g-5p	上调	高	1.48	**	1.85	**		
gga-miR-100-3p	下调	中等			0.46	*	0.10	*
gga-miR-130a-5p	上调	中等	2.21	**	7.16	*	3.38	***
gga-miR-1329-3p	上调	中等			2.11	*	2.76	**
gga-miR-140-5p	上调	高	1.85	*	2.40	***	1.46	**
gga-miR-1416-3p	上调	中等	2.61	**	2.19	**	5.50	***
gga-miR-1451-5p	下调	高	0.70	*	0.72	*		
gga-miR-146a-5p	下调	高			0.50	**	0.50	**
gga-miR-153-3p	下调	中等			0.58	*	0.40	*
gga-miR-15b-5p	下调	中等	0.47	*			0.40	*
gga-miR-15c-5p	下调	中等	0.30	**			0.22	**
gga-miR-1677-3p	下调	中等	0.50	***			0.17	*
gga-miR-183	下调	中等			0.45	*	0.38	**
gga-miR-187-5p	上调	中等	2.46	*	2.71	*		
gga-miR-1a-3p	上调	高			2.95	*	1.94	**
gga-miR-200b-3p	上调	高			2.13	**	1.63	**
gga-miR-200b-5p	上调	中等			2.16	***	2.06	***
gga-miR-221-3p	上调	高			1.94	**	2.23	***
gga-miR-26a-3p	上调	中等			1.92	**	1.47	**
gga-miR-301a-5p	上调	中等	4.02	**			5.97	*
gga-mir-3535-p3	下调	中等	0.22	*			0.32	**
gga-miR-455-3p	下调	中等	0.52	***	0.50	***		
gga-miR-460b-5p	上调	中等			2.45	**	1.91	*

（续）

miR 名称	上调/下调	表达水平	LSWF 与 BSWF		LLWF 与 BLWF		LSYF 与 BSYF	
			倍数变化	*P* 值	倍数变化	*P* 值	倍数变化	*P* 值
hsa - miR - 16 - 5p	下调	中等	0.17	**	0.19	**		
hsa - miR - 338 - 5p	上调	中等	1.65	*			1.75	**
mmu - miR - 145a - 3p	上调	高			1.61	*	1.53	*
mmu - miR - 143 - 5p	上调	高	1.69	***	1.95	*	1.68	*
oha - miR - 1d - 3p	上调	中等	8.31	*	12.31	**	8.97	**
tgu - miR - 125 - 5p	上调	高			1.34	*	1.65	*
tgu - miR - 139 - 5p	下调	中等	0.55	*			2.75	**
tgu - miR - 454 - 5p	上调	中等	2.37	**			5.44	*
novel - mir - 116	下调	中等	0.04	**			0.02	*
novel - mir - 126	下调	中等	0.02	***	0.03	**		
novel - mir - 13	上调	中等			1.57	**	2.53	*
novel - mir - 146	下调	中等	0.01	*	0.02	**		
novel - mir - 158	上调	中等			inf	*	inf	**
novel - mir - 47	下调	中等			0.49	**	0.14	*
novel - mir - 62	下调	中等	0.12	*			0.29	*
novel - mir - 93	下调	中等	0.01	*	−inf	*	0.10	*

注：*P* 值采用 ANOVA 分析，单星号代表小于 0.1，双星号代表小于 0.05，三星号代表小于 0.001。

表 3 - 34　不同等级的卵泡在不同阶段存在显著差异表达的 miRNA

miR 名称	表达水平	LSWF 与 LLWF 与 LSYF			BSWF 与 BLWF 与 BSYF		
		LSWF /LLWF	LLWF /LSYF	*P* 值	BSWF /BLWF	BLWF /BSYF	*P* 值
dre - miR - 92a - 3p	高	1.26	0.34	**	1.22	0.36	*
efu - miR - 423	中等	0.39	0.23	*	0.51	0.11	***
gga - miR - 32 - 5p	中等	0.94	2.89	**	0.65	2.12	*
gga - mir - 3535 - p3	中等	1.57	0.28	*	1.09	0.40	**
gga - mir - 3538 - p3	中等	3.08	0.06	***	1.88	0.19	**
mmu - miR - 486a - 5p	中等	1.13	0.26	***	1.99	0.20	**
ssa - miR - 221 - 5p	中等	1.68	0.29	**	0.95	5.14	*

（续）

miR 名称	表达水平	LSWF 与 LLWF 与 LSYF			BSWF 与 BLWF 与 BSYF		
		LSWF /LLWF	LLWF /LSYF	P 值	BSWF /BLWF	BLWF /BSYF	P 值
tgu - miR - 139 - 5p	中等	1.42	0.31	**	0.60	1.58	**
tgu - miR - 2970 - 3p	中等	0.99	0.42	*	1.28	0.41	*
novel - mir - 117	中等	1.13	0.33	**	1.68	0.22	*

注：*P* 值采用 ANOVA 分析，单星号代表小于 0.1，双星号代表小于 0.05，三星号代表小于 0.001。

2. 不同阶段等级前卵泡转录组测序　为了进一步揭示 miRNA 的调控基因，并对母鹅就巢的分子机制进行分析，同时进行 mRNA 转录组分析，在就巢母鹅的 SWF、BWF 和 SYF 中共获得了 1 096 个上调表达的基因和 749 个下调表达的基因。这些基因可能在抱窝过程中的卵泡发育调控中发挥功能。进一步对每种卵泡抱窝前后差异进行 GO 注释和 KEGG 分析，发现这些差异基因主要与激素、细胞联系、细胞骨架、癌症通路以及吞噬小泡的形成密切相关。以上结果表明，浙东白鹅就巢期卵泡发生退化可能与鹅卵泡之间的联系切断，以及细胞增殖和细胞净化相关。

在 SWF、LWF 和 SYF 文库中，鉴定到抱窝母鹅卵泡中分别有 22、39 和 40 个上调的激素相关基因，23、14 和 14 个下调的激素相关基因。这些差异表达的基因包含 GnRH、孕酮和甾醇相关组群。

在 GnRH 通路中，*GNAS*、*LOC106042961*、*ADCY5*、*CACNA1C*、*LRRC8D*、*ATF4*、*LOC106036842*、*LOC106038708*、*LOC106040490*、*LOC106040461* 和 *MMP2* 等基因在抱窝母鹅和下蛋母鹅间有差异。孕酮信号通路中，*ADCY5*、*ANAPC7*、*FAM184A*、*CCNB2*、*PGR*、*CEP95*、*IGF1*、*MAD2L1*、*LOC106040490*、*LOC106040461*、*LOC106046456*、*CPEB1* 和 *DLC1* 等基因在抱窝母鹅和下蛋母鹅间有差异。此外，在甾醇通路中，*NR1H3*、*NR1D2*、*AKR1D1*、*ACBD3*、*LOC106031836*、*NR3C1*、*PGR*、*NR2F2*、*PAQR8*、*PPARG*、*LOC106041605*、*NR5A2*、*NR0B1* 和 *RXRA* 等基因在抱窝鹅和产蛋母鹅间有差异。以上结果表明，激素在调节母鹅的抱窝中发挥重要功能。

在转录因子和自噬相关组群，发现了众多相关基因。在抱窝母鹅中有 58 个上调的转录因子，包括 *PPAP2B*、*NR1H3*、*MYC*、*ATF4*、*FOXO 3*、

SFRP4 和 *TFEB* 等与自噬相关；14 个 homeobox 基因，包括 *HHEX*、*MEIS2*、*MEOX2*、*ZHX2*、*HOXC5*、*LOC106048882*、*HOXC8* 和 *HOXC9* 等，对卵泡的发育至关重要。在抱窝母鹅中有 31 个下调的转录因子，包括 *GBX2*、*IRX1*、*HESX1*、*LHX2*、*MSX2*，这些基因也参与到自噬调节和氧化水平的调节。

（五）自噬的发生和抱窝关联

自噬的发生和抱窝密切关联，并且氧化应激在其中也发挥重要作用。

1. 自噬相关通路在卵泡退化中的重要作用　激素和自噬分析发现 E2 的含量在抱窝母鹅的 SYF 中显著增加；而 P4 的水平在抱窝母鹅的 LWF 和 SYF 中都显著上调。自噬分析也表明，自噬水平在抱窝鹅卵泡中也是显著上升的。充分表明激素和自噬在调控母鹅抱窝中的重要性。

对不同时期卵泡进行电镜分析发现，就巢期鹅卵泡内自噬体增加（彩图 10）。通过荧光定量 PCR 和 Western Blot 分析自噬标记蛋白（LC3），发现 LC3 不仅在转录水平增加，而且在就巢期卵泡中 LC3Ⅱ/LC3Ⅰ的比值明显增加（图 3-18），再次证明就巢与自噬直接存在密切的联系。进一步研究发现，母鹅卵泡自噬主要发生在大白卵泡和小黄卵泡阶段，初步推测可能自噬的过量

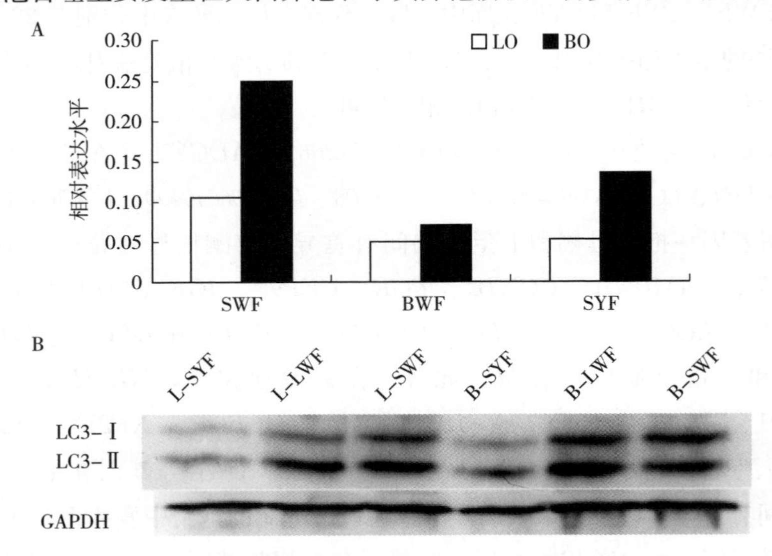

图 3-18　不同时期卵泡的 LC3 Western Blot 检测结果

A. SWF、BWF、SYF 中 LC3Ⅱ/LC3Ⅰ的比值　B. LC3Ⅰ、LC3Ⅱ不同处理的影响

发生影响了卵泡的发育，从而导致就巢母鹅少产蛋或不能产蛋。

在不同阶段等级前卵泡转录组测序中，发现差异基因与吞噬小泡的形成密切相关。关注与吞噬小泡相关的一些基因，证明了自噬的发生是和抱窝密切关联的。为了初步验证基因表达与表型之间的联系，进行就巢前后颗粒细胞的原位杂交分析，结果表明就巢前后颗粒细胞自噬明显增多（彩图 11）。这不仅从数据上而且从表型上证明自噬对就巢母鹅卵泡的发育至关重要。

2. 热应激和氧化应激也可能是影响鹅抱窝的重要因素　浙东白鹅抱窝经常发生在气温升高的时期，根据经验推测其可能与温度的感应有关，对热和氧化应激相关的基因进行了检测结果发现，在抱窝卵泡中 Hsp70 和 Cox2 的表达水平明显上调（图 3－19），以上结果提示，热和氧化应激可能是抱窝的重要因素。

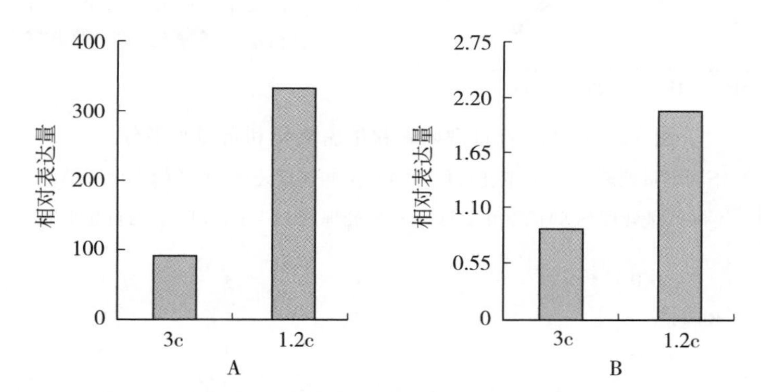

图 3－19　QPCR 分析热应激和氧化应激基因在鹅卵泡中的表达

A. Cox2　B. Hsp70

结合就巢母鹅卵泡颗粒细胞自噬水平的升高，推测颗粒细胞自噬的发生与卵泡内氧化水平密切联系。基于此，用双氧水（H_2O_2）处理卵泡颗粒细胞构建了氧化模型，然后检测氧化对自噬水平的影响。H_2O_2 处理鹅颗粒细胞，导致颗粒细胞自噬水平增加（图 3－20）。细胞开始应对氧化胁迫的策略是提高 ROS 清除剂相关酶的活性来降低氧化胁迫，随着处理时间的延长，自噬开始起主要作用。但是当处理时间超过酶和自噬的清除能力时，就引起细胞的死亡。这些结果证明，自噬在细胞发育过程中具有双重作用。

为了更加清晰氧化胁迫是怎样影响颗粒细胞自噬发生的，用罗帕霉素（Rapamycin）和 3－甲基腺嘌呤（3－methyladenine，3－MA）处理氧化模型的细胞，发现氧化引起的颗粒细胞自噬主要是通过 Rapamycin 通路调节（图 3－21）。

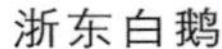

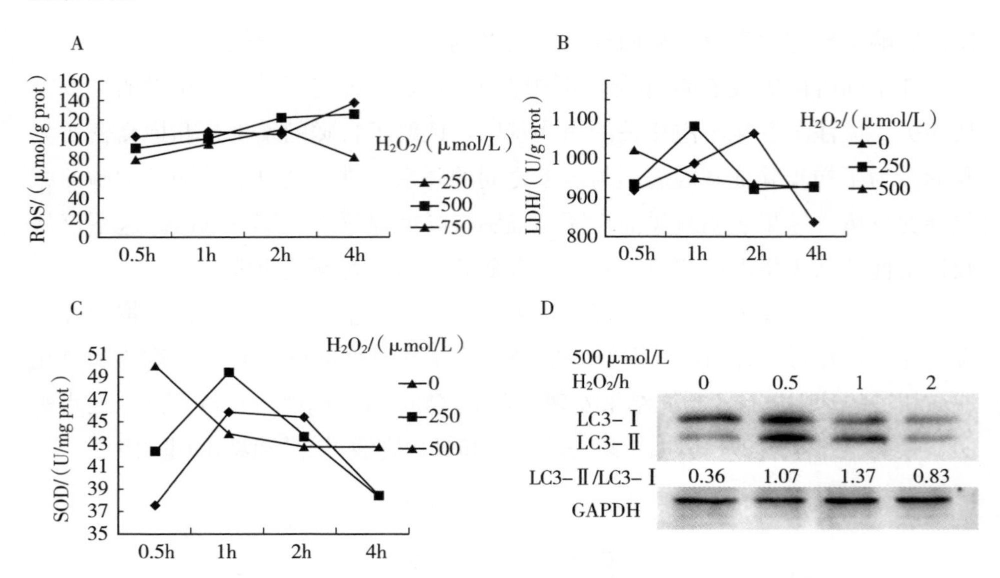

图 3-20 H_2O_2 处理鹅颗粒细胞氧化和自噬水平分析

A. H_2O_2 不同剂量处理 ROS 的变化 B. H_2O_2 不同剂量处理 LDH 的变化

C. H_2O_2 不同剂量处理 SOD 的变化 D. H_2O_2 处理后 LC3 Ⅰ、LC3 Ⅱ 的自噬水平

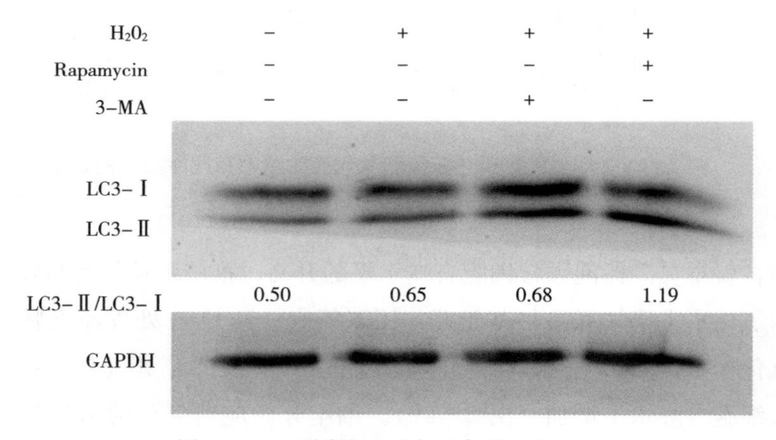

图 3-21 不同处理对自噬水平的影响

（六）抱窝相关模型的建立

根据上述生理生化和分子生物学的分析结果，初步推测母鹅的抱窝主要与卵泡的自噬和凋亡相关，在自噬与凋亡相关蛋白的一系列作用下，miRNAs 相互调控，最终影响到卵泡的发育和命运，从而改变母鹅的生理状态，是抱窝和

产蛋的重要调节因素。当然，除此之外，热和氧化应激也可能是抱窝的重要因素之一。

五、胚胎期及出生早期骨骼肌发育过程中相关基因的研究

肉品质的差异受多种因素的影响，如动物的品种、动物的饲养方式、动物年龄变化等，但究其根本是由其组织结构决定的。肌纤维数量的增多主要发生在动物的胚胎期，出生之后数量不会增多；而肌纤维的大小主要取决于肌原纤维的增多。肌纤维数量的多少和质量的好坏从本质上来说是由相关的功能基因有序调控来决定的。对浙东白鹅胚胎期（Embryonic period，E）和出生早期（Post hatch，P）骨骼肌发育过程中的相关调控基因 MRFs、*Pax3*/*Pax7* 和 *Tmem8c* 的调控过程进行初步的探索，为揭示骨骼肌生长发育的分子机制提供新的理论依据，并进一步完善骨骼肌发育的分子调控机制，同时，为浙东白鹅肉质性状的改良提供新的理论支持。

（一）MRFs、*Pax3* 和 *Pax7* 的表达规律以及与胸、腿肌发育的相关性

MRFs 包括 *Myf5*、*MyoD*、*Myf6* 和 *MyoG*，它们参与肌肉发育的各个过程。其中 *MyoD* 能够与多种不同类型的细胞发生作用使其转化为肌源性细胞，在肌肉特异性基因的转录调控过程中起着类似于总开关的作用；*MyoG* 在肌肉生成过程中起着调控成肌细胞融合开始的作用；*Myf5* 和 *MyoD* 有着相似的作用，其在成肌前体细胞的命运决定和成肌细胞的大量增殖过程中起到了决定性的作用；*Myf6* 能够促进成肌细胞的分化，为肌肉组织的进一步形成奠定了基础。PAX 家族中的两个转录因子 *Pax3* 和 *Pax7*，被认为在肌纤维的生长发育过程中指导众多过程的进行。而在鹅胚胎发育过程中这些基因的表达变化规律及在肌肉发育过程中的表达变化规律研究甚少。采用 QRT－PCR 研究浙东白鹅 MRFs、*Pax3* 和 *Pax7* 在鹅 E7、E11、E15、E19、E23、E27 及出生早期 P7 的表达规律，并分析其表达与胸、腿肌发育的相关性。

1. 胸肌和腿肌组织中 *MyoD* 表达　在浙东白鹅胸肌和腿肌组织发育的不同阶段均能检测到 *MyoD* 的表达（图 3－22），两者表达模式相似，均呈现反√形的模式。腿肌在 E11～E23 阶段维持高表达，显著高于其他阶段（$P<0.05$），在 E15 表达量达到最高；胸肌在 E15～E23 阶段维持高表达，显著高于其他阶段（$P<0.05$），同样在 E15 表达量达到最高。但胸肌中该基因表达

量略低于腿肌，并且表达高峰期的出现晚于腿肌。

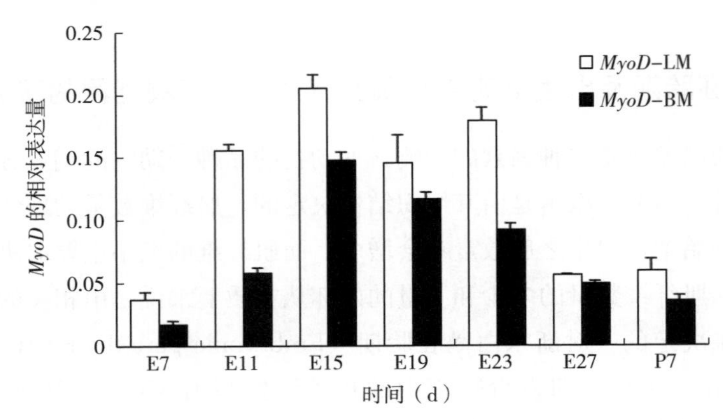

图 3-22　浙东白鹅胸肌和腿肌不同发育阶段 *MyoD* 基因表达情况

注：同一组织类型不同阶段字母不同表示表达差异显著（$P<0.05$）；白柱代表腿肌，黑柱代表胸肌。

2. 胸肌和腿肌组织中 *Myf5* 表达　在浙东白鹅胸肌和腿肌组织发育的不同阶段均能检测到 *Myf5* 的表达（图 3-23），两者表达模式相似，均呈现反√形的模式。腿肌在 E11 表达量显著上升（$P<0.05$），达到最高，E15～E19 阶段维持高表达，E19～E23 后显著下降（$P<0.05$），但在 E23～E27 表达量略微回升，出壳后表达量低。胸肌同样在 E11 表达量显著上升（$P<0.05$），达到最高，E15～E19 阶段维持高表达，在 E19～P7 阶段表达量逐渐降低。胸肌中该基因表达量略低于腿肌，腿肌中的表达高峰期持续时间长于胸肌。

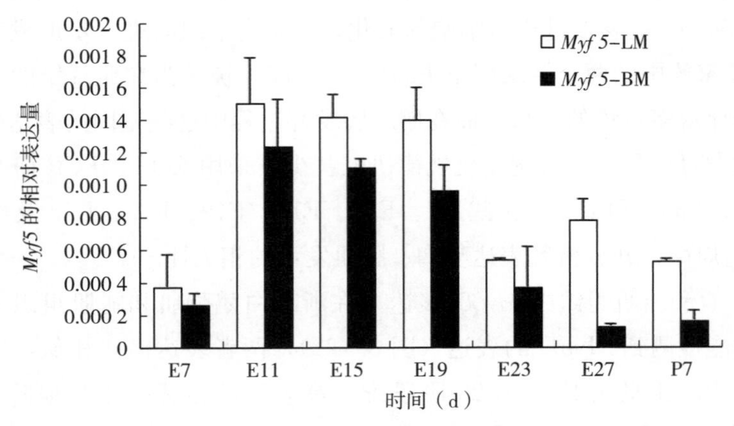

图 3-23　浙东白鹅胸肌和腿肌不同发育阶段 *Myf5* 基因表达情况

注：同一组织类型不同阶段字母不同表示表达差异显著（$P<0.05$）；白柱代表腿肌，黑柱代表胸肌。

3. 胸肌和腿肌组织中 *MyoG* 表达　在胸肌和腿肌组织发育的不同阶段均能检测到 *MyoG* 的表达（图 3－24），两者表达模式相似，均呈现反√形的模式。E7～E15 表达量逐渐上升，E15～P7 表达量逐渐下降。腿肌中 E15 表达量显著高于其他胚龄日（$P<0.05$），胸肌中 E15 表达量显著高于其他阶段（$P<0.05$），出壳后表达量降低。

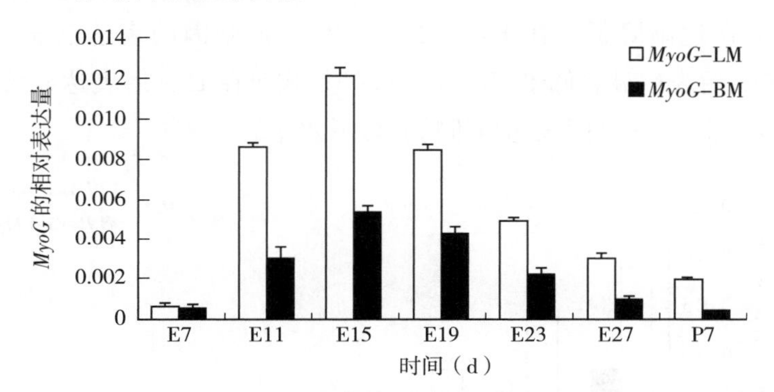

图 3－24　浙东白鹅胸肌和腿肌不同发育阶段 *MyoG* 基因表达情况

注：同一组织类型不同阶段字母不同表示表达差异显著（$P<0.05$）；白柱代表腿肌，黑柱代表胸肌。

4. 胸肌和腿肌组织中 *Myf6* 表达　在胸肌和腿肌组织发育不同阶段均能检测到 *Myf6* 的表达（图 3－25），在两种肌肉组织中的表达模式相似，均呈波形模式。腿肌在 E7～E19 阶段表达量呈上升趋势（E15 和 E11 比较有小回落），在 E23 显著下降（$P<0.05$），而在 E27～P7 又显著上升（$P<0.05$）。胸肌的表达模式类似，E7～E15 阶段表达量呈上升趋势，在 E15 达到表达最高峰，E15～E23 显著下降（$P<0.05$），而 E27～P7 有所上升。该基因在胸肌

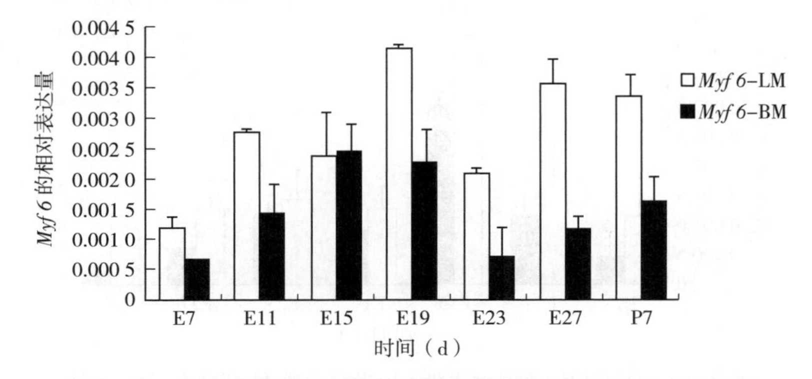

图 3－25　浙东白鹅胸肌和腿肌不同发育阶段 *Myf6* 基因表达情况

注：同一组织类型不同阶段字母不同表示表达差异显著（$P<0.05$）；白柱代表腿肌，黑柱代表胸肌。

中早于腿肌达到表达高峰期，并且 E27～P7 阶段达到第二高峰阶段时，腿肌的表达显著高于胸肌（$P<0.05$）。

5. 胸肌和腿肌组织中 *Pax3* 表达　在胸肌和腿肌组织发育的不同阶段均可检测到 *Pax3* 的表达（图 3－26），其表达呈逐渐降低模式，在胸肌和腿肌的表达模式相似。在胸肌和腿肌中，均在 E7 检测到表达量最高，随着生长发育，该基因的表达逐渐降低，在 E15～E19 阶段，该基因的表达已显著低于 E7（腿肌在 E15 后表达显著低于 E7，$P<0.05$；胸肌在 E19 后表达显著低于 E7，$P<0.05$），E23 后该基因表达量维持在较低水平。

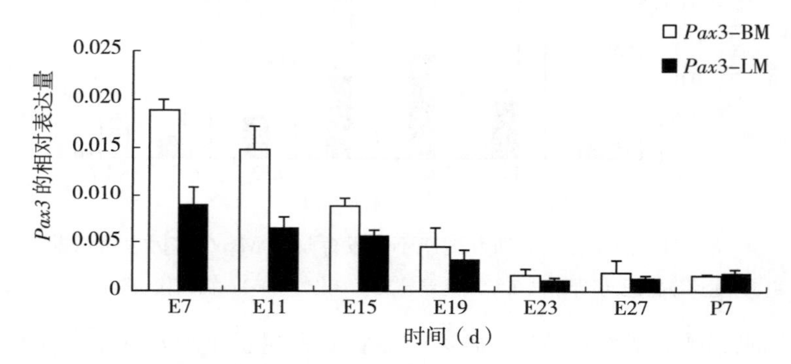

图 3－26　浙东白鹅胸肌和腿肌不同发育阶段 *Pax3* 基因表达情况

注：同一组织类型不同阶段字母不同表示表达差异显著（$P<0.05$）；白柱代表腿肌，黑柱代表胸肌。

6. 胸肌和腿肌组织中 *Pax7* 表达　在胸肌和腿肌组织发育的不同阶段均可检测到 *Pax7* 的表达（图 3－27），在两个肌肉组织中的表达模式相似，均呈反

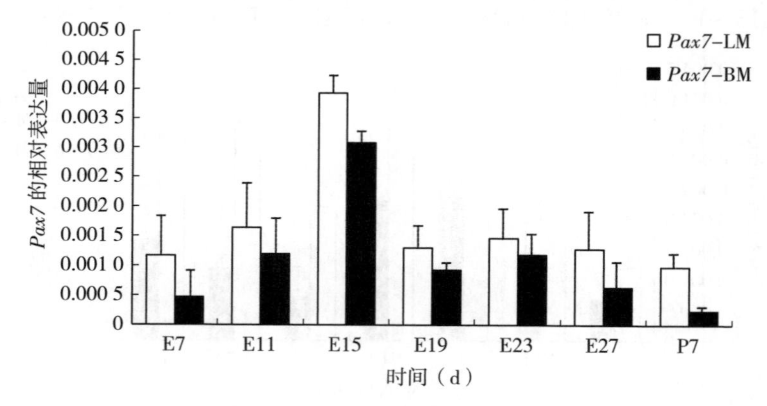

图 3－27　浙东白鹅胸肌和腿肌不同发育阶段 *Pax7* 基因表达情况

注：同一组织类型不同阶段字母不同表示表达差异显著（$P<0.05$）；白柱代表腿肌，黑柱代表胸肌。

√形模式。在腿肌中 *Pax7* 基因在 E11 出现上升，并于 E15 达到表达最高时期，显著高于其他阶段（$P<0.05$），在 E15 之后，基因表达保持较低水平。在胸肌中，该基因同样在 E15 出现表达高峰后，保持在较低的表达水平，胸肌中该基因的表达整体低于腿肌。

通过 QRT－PCR 研究了 MRFs、*Pax3* 和 *Pax7* 在浙东白鹅骨骼肌胚胎期以及出生早期的表达规律研究，发现这些基因均与鸟类的骨骼肌生成密切相关，并且总体上胸肌发育晚于腿肌，这可能与鸟类腿肌的特殊性有关。肌肉生成是一个复杂的程序，在胚胎期包括肌母细胞的增殖、退出细胞周期、最终分化导致生成多核肌纤维等步骤。研究结果更加具体和深入地了解浙东白鹅胚胎期肌肉发育相关基因的表达规律，为鹅骨骼肌发育过程中的调控机理提供理论依据。但是目前的研究几乎只局限于对单个基因本身的研究，对这些基因之间的相互作用目前还没有深入的研究。今后的试验应旨在从整体上研究这些基因的作用机理以及基因之间的相互关系。从遗传的角度上提高肉的品质是最直接有效的方法，因此加强基因水平的研究对改善浙东白鹅肉质有着十分重要的意义。

（二）*Tmem8c* 获取和序列分析

Tmem8c 是唯一一个肌肉特异性的膜表面融合蛋白，直接参与了成肌细胞的融合过程，促进成肌细胞相互之间发生融合形成多核肌管。采用 RACE 技术获得了浙东白鹅 *Tmem8c* 的 CDS（Coding sequencing）区，并对其蛋白的二级结构以及遗传进化进行了分析。此外，利用实时荧光定量 PCR 研究 *Tmem8c* 在鹅胚胎期和出生早期的表达规律，并分析其表达与胸、腿肌发育的相关性。此外，预测了能够与 *Tmem8c* 发生作用的 miRNA，确定了可能作用于其上的 miRNA。

1. *Tmem8c* 基因序列分析　将 3′ RACE 产物和 5′ RACE 产物测序结果去除载体序列和引物序列，进行拼接和校正后，最终获得的拼接序列全长为 1 412 bp，包含 283 bp 的 5′ UTR 和 466 bp 的 3′ UTR，GenBank 数据库登录号是 KT 751177。CDS 区是 663 bp，编码 221 个氨基酸。

将获得的 *Tmem8c* 序列与小鼠和人的 *Tmem8c* 比对之后，发现鹅中的该基因与小鼠和人的具有同源性。利用 BLAST 程序分析保守结构域，发现其上存在一个保守区，从第 3 个氨基酸开始到第 185 个氨基酸结束。用 Promoter

2.0 程序预测发现，*Tmem8c* 基因的 5′ UTR 不存在启动子区。用 ProtScale 软件预测发现，Tmem8c 蛋白的平均亲水系数是 0.528，说明该蛋白是疏水性蛋白。利用 TMHMM 程序分析跨膜区，发现该蛋白存在 6 个跨膜区，整条多肽链几乎全在膜内或膜上，暴露于膜外的部分很少。用 Signal P 3.0 程序分析发现 *Tmem8c* 氨基酸 N 端不存在信号肽序列。用 SOPMA 预测 Tmem8c 蛋白的二级结构，结果显示该蛋白含有 48.64%的 α 螺旋、19.09%的延伸带、7.27%的 β 转角和 25%的无规则卷曲。

基于 *Tmem8c* 的氨基酸序列，利用 MEGA5.0 以 NJ（Neighbor - joining）法构建不同物种的 *Tmem8c* 氨基酸序列的系统进化树（图 3 - 28）。将鹅的 *Tmem8c* 基因序列与小家鼠（*Mus musculus*，Mumu）、智人（*Homo sapiens*，Homo）、原鸡（*Gallus gsllus*，Gaga）、斑马鱼（*Danio rerio*，Dare）、斑胸草雀（*Taeniopygia guttata*，Tagu）、海蜇（*Meleagris gallopave*，Mega）、绿头鸭（*Anas platyrhynchos*，Anpl）的 *Tmem8c* 基因序列进行对比之后发现，鹅的 CDS（Sequence coding for amino acids in protein）区序列与绿头鸭、原鸡、斑胸草雀、海蜇、小家鼠、智人、斑马鱼的相似度分别为 85.82%、94.42%、91.40%、93.51%、81.00%、84.16% 和 73.60%。氨基酸的相似性分别是 97.27%、95.45%、97.27%、84.55%、87.27%和 78.18%（由于绿头鸭在 CDS 区有一个终止密码子，所以不对其进行分析）。从建好的进化树图中可以看到，鹅的 *Tmem8c* 基因与绿头鸭的在同一个分支可信度为 96%，海蜇和原鸡处在同一分支可信度为 99%，智人和小家鼠在同一分支可信度为 99%，斑马鱼独处一个分支。可见，鸟类、哺乳动物以及鱼类各自成支，并且

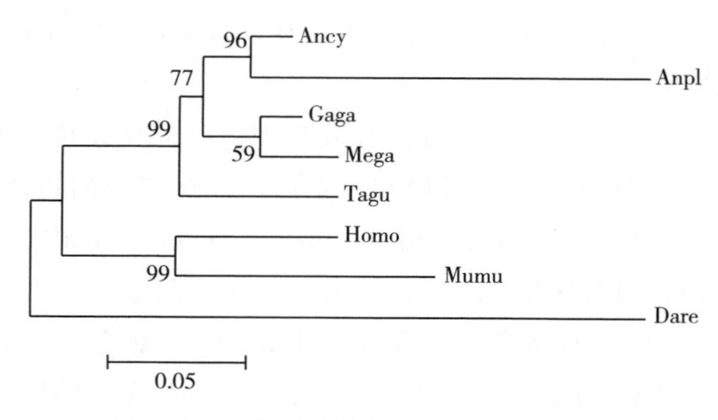

图 3 - 28　不同物种间 *Tmem8c* 系统进化树

形成紧密相关高度可信的簇。其中，鹅的 *Tmem8c* 基因与绿头鸭的同源性最高，与鱼的同源性最低。

2. *Tmem8c* 在骨骼肌发育过程中的表达情况　在胸肌和腿肌发育过程中，*Tmem8c* 基因的表达模式不太相同，但是也存在相似之处（图 3-29）。腿肌发育过程中，在 E15 时 *Tmem8c* 的表达量达到了高峰；而在胸肌发育的 E19 时 *Tmem8c* 的表达量达到了最大。腿肌中，*Tmem8c* 的表达呈现出峰值模式，即从胚胎发育的第 7 天到胚胎发育的第 15 天，*Tmem8c* 的 mRNA 表达量逐渐上升，到第 15 天时表达量达到一个最高水平且显著高于除 E19 的其他发育阶段（$P<0.05$），随后表达量逐步下降，从 E19 到 E23 呈现出极速下降的模式，之后下降情况稍有缓解，但总体表达量还是处于下降趋势。胸肌中，*Tmem8c* 的表达同样呈现出峰值模式，不同的是，*Tmem8c* 在 E19 时达到最高值，并且 E19 的表达量显著高于 E15 的表达量（$P<0.05$），第 19 天之后 *Tmem8c* 的表达也呈现极迅速的下降。总的来说，胚胎期骨骼肌发育过程中 *Tmem8c* 基因呈现出瞬时表达模式。

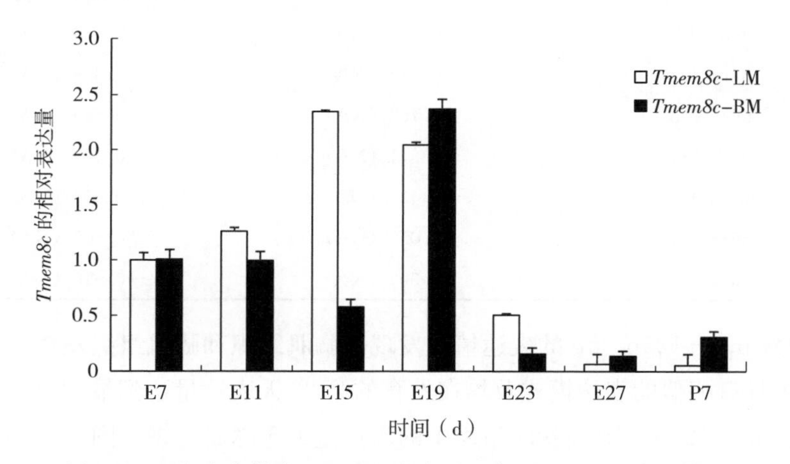

图 3-29　浙东白鹅胸肌和腿肌发育过程中 *Tmem8c* 的表达情况

注：设置 E7 的值为 1，同一组织类型不同阶段字母不同表示表达差异显著（$P<0.05$）；白柱代表腿肌，黑柱代表胸肌。

3. 靶向鹅 *Tmem8c* 的 miRNA 的预测筛选　根据鸡和鸭肌肉组织中 miRNA 转录组序列以及 *Tmem8c* 基因 3′ UTR 的序列，并利用 miRBase 数据库确定 miRNA 的种子序列以及它们与 *Tmem8c* 3′ UTR 区结合的能力，筛选出了 13 个 miRNA。利用 QRT-PCR 技术分析了浙东白鹅胚胎期及出生早期这些 miRNAs 的表达情况，并利用SPSS软件对miRNA和靶基因*Tmem8c*进行相关性分析，发现肌肉组织中miRNA与*Tmem8c*并不具有显著的相关关系，但是还是有一些线索可以认为有一些miRNA能够作用于*Tmem8c*的。分析发现，胸肌组织中除了mir-n18之外，其他miRNA均与*Tmem8c*成负相关关系，但是相关性不显著；腿肌组织中，mir-125b-5p、mir-15a、mir-16-1和novel-mir-23与*Tmem8c*成负相关关系（表3-35），据此重点研究这4个miRNA。

表3-35　miRNA与*Tmem8c*相关性分析

名　称	胸　肌	腿　肌
mir-125b-5p	−0.284（NA）	−0.301（NA）
mir-15a	−0.228（NA）	−0.250（NA）
mir-15b	−0.455（NA）	0.277（NA）
mir-16-1	−0.471（NA）	−0.126（NA）
mir-16c	−0.416（NA）	0.390（NA）
mir-106	−0.466（NA）	0.390（NA）
mir-17	−0.292（NA）	0.533（NA）
mir-20a	−0.342（NA）	0.399（NA）
mir-20b	−0.163（NA）	0.589（NA）
mir-184	−0.371（NA）	0.445（NA）
mir-199-1	−0.435（NA）	0.302（NA）
mir-n18	0.052（NA）	0.508（NA）
mir-n23	−0.302（NA）	−0.546（NA）

观察mir-125b-5p的表达情况发现，胸肌组织和腿肌组织发育过程中该miRNA具有相似的表达模式及均在发育的第23天表达量达到最大值，不同之处就是mir-125b-5p在胸肌组织中的表达量大于腿肌组织（图3-30A）。对于mir-15a和mir-16-1而言，在腿肌组织中，E15胚龄日的miRNAs表达量均高于E19胚龄日但低于E23胚龄日；在胸肌组织中，两者表达量的最高峰均在胚胎发育的第23天（图3-30）。而novel-mir-23在胸肌和腿肌组织中的表达情况大不相同，而且该miRNA是鸭特异性miRNA，据此选择mir-125b-5p、mir-15a和mir-16-1进行进一步的研究（图3-30D）。

4. 靶向鹅*Tmem8c*的miRNA的鉴定　为了研究mir-125b-5p、mir-15a和mir-16-1能否与*Tmem8c*发生作用，选择了双荧光素酶报告系统来验

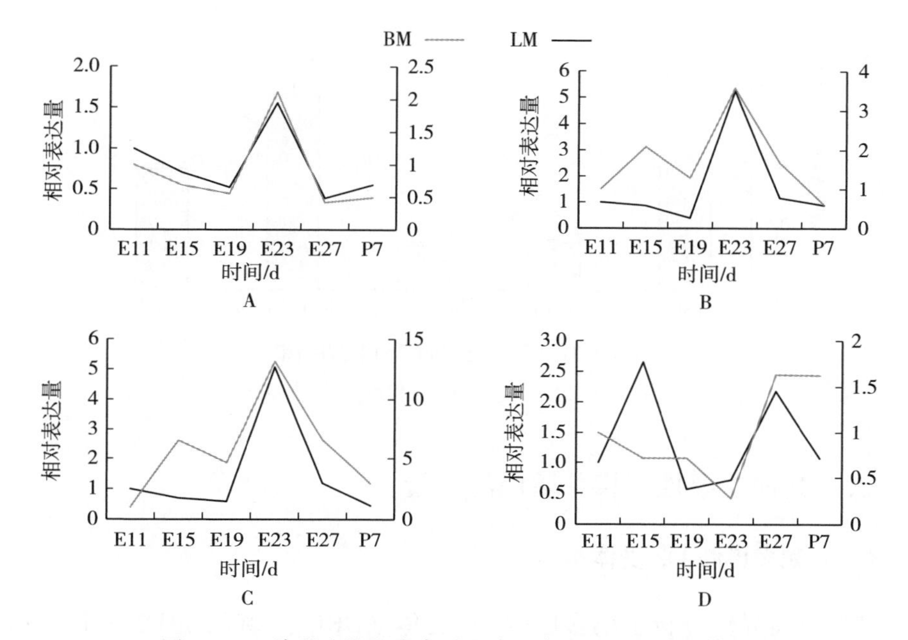

图 3-30 胸肌和腿肌发育过程中 4 个 miRNAs 表达情况

A. mir-125b-5p B. mir-16-1 C. mir-15a D. novel-mir-23

注：E7 的 miRNA 表达量太低，所以以 E11 的表达为对照，设为 1。

证。根据鹅 *Tmem8c* 基因的 3′ UTR 序列来设计引物，将 3′ UTR 全长扩增出来，并将其插入到 psi-Check2 载体中，然后将重组载体以及 miRNA 模拟物共转染到 BHK-21 细胞中，此外还设置了阴性对照（NC）和 siRNA 为阳性对照，24 h 之后检测荧光素酶活性。结果显示，与 NC 组相比，siRNA 以及 mir-16-1 极显著降低了荧光素酶的活性（$P<0.01$），而 mir-15a 虽然能够抑制荧光素酶的活性但是效果不显著，mir-125b-5p 显著提高了荧光素酶的活性（$P<0.05$）（图 3-31）。综上所述，确定 mir-16-1 能够靶向 *Tmem8c* 基因，并抑制其表达。

在鹅这一物种上首次对 *Tmem8c* 基因进行探讨和研究，获得了鹅 *Tmem8c* 基因的全长，并且分析了序列特征以及鹅与其他物种 *Tmem8c* 基因的亲缘性关系。此外，检测到在胸肌和腿肌组织发育过程中，该基因的表达为一种瞬时峰值表达模式。研究筛选并鉴定出 mir-16-1 是能够作用于鹅 *Tmem8c* 基因的 miRNA。研究结果为初步了解骨骼肌发育过程中 *Tmem8c* 的作用及其相关 miRNA 提供了理论性依据。

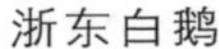

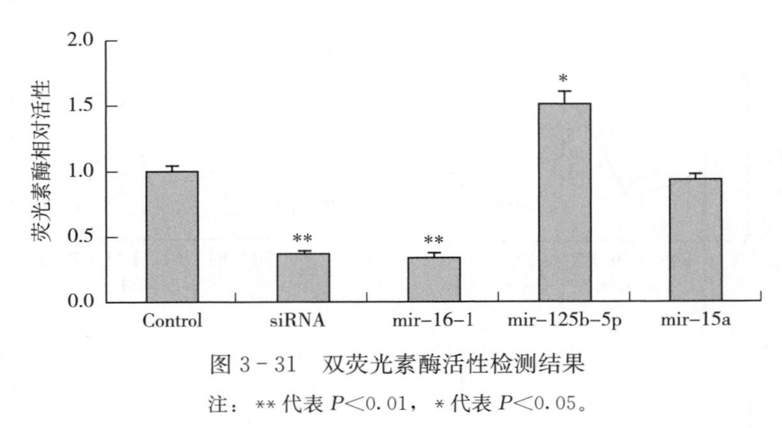

图 3-31　双荧光素酶活性检测结果

注：** 代表 $P<0.01$，* 代表 $P<0.05$。

六、其他主要性状相关基因的克隆

（一）鹅多巴胺 D2 受体基因

克隆并特异性分析了鹅多巴胺 D2 受体（DRD2）基因组 DNA 和 cDNA 序列。鹅 DRD2 cDNA 长度为 1 353 bp，编码 450 个氨基酸的蛋白，鹅 *DRD2* 基因组 DNA 长度为 8 350 bp，包括 7 个外显子和 6 个内显子，*DRD2* 基因是多巴胺受体家族成员之一，由于其在鸟类催乳素分泌中的特殊作用被认为是就巢性候选基因。

应用 5′- RACE 和 3′- RACE 法获得过氧化物酶增殖激活受体基因（*PPAR*）的全长序列，获得 *PPAR*-α 和 *PPAR*-γ 基因的全长序列。PPAR 参与肝脂肪代谢和脂肪细胞的分化，研究填饲后的鹅肥肝、腹部脂肪中 *PPAR*-α 和 *PPAR*-γ 基因的表达差异性，同时对屠宰性能与血液指标、*PPAR* 基因表达量与血液指标之间进行相关性分析。

分析了一条 941 bp 覆盖完全编码区域（CDS）的鹅血管活性肠肽（VIP）基因 cDNA 片段，这条 cDNA 包含 32 bp 的 5′ 端非翻译区（5′- UTR），603 bp 的 CDS 和 306 bp 的 3′ 端非翻译区（3′- UTR），3′- UTR 包含了两个 ATTTA 序列,两个多聚腺苷酸化信号（AATAAA）和一个 25 bp 的多聚腺苷酸尾。VIP 与催乳素分泌有关，且在鸟类繁殖行为及神经内分泌调节中起着关键作用。

（二）优良经济性状相关基因 SNP 位点的筛选

应用单链构象多态性（PCR - SSCP）技术分析基因编码区与调控区单核

苷酸的多态性（SNPs）。统计分析编码区与调控区 SNPs 与鹅产蛋和肉质性状的相关性，目前正在寻找与鹅主要经济性状的 SNP 位点或基因型。

（三）多种 DRD2 受体、*VIP* 基因的分子特性和差异性表达

分析了 4 个由可变剪接产生的鹅 DRD2 变体。生物信息学分析指示，所有推断出的 DRD2 序列都包含 7 个假定跨膜区域和 4 个潜在的 N-糖基化位点。基于氨基酸序列的系统进化树显示，鹅 DRD2 蛋白与其他鸟类密切相关。半定量 RT-PCR 显示，DRD2-1、DRD2-2 和 DRD2-4 转录本在垂体、卵巢、下丘脑及肾表达，而 DRD2-3 不同水平但广泛表达于所有检测的组织中。同时，在鹅 *DRD2* 基因编码区域中和部分内含子区域中有 54 个 SNPs 和 4 个插入/缺失变异。这些发现有助于深入研究鹅 *DRD2* 基因的功能。分析了 7 个外显子和 6 个内显子，cDNA 和基因组 DNA 序列都显示与其他物种的高度一致性。

序列分析指示，VIP 有两个选择性剪接的转录本。长转录本（VIP-1）编码 VIP 和肽组氨酸异亮氨酸外显子，短转录本（VIP-2）只编码 VIP。RT-PCR 分析指示，VIP-1 的表达水平比 VIP-2 低得多，且 VIP-1 在肌肉、腹脂、卵巢和脾脏中表达量可以忽略甚至不表达，而 VIP-2 广泛分布于所有被检测的组织中。鹅 *VIP* 基因中显示共 12 个单核苷酸多态性（SNPs），包括 2 个位于编码区域的 SNPs 和 10 个内显子区域变异。

（四）甘油醛-3-磷酸脱氢酶基因扩增

用反转录的方法从浙东白鹅基因组 DNA 中扩增出甘油醛-3-磷酸脱氢酶（*GAPDH*）基因（235 bp），克隆测序，提交 GenBank（登录号 DQ454070），通过 BLAST 对比发现该序列中存在 2 个外显子和 1 个内含子，并且发现鹅的 *GAPDH* 基因的 RNA 序列与鸭完全一样。同时，从浙东白鹅视丘下部、垂体、卵巢组织扩增出 *GAPDH* 基因片段大小为 209 bp（登录号 DQ821717），两序列与 AY436595 高度同源。

（五）羽色基因比较

毛色/羽色是一种可利用的经济性状和遗传标记，它在确定品种纯度、杂交组合和亲缘关系方面具有重要作用。黑素皮质素受体 1（Melanocortin 1 Receptor，*MC1R*）基因变异与许多脊椎动物（包括一些鸟类）的毛色/羽色表型相关，是毛色/羽色遗传的重要候选基因。周兵等以 *MC1R* 基因为研究对象，采用 PCR 产物直接测序的方法，对浙东白鹅白羽 3 个羽色系、朗德鹅灰羽和花羽（灰白相间）*MC1R* 基因的部分编码区进行了单核苷酸多态性（SNP）筛查和遗传多样性分析，并通过荧光定量 PCR 技术，分析 *MC1R* 基因在 1、14、21、28、42 和 56 d 6 个时间点品种间的表达差异和在皮肤组织中不同时间点的发育性变化，以探讨 *MC1R* 基因变异对浙东白鹅和朗德鹅羽色遗传的影响，从而为遗传育种研究提供分子生物学依据。研究扩增了浙东白鹅和朗德鹅 *MC1R* 基因编码区的 714 bp。通过生物信息学分析，发现 A＋T 含量为 40.20%，G＋C 含量为 59.52%，A＋T 含量远低于 G＋C 含量。浙东白鹅与朗德鹅 *MC1R* 基因与 GenBank 中其他雁属 *MC1R* 基因的核苷酸同源性高达 99%以上。通过对 SNP 位点的筛选，在所有群体中共筛查到 5 个 SNPs，即 210CT、321CT、411CT、525CT、756GA，且都为简约信息位点。其中 210CT、321CT、756GA 3 个突变位点只存在于浙东白鹅中，411CT、525CT 2 个突变位点只存在于朗德鹅中，经过与 GenBank 中已提交的鹅的 *MC1R* 基因序列比对，发现这 5 个 SNPs 都是在浙东白鹅和朗德鹅中新发现的 SNPs。将核苷酸序列翻译后发现，这 5 个突变位点并未引起氨基酸序列的改变，均为同义突变。用 Phase 软件进行分型，共分出 7 种单倍型，其中单倍型 Z2（C－C－C－C－G）和 Z4（C－C－T－C－G）为优势单倍型，Z2Z2 和 Z4Z4 单倍型组合为优势单倍型组合。经卡方独立性检验，这 5 个突变位点不同基因型和单倍型在鹅品种间和羽色性状间的分布差异都达到了极显著的水平，表明 *MC1R* 基因对鹅的羽色性状有着重要影响，说明 *MC1R* 基因是鹅羽色的主要候选基因。采用荧光定量 PCR 技术检测 *MC1R* 基因 mRNA 水平表达结果表明，*MC1R* 基因在浙东白鹅 1 d 皮肤组织中的表达量最高，而在朗德鹅中却是在 28 d 皮肤组织中表达量最高。对于同一时间点，除 1 d 和 21 d 外，其余时间点浙东白鹅和朗德鹅品种间的表达差异均达到了显著或极显著的水平。对于同一品种不同时间点而言，浙东白鹅 1 d 与其他日龄之间的表达差异达到了显著或极显著水平，朗德鹅 28 d 与其他日龄（除 14 d 外）之间的表达差异达到了显著或极显著水平。这些表达规律与品种和换毛有一定的关系。

第四章
浙东白鹅品种繁育

第一节　生殖生理调控

一、繁殖季节与调控

（一）繁殖季节

浙东白鹅属于短日照繁殖鹅种，在浙江东部地区一般 9 月产蛋，至第 2 年 5 月休蛋，随着养殖规模扩大和繁殖技术进步，部分种鹅提前到 8 月产蛋或推迟到第 2 年 6 月休蛋。通过繁殖调控，则可以在休蛋期产蛋。

3—5 月是浙东白鹅肉鹅出栏旺季。冬季 10—12 月雏鹅上市高峰期也与中国传统的春节休闲时节重叠，1—2 月是养殖淡季。但是，近年来，种鹅规模化养殖使春节前后一段时间雏鹅价格低迷情况加剧，养殖效益不稳定，农户养鹅积极性下降。冬季育雏成活率低于全年其他季节，加大了冬季养鹅成本。在 6—10 月，绝大部分浙东白鹅种鹅休蛋后，雏鹅数量少，价格奇高，增加了肉鹅养殖户的种苗成本和养殖风险。

从现代社会发展趋势看，传统消费习惯正在改变，要求优质肉鹅能做到常年供应，工厂化生产和鹅产品的深加工更是要求保证肉鹅原料的常年供应，需要对种鹅进行繁殖季节调控。

（二）繁殖调控

浙东白鹅的季节性繁殖是其雏鹅供应出现空档期的主要原因。繁殖特性表现为典型的短日照繁殖模式，目前，采用传统繁殖方式，有 4 个多月少蛋，其中2个月基本不产蛋。产蛋的季节性限制，影响浙东白鹅全年商品肉鹅均衡供应，不利于市场销售和产业化生产。根据光照对家禽生殖影响作用的原理，对浙东白鹅进行人工光照处理，人为调控繁殖季节，在传统休蛋期也能进行产蛋繁殖，实现全年种蛋生产和商品肉鹅供应目的。

1. 光照调控程序设定　浙东白鹅光照调控程序设计思路（表4-1、图4-1）：先诱导休蛋，经过一个休蛋期，再诱导开产。在前期（1月底至2月初）用每天18h的长光照处理2周，使鹅停止产蛋，进入休蛋状态。第3～7周，减少光照时间至每天8h；第8～18周，光照维持在每天8h，在5月初进入产蛋期，光照渐进式增至每天12h并维持到产蛋结束。新母鹅可以在4—5月出雏的种苗中培育，此时苗鹅价格低，饲养成本低。新母鹅在产蛋一窝后的休蛋期进入光照调控程序，接受长光照处理。

表4-1　繁殖调控光照程序设定

光照、处理时间/周	1～8	9～14	15	16	17～47	48
光照时间/h	18	8	9	10	11～12	18

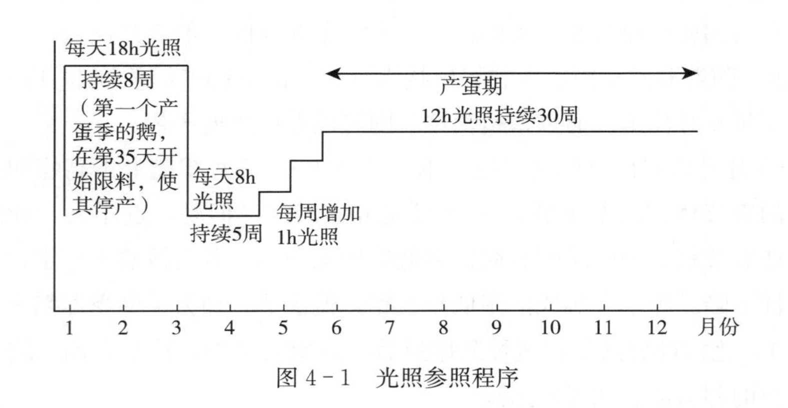

图4-1　光照参照程序

2. 调控结果　繁殖季节调控试验选第二产蛋年浙东白鹅母鹅180只（公、母比例为1∶5），设同数量的对照组（不作光照控制，不限料），并统计同期传统方法养殖的鹅群产蛋情况。鹅舍温度控制在25℃以下，饲养管理方法与自然繁殖相同，每天鹅舍打扫一次，保持清洁。

整个试验阶段，对照组接受自然光照，不接受其他处理（5月后不限饲），试验组按设定的光照程序处理，且鹅群限制在通风良好的棚内避光。试验中，经常给鹅补充适量的青草或水草。每天定时收集各组的产蛋，记录各组每天的总产蛋数并计算产蛋率。隔 3～4 d 检查 1 次母鹅就巢情况，并时常观察公、母鹅的换羽情况，被确认就巢的母鹅要被隔离并限制饲喂 7～10 d 以强制终止就巢，然后重新放归鹅群。

结果见表 4-2、图 4-2，光照控制的繁殖调控试验组 5—9 月传统淡季产蛋 13.94 个，与试验组比，自然光照的对照组淡季少产蛋 7.02 个。全程试验组产蛋 39.68 个，对照组产蛋 38.22 个，传统繁殖组（在 5—9 月限饲，进入休蛋期）40.46 个，无显著差异。

表 4-2　繁殖调控试验各组产蛋比较

月份	光照控制组/(个/月)	自然光照组/(个/月)	传统组/(个/月)
1	7.63	7.63	7.63
2	4.71	5.56	5.56
3	0.35	0.41	5.10
4	0	0.81	2.50
5	1.72	0.92	0.31
6	4.78	2.23	0
7	3.52	0.80	0
8	2.46	1.04	0.17
9	1.46	1.93	6.22
10	2.32	3.99	2.77
11	3.57	4.59	5.01
12	7.16	7.31	5.29
合计	39.68	38.22	40.46

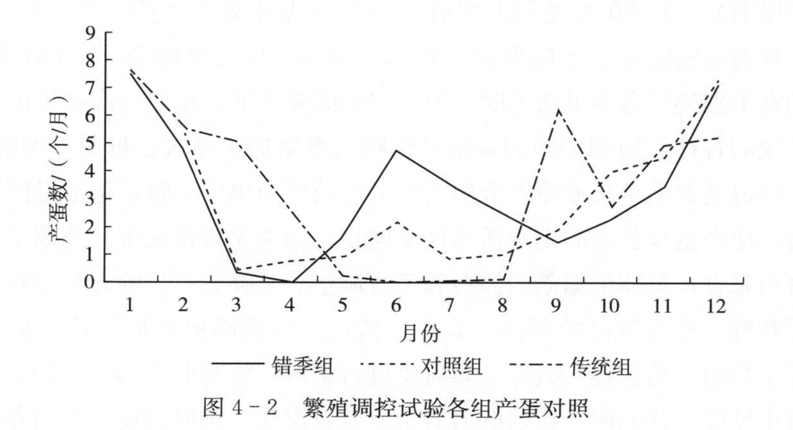

图 4-2　繁殖调控试验各组产蛋对照

3. 繁殖调控管理

（1）长光照处理　于1月开始每天对鹅补光，将鹅于傍晚5时左右赶进鹅舍后，开灯一直到晚上12时关灯；第二天早晨6时开灯，至7时关灯（如果天亮得较早，可以更早关灯），这样使鹅见到黑暗的时间仅有6 h（半夜12时至早晨6时），每天光照时间有18 h（早晨6时至半夜12时）。在鹅眼睛部位的光照强度必须达到80 lx以上。一般公鹅累计接触长光照55～60 d，母鹅累计接触长光照75～80 d，然后改用短光照。

人工光照建议使用亮度大、耗电少的LED灯；日光灯价格低、耗电少，但光照强度不足；白炽灯耗电量大，且发热。由于人工光照的光线强度一般达不到太阳光的光照强度，在鹅舍内按每5～6 m^2 设置一盏40 W的日光灯时，夜间日光灯的光照强度是100～200 lx，而白天太阳光的光照强度可在20 000 lx以上，所以要通过延长光照时间在冬天模拟夏天的长日照效果，在冬天将总光照时间延长到每天18 h。如果光照强度和光照时间不足，如灯放得不够多、每天晚上过早关灯、用电器太多造成电压不足而使照明灯较暗，则鹅对光照的反应就会差一些，会推迟停产时间，也会降低开产后产蛋率的上升速度和推迟产蛋高峰的到来。长光照处理到所有鹅停产后结束。

（2）换羽与整群

①人工换羽　在自然条件下，母鹅从开始脱羽到新羽长齐需较长的时间，换羽有早有迟，其后的产蛋也有先有后。为了缩短换羽停产的时间，改变鹅群的开产时间，提高产蛋的整齐度，可采用人工强制换羽。在鹅接受长光照处理后约30 d，鹅会开始脱掉小毛，到35～40 d，可以拔去公鹅大毛（主翼羽、副翼羽和尾羽）。母鹅在长光照处理后35～40 d基本处于停产状态，在50 d左右，出现大规模脱掉小毛的现象，到55～60 d（比公鹅晚20～25 d）拔掉大毛。如有个别鹅已有少量新毛时，为了鹅群的整齐度，也应一次性拔掉大毛。

②换羽管理　换羽期间的母鹅日饲喂次数增加至2次，母鹅日饲喂200 g左右，推迟其大毛生长或使整群鹅的羽毛生长更为集中一致，保证母鹅不要过早产蛋，使产蛋与公鹅的生殖活动恢复同步，减少无精蛋发生。公鹅不再限饲改为自由采食，具体根据鹅的体型和肥瘦调整。要补充充足的青绿饲料。

③整群　整齐度高的群体，开产一致，产蛋高峰值高而平稳，持续时间长，蛋重均匀，易管理。拔毛一周后要进行整群，将鹅群中的病、弱、残次鹅及产蛋率低的母鹅和阴茎伤残的公鹅予以及时淘汰。按鹅肥瘦分群饲养，给料

做到“看膘给料”。开产前再根据体重和羽毛长短分群，一旦群体固定后，整个产蛋期就尽量不要再调整。这样既能避免鹅群的肥鹅不产蛋而浪费饲料，又能避免瘦鹅长期透支体力而发展为病鹅。

④其他管理　整群后做好驱虫和免疫工作。产蛋前公、母鹅分开饲养。在产蛋前 4 周开始将饲料逐渐调整到产蛋期配合料，饲料粗蛋白质水平为16%～17%，并适当添加多维素、蛋氨酸等，使种鹅逐渐恢复体况，为产蛋积累营养物质、贮备能量，为进入产蛋期做好准备。

（3）短光照处理

①光照调整时间　第一种处理方法是在长光照开始处理后 55～60 d，将公、母鹅分开，把公鹅的光照时间缩短为每天 13 h，即晚上 7 时关灯，早晨不用开灯（假定早晨 6 时天亮）。母鹅的光照时间仍然维持在每天 18 h，再过 4 周，把母鹅的光照时间也缩短为每天 13 h（与公鹅的一样），并把公、母鹅混合。此时稍稍增加一些饲料（每天 150 g），预计再过 3 周左右母鹅即可开产。

第二种处理方法是母鹅拔毛比公鹅晚 25 d，可以一直使用长光照，即将长光照处理一直进行到第 75～80 天后，开始缩短光照，可以每 3 d 缩短 1 h（每隔 3 d 从原来的晚上 12 时关灯改为提前 1 h 关灯）。预计再过 3 周左右母鹅即可开产。

②光照管理　在母鹅产第一窝蛋最高峰后 1 周（即产蛋从最高峰开始下降后 1 周），将光照再缩短到每天 11 h（早晨 8 时放出来，晚上 7 时关进去，这时不需要再开灯），以使母鹅继续进行第二窝产蛋，不然鹅在产完第一窝蛋后将停产很长时间，才会重新开产。以后一直维持在这种光照下，直到年底重新进行延长光照处理。

产完蛋的抱窝鹅，其光照处理与产蛋鹅一样：白天放出鹅舍外，夜间同样需要关进鹅舍内缩短光照，这样可以持续保持和促进其生殖器官处于发育状态，使其可以尽快进入下一轮产蛋高峰。

③产蛋管理　开产后，需要营养价值较高的饲料。产蛋期饲料应以配合饲料为主，鲜草等青绿饲料自由采食为辅。饲料应按标准配方配制。每天每只鹅需补充精饲料 200 g，分 2～3 次投喂，让鹅自由采食，其间饲喂青绿饲料要充裕。高温期间，在饲料中添加维生素 C 或增加多种维生素添加量，减轻热应激。

到 6 月天气炎热时，产蛋母鹅容易发病，产蛋期间的鹅疾病防治的重点是蛋子瘟和禽霍乱。因为两种疫苗的免疫期为4个月，而种鹅的产蛋期有5个多月，免疫成功率为60%～80%，已进行过免疫注射的鹅群，也要在产蛋期搞好环境消毒工作，产蛋后期还须服药预防。在整个产蛋期间，凡是鹅群经常活动的地方都要进行消毒，每月消毒2～3次。在产蛋高峰期和后期，饲料中添加抗生素，连喂3～5 d。

(4) 其他注意事项　鹅舍要有降温设施，在光照调控期间，舍内关养时间不能超过5 h。舍内饲养密度控制在4只/m^2以下。种蛋贮存时间为3～5 d，并保持适宜的贮存温度。

夏季白天温度太高时，也往往会导致鹅产蛋性能下降。应在运动场上方架上遮阳膜或种植遮阴树，搭葡萄、丝瓜棚等，减少白天照射到鹅身上的阳光量，同时保持良好通风，勤更换运动场用水，最好采用流动水。

鹅群产蛋环境要保持安静。每天捡蛋2～3次，以防种蛋受热、受到污染或损坏。创造鹅交配的适宜环境，运动场岸坡平缓，并有干净、阴凉的用水。交配的适宜时间在早晨出栏时和下午5时后。

二、就巢鹅醒抱

(一) 自然醒抱

浙东白鹅具有较强的赖抱性，每窝产下5～12个蛋后就出现赖抱现象。传统养殖是采用自然孵化方法繁殖的，母鹅赖抱后，就进行孵化，孵化30 d结束后母鹅15 d左右产下一窝蛋。不参加孵化的母鹅自然醒抱要过20～25 d重新开始产下一窝蛋。

(二) 药物醒抱

药物醒抱有激素（包括激素抗体处理、神经递质类调控等）处理、化学物质调节生理状态、基因苗免疫等，有较好的醒抱效果，但技术要求高，掌控难度大。越早发现母鹅赖抱，并及时进行药物醒抱处理，其效果越好；此外，母鹅个体差异和体内激素水平等，对醒抱效果影响较大。

(三) 物理醒抱

物理醒抱就是把在产蛋窝里不产蛋的母鹅抓出，单独关养醒抱。刚抓出的母鹅 2～3 d 内禁食，但要保证饮水，以后适当饲喂青饲料或少量粗饲料。醒抱栏光线充足，晚上最好补充光照 3～4 h。养殖规模不大、有条件的，在醒抱期间进行赶动，或驱赶到水中活动。每栏鹅的醒抱时间要基本统一，一般经 7～10 d 处理后就能醒抱。醒抱后应适时加喂产蛋饲料，迅速恢复母鹅产蛋体重，并进入下一产蛋期。

（四）醒抱试验

根据家禽赖抱生理原理研究浙东白鹅人工醒抱技术，取得明显醒抱效果。试验用药物与物理醒抱相结合的方法，采用催乳素颉颃剂作为醒抱药物，对赖抱母鹅进行药物干扰，对有赖抱迹象的母鹅每千克体重口服“醒抱灵”150 mg，同时，对发现赖抱母鹅另行关养，仅供应饮水，饲喂少量青绿饲料，一般当日可以醒抱，20 d 后恢复产蛋。对照组赖抱母鹅采用自然醒抱方法。母鹅开始产蛋时，随机分试验、对照组，同条件预试后 60 d，进行 180 d 对比试验。试验结果，人工醒抱能明显缩短赖抱时间（1 个月以上），产蛋数极显著高于常规组（$P<0.01$），应用人工醒抱技术，4 个月中，日均存赖抱鹅数仅 0.7 只，对照组 11.2 只，差异极显著（$P<0.01$），6 个月试验，平均每只母鹅产蛋量增加 4.45 个，达到 20.08 个。从表 4－3 和图 4－3 中可知，因随机分组，预试期 60 d，试验组产蛋量低于对照组的情况下，试验后反高出对照组，证明人工醒抱后浙东白鹅能较快地恢复产蛋、提高产蛋量。试验期平均每只母鹅消耗饲料（精饲料）试验组为 31.07 kg，对照组为 26.44 kg，增加4.63 kg，但按照生产一个种蛋耗料分别为 1.55、1.69 kg，则减少 0.14 kg。

表 4－3 试验结果

时间/d	试验组			对照组		
	日均存栏母鹅/只	产蛋总数/个	只均产蛋数/个	日均存栏母鹅/只	产蛋总数/个	只均产蛋数/个
60	107.1	545	5.09	102.9	785	7.63
180	95.2	1 927	20.08[a]	96.4	1 371	15.63[a]
合计/平均	98.1	2 472	25.17	96.5	2 156	23.26

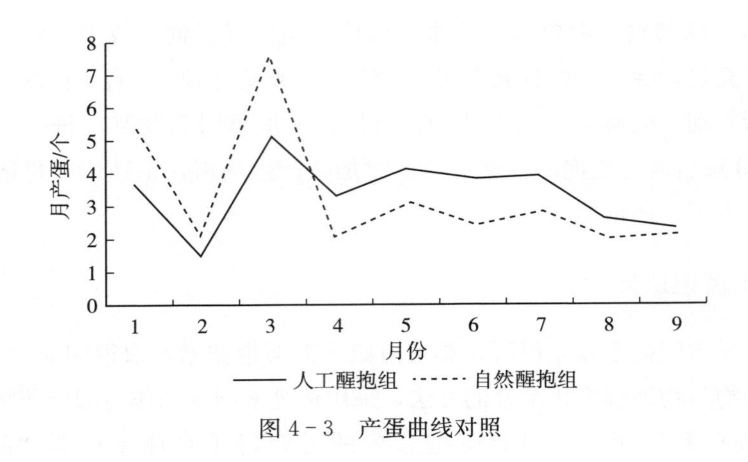

图 4-3　产蛋曲线对照

第二节　配种方法的选择

一、自然交配

浙东白鹅的交配行为表现出一定的季节性。成年公鹅在 5 月下旬性欲明显下降，6 月中旬至 8 月底基本没有求偶交配表现。自然交配就是在繁殖期间，让公、母鹅自由配种。自然交配条件下，母鹅只在繁殖季节求偶交配，其他季节一般不接受交配。求偶交配时，公、母鹅对对方都有一定的选择性。在散放的鹅群中常以一个个家系的形式存在，有的公鹅能带 7～8 只母鹅，有的只能带 1～2 只母鹅。

（一）单一交配

在浙东白鹅传统农家散养时期，一般一户饲养母鹅 1～3 只，传统繁殖的配种采用抱送方法。由于养殖数量少，母鹅饲养农户为了减少成本，不养殖公鹅，而是有专门饲养公鹅的农户（养 1～2 只公鹅）。母鹅养殖户母鹅产蛋期每产下 1 个种蛋，就将母鹅抱送到附近公鹅养殖户处，找公鹅交配 1 次，待产蛋期结束母鹅就巢，孵出一窝雏鹅后，拿出最大的一只雏鹅（俗称“炮头鹅”）给公鹅养殖户，作为给母鹅配种的报酬。当地公鹅养殖户的公鹅品质以及周边与配母鹅数量影响种蛋受精率。

（二）人工辅助交配

人工辅助交配是公、母鹅自然交配时给予人工辅助而提高受精率的交配方法。中小规模养殖户在孵化繁殖季节，为使每只母鹅都能与公鹅按时交配，提高种蛋受精率，实行人工辅助交配。人工辅助交配的公、母鹅比例为1∶(8～10)。人工辅助交配对浙东白鹅提高受精率效果显著，可达到85%左右。但人工辅助交配用工量大，较大规模养殖难以应用。

在上午9时前公鹅性欲最旺盛时，饲养人员蹲于母鹅左侧，双手抓住母鹅的双腿保定，防止交配时左右摇摆，公鹅跳到母鹅背上，用喙啄住母鹅头顶羽毛，尾部向前下方紧压，母鹅尾部随之上翘，公鹅阴茎插入母鹅泄殖腔并射精，这时，如在公鹅尾部轻轻按压，能加深射精部位，提高受精率。公鹅射精离开后，迅速将母鹅泄殖腔朝上并在它周围轻压一下，以防精液倒流出来。

(三) 群体自然交配

随着浙东白鹅养殖规模的不断扩大，公、母鹅按1∶(4～6)比例搭配后，混合在同一群体，让其自然交配。自然交配受精率在70%左右，随着群体规模增加，受精率下降。自然交配一般在陆地或水面上进行，水面配种受精率较高。因此，种鹅场应设清洁的游水场地。公、母鹅之间自由组合，配种机会均等，受精率较高。采用自然交配方法要注意公鹅的交配情况和种蛋受精率，并依此调整饲养管理方式和种公鹅数量。群体自然交配还可进行定时混群交配，平时公、母鹅分开饲养，这样更能提高种蛋受精率，保持公鹅性欲，减少公鹅对母鹅的骚扰，同时，还能对母鹅分群饲养，延长配种间隔时间（隔3～5 d配种1次），能提高配种效率，减少公鹅数量。

定时检查公鹅生殖器，及时淘汰无种用价值和种用价值低的公鹅，可以提高种蛋受精率，降低饲养成本。

二、配种间隔时间

浙东白鹅母鹅与其他家禽一样，阴道末端和子宫连接处的表面上皮中有些褶皱，它们形成小窝状的储精囊。交配后精液在母鹅储精囊中，精子能存活很长时间并保持很好的繁殖能力。为探讨浙东白鹅配种间隔时间对受精效果的影响，组织了配种间隔试验。

(一) 试验方法

试验设试验组、对照组，每组4只母鹅，3个重复，共12只。试验组在预定配种日，母鹅产蛋后 6～12 h 交配 1 次，对照组按照传统自然配种方法，每产 1 个蛋后 6～12 h 交配 1 次，共 10 d（第 1 天蛋均未交配而没有受精，不计）。

（二）试验结果

经试验，不同配种间隔时间对种蛋受精率影响结果见表 4-4。2 组入孵蛋的受精率和出雏率差异不显著（$P>0.05$），图 4-4 中可见配种后 1～3 d 种蛋受精率重叠，此后交叉，试验组未出现明显下降趋势。根据试验结果，结合鹅配种间隔时间 6、9、12 d 的受精率分别为 91%、85%、72%的报道，浙东白鹅的配种间隔时间可确定为 7 d。延长配种间隔时间，在实施浙东白鹅人工授精时，可以大幅度减少种公鹅的饲养数量和人工授精用工量，降低种苗生产成本。

表 4-4　不同配种间隔对种蛋孵化性能影响

组别		母鹅数/只	10 d 产蛋数/个	入孵蛋数/个	受精蛋数/个	受精率/%	出雏数/只	入孵蛋出雏率/%	受精蛋出雏率/%
试验组	1	4	21	21	20	95.24	19	90.48	95.00
	2	4	19	18	16	88.89	15	83.33	93.75
	3	4	17	17	13	76.47	11	64.71	84.62
	小计	12	57	56	49	87.50	45	80.36	91.94
对照组	1	4	18	18	17	94.44	16	88.89	94.12
	2	4	19	19	16	84.21	15	78.95	93.75
	3	4	19	19	18	94.74	16	84.21	88.89
	小计	12	56	56	51	91.07	47	83.93	92.16

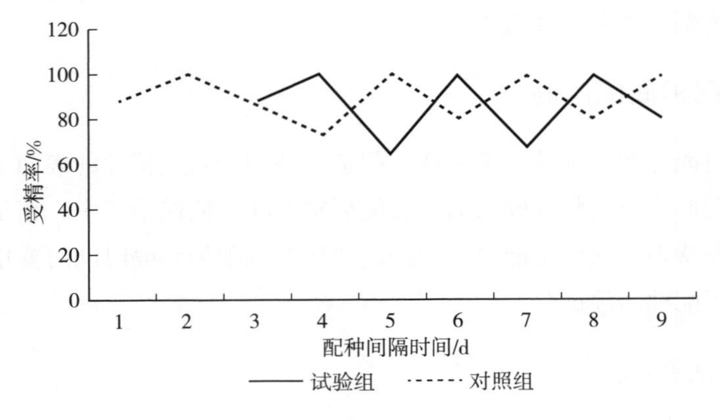

图 4-4　每天所产种蛋受精率比较

三、人工授精

鹅人工授精工作起步较晚，但这项技术随着水禽业的集约化生产而逐渐受到重视，现已成为现代养鹅业中一项先进的繁育技术。在浙东白鹅生产中，应用人工授精技术的意义十分重大，可以提高种蛋受精率和受精蛋孵化出雏率，提高鹅的生产性能、节省饲料、降低生产成本、促进品种改良、增加经济效益。

（一）采精

1. 采精前准备　公、母鹅分开饲养，剪去公鹅泄殖腔周围羽毛。采精前公鹅进入采精室，保证采精室环境安静，地面保持干燥。天气冷时，集精杯夹层装入40～42℃温水，防止进入集精杯的精子冷休克。

2. 按摩采精

（1）采精公鹅调教　公鹅采精应先进行徒手训练，经7～8 d的多次调教，选择性敏感性强、射精表现良好、精液质量优的为采精公鹅，据苏东顿等观察，浙东白鹅公鹅的性反射较强，比例为85.7%（表4-5）。据舟山市农林局1981年试验，公鹅平均训练射精时间为13.94 d，早的7 d，迟的34 d。调教后采精仍然困难的不能作为采精公鹅。

表4-5　不同品种公鹅性反射比例

项目	太湖鹅	豁眼鹅	浙东白鹅	狮头鹅	朗德鹅
按摩数/只	122	17	28	31	6
采精数/只	37	8	24	12	3
有精液的比例/%	30.3	42.85	85.7	38.7	50.0

（2）采精操作　采精公鹅与母鹅分开饲养，并剪去泄殖腔周边羽毛，以防精液污染。公鹅采精可采用背腹式按摩采精法，助手握住公鹅的两脚，坐于采精员右前方，将公鹅放在膝上，尾部向外，头部夹于左臂下。采精员左手掌心向下紧贴公鹅背腰部，向尾部方向不断按摩（一般按摩4～5次即可），同时用右手大拇指和其他四指握住泄殖腔按摩，揉至泄殖腔周围肌肉充血膨胀，感觉外突时，再改变按摩手法，用左手和右手大拇指、食指紧贴于泄殖腔左右两侧，在泄殖腔上部交互有节奏地轻轻挤压，至阴茎勃起伸出。最后挤压时，右

手拇指和食指压迫泄殖腔环的上部，中指顶着阴茎基部下方，使输精沟完全闭锁，精液沿着输精沟从阴茎顶端排出。与此同时，助手将集精杯靠近泄殖腔，阴茎勃起外翻时，自然插入集精杯内射精。

3. 诱导采精　浙东白鹅公鹅性欲较强，且容易接近饲养员，养殖户对背腹式按摩采精法难以熟练掌握，可用简易的诱导采精方法，即饲养员（采精员）按照自然交配中人工辅助配种的方法，将台鹅（诱配母鹅）蹲下保定，公鹅爬跳到母鹅背上后，右手放于公、母鹅泄殖腔之间，待公鹅伸出阴茎时，左手将集精杯或 5～10 mL 的烧杯靠近公鹅泄殖腔，用右手将伸出的阴茎轻轻导入杯中，使其在杯内射精。采精员开始不熟练可由助手辅助保定台鹅，熟练后可单独操作。一般公鹅经调教每次采精过程只需 0.5 min。

4. 采精管理　采精宜于上午 8 时左右进行，因公鹅经过一夜休息，早晨性欲旺盛，能采集到质量较高的精液。公鹅采精次数一般每天 1 次，有必要时可 1 d 采精 2 次，第 2 次采精时间在下午 4 时左右进行。连续采精2～3 d 后，休息 1 d。每次公鹅的采精量为 0.01～1.38 mL，一般为 0.25～0.45 mL。采精时要防止粪便污染精液。

采用人工授精方法的，要有一定数量的备用公鹅，因为种公鹅在采精过程中，如发现精液量过少、精液质量不佳的公鹅要予以淘汰。

（二）精液稀释与保存

1. 精液品质评估　鹅精液品质参数包括单次射精量、精液颜色、精液稠度、精子密度、pH、渗透压、精子活力、精子活率、精子形态正常率、精子形态畸形率、精子质膜完整率、精子 DNA 完整率和精液细菌检测情况等。鹅精液中精子活率和精子形态正常率较鸡低，自然交配条件下，鹅的受精率较低，尤其是在开始产蛋和产蛋结束的一段时间，公鹅精液品质在这两个时间段最低，其受精率甚至只有 25%～40%。要获得好的人工授精效果，精液品质评估是基础，每次采精后应该进行精液品质的检查评估，根据精液品质确定精液稀释、保存及输精方案。

2. 稀释液　稀释液可用 0.9%NaCl 溶液（生理盐水）现配现用，为了提高稀释效果，可选用配方稀释液，部分常用鹅精液稀释液配方见表 4－6。

任静波等 2010 年报道，鹅精液低温保存稀释液的配方效果较好：乳糖 3 g、甘氯酸 1.4 g、甘氯醇 0.8 g、谷氨酸钠 0.2 g、柠檬酸钾 0.2 g、醋酸镁

0.08 g、聚乙烯基氮戊环二甲基酰胺 0.15 g，加纯水 100 mL，100 mL 稀释液中加青霉素 10 万 U、链霉素 1 g，加入蛋黄 15%、牛奶 5%。其中乳糖补充能量，柠檬酸钾缓冲 pH，醋酸镁调节 pH，抑制精子代谢活动，聚乙烯基氮戊环二甲基酰胺为低温保护剂，蛋黄、牛奶减轻低温打击，抗生素防止精液污染。

表 4-6 常用精液稀释液配方（每百毫升中）

成分	Ⅰ	Ⅱ	Ⅲ	Ⅳ	Ⅴ	Ⅵ
葡萄糖/g		0.31		1.40		0.15
乳糖/g						11
果糖/g			1.00		1.80	
甘氨酸钠/g		1.67				
一水合谷氨酸钠/g			1.920		2.80	1.380 5
六水合氯化镁/g			0.068			0.024 4
三水合醋酸钠/g			0.857			
柠檬酸钾/g			0.128			
柠檬酸钠/g		0.67		1.40		
KH_2PO_4/g				0.36		
NaCl/g	0.65					
KCl/g	0.02					
$CaCl_2$/g	0.02					

注：在 100 mL 稀释液中加青霉素 15 万 U、链霉素 150 mg。

3. 精液稀释　新鲜精子体外存活时间较短，常温下保存 30 min 以上会影响受精能力。因此，精液采集后经镜检正常，根据精子浓度和活力用稀释液进行 3～5 倍稀释，稀释液温度调节到 37℃左右，在 20～25℃环境中将精液与稀释液徐徐混合均匀。一般要求每只公鹅精液分开稀释保存，避免出现不同公鹅精子凝集现象。精液稀释后可在 2～5℃环境中静置保存，一般可保存 72 h。

4. 稀释效果　试验根据浙东白鹅精子特点，结合生理、生化需要，设计了 A、B、C、D 4 组精液稀释液（表 4-7）进行筛选，各组稀释液对浙东白鹅精液 1∶9 稀释后，初始活力为 0.5，1 h 后分别为 0.38、0.44、0.36、0.32，以 B 液最高。从稀释液配方分析，表明浙东白鹅精子较适宜于微碱性环境，且以单、双糖同时作碳源利用为最佳。

表 4-7　试验精液稀释液配方

成　分	A	B	C	D
葡萄糖/g	1.3	1.7	1.4	0.7
果糖/g		1.3		
柠檬酸钠/g	2.7	0.8	1.5	
柠檬酸钾/g				0.7
乙酸钠/g		0.6		
磷酸钠/g		0.01		
磷酸二氢钾/g			0.4	
谷氨酸钠/g				1.4
谷氨酸/g	0.3			
精氨酸/g	0.2			
双蒸馏水/mL	100	100	100	100
pH	7.2	7.3	7.1	6.9

使用B液进行人工授精（输精量0.3 mL，隔5 d1次），试验用30只母鹅所产6个批次542个种蛋孵化测定，受精蛋433个，无精蛋94个，死精蛋15个，受精率82.66%，基本接近自然交配水平。而传统浙东白鹅公、母配比为1∶5，人工授精每只公鹅可输精10只母鹅，按隔日采精，母鹅隔5 d输精一次计，1只公鹅可与配母鹅50只，配种效率提高到10倍（表4-8）。

表 4-8　产蛋孵化结果

入孵时间	批次	入孵蛋/只	无精蛋/只	死精蛋/只	受精率/%
11月6日	1	80	13	2	83.75
11月16日	2	88	16	3	81.82
11月26日	3	92	19	2	79.35
12月5日	4	94	15	1	84.04
12月15日	5	91	17	4	81.32
12月25日	6	97	14	3	85.57
合计		542	94	15	82.66

（三）输精

1. 输精方法　将稀释后的精液吸入输精器中，如保存精液则先将精液升温，并慢慢摇匀后吸入输精器。输精时，将母鹅挤去肛门中粪便，固定在授精台（或凳子）上，泄殖腔向外朝上，用生理盐水棉球擦净肛门，用左手拇指紧靠泄殖腔下缘，轻轻向下压迫，使其张开，将吸有精液的输精器偏左徐徐插入泄殖腔，深度以 5～7 cm 为宜，然后放松左手，右手将精液输入。

2. 输精量　资料介绍，增加单次输精精子数量和输精次数会提高受精率。浙东白鹅一般稀释精液的输精量为 0.05～0.1 mL。为提高受精率，在输第一次时，输精量应加大（0.15～0.2 mL）。

3. 输精时间　输精时间一般在产蛋后上午 9 时或下午 4 时左右，每只母鹅隔 5～7 d 输精 1 次。

（四）鹅群管理

1. 种公鹅　种公鹅单独饲养，种公鹅舍内地面铺上清洁干燥垫料，如舍内采用网上养殖的，在网上也应放置一些稻草，可保证种公鹅腹部羽毛干燥。饲养密度为每只 2～3 m^2，过密造成种公鹅运动量不足，并容易发生争斗引起损伤，拥挤影响公鹅性欲。鹅舍外设有运动场和戏水池，并保持戏水池中水的清洁。

2. 采精、授精　室内清洁干燥，保持环境安静，地面铺有稻草，防止公、母鹅粪便等污染。采精前公鹅不能下水，需要授精母鹅产蛋后留在产蛋室，待输精后再放入运动场。采精、授精时，种鹅腹部羽毛要干燥。

（五）人工授精效果

陈晓青等对浙东白鹅自然交配与人工授精进行对比（表 4-9），人工授精公、母比为 1∶（10～12），自然交配为 1∶（5～6），人工授精的种蛋受精率为 90.05%，比自然交配提高 9.87 个百分点（$P<0.01$），种蛋孵化率 79.07%，提高 11.53 个百分点（$P<0.01$），受精蛋孵化率 87.81%，提高 3.57 个百分点（$P<0.05$）。以此计算，公鹅饲养数可减少一半，每只母鹅增加雏鹅 4.04 只。

表 4-9　浙东白鹅人工授精与自然交配繁殖性能比较

交配方式	受精率/%	孵化率/%	受精蛋孵化率/%
人工授精	90.05 ± 2.34^A	79.07 ± 2.23^A	87.81 ± 2.11^a
自然交配	80.18 ± 2.35^B	67.54 ± 2.43^B	84.24 ± 2.52^b

注：同列不同大写字母表示差异极显著（$P<0.01$），不同小写字母表示差异显著（$P<0.05$）。

苏东顿等采用不同品种公鹅对太湖鹅母鹅进行人工授精效果观察，浙东白鹅的受精率为92.47%（表4-10），仅次于太湖鹅本品种，表明浙东白鹅与太湖鹅具有较高的亲和力。

表4-10　不同品种公鹅与太湖鹅人工授精效果

与配公鹅品种	入孵蛋数/个	受精率/%
狮头鹅	167	81.44
浙东白鹅	93	92.47
豁眼鹅	37	91.89
太湖鹅	162	97.53

第三节　胚胎发育

一、种蛋储藏期间胚胎发育

（一）蛋形成

鹅是卵生禽类，受精蛋产出体外后，还须通过孵化才能繁殖后代。所以，胚胎发育主要在体外进行，胚胎发育可划分为两个阶段，即在母体内蛋形成过程中的胚胎发育和孵化过程中的胚胎发育。卵子自卵巢上成熟后排出，进入输卵管的漏斗部与精子相遇受精，成为受精卵，在蛋形成过程中开始发育，当受精卵到达峡部时发生卵裂，进入子宫部4～5h后已达256个细胞期，至蛋产出体外止，胚胎发育已进入到囊胚期或原肠早期，这段时间约有24h。受精卵经过细胞分裂至原肠期形成外胚层和内胚层，它的外形在蛋黄上可以看出像一个小圆形盘状体，称为胚盘。

（二）种蛋保存

当蛋产出体外时，外界气温低，胚胎暂时停止发育。胚胎停止发育处于休眠状态的时间会影响胚胎的再发育，浙东白鹅种蛋保存时间与孵化成绩见表4-11，随着保存时间增长，受精率、孵化率明显下降，孵化中出现臭蛋数增加。从保存时间看，以7d为宜，15d受精蛋比例下降幅度较大，下降6.20个百分点，入孵蛋孵化率下降4.81个百分点，保存15d与21d比，受精蛋比例虽下降 3.68 个百分点，但入孵蛋孵化率下降达 12.19 个百分点，因此，浙东白鹅种蛋保存时间不能超过 15 d。

表 4-11 种蛋保存时间与孵化成绩的关系

项 目		7 d	15 d	21 d
入孵蛋数/个		356	576	177
受精蛋数/个		310	465	136
受精率/%		86.97	80.77	77.09
臭蛋数/个		0	11	20
出雏数/只		277	376	107
出雏率/%	受精蛋	89.44	80.85	78.99
	入孵蛋	77.89	73.08	60.89

（三）种蛋定期加温贮存

浙东白鹅产蛋率低，种蛋产出后，一般不能立即进入孵化环节，需要一定时间的贮存。贮存期间，由于外界气温低于胚胎发育所需要的温度，胚胎发育处于停滞状态，随着贮存时间的延长，胚胎会发生死亡，逐渐降低孵化率。浙东白鹅的季节性繁殖，造成不同时期种苗的价格差别巨大，从开产初期和产蛋将结束时的 20 多元（高的 30 多元）一只，至产蛋旺季 12～14 元（低的 8 元以下）一只，相差一倍以上。因此，如果能够延长产蛋旺季的种蛋贮存时间，减少贮存期间胚胎的死亡，在浙东白鹅繁殖中具有重要的经济意义。

根据研究资料介绍，鹅种蛋在贮存期间定期加温，可以让胚胎缓慢发育而保证不死亡，减缓种蛋孵化率下降程度。种蛋分别贮存 10、17、24 d，贮存温度 14 d 前 10～15℃，后 10 d18～22℃，相对湿度 75%。贮存种蛋每隔 5 d 放入孵化器中加温 5 h，孵化器温度 37.8℃，相对湿度 70%，然后放回贮存处。表 4-12 结果，贮存 10 d 的孵化率比不加温贮存 3 d 的提高 2.23%，比贮存 10 d 不加温的对照组提高 5.96%；贮存 17 d 的孵化率比不加温贮存 3 d 的下降 2.92%，比贮存 17 d 不加温的对照组提高 16.06%；贮存 24 d 的孵化率比不加温贮存 3 d 的下降 2.35%，比贮存 24 d 不加温的对照组提高 40.67%。由表 4-

13 可知，正常孵化时间为 702 h（29.25 d），但贮存时间增加孵化时间延长，定期加温比不加温贮存的种蛋孵化时间缩短。

表 4-12　定期加温对孵化率的影响

处理	贮存时间			
	3 d	10 d	17 d	24 d
定期加温组孵化率/%		85.68	80.54	61.34
不加温组孵化率/%	83.46	79.73	64.68	20.67

表 4-13　定期加温对孵化时间的影响

处理	贮存时间			
	3 d	10 d	17 d	24 d
定期加温组孵化时间/h		702	704.5	707
不加温组孵化时间/h	702	706	711	715

二、孵化胚胎发育

（一）胚胎发育过程

1. 胚胎发育　鹅受精蛋在适宜的孵化条件下，胚胎就继续发育，很快形成中胚层。以后就由内胚层、中胚层、外胚层形成胚胎一切组织器官和系统。约在孵化的第 4 日龄，胚胎的各种组织器官均已形成，胚胎发育除了依靠蛋里含有必需的营养物质之外，还要具有它所需的外界条件，这就是温度、湿度、通气、翻蛋和凉蛋等孵化条件。在孵化过程中胚胎发育阶段不同，它所需要的条件也有差别。因此，必须创造适宜的外界条件，以满足胚胎发育的要求，才能获得优良的孵化效果。

2. 胎膜形成与作用　在种蛋孵化的初期，胚胎发育很快，孵化几天后就形成羊膜、尿囊膜、蛋黄囊和浆膜。这些胎膜与胚胎关系紧密，具有哺乳动物子宫的完整功能，胚胎在不同发育时期吸收营养、呼吸以及排泄主要是靠胎膜实现的，所以它对胚胎的发育十分重要。

（1）羊膜　孵化初期，羊膜形成，覆盖胚胎头部并逐渐向胚体伸展，逐渐包围整个胚胎，形成一个囊腔，内充满透明的羊水。羊水供给胚胎发育早期所需的水分。羊膜上的平滑肌能发生有节奏的收缩，引起羊水波动，促进胚胎的运动和防止胚胎粘连，可降低震动强度，避免胚胎受到机械性的损伤。羊水中含有大量的蛋白酶，在这些酶的作用下把蛋白分解成氨基酸，为蛋白质进入胚胎的消化吸收创造了良好的条件。孵化末期，羊水减少，羊膜覆盖于胚体，出壳后残留在壳膜上。

（2）卵黄囊膜　覆盖于整个卵黄表面，并由卵黄囊柄与胚体连接。卵黄囊上密布血管，吸收卵黄中的营养物质供给胚胎需要。在孵化的前期为胚胎输送氧气，与外界进行气体交换。雏鹅出壳前将未利用完的卵黄物质随同枯萎的卵黄囊一起吸入腹腔，并通过卵黄囊柄的开口，将剩余的卵黄流入肠道，为出壳后的雏鹅所利用。

（3）浆膜　又称绒毛膜，紧贴于羊膜和卵黄囊膜的外面。其后由于尿囊的发育而与其分离，贴于内壳膜，并与尿囊外层结合起来，由于浆膜透明而无血管，因此，很难见到单独的浆膜。浆膜可通过蛋壳膜为胚胎提供氧气，具有促进胚胎呼吸的作用。

（4）尿囊膜　位于羊膜和卵黄囊之间，表面满布血管，通过尿囊进行血液循环，吸收蛋白中的营养物质和蛋壳的矿物质供应胚胎，并从气室和气孔吸入外界的氧气，排出 CO_2。胚胎的排泄物也蓄积在尿囊里，其中的水分经气孔蒸发到蛋外，所以尿囊具有吸收和排泄作用。尿囊到孵化末期逐渐干枯，含有黄白色的排泄物，雏鹅出壳后残留在蛋壳里。

（二）胚胎发育表

表 4－14 中所列是鹅种蛋正常孵化情况下，胚胎的发育变化，以及照蛋时可以看到的发育状态。

表 4－14　孵化胚胎发育情况

孵化天数/d	称谓	内　容	照蛋状态
1	小圆点	胚盘开始发育，明显扩大，器官原基出现	胚盘在蛋黄表面呈现一透明的圆点
2	鱼眼珠，白光珠	出现血管	蛋黄表面的圆点变大

（续）

孵化天数/d	称谓	内　容	照蛋状态
3	樱桃珠	心脏形成，开始跳动，羊膜覆盖头部	卵黄囊血管区形成似樱桃状
4		胚胎头尾分明，头部向左侧弯曲；尾芽形成	
5	蚊虫珠	四肢、喙、内脏原基出现，尿囊变大	卵黄囊和血管构成的形状像蚊子
6	小蜘蛛	尿囊迅速生长，卵黄囊血管包围1/3的卵黄	卵黄不易随着蛋的转动而转动，卵黄囊血管和胚胎构成形状似一只小蜘蛛
7	单珠，起珠	胚体更加弯曲，四肢发育，初具鸟类形状	胚胎眼珠内黑色素大量沉积，明显看到黑色的眼点
8	双珠	口腔形成，胚胎身体增大，尿囊迅速增大，卵黄囊包围一半以上卵黄	胚胎形状似电话筒，看到两个小圆团，一个为头部，另一个为弯曲增大的躯干部
9	沉	鸟类形状明显	不易看清在羊水中的胚胎
10	浮	羽毛原基分布整个躯体，尾部明显，胚胎肋骨、肝、肺等明显，四肢形成	蛋黄不易移动，胚胎似在羊水内浮动
11～13	发边	胸腔愈合，背部出现绒毛，喙形成，尿囊迅速向种蛋锐端伸展几乎包围了整个胚胎	转动种蛋时，卵黄也晃动，尿囊血管伸展，超越卵黄
14～15	合拢	尿囊在种蛋锐端合拢，头部覆盖绒毛，喙开始角质化	整个种蛋除气室外都布满血管
16～17		腹腔愈合，全身覆盖绒毛，足部出现鳞片	血管加粗，颜色进一步变深
18～21		头部移向右下翼，眼睑闭合，胚胎吞噬蛋白，气室逐渐变大	种蛋锐端发亮部分日益缩小，蛋内黑影不断变大
22～23	封门，关门	蛋白吸收完成，鼻孔形成	在种蛋锐端不见发亮部分
24～25	斜口，转身	开始睁眼，卵黄开始吸入腹腔	因胚胎转身，气室向一边倾斜
26～27	闪毛	卵黄全部吸收，胚胎大转身，颈部进入气室，准备啄壳	看到气室内有黑影闪动
28	起嘴	喙部穿破壳膜	
29		头部突出气室更多，开始啄壳	
30		大批出雏	
31		出雏完毕	

（三）看胚施温

人工孵化条件影响种蛋胚胎正常发育，与孵化胚胎发育表产生一定差异。因此，在孵化过程中需要根据胚胎发育进度，对孵化温度进行适当调整，即看胚施温。看胚施温原则是入孵前期高、中期平、后期略低，出雏时稍高。一般胚胎发育缓慢可适当调高孵化温度 0.2～0.5℃，发育过快则相应调低。看胚施温主要通过照蛋，其次是蛋重变化、出雏时间和死胚蛋剖检来检查。看胚施温要应尽量减少孵化器内的温差，温度的调整应做到快速准确，特别是孵化的头三天。

1. 照蛋　一照时如有 70％以上胚胎达到发育标准，死胚较少，说明正常，死胚超过 5％，说明孵化温度偏高；如胚蛋发育正常，而弱精和死精蛋较多，死精蛋中散黄黏壳的多，则不是孵化问题，而是种蛋保存或运输问题；如胚胎发育正常，白蛋和死胚蛋较多，则可能是种鹅公、母比例不当，或饲料营养不全等原因。二照时如蛋的锐端（小头）尿囊血管有 70％以上没合拢，而死胚蛋又不多，说明是孵化 7～15 胚龄阶段孵化机内温度偏低；如尿囊 70％以上合拢，死胚蛋增多，且少数未合拢胚胎尿囊血管末端有不同程度充血或破裂，则是孵化 7～15 胚龄期间温度偏高；如胚胎发育参差不齐，差距较大，死胚正常或偏多，部分胚蛋出现尿囊血管末端充血，说明孵化器内温差大，或翻蛋次数少、角度不够，或停电造成；如胚胎发育快慢不一，血管又不充血，则可能是种蛋保存时间长，不新鲜所致。三照时如胚蛋 27 d 就开始啄蛋壳，死胚蛋超过 7％，说明是孵化第 15 天后有较长时间温度偏高；如气室小、边缘整齐，又无黑影闪动现象，说明是孵化第 15 天后温度偏低，湿度偏大；如胚胎发育正常，死胚蛋超过 10％则是多种原因造成的。

2. 蛋重变化　随胚龄增加，代谢加强，水分蒸发，蛋重逐渐减轻。

3. 出雏时间　鹅正常出雏时间是 29～31 d，出壳持续时间（从开始出壳到全部出壳为止）约 40 h，如死胚蛋超过 15％，二照时胚胎发育正常，出壳时间提前，雏鹅绒毛短，弱雏中有明显的胶毛现象，说明二照后温度太高；如二照时发育正常，出雏时间推迟，雏鹅绒毛长而粘连，体软、肚大，死胚比例明显增加，说明二照后温度偏低；出壳后蛋壳内残留物如有红色血样物，说明温度不够。

4. 死胚蛋检查　煮熟剥壳，如有部分蛋壳被蛋白粘连，说明尿囊没合拢，是孵化前 18 d 以前出的毛病，如果整个蛋壳都能剥离，则是孵化后期的问题；如果死胚浑身白、蛋白吸收不好，则是孵化 20 d 前温度偏高，如果啄壳处淤血，有时雏鹅脐有黑色血块，有的喙已伸出壳外，卵黄外流，是出壳的温度偏高。

三、胚胎发育和胸肌、腿肌组织形态

肌肉的品质和性状与肌肉纤维的生长发育情况密切相关，胚胎形成和发育过程中伴随着肌肉纤维的发生和发展，胚胎期发育的不同阶段骨骼肌的发育形态也会存在着差异。对不同胚胎期的浙东白鹅的胸腿肌组织进行切片的制作和观察，以了解骨骼肌形成过程中不同时期发生的组织形态结构的变化。胚胎期选择 E7、E11、E15、E19、E23、E27 进行，而出生后早期采用 P7 进行。

1. 不同胚龄胚胎化情况　彩图 12 的六张图片，分别展示的是浙东白鹅 E7（A）、E11（B）、E15（C）、E19（D）、E23（E）和 E27（F）的胚胎解剖情况。E7 时，胚胎已经出现鸟类的特征，四肢已成形，眼睛部位有大量的黑色素沉积，用放大镜可以看到羽毛的原基；E11 时，鹅胚的喙部已经开始角质化，软骨也开始发生骨化，各趾完全分离开来；E15 时，鹅胚的背部已经开始出现绒毛；E19 时，背部羽毛明显多于 E15，翅膀已成形；E23 时，鹅胚的两腿紧紧抱住头部，羽毛已逐渐丰满；E27 时，鹅胚呈抱蛋姿势，并且出现啄颈动作，头颈部羽毛已充分长成，胚胎发育已基本完成。

2. 不同胚龄胸肌和腿肌组织变化　彩图 13A～F 分别表示浙东白鹅胚胎期 E7（A）、E11（B）、E15（C）、E19（D）、E23（E）和 E27（F）的腿肌组织发育情况。彩图 13A 可以看出，E7 时成肌细胞单个存在，有少量细胞呈纺锤形，细胞核位于细胞中央；彩图 13B 是 E11 时腿肌的切片图，可见此时有一些多核肌管逐渐开始形成了，细胞核逐渐向细胞的边缘移动；彩图 13C 可以发现，E15 时已出现肌纤维轮廓；E19（彩图 13D）时，存在典型的多核肌管，此时处于肌管时期；彩图 13E 可以看出，E23 肌纤维已成形，细胞核均处于细胞的边缘，肌纤维已趋于成熟；彩图 13F 中 E28 时成熟肌纤维已形成，此时腿肌已成形。

3. 不同胚龄的胸肌组织形态的变化　彩图 14A～F 分别表示浙东白鹅胚胎期 E7（A）、E11（B）、E15（C）、E19（D）、E23（E）和 E27（F）的胸肌组织发育情况。彩图 14A 可以看出，E7 时成肌细胞单个存在，成肌细胞均为圆形，细胞核位于细胞中央；彩图 14B 是 E11 时胸肌的切片图，可见此时成肌细胞依然为圆形，单个存在于组织中，细胞核位于细胞的中央部位，但可看出细胞核有向细胞的边缘移动的趋势；彩图 14C 可以发现，E15 时已有多核肌管形成，细胞核处于细胞的边缘；E19（彩图 14D）时，存在典型的多核肌管，并且出现肌纤维轮廓；彩图 14E 可以看出，E23 时肌纤维束已形成，表现为肌管时期的典型特征；彩图 14F，E27 时肌管逐渐减少，成熟肌纤维已形成。

对浙东白鹅的胚胎发育情况观察，基本反映了鹅胚的生长发育情况。对胚胎发育期胸肌和腿肌肌纤维发育情况观察，发现胸肌和腿肌的发育都是经历了由成肌细胞到多核肌管再到肌纤维的过程。浙东白鹅胚胎期腿肌的发育明显早于胸肌，腿肌为早熟部位，而胸肌则为晚熟部位。

第四节　自然孵化

浙东白鹅母鹅有很强的就巢性。一般母鹅在产蛋季节里每产完 1 窝蛋后，就会赖抱（就巢），传统情况下，就用赖抱母鹅进行自然孵化。自然孵化设施简单，费用节省，管理简便，孵化效果也好。历史上，产区人民正是利用浙东白鹅就巢性强的特性，由赖抱母鹅进行自然孵化，在自给自足环境下，实现了最好的后代繁衍结果。

一、孵化前准备

（一）孵窝准备

孵蛋的孵窝宜用竹篾、藤条或稻草、麦秸等编织，窝底用干净柔软的垫草铺垫成锅底状，厚薄要均匀，上覆一块旧布。每个窝以容纳种蛋 10～11 个为宜。孵窝为圆形，高 20～30 cm，直径 45～60 cm。孵窝、填料需要在太阳下暴晒消毒后使用。

（二）孵化室

孵化室结构牢固，地面高燥，要求不漏风漏雨，防止老鼠等敌害侵入。室内必须保持阴暗、通风良好和安静的环境。

（三）孵化母鹅的选择

孵化母鹅一般选择经产母鹅，要求其赖抱性强，母性好，有孵化习惯。如用当年新母鹅的，则先用假蛋 2～3 个试孵，证明能够安静孵化后，再将种蛋放入。一般在晚上将孵化母鹅放在孵窝内。观察母鹅赖抱动态，如发现有站立不安，互相打架或啄食鹅蛋等现象的母鹅，都是赖抱性不强、不愿孵化的母鹅，要及时剔出，换别的母鹅孵化。

二、孵化操作

（一）编号

为便于管理，先将孵窝及对应孵化母鹅编号，便于通过观察孵化情况，挑选抱性好的母鹅进行下次孵化。选好种蛋，在蛋壳上写上入孵日期或批次符号。同日入孵种蛋应放在同一孵巢区域内以资识别。孵化种蛋不能保存过久，否则会“褪雄”（指种蛋保存时间久后，引起受精率、孵化率下降）。

（二）管理

1. 放鹅　母鹅孵化是本能性的生理活动和繁殖后代的过程，会消耗大量养分。孵化时，需要离窝放鹅，排除体内粪便。为防体内养分的过多消耗，影响下一窝产蛋性能发挥，在开孵后 5～7 d，结合放鹅，进行适当补饲，一般隔天喂一次 80～120 g 精饲料和清水，时间控制在 3～5 min，孵化后期可适当延长放鹅时间。放鹅期间，将补饲饲料和饮水一起放置运动场上，使每只母鹅都有采食位置，能在较短时间均匀采食。放鹅时，先逐窝提出母鹅，一起放至运动场任其采食，孵窝盖上薄棉絮或旧布片等覆盖物保温。母鹅采食完毕可赶入水塘，并撒给青绿饲料，任其采食、嬉水、沐浴，片刻驱上运动场休息、理毛。驱赶鹅群运动，加速羽毛水分蒸发，待体羽基本干爽时，驱入内铺有柔软垫草的竹围内，使鹅体清洁干燥，并便于捉鹅。最后将母鹅逐只提起检查羽毛是否干透，按顺序放回孵窝内。如遇雨天，则在舍内喂料、给水、休息、运动，免致鹅体沾水带泥，羽毛难干。母鹅离窝后，孵窝要及时清除粪便，保持清洁干燥。

2. 照蛋　在孵化第 7 天和第 15 天进行照蛋，剔除无精和死胚蛋后，及时进行并窝，补足母鹅孵化蛋数，提高孵化母鹅利用率。多余的孵化母鹅进行醒抱或重新放入新蛋孵化。

3. 翻蛋　母鹅孵化时会自行翻蛋，但由于孵化母鹅个体差异，有的翻蛋不够均匀而影响孵化率，需要人工辅助翻蛋。入孵 24 h 后，人工辅助翻蛋每天 1～2 次，翻蛋时将当中的三四个蛋（“心蛋”）放在四周，把周围的蛋（“边蛋”）移至当中，移动时将蛋翻个身，保证受热均匀。在翻蛋的同时整理孵窝内垫草，如发现粪便污染垫草随即更换，有裂壳蛋应即捡出，未损破蛋壳膜的蛋用薄纸粘贴还可孵化。

4. 孵蛋母鹅管理　孵化室内应保持安静，避免任何骚扰。如发现有异声，即须检查，防止鼠兽为害或引起母鹅惊慌不安，影响正常孵化。如有母鹅在巢内站立微鸣，多是排粪前不安象征，应即用双手分别提悬母鹅两翅尾部朝外，排粪之后放入巢内，以免粪便污染种蛋。母鹅孵蛋的过程中，不断地产生热能，体内消耗了不少的养分，个别母鹅单靠隔日补饲，难以补偿体内养分的损失，以致体质逐渐瘦弱，造成体力不支而不愿孵化，甚至死亡，出现这种情况应立即更换母鹅。

母鹅孵化结束之后，及时加料，加强饲养管理，尽快恢复体能，早日进入下一窝产蛋。对有一定规模的种鹅场，在产蛋季节里，母鹅产蛋有先有后，所以群鹅里经常有赖抱母鹅。为了防止母鹅孵完整个孵化期，消耗过大，影响下一窝产蛋，可采用母鹅轮换孵化方法，根据母鹅体质强弱孵化 10～20 d，平均 15 d 即离巢醒抱，另换其他赖抱母鹅接替孵化。

5. 出雏　对饲养规模较大的种鹅户采用自然孵化的，可在孵化第 27 天或孵至雏鹅“啄头”（即啄壳）时，用手指轻敲发出空洞声音时，就可不用母鹅孵化，移至出雏窝内或摊床集中自温孵化出雏，出雏窝用竹篾编成的两层套筐，根据蛋温与气温高低而盖上薄棉絮等覆盖物保温，以防受冻，每天照常翻蛋、检温，调节孵化温度。一般种蛋孵至 28 d“啄头”，30 d 属“对日”出雏，29、30 d 也有部分出雏。对“啄头”较久而未能出壳的，可进行人工助产。

孵化结束后，及时处理死胚，打扫、清除和消毒孵化室和孵窝。雏鹅出壳后绒毛基本干燥时移入育雏鹅篓中。

三、性别鉴定

浙东白鹅传统小规模养殖不需要雏鹅性别的鉴定，但对现代化养鹅十分重

要。商品化规模化生产过程中，通过性别鉴定后，公、母雏分开饲养，便于饲养管理新技术的应用和饲养过程中鹅群生长发育的一致；在种鹅培育和育种工作中，性别鉴定更是重要。

（一）外形

公雏体格较大，身长、颈长、头大，喙长而阔，眼圆，翼角无绒毛，腹部稍平贴。母雏体格较小，身体短圆，颈短、头小，喙短而窄，眼较长圆，翼角有绒毛，腹部稍下垂。工作人员经验越丰富，鉴别率越高。

（二）动作

公雏站立姿势比较直，驱赶时低头伸颈发出惊恐鸣声，鸣声高、尖而清晰。母雏站立的姿势有点倾斜，驱赶时高昂着头，不断发出叫声，鸣声低、粗而沉浊。

（三）肛门

肛门鉴别法是性别鉴定的主要手段。用翻肛法是先把雏鹅提住，让它仰卧，然后用拇指和食指把肛门轻轻拨开，再向外稍加压力，翻出内部，有螺旋状而不大的阴茎突起的为公雏，只有三角瓣形皱褶的为母雏。用捏肛法，手指按摩肛门部位，感觉有小粒芝麻大突起者为公雏。用顶肛法，左手捉住雏鹅，右手中指轻轻地在肛门外向上顶，感觉有芝麻大的突起，是公雏，没有则是母雏。

第五节　人工孵化的关键技术

一、发展历程

（一）发展背景

浙东白鹅一直采用传统的自然孵化，母鹅产蛋少，赖抱性强，自然孵化的孵化率较高，省工、省力，孵化设施要求低，便于操作，是浙东白鹅繁殖的优势。20 世纪 80 年代末开始，随着规模养殖的发展，自然孵化管理工作量增大，母鹅饲养成本高，自然孵化方式已经不适合生产需求，阻碍养殖规模的扩大及现代养殖技术应用，人工孵化需求的迫切性增加。

（二）试验推广过程

浙东白鹅种蛋相较一般鹅品种蛋大，单位散热面积较小，蛋壳厚、壳质坚硬，蛋黄脂肪含量高，参照已有品种鹅的种蛋人工孵化方法，其孵化率低，有的种鹅养殖大户在当时尝试后，以失败告终。对此，根据浙东白鹅种蛋特性，于2000年开始，进行了专门的孵化试验，并获得了成功，经过不断的示范完善，孵化性能达到自然孵化水平，形成了人工孵化技术规程。

由于长期的自然孵化，当地养殖户思维固定，浙东白鹅人工孵化推广过程比较曲折，直到2006年人工孵化开始被养鹅户普遍接受，比例达到70%以上。此后，种鹅大户陆续建立人工孵化场，并吸收其他种鹅户种蛋进行人工孵化而全面推开。在开始示范推广中，对规模较大的种鹅养殖户进行技术培训，宣传人工孵化的优点，动员养殖户把部分种蛋拿出来进行人工孵化，进行同期自然孵化和人工孵化结果比对，消除种鹅户人工孵化出苗少的顾虑。组织自然孵化和人工孵化种苗饲养的对比示范试验，通过培训、召开现场会等形式，打消养鹅户人工孵化种苗不好养、养不大的不当认识。

畜牧兽医主管部门帮助种鹅大户开展人工孵化，指导种鹅户联合孵化，推广种苗统一销售模式。利用种鹅户陈文杰对人工孵化技术的渴求，帮助其最早实施人工孵化，由于人工孵化开展早，解决了自然孵化花时花力问题，大大促进了规模发展，使其成为象山县最大的种鹅户，种鹅存栏达到5万余只，并吸引周边种鹅场把种蛋送到他的孵化场孵化。靠陈文杰的示范作用，全县建立了6个鹅人工孵化场，应用联合孵化、统一种苗销售模式，使浙东白鹅种蛋彻底从自然孵化转为人工孵化。

二、人工孵化研究

（一）浙东白鹅胚胎发育特点

根据浙东白鹅种蛋特性，研究胚胎发育特点，设定不同孵化条件，筛选出孵化效果最佳的方案。

1. 出壳时间　试验结果显示，人工孵化胚胎发育基本与自然孵化同步，出壳时间与孵化温度有关，自然孵化统计，孵化“对日”（30 d）出壳雏鹅占总出雏数的70%，“对日”前占5%，“对日”后占25%。如果人工孵化温度偏低时，孵化“对日”出壳占56%，“对日”前占7%，“对日”后占37%；温度偏高时，分别为60%、28%、12%。

2. 种蛋孵化失水规律　种蛋孵化期间平均失水（10.41±1.56）%。由图4-5、图4-6可见，孵化天数增加，种蛋失水率增加，孵化20～30 d失水速度加快，容易引起胚胎失水过多，导致出雏粘毛，孵化率、健雏率下降。因此，孵化后期喷水加湿对孵化十分重要。

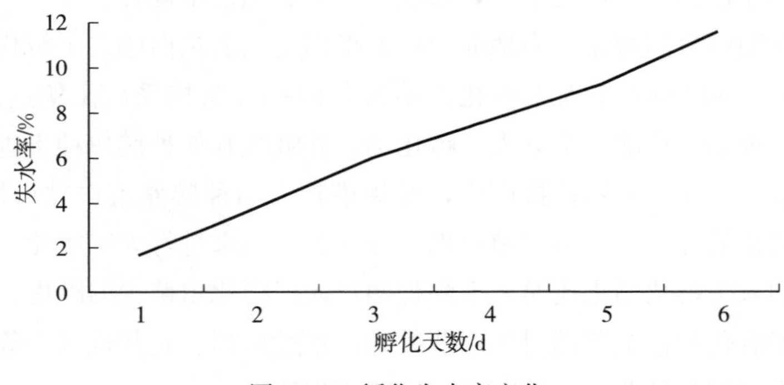

图4-5　孵化失水率变化

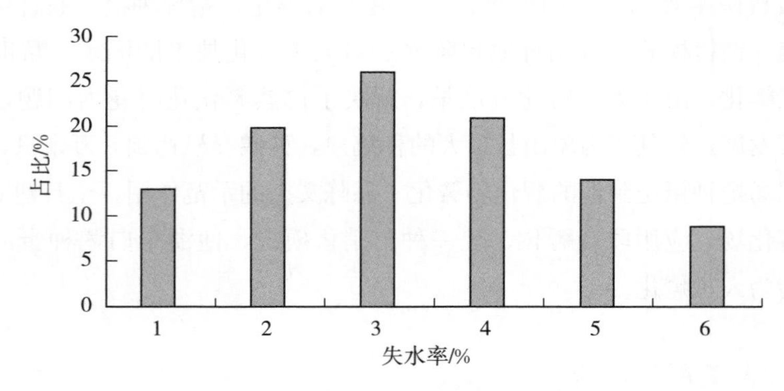

图4-6　孵化期间失水率比例分布

（二）孵化结果

1. 问题分析　初始试验分2批入孵种蛋2 356个（表4-15），平均孵化率40.20%，仅为同期自然孵化率的一半，表明孵化不成功，对试验过程分析，主要存在以下问题。

表 4-15　初始孵化结果

批次	入孵日期	入孵蛋数/个	受精蛋数/个	受精率/%	出雏数/只	受精蛋孵化率/%	入孵蛋孵化率/%	同期自然孵化率/%
1	3月6日	1 111	824	74.17	427	51.82	38.43	79.53
2	4月10日	1 245	946	76.00	520	55.00	41.77	78.38
合计/平均		2 356	1 770	75.13	947	53.50	40.20	78.96

（1）前期孵化温度偏低　浙东白鹅种蛋大，为促使早期胚胎发育，需要提供充足的热量，由于试验设计孵化温度偏低，引起前期胚胎发育迟缓，出壳时间延长，孵化 30 d“对日”出壳仅 37%。

（2）凉蛋方法不当　浙东白鹅种蛋脂肪含量高，孵化后期散热量大，试验中凉蛋措施不当，导致胚蛋内蓄积热量不能及时散发，引起孵化后期胚胎死亡增加。

（3）孵化后期湿度不够　根据浙东白鹅种蛋孵化失水规律分析，孵化天数增加，种蛋失水率增加，孵化 20～30 d 失水速度加快。但在试验中洒水次数不够，孵化器中湿度过低，使胚胎失水过多，出壳困难而死亡，出壳的雏鹅绒毛短而色淡，脚干瘪。

2. 成功结果　经过孵化研究问题分析调整，形成基本符合浙东白鹅孵化要求的模式，继续孵化试验，获得成功。结果从表 4-16 中可见，试验的三批种蛋孵化水平基本达到同期自然孵化结果，二者差异不显著（$P>0.05$），种蛋孵化率有明显的季节性，饲养环境的温、湿度等气候因素影响产蛋率、受精率和种蛋贮存质量。试验当时 2 月正值干寒时期，气温很低，受精率及人工、自然孵化的孵化率均下降。通过 21 个种鹅场种蛋孵化，种蛋不同，受精率、孵化率不同，其分布见表 4-17，受精率 80%以上的 17 个场，孵化率 75%～80%的 4 个，80%～85%的 9 个，85%以上的 4 个，种蛋受精率与入孵蛋孵化率关系见图 4-7，其曲线走势相同。鹅场管理水平影响种蛋孵化成绩，不同种鹅场同批孵化结果见表 4-18。

表 4-16　孵化试验结果

批次	入孵日期	入孵蛋数/个	受精蛋数/个	受精率/%	出雏数/只	受精蛋孵化率/%	入孵蛋孵化率/%	同期自然孵化率/%
1	12月22日	3 135	2 611	83.29	2 132	81.65	68.00	68.30
2	2月14日	2 568	1 904	74.14	1 332	73.11	51.87	51.45

（续）

批次	入孵日期	入孵蛋数/个	受精蛋数/个	受精率/%	出雏数/只	受精蛋孵化率/%	入孵蛋孵化率/%	同期自然孵化率/%
3	3月29日	3 320	2 886	86.92	2 415	83.68	72.74	72.80
合计/平均		9 023	7 401	82.02	5 879	79.44	65.16	64.18

表4-17　孵化率与受精率相关性/个

受精率/%	孵化率				
	小于74.9%	75%～79.9%	80%～84.9%	大于85%	小计
小于74.9	1	1			2
75～79.9		1		1	2
80～84.9		3	4	4	11
85～89.9		1	4		5
大于90			1		1
小计	1	6	9	5	21

表4-18　不同种蛋来源孵化成绩对比

种鹅场名	入孵蛋数/个	受精蛋数/个	受精率/%	出健雏数/只	受精蛋孵化率/%	入孵蛋孵化率/%
路下林鹅场	511	443	86.69	378	85.32	73.97
声潮鹅场	296	257	86.82	209	81.32	70.61
南仓鹅场	304	266	87.50	211	79.32	69.41
松林鹅场	202	166	82.18	141	84.94	69.80
县种鹅场	499	448	89.78	394	87.95	78.96
庆伦鹅场	363	321	88.43	261	81.31	71.90
增军鹅场	305	282	92.46	230	81.56	75.41
兰芳鹅场	99	85	85.86	70	82.35	70.71
玉凤鹅场	276	246	89.13	199	80.89	72.10
阿维鹅场	179	138	77.09	109	78.99	60.89
明珍鹅场	286	234	81.82	203	86.75	70.98
合计/平均	3 320	2 886	86.93	2 405	83.33	72.44

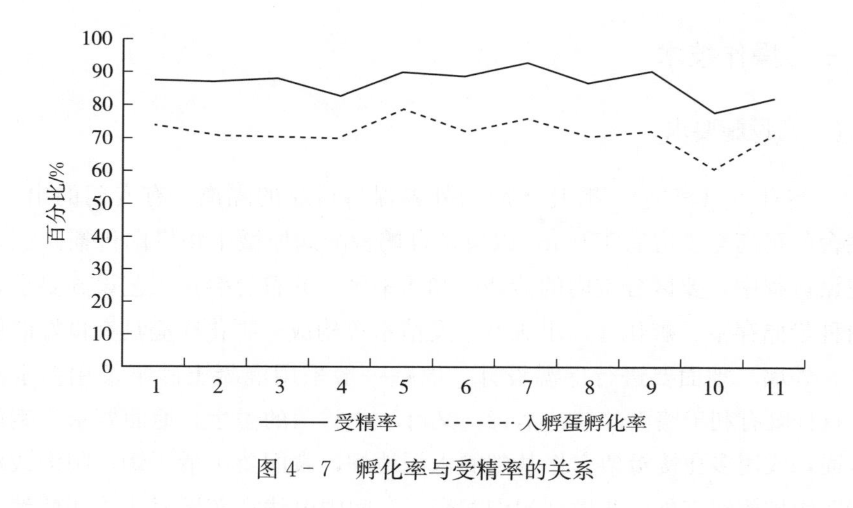

图 4-7　孵化率与受精率的关系

（三）人工孵化种苗适应性

由于长期的自然孵化，养殖户有“机孵苗长不大”的疑虑，影响浙东白鹅人工孵化技术及孵化种苗的推广。对此，进行自然孵化种苗与人工孵化种苗的饲养对比试验，以证明人工孵化种苗适应原有饲养方式。试验在同样条件下各饲养种苗150只，结果如表4-19，自然孵化与人工孵化种苗70日龄成活率分别为98.67％、96.67％，体重分别为3 712.50 g、3 722.45 g，差异不显著（$P>0.05$），人工孵化的变异系数（C.V）略低于自然孵化，表明浙东白鹅人工孵化不影响种苗的生长速度。

表 4-19　不同孵化方式浙东白鹅生长速度

日龄	自然孵化		人工孵化	
	体重/g	C.V/％	体重/g	C.V/％
初生	100.39±8.72	8.69	100.35±8.67	8.56
14	373.38±72.90	19.52	372.96±73.12	19.60
28	1 106.96±194.56	17.58	1 110.07±195.23	17.49
42	1 931.45±301.01	15.58	1 935.04±300.49	15.48
56	2 879.88±402.18	13.97	2 880.11±401.33	14.05
70	3 712.50±446.19	12.02	3 722.45±449.33	11.90

三、操作技术

（一）设施要求

1. 孵化厅（车间） 孵化厅应与外界保持可靠的隔离，有专门的出入口，与鹅舍的距离至少应有150 m，以免来自鹅舍的病原微生物横向传播。在设计和建设过程中，要区分室内的清洁区和污染区，并符合孵化工艺设施要求，主要由种蛋储存室、孵化室、出雏室、发苗室等构成。孵化厅应具有良好的保温性能，外墙、地面要进行保温设计，墙壁一般采用混凝土砂浆及用白水泥粉刷，这样既有利于墙面的清洁消毒，又可防止霉菌的滋生。地面要求为钢筋水泥地面，或用多孔镂板架空作基础的水泥地坪，表面要平滑干燥。阴沟或污水宜用明沟排放到室外，并做到沟沟配套。车间内电线在布置时应采用暗线，各种插座开关都要安装在不影响经常冲洗的位置，各种照明设施都要安装防水装置。种蛋储存室应有良好的隔热条件，空间不宜过大，以节约能源（彩图15）。

2. 孵化器 人工孵化目前一般在电孵化箱中进行。孵化前应先检查孵化器运行是否正常，孵化车间温度保持在20℃左右，相对湿度55%～60%，进行常规的通风换气和消毒。种蛋进箱孵化后，必须按规定调节控制温湿度、通风、照蛋、凉蛋、翻蛋、出雏等环节。

人工孵化器主要设施要求：自动控温系统，使温度变化维持在极小幅度内。采用可调热敏元件控制以蒸汽或水雾形式进行自动加湿，能使相对湿度控制在任一水平。有条件的安装二氧化碳含量测定仪。因地制宜选用蛋盘（车）。有孵化自动翻蛋装置。出雏器出雏，为了预防致病微生物的传播，出雏器常位于另一室内。有通风和降温设施，对孵化器内空气进行搅动以便自动按要求吸入新鲜空气，排出污浊空气。安装绒毛收集器，过滤排出的空气，减少孵化环境尘埃。其他应变设施：温度过高，通风系统、进水装置等发生故障时能发出警报和控制或中止这些系统或其他系统的运行，因而保证孵化器安全。

（二）孵化前准备

1. 种蛋选择 种蛋要求来源于非疫区，卫生防疫条件好、合理免疫，饲料营养标准、公母比例适当的健康鹅群。种蛋蛋重145～175 g，蛋形指数1∶(1.40～1.55)，蛋壳质量要求结构致密均匀，厚度适中，畸形、双黄、薄壳及碎壳蛋等不宜做种蛋用，蛋壳过厚的钢皮蛋、表面粗糙的沙皮蛋也不宜入孵。蛋壳清洁，壳面上无粪便或其他污物污染。

2. 消毒　及时将当日所产的种蛋集中后用高锰酸钾加福尔马林熏蒸消毒20～30 min，用药剂量为1 m^3 消毒空间用 $KMnO_4$（高锰酸钾）7 g、福尔马林（40%的甲醛）14 mL、水 7 mL。消毒后种蛋立即放入种蛋储存室。

种蛋入孵前消毒，一般采用消毒液浸泡或喷雾消毒，用0.1%新洁尔灭溶液，液温40℃浸泡 10 min，沥干后入孵化机，蛋面较脏的种蛋可用0.2% $KMnO_4$ 溶液洗刷，沥干后入孵。蛋面较干净的种蛋也可用50%的百毒杀3 mL加 10 L 水对蛋喷雾消毒，蛋面干后入孵。也可在孵化机内熏蒸消毒，用药剂量为1 m^3 消毒空间用 $KMnO_4$ 14 g、福尔马林 28 mL，熏蒸 20～30 min。

3. 贮存　原则上种蛋存放时间越短越好，种蛋经消毒后按产蛋先后分批贮存于贮蛋室，贮蛋室环境温度控制在 13～18℃，临时贮存不得超过胚胎发育的临界温度 21℃。贮蛋室环境湿度 65%～80%。贮存时间夏季不超过 5 d，冬季不超过 7 d，每天翻蛋 1～2 次，角度为 45°或更大。贮存时，种蛋钝端朝上或横放。贮蛋室应通风良好，无特别气味，避免阳光直射。

（三）孵化

浙东白鹅种蛋大，蛋重达 150～170 g，且蛋壳厚、蛋内脂肪含量高，在孵化中、孵化后期如孵化温度过高则产生的大量热量无法及时散发而积蓄起来，影响胚胎正常发育，严重时导致胚胎死亡，使孵化率和健雏率下降。

1. 孵化温度　温度是种蛋孵化的首要条件，过高过低都会影响胚胎的发育，甚至造成死亡。高温对胚胎致死界限较窄，危险性较大，如胚蛋温度达42℃时，3～4 h 死亡；如温度低于 30℃时，经过 30 h，鹅胚才会死亡。但温度较长时间偏高或偏低，虽然不会引起死亡，但却影响孵化出雏率和雏鹅的健康。正常孵化鹅蛋的温度由于孵化初期照蛋开门和室温较低，所以孵化时实际温度高于理论温度。由于浙东白鹅种蛋的脂肪含量和热量水平较高，所以孵化要求的温度应相对低些。孵化初期，种蛋受热慢，其含脂率相对较高，加上中后期产生大量的生理热，使散热发生困难。在孵化过程中，施温的原则是入孵前期高、中期平、后期略低。

应当注意的是，蛋温与孵化器内气温是不同的，两者因胎龄、机器风力、外界气温的差异而有较大差别，孵化器测量的温度一般是机内气温，应注意监测胚蛋温度。温度的掌握因机型、气温等的不同而不同。

入箱种蛋预热后，在6h中升温至36～38℃。种蛋的孵化原则是前期高，中期平，后期略低于前期，采用变温孵化法，孵化器孵化温度见表4-20，孵化车间温度应保持在21～23℃，如超过24℃，则应适当调低孵化箱温度。

表4-20 孵化温度

孵化天数/d	孵化温度/℃
1～4	38.1
5～7	37.9
8～16	37.5
17～23	36.9
24～31	36.5

2. 孵化湿度　鹅孵化的关键，特别是保持孵化箱中湿度的均匀，十分重要。孵化湿度原则是两头高、中间平。前期，胚胎要形成大量的羊水和尿囊液，且机内温度较高，相对湿度应稍大些。中期，为排除羊水和尿囊液，湿度应稍低。后期，为防止绒毛与蛋壳粘连，相对湿度应增大，特别是出雏前，湿度要适当调高，还应在蛋表面直接喷雾增加湿度。湿度过大可造成通风不良，胚胎因气体交换条件差而引起酸中毒，导致胚胎窒息死亡，出壳时湿度过大，机内细菌大量繁殖，雏鹅容易脐部感染而发生脐炎。1～9d将孵化相对湿度控制在65%左右，10～26d为60%左右，开始出雏时提高到75%左右。为保证孵箱内湿度，入孵9d开始用少量20℃左右的温水进行喷水，每天1次，16～26d每天2次，27d以后每天3次。

3. 通风换气　鹅胚在发育过程中，必须进行气体交换，尤其在孵化第19天（夏季还要提前12h）以后，胚胎开始肺呼吸，需氧量逐渐增大，二氧化碳排出量也逐渐增多。这时如果通风不良，则造成孵化器内严重缺氧，即使将出壳的雏鹅呼吸量加大2～3倍，仍不能满足其对氧的需要，结果抑制了细胞代谢的中间过程，使酸性物质蓄积体内，组织中二氧化碳分压增高而发生代谢性呼吸性酸中毒，从而导致心脏搏出量下降，发生心肌缺氧、坏死、心跳紊乱和跳动骤停。通风量随着胚龄增大而增大，一般1～9d为1挡，10～16d为2挡，17～26d为3挡（1挡通风量为5mm、2挡为20mm、3挡为32mm）。孵化车间应在空气中CO_2浓度升高时进行适当通风。

4. 翻蛋移盘　入孵时种蛋45°～60°斜放于蛋盘上，翻蛋一般每8 h 1次，翻蛋角度以140°～180°为宜，出壳前1周移至出雏器，停止翻蛋。孵化过程中要保证种蛋受温均匀，进行移盘，分别在孵化4、10、16、22、26 d进行上中下调盘。

5. 凉蛋　孵化中后期必须进行凉蛋，凉蛋是调整温度的有效措施，对孵化率影响很大，在孵化前期，一般不凉蛋，中后期的蛋温常达39℃以上，由于蛋壳表面积相对小，气孔小，散热缓慢。若不及时散发过多的生理热，就影响发育或造成死胎。凉蛋可以加强胚胎的气体交换，排除蛋内的积热。孵化至17～19 d时，打开箱盖，每天凉蛋1次，25 d以后，生理热多，每天凉蛋3～4次，但凉蛋不能让蛋温降至35℃以下，凉蛋时间先短后长，根据季节、室温、胚龄，每次凉蛋时间控制在20～30 min。

凉蛋时应进行适当喷水，喷水是提高鹅蛋孵化率的关键。喷水可以破坏壳上膜，促进蛋壳和壳膜不断收缩和扩张，破坏它们的完整性，加大通透性，加快水分蒸发和蛋的正常失重，使气室容积变大和供氧充足，利于气体交换和水分蒸发，蛋壳中的碳酸钙在水和二氧化碳的作用下变成碳酸氢钙，致蛋壳松脆，雏鹅容易啄壳。对19 d以后的胚胎喷水（提早喷水对尿囊血管的合拢不利），气温高时喷凉水，气温低时喷35℃的温水。每天喷1～4次，酌情掌握。将蛋喷湿，到蛋壳表面有小露珠为止，晾干后继续孵化。

6. 照蛋　一般分2～3次，在实际孵化生产中只进行一照，目的是检查出无精蛋，二照、三照一般进行抽测。头照在7 d左右，剔除无精蛋、裂壳蛋、弱精和死胚蛋。第23天二照，看蛋小头尿囊是否合拢（封门），剔出各期的无精蛋、死精蛋、死胚蛋等，并进行并箱处理。三照是第27～28天，看胚胎发育是否有闪毛、影子晃动，以便调整孵化温度、湿度。在16 d左右可再抽检1次，检查记录胚胎发育情况，剔除死亡胚胎，以防臭蛋发生。为掌握胚胎发育情况，其他孵化期间也要经常抽照。

7. 出雏　胚龄30日时开始大批出雏，4 h左右打开一次出雏机门，将绒毛已干的雏鹅拣出，弱雏和助产雏留放出雏箱，雏鹅拣出放置于雏鹅箱内。一般应每隔4 h拣雏一次，拣出雏鹅同时，应拿走出雏箱中的蛋壳，以防套上其他胚胎无法出壳而被闷死。注意保持箱内孵化条件的稳定。至31 d出雏完毕，进行打扫清理和消毒（彩图16）。

出雏时，出雏后期对有的胚胎应进行人工助产，提高出雏率。出雏困难时应人工将蛋壳大头轻轻撬开后，将头轻轻拉出，等头部毛干后，再将鹅体拉出。

助产时发现细微出血，要立即停止助产，待血液吸收、血管干缩后再行助产。

（四）日常管理

1. 种蛋入孵　孵化器清扫干净后，应及时消毒，种蛋入孵前在25℃条件下预热4h左右。孵化车间温度应保持在21～23℃，过高或过低影响孵化器温度的合理控制，影响孵化结果。将种蛋横向卧放在蛋盘上，蛋盘编号注明日期。

入孵时间最好在下午4时以后，以保证大批出雏在白天，这样工作起来比较方便。

2. 随时检查温度　温度表要经过校对，发现不正常要及时换。

3. 检查湿度　机内水盘上如有浮毛要及时捞出，水盘中加水应加热水，有利于维持机内湿度。

4. 观察机器运转情况　摸机轴部位是否发热烫手，机器轴定期加油。

5. 移箱　胚龄28d左右将蛋移入出雏箱内，适当降温、增湿，停止翻蛋。

（五）异常及处理

1. 无精蛋增多　浙东白鹅种蛋的受精率在75%～85%，如果无精蛋超过15%～25%，就是一种异常现象。形成的原因主要有：种鹅的公、母比例不协调，公鹅太多或太少，种鹅年老、肥胖、跛脚，缺少交配时需要的水池，繁殖季节青饲料供应不足，营养缺乏等。这些因素影响了种鹅的正常交配，降低了精子活力。为了提高种蛋的受精率，必须严格选留种鹅，剔除和淘汰少数发育不良、体质瘦弱和配种能力不强的个体。按照1∶（5～6）的公、母比例，留足种公鹅。要提供种鹅交配的适宜水面，应在产种蛋前给种鹅补料，确保营养需要。

2. 死胚增多　种蛋入孵后7～25d内死胚增多，这是因为种鹅日粮营养不足，影响种蛋内胚胎正常发育；或种鹅近亲交配；或孵化施温不当，造成胚胎发育受阻。为此，要加强产蛋期种鹅的饲养管理，应以舍饲为主，放牧为辅，日粮要充分考虑母鹅产蛋所需的营养，合理配合。不断更新种鹅群，避免近亲交配。调整适宜的孵化温度，同时要检查温度计的精确性以及放置的位置，防止人为判断错误。

3. 蛋黄粘连壳内膜　这是由于种蛋保存不当引起的。种蛋保存的适宜温度是13～16℃，湿度一般保持在75%～85%为宜。此外，保存期间要进行翻蛋，种蛋保存一周内不必翻蛋，超过一周每天要翻蛋1～2次。翻蛋时只要改变蛋的放置角度即可。

4. 雏鹅不能出壳　经常见到蛋壳被啄破，胚胎发育良好，可雏鹅就是不能出壳的现象。这是因为破壳期间环境湿度较低、通风不良。这就要求在孵化后期的最后两天，把湿度保持在70%～80%，同时要加大通风量。

第六节　提高繁殖效率的技术措施

提高种鹅繁殖力应该采用综合的技术措施，包括提供能充分发挥种鹅繁殖潜力的环境、高效的种蛋孵化等。

一、提高种蛋受精率

（一）营养与饲养

通过合理的营养调控，控制种鹅的性成熟、产蛋量和蛋的品质。鹅育成期的生长状况，产蛋期的营养供给水平，以及光照制度、限制饲养等饲养方法，都直接影响鹅繁殖性能的发挥。因此，要按照种鹅的生长规律及繁殖规律，各阶段采取不同的营养配比进行科学饲养。

（二）投苗与管理

鹅繁殖性能的表现还与投苗季节和管理有很大关系。我国很多地区习惯于在早春投苗饲养种鹅，因为此时投苗，种鹅产蛋性能表现最佳。管理直接影响种鹅的生长和产蛋。如进行诱导换羽，可以缩短种鹅的换羽时间、提高下一个产蛋期开产的整齐度等。按照科学方法，对种鹅进行阶段饲喂、合理光照和营养、防病和治病以及尽量减少应激因素的干扰等，是提高繁殖力的重要措施。

（三）采用人工授精

人工授精技术可以使单羽公鹅配种的母鹅数大大增加，从而扩大优秀种公鹅的影响力，充分发挥其繁殖性能潜力。

（四）优选公母鹅

在母鹅产蛋前进行。公鹅应选择体大毛纯，厚胸，颈、脚粗长，两眼有神，叫声洪亮，行动灵活，具有雄性特征的公鹅；手执公鹅的颈部提起离开地面时，公鹅两脚作游泳样猛烈划动，同时两翅频频拍打。选择公鹅时，特别是要查看阴茎。淘汰阴茎发育不良的公鹅。有条件的种鹅场，还应进行公鹅精液品质检测，淘汰精液品质差的公鹅。母鹅在产蛋前1个月应严格选择定群。母鹅选择的标准是外貌清秀，前躯深宽，臀部宽而丰满，肥瘦适中，颈相对较细长，眼睛有神，两脚距离适中，全身被毛细而实；腹部饱满，触摸柔软而有弹性；肛门羽毛呈钟状。特别检查耻骨端是否柔软而有弹性，耻骨间距应在二指宽以上。

（五）科学搭配公母鹅比例

根据饲养品种要求，合理搭配公母鹅。公鹅多了，不仅浪费饲料，还会互相争斗、争配，影响受精率。如果公鹅过少，产蛋母鹅得不到充分交配，也会影响受精率。

（六）适时更新换代

公鹅的利用年限一般为2～3年，不超过4年；母鹅一般利用3～4年，不超过5年。每年在产蛋临近尾声时，要对鹅群进行严格的选择淘汰，同时补充新的公母鹅。规模化的养鹅场，种鹅饲养提倡全进全出制，不提倡不同年龄的种鹅同群饲养。这种情况下，鹅群一般可利用3年，然后一次性淘汰。

（七）科学设置洗浴池

鹅是水禽，自然交配时，以水面交配受精率最高。一般每只种鹅应有1.0 m^2 的水面运动场，水的深度40 cm以上，不宜过深。若水面太宽，则鹅群较分散，配种机会减少；若水面太窄，鹅过于集中，会出现争配以及相互干扰的现象，这样都会影响受精率。水源最好是活水，缓慢流动，且水质良好。水面运动场的水如被污染，直接影响种蛋受精率，同时间接影响孵化率。鹅的交配多半是在水面上进行，早晚交配频繁。如果是放牧饲养的种鹅，在早上出圈和晚上归宿前，要让鹅群有较长时间的水上运动，为种鹅提供更多的交配机会。舍饲饲养则早晚让鹅群充分自由交配，不要在此时干扰鹅群。

（八）选择休息场地

放牧种鹅中午休息时，应尽量让鹅群在靠近水边的阴凉处活动，以创造更多的交配机会；晚上休息的场地应选择平坦避风地面，每只种鹅应有0.5 m^2的面积。如果面积过小将影响种鹅的休息而不能保持充沛的精力，使受精率下降。

（九）加强种鹅营养

从出壳到100日龄左右不宜太粗放饲养，特别是3周前。100日龄以后，种鹅进入维持饲养期，要以青粗饲料为主，不宜喂得过肥。产蛋前4周开始改用产蛋日粮，粗蛋白质水平为15%～16%，每天每只种鹅喂给250 g左右精料。种鹅产蛋期的饲料应为全价饲料，保证产蛋所需的能量和蛋白质、维生素、矿物质等。每天饲喂2～4次，同时供应足够的青饲料及饮水。有条件的地方也可放牧，特别是第二年的种鹅应多放牧，以补充青饲料，在运动场上撒一些贝壳、砂砾，让其自由采食，满足种鹅的营养需要。公鹅应早补精料，日粮应含有足够的蛋白质，使其有充沛精力配种，以提高受精率。

（十）控制环境稳定

建立有规律的饲养制度，形成良好的条件反射，排除不必要的干扰和应激。

（十一）严防疫病

严格预防注射和日常卫生保健工作，以增强种鹅体质，减少疾病发生。

二、提高种蛋孵化率

（一）翻蛋

孵化的前10 d是胚盘定位关键期，为使胚胎眼点（头部）沿钝端壳边发育而利于出壳，此期翻蛋操作时应注意保持始终平放，翻蛋角度以180°为宜。

（二）照蛋

孵化 10 d 后照蛋，如发现种胚不见眼点，只在气室周围可见清晰血管，这些种胚至出壳时一般是头部位于气室中央或弯向腹部，出壳率极低。对于这些情况，要注意在蛋壳上作好记号，便于出壳时及时抢救。

（三）出壳前的助产

一般发育正常、胚位较正的鹅胚出壳较为集中，时间较为一致，有明显的出雏高峰期。一般到 31 d 前的 14～18 h 内大量出雏，出雏高峰明显，31 d 后基本出齐。因此，鹅助产最适宜的时间是在出雏高峰期的 1～2 h，即快满 31 d 整的前 5～6 h。助产过早，会影响正常出雏以及因大量出血造成死胎、弱雏，或因破壳过早水分蒸发太多形成幼雏粘壳难产；助产过迟，会使大批胎位不正的鹅胚闷死在壳中。助产时稍将鹅胚头上半部蛋壳剥掉，把屈伸于腹部或翅膀下的头部轻拉出来即可。注意清除胚体鼻孔周围的黏液、污物以免阻塞呼吸。由于种蛋被剥开、水分蒸发较多，可将孵化室的湿度加至 90%以上（暂时性和晚期性的加湿影响不大）。一些粘壳的鹅胚，则可用温水湿润，然后用剪刀、镊子轻轻剪开或挑开黏膜干痂，使其慢慢展开肢体，让其自行断脐脱壳。剥壳时还应小心，不要弄破了胎膜表面未收缩完全的大血管，避免鹅胚失血过多，肚脐淤血死亡。孵化的最后 2 d，湿度应保持在 70%～80%，加大通风量。

三、提高种鹅产蛋量

（一）控制种鹅适时开产

通过光照、限制饲养等措施，使种鹅在体成熟时才达到性成熟而开产，可以提高种蛋合格率，使产蛋高峰期更持久，从而提高产蛋量，特别是合格种蛋个数。我国多数鹅种具有开产早的特点，应采取综合措施控制。

（二）产蛋期恒定光照时数

产蛋期恒定时数的光照可以使种鹅产蛋期对光照的应激减小，延长维持产蛋正常激素水平的时间，提高产蛋量。包括繁殖调控中的反季节繁殖饲养，产蛋量往往高于传统养殖的常规季节。

第五章
浙东白鹅营养需要与常用饲料

第一节　营养需要

浙东白鹅作为一个特色地方品种，在营养需要方面也有其独特需求。鹅的生长发育阶段不同，需要养分的种类、数量、比例也不同。只有在养分齐全、数量适当和比例适宜时，饲料利用效率才能高，才能达到理想的生理状态和良好的生产性能，取得良好的经济效益。反之，可能会浪费饲料，出现生产性能下降、产品质量降低及生病、死亡等问题。

一、营养成分

（一）能量

鹅的一切生理过程，包括呼吸、循环、摄食、消化、吸收、排泄、代谢、体温调节、运动和生产鹅产品等都需要能量。浙东白鹅营养需要的主要来源是碳水化合物及脂肪。在自由采食时，具有调节采食量以满足自己对能量需要的本能，在充分放牧基础上，太高的能量水平在浙东白鹅生产中并没有优势，反而增加饲养成本。张华琦综述，从表观代谢能来评价饲料的能量营养价值方法，测定浙东白鹅产蛋种鹅能量需要量为 11.28 MJ/kg。建议在放牧加补精料养鹅方式下，精料配方中适宜的代谢能 0～4 周龄为 10.87～11.29 MJ/kg，5～8 周龄为 11.29～12.13 MJ/kg。

（二）水分

水分是机体的重要组成部分，也是鹅生理活动不可缺少的主要营养。水分约占鹅体重的70%，既是鹅体营养物质吸收、运输的溶剂，也是鹅新陈代谢的重要物质，同时又能缓冲体液的突然变化，帮助调节体温。

鹅体水分的来源是饮水、饲料含水和代谢水。据测定，鹅食入1g饲料要饮水3.7g，当气温在12～16℃时，平均每只每天要饮水1 000mL。“好草好水养好鹅”，说明水对鹅的重要，尤其是不放牧的鹅，要注意满足饮水需要。

（三）蛋白质

蛋白质是构成鹅体和鹅产品的重要成分，也是组成酶、激素的主要原料之一，与新陈代谢有关，是维持生命的必需养分，且不能由其他物质代替。蛋白质由20种氨基酸组成，其中鹅体自身不能合成、必须由饲料供给的必需氨基酸是赖氨酸、蛋氨酸、异亮氨酸、精氨酸、色氨酸、苏氨酸、苯丙氨酸、组氨酸、缬氨酸、亮氨酸和甘氨酸。浙东白鹅对蛋白质的要求没有鸡、鸭高，其日粮蛋白质水平变化没有能量水平变化明显，因此有的学者认为蛋白质不是大部分鹅营养的限制因素。但是一般认为，蛋白质对于种鹅、雏鹅是重要的。有研究证明，提高日粮蛋白质水平对6周龄以前的鹅增重有明显作用，以后各阶段的增重与粗蛋白质水平的高低没有明显关联。通常情况下，成年鹅饲料的粗蛋白质（CP）含量宜为15%左右，雏鹅为20%即可。

（四）碳水化合物

碳水化合物由碳、氢、氧3种元素组成，是新陈代谢能量的主要来源，也是体组织中糖蛋白、糖脂的组成部分。碳水化合物的分解产物过量时，可以转变为肝糖原或脂肪贮存备用，鹅可以在短时间内把体内吸收过量的碳水化合物合成脂肪，贮存于肝脏，形成生理性脂肪肝，这也是有的品种可生产鹅肥肝的生理原理。粗纤维是较难消化的碳水化合物，饲料中若含量太高，会影响其他营养物质的吸收，因而粗纤维含量应该控制。有资料报道，5%～10%的粗纤维含量对浙东白鹅比较合适，幼鹅饲料粗纤维含量应该稍低一些。

据吴诗樵等2016年报道，在我国主要几个鹅品种中，浙东白鹅对纤维的消化利用能力居中。在表5-1中可见，浙东白鹅纤维素（XWS）利用率偏低，仅高于狮头鹅和溆浦鹅，酸性洗涤纤维（ADF）利用率为6.99%，高于狮头鹅（$P<0.05$）和溆浦鹅（$P>0.05$），中性洗涤纤维（NDF）比最高的马岗鹅低18%（$P<0.05$），木质素（ADL）利用率为27.65%，与武冈

铜鹅、狮头鹅、豁眼鹅、乌鬃鹅、太湖鹅接近（$P>0.05$），半纤维素（ADS）利用率比最高的狮头鹅低33%（$P<0.05$），对粗纤维（CF）的利用率在各品种中最低。浙东白鹅原产地以采食青绿饲料为主，精饲料补充的饲养方式，肌胃大的特征，能够很好地利用青绿饲料中的纤维，但该试验日粮由玉米、麸皮、豆粕等精饲料组成，通过消化道时间短，可能是造成纤维利用率偏低的原因。

表5-1　不同品种鹅对纤维利用率比较

品种	ADF	ADL	XWS	NDF	ADS	CF
浙东白鹅	6.99 ± 0.56^{ef}	27.65 ± 5.21^{cd}	17.31 ± 2.58^{b}	25.24 ± 3.90^{c}	33.67 ± 5.85^{cd}	7.07 ± 3.49^{e}
太湖鹅	36.14 ± 8.10^{a}	37.08 ± 6.92^{abc}	37.85 ± 11.93^{a}	40.16 ± 3.22^{ab}	42.02 ± 1.17^{bc}	19.42 ± 3.12^{c}
皖西白鹅	12.14 ± 4.73^{def}	21.98 ± 14.46^{d}	36.81 ± 2.15^{a}	24.11 ± 2.98^{c}	29.63 ± 5.88^{d}	15.95 ± 1.84^{cd}
豁眼鹅	20.51 ± 1.79^{bcd}	24.17 ± 4.36^{cd}	46.52 ± 0.94^{a}	38.83 ± 2.32^{ab}	47.29 ± 3.79^{b}	24.01 ± 5.87^{bc}
武冈铜鹅	22.29 ± 8.70^{bc}	36.53 ± 3.53^{abc}	37.79 ± 11.67^{a}	41.54 ± 9.17^{ab}	50.42 ± 12.08^{b}	28.91 ± 3.34^{b}
溆浦鹅	3.88 ± 1.47^{f}	41.41 ± 5.43^{ab}	12.27 ± 0.42^{b}	35.98 ± 1.52^{ab}	50.79 ± 2.67^{b}	8.08 ± 2.66^{dc}
马岗鹅	26.17 ± 4.98^{b}	47.94 ± 5.34^{a}	35.78 ± 4.19^{a}	43.45 ± 1.22^{a}	51.42 ± 3.65^{b}	38.23 ± 4.23^{a}
狮头鹅	24.85 ± 4.89^{g}	23.54 ± 3.54^{cd}	1.77 ± 0.79^{c}	37.60 ± 4.85^{ab}	66.41 ± 8.42^{a}	18.51 ± 8.58^{c}
乌鬃鹅	20.54 ± 4.06^{bcd}	30.09 ± 5.38^{bcd}	39.59 ± 10.82^{a}	36.64 ± 2.12^{ab}	44.07 ± 1.42^{bc}	20.03 ± 4.36^{c}
P值	0.000	0.002	0.000	0.000	0.000	0.000

注：表中同列数据肩标不同字母表示差异显著（$P<0.05$），相同字母表示差异不显著（$P>0.05$）。

（五）脂肪

脂肪是鹅体组织细胞脂类物质的构成成分，也是脂溶性维生素的载体。脂肪的主要作用是提供热量，保持体温恒定，保护内脏的安全，饲料中1g脂肪含能量为32.29kJ。浙东白鹅饲料中脂肪一般已能满足其营养需要，并可以由碳水化合物或蛋白质的转化得到补充，但适当添加可提高生长速度和饲料利用率。

2016年用216只49日龄浙东白鹅进行育肥对比试验，试验日粮粗脂肪（EE）含量分别为4.01%、1.98%（蛋白质、能量水平基本相同），育肥至70日龄结果见表5-2，高脂肪组生长速度和料重比均好于低脂肪组，70日龄体重差异极显著（$P<0.01$）；表5-3中，高脂肪日粮的屠体重、全净膛重、胸肌重、肠脂重显著提高（$P<0.05$），但对心、肺、肝胆、肌胃、腺胃、胰腺等器官重无显著影响；表5-4中可见，高脂肪组的肉色值、剪切力下降，

失水率增加，但差异不显著，除腿肌 pH 外，胸肌、肌胃 pH 也无显著差异。试验证明浙东白鹅在育肥期需要适量的脂类物质，能够提高生长速度和日粮蛋白质利用率，减少饲料消耗。

表 5－2　粗脂肪含量对增重、耗料影响

项目		粗脂肪含量 1.98%	粗脂肪含量 4.01%
49 日龄初始体重/g		3 078.33±179.84	2 956.50±187.66
70 日龄体重/g		3 666.66±178.60[A]	4 027.00±377.99[B]
周增重/g	第 1 周	332.16±25.09[a]	621.33±34.38[b]
	第 2 周	205.33±39.76	244.66±23.97
	第 3 周	50.83±5.95[a]	204.50±24.87[b]
料重比	第 1 周	5.80	3.90
	第 2 周	8.24	7.75
	第 3 周	34.34	9.72

注：表中同列数据肩标不同字母表示差异显著（$P<0.05$），相同字母表示差异不显著（$P>0.05$）。

表 5－3　粗脂肪含量对屠宰性能影响

项　目	粗脂肪含量 4.01%	粗脂肪含量 1.98%
屠体重/g	3 257.33±229.42[a]	3 491.50±314.19[b]
全净膛重/g	2 587.00±188.73[a]	2 800.83±212.91[b]
胸肌重/g	144.89±20.32[a]	177.45±27.41[b]
腿肌重/g	164.74±7.45	165.08±17.91
腹脂重/g	75.03±19.86	81.03±25.10
肠脂重/g	40.60±6.75[a]	50.90±4.54[b]
肌胃重/g	120.28±5.49	122.36±8.86
腺胃重/g	12.71±0.94	13.00±1.63
心重/g	30.65±4.34	33.69±4.64
肝胆重/g	96.72±12.78	89.37±6.96
肺重/g	42.29±9.83	41.59±14.44
胰腺重/g	12.18±1.18	11.66±5.27

注：表中同列数据肩标不同字母表示差异显著（$P<0.05$），相同字母表示差异不显著（$P>0.05$）。

表 5-4 粗脂肪含量对肉质影响

项目		粗脂肪含量 4.01%	粗脂肪含量 1.98%
胸肌肉色	L* 肉色 1 值	37.45±3.49	35.23±2.19
	a* 肉色 2 值	11.76±1.14	11.17±1.46
	b* 肉色 2 值（正值）	8.71±1.27	7.62±1.27
腿肌肉色	L* 肉色 1 值	39.49±3.41	38.86±2.52
	a* 肉色 2 值	12.28±0.93	11.56±1.02
	b* 肉色 2 值（正值）	10.00±1.42	9.21±0.70
失水率/%	胸肌	7.23±2.12	7.90±1.47
	腿肌	8.61±2.41	9.38±2.65
剪切力/N	胸肌	82.12±13.82	71.34±7.94
	腿肌	81.34±16.46	80.56±27.83
pH	胸肌	6.18±0.36	6.27±0.28
	腿肌	6.11±0.12[a]	6.46±0.29[b]
	肌胃	2.82±0.77	3.19±0.40

注：表中同列数据肩标字母表示差异显著（$P<0.05$），相同字母表示差异显著（$P>0.05$）。

（六）矿物质

矿物质占体重的3%～4%，其中主要是钙（Ca）和磷（P），Ca 约为体重的 2%，P 约为 1%。另外，还有钾（K）、钠（Na）、锰（Mn）、锌（Zn）、碘（I）、铁（Fe）、铜（Cu）、钴（Co）、硒（Se）、镁（Mg）、氯（Cl）等微量元素。矿物质不仅是机体组织成分，也是调节体内酸碱平衡、渗透压平衡的缓冲物质，同时对神经和肌肉正常敏感性、酶的形成和激活有重要作用。

鹅不仅要求矿物质种类多，而且更需要其比例合适，如钙磷比，产蛋浙东白鹅约为 3∶1，雏鹅约为 2∶1。参照其他产蛋家禽，种鹅日粮中的含 Ca 量约为 2%，含 P 量为 0.7%左右，含盐（NaCl）量 0.4%左右。Ca 和 P 的无机盐比有机盐易吸收，因此，补充钙、磷的主要原料为石粉、贝壳、磷酸氢钙（$CaHPO_4$）等。籽实类及其加工副产品中的 P 50%以上是以有机磷存在，利用率较低。矿物质的缺乏，影响浙东白鹅的生长发育，如缺 Ca 雏鹅骨骼软化，易发生软脚病，产蛋鹅产薄壳蛋，产蛋量和孵化率下降；缺 Na 雏鹅神经机能异常，出现啄癖；缺 Zn 雏鹅发育迟缓，羽毛发育不良；缺 I 易患甲状腺

肿大等。

（七）维生素

维生素既不提供能量，也不是构成机体组织的主要物质。它在日粮中需要量很少，但又不能缺乏，是一类维持生命活动的特殊物质。维生素有脂溶性和水溶性之分，脂溶性维生素有维生素 A、维生素 D、维生素 E、维生素 K，水溶性维生素有维生素 C、维生素 B_1、维生素 B_2、维生素 B_6、维生素 B_{12}等。大多数维生素在鹅体内不能合成，有的虽能合成，但不能满足需要，必须从饲料中摄取。鹅放牧时如果能采食到大量的青绿饲料，一般不会引起维生素缺乏。舍饲期间，当青饲料供应少时，要注意添加维生素，否则会发生维生素缺乏症，最容易缺乏的是维生素 A、维生素 B_2、维生素 D_3、维生素 B_{12}。

二、饲养标准

根据不同阶段的营养需要，确定各种养分之间的适当比例，有目的地给予相应数量的营养物质，这种最佳的营养物质定性、定量标准就是饲养标准。我国还没有完成鹅的饲养标准编制工作，鹅的饲养标准的编制不如猪、鸡那么广泛、细致、深入、准确。浙东白鹅由于一直用传统饲养方法进行生产，对其营养需要针对性研究更少，故浙东白鹅饲养标准仅参照其他鹅品种。可参考的鹅的营养需要标准制定也比较粗，且精确性、针对性也不强，在应用时应根据实际饲喂效果作合理调整。

有研究太湖鹅（表 5－5）、中型鹅（表 5－6）的常规营养需要，浙东白鹅可以参照。与之相比，浙东白鹅早期生产速度快，育雏期的代谢能（ME）、CP 应略高于太湖鹅、中型鹅的营养需要。

表 5－5　太湖鹅营养需要

阶段	ME/(MJ/kg)	CP/%	CF/%
育雏期	10.5～11	18～19	4～5
育成前期（5～10 周）	10.2～10.7	16～16.5	6～7
育成后期（11 周至开产前 3 周）	9.5～10	12～14	8～10
产蛋期	10～10.5	14.5～15.5	7～10

表 5-6 中型鹅营养需要

周龄	0～4	5～10	后备种鹅	产蛋期
代谢能/(MJ/kg)	11.0～11.4	10.85	9.5～10.3	10.45
粗蛋白质/%	19.5～21.0	17.0～19.0	10.0～11.0	16.0～17.0
钙/%	0.80	0.80	0.65	2.60
有效磷/%	0.42	0.37	0.35	0.36
粗纤维/%	4.5～5.2	5.5～6.5	—	—
赖氨酸/%	0.90	0.65	0.50	0.60
蛋氨酸/%	0.40	0.33	0.25	0.30
含硫氨基酸/%	0.79	0.56	0.48	0.47
色氨酸/%	0.17	0.13	0.12	0.16
苏氨酸/%	0.80	0.80	0.44	0.45
钠/%	0.30	0.30	0.30	0.30
氯/%	0.25	0.25	0.25	0.25

根据浙东白鹅品种特性，参考有关鹅品种推荐的营养需要，考虑浙东白鹅养殖性状与水平，推荐浙东白鹅参考营养需要标准见表 5-7。

表 5-7 浙东白鹅参考营养需要

阶段	ME/(MJ/kg)	CP/%	CF/%
育雏期（0～4 周）	11.3～12.3	20.1	4～5
育成期（5～8 周）	10.3～12.3	10.5	10～13
育肥期（9～10 周）	11.8	12.7	10～12
后备期（休蛋期）	10.5	9.5～11.0	10～13
产蛋期	11.4	11.7	9～11

三、日粮配合

（一）日粮配合原则

日粮就是鹅在一昼夜内所采食的各种饲料的总量，日粮必须依据饲养标准把不同营养成分的饲料进行配合，才能实现科学饲养。日粮配合的原则是：

1. 选择合理的饲养标准　由于鹅的品种、年龄、性别、体重、生产目的、生产水平和环境气候等不同，对营养需要不同，适用的饲养标准也不同。因此，在日粮配合时，一定要选择适合生产的科学的饲养标准和营养价值表。在现有饲养标准中选择与实际饲养较接近的，再根据不同条件进行适当调整，按调整后的饲养标准配合日粮更切合生产实际。

2. 选用饲料要有全价性　不同饲料的营养成分比例和含量不同，饲料的全价性就是选用的饲料必须符合饲养标准的要求，并尽量做到多样化，使各种饲料营养成分起到互补作用，配合的日粮中营养量和营养成分比例能满足鹅的营养需要。饲料种类的选择不单是其营养成分含量符合饲养标准，更要考虑各种饲料的配伍和饲料中营养成分的可消化性。

3. 经济合理　饲料是养鹅生产的主要成本支出（一般占50%以上），在日粮配合中选用饲料要做到因地制宜，努力降低成本。要求主要原料来源丰富，多采用当地营养丰富且价格低廉的饲料。有的饲料虽价格低、营养好，但不能直接利用，可以考虑其配合比例或作适当加工处理，在经济上会起到意想不到的效果。

4. 适口性　配合的日粮要具有较好的适口性和适当的体积，与鹅的生理特性相适应，以保证鹅的采食量，如鹅的日粮配合中应多考虑青绿饲料和粗饲料的利用，以达到一定的饲料体积。日粮中应少用动物性蛋白质饲料。

5. 保持稳定　施行后的配合日粮，应保持一定的稳定性，不能随意改动，但也可按照饲料来源（价格）、饲养效果、管理经验、生产季节和养鹅户的生产水平进行适当调整。调整的幅度不宜过大，一般控制在10%以下。调整前后日粮配方在应用时，还应有一过渡期。表5-8中的日粮配方中稻谷符合浙东白鹅饲养习惯，饲料利用率较高，育肥期蛋白质饲料要求可以适当低些。

表5-8　日粮参考配方（精料补充料）

项目	雏鹅（1～28日龄）	育肥鹅（35～70日龄）	种鹅（产蛋期）
玉米/%	64.2	40	40
稻谷/%		20	20
碎米/%		5	10
豆粕/%	30.0	4	6

（续）

项目	雏鹅（1～28日龄）	育肥鹅（35～70日龄）	种鹅（产蛋期）
米糠/%	2.0	10	10
菜籽粕/%		5	
麸皮/%		15	10
贝壳/%			3
浓缩料/%	3.8		
微量元素/%		1	1
CP/%	20.0	12.7	11.68
ME/(MJ/kg)	11.82	11.30	11.42

（二）日粮调制

鹅是草食家禽，耐粗饲，在日粮中过多使用精饲料，会增加饲料成本；同时，鹅有喜采食青绿饲料的习性，浙东白鹅尤其明显。因此，在日粮调制中，要充分注意。在规模养殖场，一般按照日粮配方，把不同种类饲料均匀混合后饲喂。浙东白鹅肌胃发达，籽粒类饲料不需粉碎过细，如玉米每粒破碎成3～4份，大麦粗粉碎，稻谷破壳或整颗，否则会加快通过消化道，影响饲料消化吸收；日粮配方要考虑其容重，不能过细及容量过小。青绿饲料可单独饲喂，也可切碎混合在配合日粮中饲喂，3周龄以下雏鹅长度在0.5～1.5 cm，3～5周龄2～2.5 cm，其他鹅以2～4 cm为宜。秸秆类饲料浙东白鹅一般不愿采食，可以切短或粉碎拌入精饲料饲喂。

在规模化养殖过程中，为了提高饲喂效果，可以参照奶牛平衡日粮调制方法，生产全价颗粒饲料，尝试不同阶段干草饲喂料，改变传统育雏用草，鹅鲜、干草日粮配制及养殖模式。把青绿饲料打浆与精、粗饲料拌和后，压制成新鲜颗粒饲喂，新鲜颗粒饲料应现制现喂，因其含水量较高，储存时间不能过长，一般春夏季1～2 d，秋冬季4～7 d，如需储存较长时间，要事先晾晒，降低水分。鹅用颗粒饲料可比其他禽类大，并要保证一定的硬度。

第二节　常用饲料与日粮

浙东白鹅产区常用饲料种类较多，传统日粮以青绿饲料为主，可利用很多粗饲料，补饲部分精饲料。实际生产中，浙东白鹅能广泛利用农作物生产中的废弃物、加工下脚料作饲料，养鹅在农牧生态循环中有重要意义。

一、籽实类

籽实类饲料属能量饲料，是浙东白鹅精饲料组成部分，营养中的能量来源，一般具有适口性好、能量含量高，相对蛋白质饲料来说价格低廉。

（一）玉米

玉米具有适口性好、消化率高、粗纤维少、能量高的特点。玉米是主要能量饲料，ME 达到 13.39MJ/kg，一般用在雏鹅培育、肉鹅育肥和种鹅产蛋饲料上。玉米用量可占日粮比例的 30％～65％。玉米可分黄玉米和白玉米，其能量价值相似，但黄玉米含有较多的胡萝卜素和叶黄素，对皮肤、蹠蹼、蛋黄的着色效果好。玉米的缺点是蛋白质含量不高，在蛋白质中赖氨酸、色氨酸等必需氨基酸比例少。现在选育的高赖氨酸玉米，其营养价值比普通玉米要高。

（二）麦类

以大、小麦为主的麦类也是产区浙东白鹅的主要能量饲料，适口性好，能量高，大、小麦 ME 分别为 11.30MJ/kg 和 12.72MJ/kg，钙、磷含量也较高。大麦外壳粗硬，CF 含量 4.8％，CP 含量 11％～13％，B 族维生素含量丰富。小麦 CP 含量可达 13.9％，其氨基酸配比优于玉米和大麦，但小麦粉喂鹅比例不宜过高，过高易引起黏嘴，降低适口性，且维生素 A、维生素 D 含量少。北方地区的荞麦、燕麦、黑麦、小黑麦等麦类也是饲喂浙东白鹅的好能量饲料，目前推广的小黑麦种植对养鹅有很大意义，小黑麦具有耐刈性，可以多次刈割作鹅的青绿饲料，此后还能生产籽粒喂鹅。

（三）稻谷

稻谷饲喂浙东白鹅适口性很好，是浙东地区养鹅的主要谷实类能量饲料，其 ME 为 11.00 MJ/kg，CF8.20％，CP7.80％，就其营养价值看，低于玉米和麦类，但其消化率相对浙东白鹅来说，明显要高。稻谷去壳后的糙米可提高营养价值，ME 达到 14.06 MJ/kg，CP 为 8.80％，碎米分别达到 14.23 MJ/kg 和 10.40％。

（四）薯干

薯干是由甘薯（番薯）制丝晒干形成，虽不是谷实类饲料，但它是浙东地区喂鹅的常用能量饲料，其适口性好，ME9.79 MJ/kg，其营养物质可消化性强，但缺点是蛋白质含量低，CP 仅 4%左右，一般作育肥饲料。因此，日粮中添加比例应在 20%以下。

二、糠麸糟渣类

（一）米糠

米糠是糙米加工精白米的副产品，油脂含量高达 15%，CP 为 12%左右，B 族维生素和 P 含量丰富。但米糠适口性相对较差，日粮比例不宜过高。米糠所含脂肪以不饱和脂肪酸为主，久贮或天热易酸败变质。米糠脱脂后的糠饼则可相对延长保藏时间和增加日粮中比例。

（二）麸皮

麸皮是小麦粉加工副产品，CP 含量为 15.70%，ME6.82 MJ/kg，适口性好，B 族维生素和 P、Mg 含量丰富，但 CF 含量高，容积大，具有轻泻作用，其日粮用量不宜超过 15%。此外，面粉加工中在麸皮上级的副产品次粉，也称四号粉，其纤维含量低，营养价值高，ME 达到 12.80 MJ/kg，但用量过大则与小麦粉一样，产生黏嘴现象，影响适口性，其日粮中所占比例可在 10%～20%。

（三）其他糠麸类

浙东白鹅利用日粮中纤维素能力强。因此，一些粗纤维含量高的糠麸饲料可作鹅的部分饲料。统糠，可分三七糠和二八糠，农村大米加工的常见副产品，其粗纤维含量高，一般可作饲料的扩容、充填剂，其日粮比例在 5%～15%；谷壳（砻糠）也可作鹅饲料，但比例在 5%以下，不能过高，否则会影响其他饲料中营养成分的消化吸收。麦芽根是啤酒大麦加工副产品，蛋白质含量高，含有丰富的 B 族维生素，但麦芽根杂质多，适口性较差，添加量宜控制在 5%以下。此外，瘪谷、油菜籽壳等加工的秕壳（糠）类饲料鹅也能利

用，尤其是母鹅夏季休蛋期、肉鹅放牧期的使用，可节约饲料成本。玉米皮（糠）、高粱糠等加工副产品也是喂鹅好饲料。

（四）糟渣类

糟渣类饲料来源广、种类多、价格低廉，如糖渣、黄（白）酒糟、啤酒糟、甜菜渣、味精渣、玉米酒糟、豆腐渣以及生产淀粉后的薯类、豆类、玉米渣等，含有丰富的矿物质和B族维生素，多数适口性良好，均是养鹅的价廉物美的饲料，其添加量有的甚至可达40%。但是这类饲料含水量高，易腐败发霉变质，饲喂时必须保证其新鲜，同时，在育肥后期和产蛋期应减少喂量。

三、蛋白类

蛋白类饲料的CP含量一般在20%以上，且CF含量在18%以下，根据来源可分为植物性蛋白质饲料和动物性蛋白质饲料。

（一）大豆饼、粕

大豆饼、粕类饲料CP含量在35%～50%，是目前常用的鹅日粮蛋白质补充饲料，其适口性好，蛋白质中氨基酸平衡较好，赖氨酸含量高，蛋白质消化吸收率高，其日粮比例可达10%～30%。但浸提型豆饼内含胰蛋白酶抑制因子、血凝素、皂角素等抗营养因子，用量过大影响消化，使用前可进行高温等无害化处理。

（二）棉（菜）籽饼、粕

棉（菜）籽饼、粕类饲料CP含量在34%～40%，菜籽饼、粕中的蛋氨酸含量较高。这类饼、粕也可作浙东白鹅的常用蛋白饲料，但在使用时必须注意用量。因为在棉籽饼、粕中存在游离棉酚，长期或多量使用会影响鹅的细胞、血液和繁殖机能，一般雏鹅和种鹅的用量在5%～8%，其他鹅不能超过15%，饲喂前进行浸水等办法脱去部分毒素则效果更好。

在菜籽饼、粕中存在芥子酸、芥子酶和硫代葡萄糖苷（GLS）以及分解产物异硫氰酸盐（ITC）、噁唑烷硫酮（OZT）等物质（表5－9），对鹅有抗营养及毒害作用，影响生长和采食量。添加0.5%硫酸亚铁（$FeSO_4$）或加热有脱毒作用，菜籽饼、粕一般用量在5%以下为好。低芥子酸油菜副产品则可提高喂量。

表 5-9 普通菜籽粕抗营养因子含量

项目	含量	检测标准
ITC/(mg/g)	7.23	NY/T 1596—2008
OZT/(mg/g)	5.56	NY/T 1779—2009
GLS/(μmol/g)	8.51	NY/T 1582—2 007
植酸/(mg/g)	2.20	GB/T 5009.153—2003
单宁/%	0.60	SN/T 0800.9—1999

2016 年进行菜籽粕饲喂浙东白鹅肉鹅试验，试验分 2 个阶段，试验一对 160 只 4 周龄浙东白鹅随机分 4 组，每组 4 个重复，设对照组及分别用 3%、6%、9%的菜籽粕替代日粮中豆粕，饲喂至 6 周龄。试验二对 160 只 7 周龄浙东白鹅随机分 4 组，每组 4 个重复（每组公、母各半），设对照组及分别用 4%、7%、10%的菜籽粕替代日粮中豆粕，饲喂至 9 周龄。

1. 增重影响　试验一结果 4 组体增重分别为 423.60、379.51、374.96、365.15 g，日粮中菜籽粕添加量从 3% 提高到 9%时，体增重较对照组呈下降趋势，但各组间差异均不显著（$P>0.05$），其中 3%与 6%组数值接近。

试验二从表 5-10 可以看出，添加菜籽粕组全群鹅平均日增重较对照组均有不同程度下降，但均无显著差异（$P>0.05$）；4%组的公鹅平均日增重较对照组降低了 13.00%（$P>0.05$），7%、10%组平均日增重较对照组差异不显著（$P>0.05$）；试验组母鹅平均日增重较对照组差异不显著（$P>0.05$）。随着菜籽粕添加量的增加，全群鹅的平均日采食量呈现下降趋势，对照组鹅平均日采食量极显著高于其他组（$P<0.01$），4%组较 7%、10%组分别高 5.62%、9.40%（$P<0.01$），7%、10%组间无显著差异（$P>0.05$）；添加菜籽粕组不同性别的平均日采食量均极显著低于对照组（$P<0.01$），4%组公鹅平均日采食量分别较 7%、10%组高 3.52%、3.53%（$P<0.05$），而 4%组母鹅平均日采食量分别较 7%、10%组高 3.63%、4.03%（$P<0.01$）。随着菜籽粕添加量的增加，全群鹅料重比呈现先下降后上升趋势，但各组间差异不显著（$P>0.05$）；7%、10%组全群鹅料重比分别比对照组低 8.79%、4.47%，而 4% 组则比对照组高 0.50%。对照组公鹅料重比低于 4%

组，但要高于7%、10%组，而对照组母鹅料重比则要高于添加菜籽粕组。

表5-10　菜籽粕对7～9周龄浙东白鹅生长性能的影响

项目	对象	组别				SEM	P值
		对照组	4%组	7%组	10%组		
平均日增重/(g/d)	全群	53.01	49.93	52.56	50.72	0.94	0.602
	公鹅	57.31	49.82	52.70	53.85	1.40	0.303
	母鹅	50.62	50.01	52.45	48.37	1.26	0.754
平均日采食量/(g/d)	全群	315.85^{Aa}	299.03^{Bb}	288.71^{Cc}	288.14^{Cc}	2.96	0.001
	公鹅	315.85^{Aa}	296.76^{Bb}	286.67^{Bc}	286.65^{Bc}	4..51	0.001
	母鹅	316.11^{Aa}	301..30^{Bb}	290.75^{Cc}	289.62^{Cc}	4.06	0.001
料重比	全群	6.03	6.06	5.50	5.76	0.11	0.193
	公鹅	5.72	6.08	5.66	5.49	0.16	0.628
	母鹅	6.21	6.05	5.38	6.16	0.14	0.105

注：表中同行数据肩标不同大写字母表示差异极显著（$P<0.01$），不同小写字母表示差异显著（$P<0.05$），相同字母表示差异不显著（$P>0.05$）。

2. 营养利用率影响　试验一结果由表5-11可知，3%、6%、9%组总能（GE）利用率较对照组极显著提高（$P<0.01$）；3%组CP利用率较对照组极显著提高（$P<0.01$），但6%和9%组则较对照组分别降低30.32%（$P<0.01$）、20.93%（$P<0.05$）；与对照组相比，3%、6%、9%组CF利用率呈显著或极显著下降趋势；9%组EE利用率较高，达到83.48%，极显著高于对照组（$P<0.01$），3%组EE利用率较对照组极显著提高30.98%（$P<0.01$），而6%组较对照组显著降低11.54%（$P<0.05$）；随着菜籽粕添加比例增加，鹅对Ca的利用率呈下降趋势，当菜籽粕添加量达到6%时，与对照组存在极显著差异（$P<0.01$）；当菜籽粕添加量为3%时，鹅对TP的利用率最高（$P<0.01$），而达到6%时，吸收利用率降低（$P>0.05$）。

试验二结果从表5-12可以看出，4%组GE利用率较对照组差异不显著（$P>0.05$），而7%、10%组却分别提高了36.42%及24.79%（$P<0.01$）。CP利用率从高到低依次为7%、10%、4%、对照组，7%、10%组较对照组分别提高了25.90%、14.43%（$P<0.01$），与对照组之间差异不显著（$P>0.05$）。7%组CF利用率较对照组提高了12.90%，差异极显著（$P<0.01$），而4%、10%组与对照组之间无显著差异（$P>0.05$）。7%、10%组EE利用率较对照组分别高15.34%、15.60%（$P<0.05$）。4%、10%组Ca利用率极显著低于对照组（$P<0.01$）。7%组P利用率最高，极显著高于对照组（$P<0.01$）。

表5-11　菜籽粕对4～6周龄浙东白鹅养分利用率的影响

项目	对照组	3%组	6%组	9%组	SEM	P值
GE/%	44.91^{Cc}	57.12^{Aa}	49.83^{Bb}	51.76^{Bb}	1.22	0
CP/%	24.41^{Bb}	34.83^{Aa}	17.01^{Cc}	19.30^{BCc}	1.89	0
CF/%	34.76^{Aa}	20.80^{ABb}	10.00^{Bb}	13.72^{Bb}	2.97	0.003
EE/%	57.00^{Cc}	74.66^{Bb}	50.42^{Cc}	83.48^{Aa}	3.49	0
Ca/%	42.62^{Aa}	33.14^{ABab}	27.27^{Bb}	24.13^{Bb}	2.36	0.011
TP/%	35.98^{Bb}	50.00^{Aa}	29.07^{Bb}	35.20^{Bb}	2.29	0

注：表中同行数据肩标不同大写字母表示差异极显著（$P<0.01$），不同小写字母表示差异显著（$P<0.05$），相同字母表示差异不显著（$P>0.05$）。

表5-12　菜籽粕对7～9周龄浙东白鹅养分利用率的影响

项目	对照组	4%组	7%组	10%组	SEM	P值
GE/%	48.44^{Cc}	48.93^{Cc}	66.08^{Aa}	60.45^{Bb}	1.97	<0.001
CP/%	58.77^{Bc}	59.59^{Bc}	73.99^{Aa}	67.25^{Ab}	2.55	<0.001
CF/%	3.94^{Bb}	5.04^{Bb}	16.93^{Aa}	6.15^{Bb}	1.50	<0.001
EE/%	57.9^{4b}	64.40^{ab}	66.83^{a}	66.98^{a}	1.45	0.043
Ca/%	36.41^{Aa}	11.40^{Bb}	36.87^{Aa}	16.71^{Bb}	3.23	<0.001
TP/%	36.86^{Bb}	24.44^{Cc}	55.36^{Aa}	36.42^{Bb}	3.05	<0.001

注：表中同行数据肩标不同大写字母表示差异极显著（$P<0.01$），不同小写字母表示差异显著（$P<0.05$），相同字母表示差异不显著（$P>0.05$）。

3. 氨基酸利用率影响　试验一结果从表5-13可知，3%组Asp、Glu、Ser、Ile、Leu、Phe利用率均极显著高于对照组（$P<0.01$），对其余氨基酸利用率均无显著差异（$P>0.05$）。6%组，除Val、Lys外，鹅对其余氨基酸的利用率均显著或极显著高于对照组。9%组，除Ser、Gly、His、Lys外，鹅对其余氨基酸的利用率均无显著差异（$P>0.05$），且除His、Thr、Val、Met、Cys外，鹅对其余氨基酸的利用率均显著或极显著低于6%组。

试验二结果（表5-14），7%组除甘氨酸利用率极显著高于对照组外（$P<0.01$），其他16种氨基酸利用率均与对照组无显著差异（$P>005$）；4%

组色氨酸、甘氨酸、精氨酸、亮氨酸利用率显著（$P<0.05$）或极显著（$P<0.01$）低于对照组，半胱氨酸利用率较对照组高16.81%（$P<0.01$），其他氨基酸利用率与对照组无显著差异（$P>0.05$）。10%组甘氨酸利用率极显著高于对照组（$P<0.01$），异亮氨酸利用率显著高于对照组（$P<0.05$），其他氨基酸利用率与对照组无显著差异（$P>0.05$）。

表5-13 菜籽粕对4～6周龄浙东白鹅氨基酸利用率的影响

项目	对照组	3%组	6%组	9%组	SEM	P值
天冬氨酸 Asp/%	55.44^{Bb}	80.50^{Aa}	76.16^{Aa}	65.15^{Bb}	2.95	0.001
谷氨酸 Glu/%	74.08^{Bb}	82.40^{Aa}	84.76^{Aa}	65.31^{Bb}	2.55	0.010
色氨酸 Ser/%	35.41^{Cc}	49.69^{ABab}	66.81^{Aa}	42.89^{Bb}	3.56	0.002
甘氨酸 Gly/%	24.60^{Cc}	31.59^{BCbc}	51.01^{Aa}	39.68^{Bb}	3.05	0.002
组氨酸 His/%	77.48^{Bb}	78.69^{Bb}	86.66^{Bb}	83.28^{Aa}	1.29	0.011
精氨酸 Arg/%	71.10^{Bb}	74.10^{ABb}	84.64^{Aa}	71.33^{Bb}	1.83	0.009
苏氨酸 Thr/%	42.37^{Bb}	44.33^{Bb}	68.52^{Aa}	52.19^{ABab}	3.61	0.001
丙氨酸 Ala/%	60.58^{Bb}	61.10^{Bb}	77.50^{Aa}	66.36^{Bb}	2.12	0.002
脯氨酸 Pro/%	59.27^{Bb}	55.89^{Bb}	76.43^{Aa}	50.86^{Bb}	3.19	0.009
酪氨酸 Tyr/%	67.58^{b}	74.99^{ab}	79.79^{a}	68.19^{b}	1.87	0.040
缬氨酸 Val/%	58.97	40.16	72.77	64.95	2.65	0.279
蛋氨酸 Met/%	88.02^{Bb}	91.45^{ABab}	95.01^{Aa}	91.72^{ABab}	1.10	0.006
半胱氨酸 Cys/%	44.49^{Bb}	56.20^{ABab}	62.49^{Aa}	59.34^{ABab}	1.37	0.005
异亮氨酸 Ile/%	62.20^{Bb}	75.75^{Aa}	76.49^{Aa}	65.34^{ABb}	2.01	0.005
亮氨酸 Leu/%	70.32^{Bb}	81.78^{Aa}	83.15^{Aa}	64.71^{Bb}	2.35	0.001
苯丙氨酸 Phe/%	69.91^{Bb}	81.36^{Aa}	83.06^{Aa}	71.44^{Bb}	1.74	0.001
赖氨酸 Lys/%	82.30^{Aa}	84.76^{Aa}	84.54^{Aa}	76.71^{Bb}	1.04	0.005

注：表中同行数据肩标不同大写字母表示差异极显著（$P<0.01$），不同小写字母表示差异显著（$P<0.05$），相同字母表示差异不显著（$P>0.05$）。

表5-14 菜籽粕对7～9周龄浙东白鹅氨基酸利用率的影响

项目	对照组	4%组	7%组	10%组	SEM	P值
天冬氨酸 Asp/%	88.63	90.12	91.07	90.62	0.53	0.825
谷氨酸 Glu/%	89.04^{ab}	89.35^{b}	91.88^{ab}	92.32^{a}	0.48	0.051

（续）

项目	对照组	4%组	7%组	10%组	SEM	P值
色氨酸 Ser/%	76.92[Aa]	71.01Bb	79.56[Aa]	76.45[Aa]	1.04	0.005
甘氨酸 Gly/%	64.28[Bb]	58.17[Cc]	74.95[Aa]	74.22[Aa]	2.54	0.000
组氨酸 His/%	80.13	80.67	86.27	84.47	1.40	0.566
精氨酸 Arg/%	84.90[a]	80.31[b]	85.71[a]	85.54[a]	0.79	0.013
苏氨酸 Thr/%	70.15[ab]	77.99[a]	73.52[ab]	69.28[b]	1.18	0.045
丙氨酸 Ala/%	74.14	74.95	79.64	79.17	0.85	0.198
脯氨酸 Pro/%	74.45[ab]	68.69[b]	80.30[a]	77.99[a]	2.90	0.048
酪氨酸 Tyr/%	74.55	82.67	80.07	80.35	1.63	0.296
缬氨酸 Val/%	68.91[ABab]	66.40[Bb]	75.22[Aa]	73.67[Aa]	2.25	0.000
蛋氨酸 Met/%	94.12[ab]	97.30[a]	95.06[ab]	93.19[b]	0.88	0.049
半胱氨酸 Cys/%	75.79[Bb]	88.53[Aa]	78.15[Bb]	76.11[Bb]	2.09	0.009
异亮氨酸 Ile/%	73.81[b]	71.50[b]	74.82[ab]	76.18[a]	0.97	0.026
亮氨酸 Leu/%	82.33[a]	78.96[b]	82.32[a]	80.94[ab]	0.61	0.043
苯丙氨酸 Phe/%	72.40	72.88	78.34	73.62	1.86	0.549
赖氨酸 Lys/%	82.09	82.15	84.77	83.65	1.15	0.707

注：表中同行数据肩标不同大写字母表示差异极显著（$P<0.01$），不同小写字母表示差异显著（$P<0.05$），相同字母表示差异不显著（$P>0.05$）。

4. 血液生化指标影响　试验一结果由表 5－15 可知，随着菜籽粕添加比例提高，血清中总胆固醇（TC）含量随之相应提高，当添加量达到 9%时呈现显著差异（$P<0.05$）；血糖（GLU）、甲状腺素 T3（三碘甲状腺激素，T3）、甲状腺素 T4（T4）含量也呈现上升趋势，但各组间差异均不显著（$P>0.05$）；各组间总蛋白（TP）、甘油三酯（TG）、谷丙转氨酶（ALT）、谷草转氨酶（AST）含量差异均不显著（$P>0.05$）。

从表 5－16 可以看出，试验二菜籽粕添加量对血清 TP、GLU、TC、T3 和 T4 含量的影响不显著（$P>0.05$），对血清 TG 含量影响显著（$P<0.05$）。试验组血清 ALT 活性分别较对照组低 37.88%、39.02%、55.45%（$P<0.01$），4%、7%组血清 AST 活性分别较对照组高 20.4%、25.95%（$P<0.05$）。

表 5-15 菜籽粕对 4～6 周龄浙东白鹅血液生化指标的影响

项目	对照组	3%组	6%组	9%组	SEM	P 值
TP/(mg/mL)	38.82	36.21	37.05	38.65	0.36	0.268
GLU/(mmol/L)	9.06	9.29	9.32	10.22	0.56	0.855
TG/(mmol/L)	1.75	1.45	1.43	1.76	0.22	0.276
TC/(mmol/L)	3.68[b]	4.02[b]	4.08[b]	4.72[a]	0.67	0.012
ALT/(U/L)	10.94	9.32	9.55	9.18	0.09	0.437
AST/(U/L)	19.53	19.63	19.43	20.70	0.12	0.443
T3/(ng/L)	6.33	6.54	6.72	6.87	0.39	0.989
T4/(ng/L)	18.76	20.55	21.66	22.06	1.07	0.219

注：表中同行数据肩标不同字母表示差异显著（$P<0.05$），相同字母表示差异不显著（$P>0.05$）。

表 5-16 菜籽粕对 7～9 周龄浙东白鹅血液生化指标的影响

项目	对照组	4%组	7%组	10%组	SEM	P 值
TP/(mg/mL)	27.07	29.95	29.33	23.50	1.03	0.101
GLU/(mmol/L)	7.52	7.83	7.97	6.71	0.27	0.359
TG/(mmol/L)	1.43[a]	1.63[a]	1.29[ab]	0.96[b]	0.77	0.011
TC/(mmol/L)	2.32	2.71	2.85	2.81	0.12	0.435
ALT/(U/L)	12.30[Aa]	7.64[Bb]	7.50[Bb]	5.48[Bb]	0.57	0.001
AST/(U/L)	14.41[b]	17.35[a]	18.15[a]	12.60[b]	1.45	0.054
T3/(ng/L)	5.59	5.72	5.69	5.67	0.31	0.577
T4/(ng/L)	38.18	38.92	39.00	43.86	1.59	0.562

注：表中同行数据肩标不同大写字母表示差异极显著（$P<0.01$），不同小写字母表示差异显著（$P<0.05$），相同字母表示差异不显著（$P>0.05$）。

综合试验一结果，在浙东白鹅 4～6 周龄肉鹅日粮中用 3%～6%菜籽粕替代豆粕比较适宜。试验二结果菜籽粕替代豆粕影响增重，但料重比下降，因此，具有一定的经济效益，建议控制使用量，并进行间歇使用。如果菜籽粕脱毒饲喂效果会更好。

（三）其他蛋白类饲料

（1）花生饼、粕 CP 在 44%～48%，蛋白质中精氨酸含量较高，浙东白鹅日粮中的配比可在5%左右。

(2) 向日葵、亚麻仁饼粕　CP含量在30%~35%。亚麻仁饼、粕CP在30%以上。在平衡日粮价格的基础上，可以部分采用。

(3) 玉米胚芽粉（玉米蛋白粉）　CP在40%~60%，但其蛋白质可消化率和氨基酸平衡相对较差，添加量控制在2%~5%为宜。

(4) 叶蛋白　是从青绿饲料和树叶中提取的蛋白质，其CP在25%~50%，是鹅的良好蛋白质饲料，在日粮中可以加以利用。

(5) 其他蛋白饲料　糠饼、芝麻饼、啤酒酵母、味精废水发酵浓缩蛋白等植物性和菌体性蛋白均可作鹅的蛋白质饲料。

(6) 动物蛋白饲料　动物蛋白饲料有鱼粉、血粉、水解羽毛粉、蚕蛹粉、乳清蛋白粉等。浙东白鹅产区地处我国东部沿海，生产鱼粉的海洋鱼类资源丰富，但浙东白鹅素食，日粮一般不使用动物性蛋白质饲料。由于动物性蛋白质饲料蛋白质含量高，必需氨基酸比例合理，可以尝试在育雏、繁殖种鹅日粮中适当添加，添加量一般控制在3%~5%。

四、青绿多汁类

青绿多汁类饲料中含有丰富的利于浙东白鹅消化吸收的纤维素、半纤维素，干物质中CP、维生素等养分含量高，且鹅祖先以采食鲜草为主，饲喂青绿多汁类饲料符合浙东白鹅生理需求，是当前养鹅的主要饲料。青绿饲料主要包括天然牧草、栽培牧草、叶菜类（废弃作物茎叶、蔬菜加工下脚料等）、水生饲料（水葫芦、水浮莲、水花生、绿萍、蕴草等）、瓜果类（南瓜等）、块茎块根类（萝卜、马铃薯、甘薯、芋类、球茎甘蓝等）、青绿树叶、野生青绿饲料等。这类饲料含水量一般在75%~90%，ME1.25~2.93MJ/kg。其来源广、种类多、适口性好、易于消化，蛋白质品质好，生物学价值高，维生素等其他营养物质全面，成本低廉，利用时间长，尤其是浙东白鹅产区，地处亚热带，如在种植上做到合理搭配，科学轮作，能保证四季常年供应。草原的天然牧草也可作为养鹅的主要来源。

但青绿饲料不同种类均有一定营养局限性，在饲喂时能做到合理搭配和正确使用，可避免个别营养成分缺乏，如禾本科和豆科青绿饲料的搭配；水生和瓜果蔬菜类饲料含水量过高，总营养成分少，应适当增加精饲料比例；少数青绿饲料中含对鹅体有影响的成分，应注意饲喂量或作适当的处理。

（一）牧草

包括天然牧草、人工栽培牧草，含水量在60%以上，是浙东白鹅最喜食的饲料，种类繁多，在产区推广的主要种类有秋播冬春利用的黑麦草，春播夏秋利用的墨西哥饲用玉米、饲用高粱等，优质豆科牧草紫花苜蓿，育雏用多汁牧草苦荬菜、菊苣等，是今后浙东白鹅生产的主要青绿饲料，也是生态养殖、绿色生产的基础，需要得到大力发展。牧草在日粮中与精饲料的搭配比例为雏鹅（1～1.5）∶1，中鹅（1.5～2）∶1，成年鹅（2～5）∶1。

（二）叶菜类

主要是蔬菜生产中废弃的茎叶、加工副产品等，产区蔬菜基地面积较大，每年产生大量的废弃茎叶和蔬菜副产品，其含水量很高，在85%以上，干物质中蛋白质含量高，纤维素含量低，饲喂浙东白鹅适口性好，是一种主要青绿饲料来源。由于叶菜类含水量很高，容易腐烂，且堆积发热产生亚硝酸盐，引起中毒，尤其是气温高的季节要特别注意。因此，饲喂叶菜类饲料应适当增加精饲料比例，并可以进行青贮等加工调制。

2016年用生产花菜的下脚料花菜叶饲喂浙东白鹅试验，并以黑麦草作对比，试验对216只4周龄浙东白鹅分花菜叶组（20%花菜叶+80%精料）、黑麦草组（20%黑麦草+80%精料）、对照组（全精料）3组，每组6个重复。各组日粮营养水平见表5-17。

表5-17　各组日粮营养水平

组别	CP/%	EE/(g/kg)	CF/(g/kg)	Ash/%	Ca/%	P/%
花菜叶组	18.80	2.70	6.30	9.40	2.49	0.23
黑麦草组	15.61	2.30	19.20	8.70	0.56	0.33
对照组	16.90	4.40	5.30	5.20	1.00	0.63

1. 增重　饲养3周的增重结果见表5-18。试验期内，花菜叶组体重增加量均高于黑麦草组，期末体重显著高于黑麦草组（$P<0.05$），低于对照组，但差异不显著（$P>0.05$）。花菜叶组的精料料重比低于其他2组（$P>0.05$）。

表 5-18　各组生长情况

项目	花菜叶组	黑麦草组	对照组
初始体重/g	1 097.07±101.35	1 043.50±116.39	1 050.50±105.07
第 1 周增重/g	278.36±27.52^{ab}	235.08±19.86^{a}	341.71±25.98^{b}
料重比	2.71±0.37	3.22±0.35	3.45±0.84
第 2 周增重/g	497.93±50.55^{ab}	452.08±32.33^{aA}	537.00±67.86^{bB}
料重比	2.64±0.48	2.74±0.19	2.90±0.58
第 3 周体重/g	2 139.43±209.70^{a}	1 941.31±190.04^{bB}	2 266.25±148.38^{aA}
第 3 周增重/g	266.07±24.72^{ab}	214.31±18.93^{a}	282.17±26.95^{b}
料重比	3.75±0.93	5.55±3.78	4.36±0.98

注：表中同行数据肩标不同大写字母表示差异极显著（$P<0.01$），不同小写字母表示差异显著（$P<0.05$），相同字母表示差异不显著（$P>0.05$）。

2. 生化指标影响　从表 5-19 可知，各组血清中 TP、ALB、LDL-C 的含量无显著差异（$P>0.05$）。花菜叶组 T3、T4、GLU、HDL-C 含量极显著高于对照组和黑麦草组（$P<0.01$），表明花菜叶可能具有降低鹅肉胆固醇功效；TG 含量极显著低于对照组和黑麦草组（$P<0.01$）；AST、BUN 含量显著或极显著低于对照组（$P<0.05$ 或 $P<0.01$），但与黑麦草组差异不显著（$P>0.05$）；ALT 含量与对照组和黑麦草组差异不显著（$P>0.05$）；花菜叶组 ALT 含量降低，AST 显著降低（$P<0.05$），可能有保护肝脏作用，过多饲喂可能降低肉鹅脂肪沉积。

表 5-19　各组血液生化指标比较

指标	花菜叶组	黑麦草组	对照组
T_3/(ng/mL)	192.08±28.77^{A}	130.37±10.07^{B}	139.35±15.00^{B}
T_4/(ng/mL)	1.48±0.24^{A}	0.79±0.10^{B}	0.88±0.17^{B}
TP/(ng/mL)	1 738.62±88.50	1 512.19±187.18	1 646.39±153.25
ALB/(g/L)	32.82±3.35	31.76±2.23	34.26±4.12
GLU/(mg/dL)	163.22±14.13^{A}	85.38±7.45^{B}	125.13±13.39^{C}
TG/(mmol/L)	1.93±0.64^{A}	3.28±0.53^{B}	4.61±0.79^{C}
HDL-C/(mmol/L)	20.11±3.01^{A}	12.95±2.36^{B}	8.97±1.08^{C}
LDL-C/(mmol/L)	8.67±1.67	7.25±1.49	8.50±1.88

（续）

指标	花菜叶组	黑麦草组	对照组
ALT/(U/L)	32.41 ± 4.68^{ab}	25.70 ± 3.79^{a}	36.93 ± 4.67^{b}
AST/(U/L)	17.79 ± 3.04^{a}	18.69 ± 2.36^{ab}	27.99 ± 3.39^{b}
BUN/(mmol/L)	3.54 ± 0.77^{A}	4.01 ± 0.71^{a}	5.36 ± 0.83^{B}

注：表中同行数据肩标不同大写字母表示差异极显著（$P<0.01$），不同小写字母表示差异显著（$P<0.05$），相同字母表示差异不显著（$P>0.05$）。

（三）水生类

水葫芦、水浮莲、水花生、绿萍、蕴草等水生类饲料，含水量高达90%以上，鲜食可同时作为水分补充，目前最常用的是水葫芦，在夏季可以利用水面繁殖。一般在平常采食，添加在日粮中应考虑总含水量，或通过适当晒制，降低含水量再添加，否则鹅采食干物质的含量不足，影响生产性能。另外，饲喂水生饲料，易发寄生虫病，应进行定期驱虫。

在浙东白鹅产区，水生饲料来源广，利用时间长（春季到秋季）、成本低。1990年引进放植83－8号绿萍（哥伦比亚绿萍）饲喂浙东白鹅，效果较好。83－8号绿萍的适口性、营养成分和产量均好于其他绿萍，其干物质中CP为25%～35%，半纤维素6.92%，CF4.55%，1年可自繁64次，每667 m^2 鲜绿萍产量0.69～1.44 kg，利用期为3—7月。试验从3月500 m^2 的水面放植绿萍，5月上旬至7月中旬采收鲜绿萍4 200 kg，饲喂4周龄后肉鹅，在日粮配比为绿萍（新鲜）∶稻谷∶统糠（三八）＝82.1∶10.2∶7.7，至77日龄出栏，每只耗精饲料5.69 kg，比全精料减少53.2%，每只肉鹅饲料成本由5.49元下降到2.65元。饲喂休蛋期种鹅，日龄比例为绿萍∶秕谷∶统糠＝60∶5∶10，每只每天饲喂绿萍300 g、秕谷＋统糠75 g，与原来每只每天饲喂稻谷100 g对比，每天饲料成本由每只0.08元下降到0.02元（绿萍由自己放植，未计成本），饲喂80 d，节约饲料费4.80元/只，节本增收效果显著。

（四）瓜果、块茎块根类

瓜果类有南瓜及其他瓜类，块茎块根类包括萝卜、马铃薯、甘薯、芋类、球茎甘蓝等，这类饲料含水量虽在95%以上，但营养价值极高，维生素含量丰富，适口性佳，且易贮存，是浙东白鹅的主要青饲料来源之一，一般粉碎后添加日粮中饲喂。

（五）其他青绿类

包括青绿树叶、野生青绿饲料、籽实类发芽饲料等，可以作为浙东白鹅日粮补充。

五、秸秆类

浙东白鹅的肌胃发达，可以利用部分作物秸秆的纤维素，在日粮中添加秸秆饲料还可以起到充填消化道，减缓饲料在消化道中通过速度，提高消化吸收能力，以节约饲料、降低成本。但秸秆类饲料含有较高的木质素等难消化成分，饲喂过多则影响鹅的营养吸收。秸秆获得要因地制宜，并进行青贮、粉碎、氨化、发酵等调制，提高秸秆饲料的利用率。浙东白鹅产区可以作为鹅饲料的主要秸秆有干草、稻草、玉米秆、麦秸、甘薯藤及花生藤、大豆秆等。

（一）干草

干草可以粉碎或切短饲喂各阶段的鹅，但育雏期慎用。普通干草对育成鹅、休蛋期鹅的使用量可以高至日粮的40%。苜蓿草粉具有较高的CP含量，可以作为蛋白饲料使用，如果营养期干制的苜蓿草粉可以作为育雏期饲料。

（二）稻草

浙东白鹅产区水稻是主要作物，稻草可以青贮和干制喂鹅，由于稻草硅（Si）含量高，其添加量应控制在日粮的25%以下。

（三）玉米、高粱秆

玉米、高粱秆质地较坚硬，青贮和干制的都应该粉碎喂鹅，添加量在日粮的30%以下。

（四）麦秸

秸秆表面有蜡质，影响鹅的消化，使用时要粉碎，且细度要高，添加量一般控制在日粮的15%以下。

（五）甘薯藤

浙东白鹅产区常见作物藤类，干燥后粉碎饲喂浙东白鹅比较常见，添加量可在日粮的10%～25%。

（六）花生藤、大豆秆

含氮量较高，可以粉碎后与其他禾本科作为秸秆配合使用，大豆秆木质化程度较高，粉碎细度要大，此类秸秆的一般用量为日粮的5%～15%。

六、添加剂

（一）矿物质添加剂

鹅的生长发育和机体新陈代谢需要Ca、P、K、Na、S、Cu、Zn、Se、I等多种矿物元素。在常规饲料中的含量还不能满足鹅的需要，因此，要在日粮中添加少量矿物质饲料。

1. 钙、磷添加剂　常用的有$CaHPO_4$、贝壳粉、石粉、骨粉、蛋壳粉等，用于补充饲料中钙、磷的不足。

2. 食盐　用以补充饲料中的Cl和Na，使用时含量不宜超过0.5%，饲料中若有鱼粉，应将鱼粉中的盐计算在内，过量可引起鹅食盐中毒。

3. 沙砾　沙砾不起营养补充作用，鹅采食沙砾是为了增强肌胃对食物的碾磨消化能力，舍饲长期不添加沙砾会严重影响浙东白鹅的消化机能。添加量一般在0.5%～1%，或自由采食，沙砾颗粒以绿豆大小为宜。

4. 微量元素添加剂　根据鹅日粮对不同微量矿物元素的需求，有针对性地添加微量元素添加剂，以达到日粮营养成分满足鹅的需要的目的。这类添加剂种类很多，如亚硫酸铜（$CuSO_3$）、硫酸亚铁（$FeSO_4$）、亚硒酸钠（Na_2SeO_3）、碘化钾（KI）和有机螯合类矿物元素添加剂。

（二）维生素添加剂

鹅的多数维生素能从青绿饲料中获得，但在实际生产中和不同生长条件下，饲料的单一化或青绿饲料供应不足可引起某些维生素的缺乏或需求量增加，应由维生素添加剂补充。维生素添加剂种类很多，并分脂溶性和水溶性两大类，可根据具体要求选择使用，也可选择不同用途的复合维生素。

（三）氨基酸添加剂

浙东白鹅对饲料中氨基酸比例要求不高，但有些必需氨基酸在日粮中不能满足，可用氨基酸添加剂补充，最常见的氨基酸添加剂有赖氨酸和蛋氨酸 2 种，一般繁殖期种公鹅、雏鹅对赖氨酸需求量较大，补充赖氨酸添加剂，能提高繁殖力和生长速度。产蛋期种鹅添加蛋氨酸能提高种蛋品质。种鹅换羽时添加含硫氨基酸可以促进羽毛生长。

（四）其他非营养性添加剂

这类添加剂不是鹅必需的营养物质，但在日粮中添加可产生各种良好效果。在实际生产中可根据不同要求进行选择使用，但在应用非营养性添加剂时应注意对环境和鹅产品质量有否影响，添加物不能有毒、残留，符合国家有关法律、法规和畜产品安全生产标准要求。

1. 保健促生长剂　抗生素、活菌制剂、中草药制剂和其他一些人工合成化合物（激素、杀虫剂等）有预防疾病、保证健康和促进生长作用。使用时要做到因地制宜，适当控制用量，特别是在育肥后期或产商品蛋的母鹅中应慎用或不用抗生素和人工合成化合物，确保产品的无公害。活菌制剂（酵母、益生素等）和中草药添加剂在养鹅生产中值得开发应用。

2. 食欲增进剂　食欲增进剂、酶制剂、香料、调味剂等在浙东白鹅饲料中很少应用。但各种酶类添加剂可促进营养物质的消化，提高饲料的转化效率，使用范围在不断增大。

3. 饲料品质改善添加剂　抗氧化剂能防止饲料氧化变质，保护必需脂肪酸、维生素等不被破坏。防霉剂能防止饲料发霉而影响饲料品质、引起霉菌中毒。

第三节　牧草利用

（一）黑麦草

1. 配方制定　试验鹅分 3 组，日粮中分别添加 5%、10%、20%黑麦草，每组试验鹅 50 只。试验黑麦草含水量 82.88%，风干物质中 EE2.71%、CP15.78%、CF18.58%、Ca0.40%、P0.30%。试验日粮营养水平见表 5-20。

表 5-20 试验日粮（精饲）营养水平（风干基础）

周龄	水分/%	EE/%	CP/%	CF/%	GE/(MJ/kg)	Ca/%	P/%	Ash/%
1～3	13.70	2.53	19.44	2.86	16.07	2.53	1.96	6.27
4～8	12.65	4.01	16.11	4.29	16.22	1.98	1.87	7.11

2. 增重　由表 5-21 可知，0～3 周龄各组增重差异不显著，第 4 周龄体重增加量以 20%组最低，与 5%组、10%组差异显著（$P<0.05$）。表明早期消化道发育不完善，饲喂黑麦草过多影响增重效果。随着日龄增加，黑麦草消化能力提高，至 8 周龄，各组增重无显著性差异。

表 5-21 不同黑麦草添加比例对体重增加量的影响

周龄	5%组	10%组	20%组
1	147.85±2.65	152.46±2.03	152.48±2.11
2	302.83±4.55	293.52±4.06	303.59±4.52
3	455.85±7.79	443.79±8.56	464.14±7.78
4	579.75±10.48[a]	546.62±9.29[a]	476.25±8.47[b]
5	650.86±10.26[a]	628.11±11.20[ab]	604.08±11.04[b]
6	574.70±11.23[a]	521.48±11.00[ab]	441.84±13.67[b]
7	532.81±14.95[a]	474.95±17.78[ab]	441.84±13.67[b]
8	511.50±15.47	499.25±18.95	507.09±12.23

注：表中肩标不同字母表示差异显著（$P<0.05$），相同字母表示差异不显著（$P>0.05$）。

3. 饲料利用率　表 5-22 显示，6 周龄肉鹅 5%组、10%组间 CP、EE、Ca 和 P 的表观消化率无显著差异，20%组对 P 消化率显著低于 5%组（$P<0.05$），EE、Ca、P 显著低于 10%组（$P<0.05$）。结果表明，饲料中添加黑麦草能够提高日粮中 CP 和 EE 表观代谢率。

表 5-22 饲喂不同比例黑麦草的肉鹅 6 周龄饲料利用率

周龄	5%组	10%组	20%组
CP/%	50.21±6.92	46.97±6.73	52.94±3.81
EE/%	88.13±4.90[ab]	83.09±1.86[a]	91.56±2.88[b]
Ca/%	20.06±7.65[ab]	27.06±4.76[a]	16.44±9.03[b]
P/%	48.47±8.71[a]	49.75±8.89[a]	43.70±2.16[b]

注：表中肩标不同字母表示差异显著（$P<0.05$），相同字母表示差异不显著（$P>0.05$）。

4. 屠宰性能　对5%组与20%组进行屠宰性能比较，从表5－23可看出，20%组盲肠长和肠pH显著高于5%组（$P<0.05$），胸肌重却低16.08%（$P<0.01$），其他指标均有差异，但不显著。结果表明添加黑麦草可以增加盲肠长度，减少体内脂肪沉积。

表5－23　屠宰性能比较

项目	5%组	20%组
体重/g	3 595.50±501.89	3 373.45±341.75
全净膛重/g	1 643.09±193.96	1 502.00±164.19
肝重/g	79.64±13.63	81.61±17.64
心重/g	23.95±2.77	22.75±2.42
肠长/cm	233.18±10.84	244.29±19.21
盲肠长/cm	47.86±2.42[b]	51.82±2.85[a]
肌胃重/g	149.99±28.92	145.24±23.08
胃pH	3.04±0.55	2.93±0.46
肠pH	6.50±0.10[b]	6.66±0.18[a]
脾重/g	2.80±0.62	3.05±0.66
肺重/g	41.16±7.11	37.08±3.82
掌重/g	115.50±15.44	116.05±10.39
头重/g	130.64±12.83	127.25±9.63
胸肌重/g	97.65±14.30[aA]	81.95±9.74[bB]
腿肌重/g	301.95±50.96	291.41±35.96
腹脂重/g	120.53±29.88	93.90±18.56
肠脂重/g	71.11±22.94	56.74±24.19
皮脂重/g	22.88±9.29	17.48±4.50

注：表中同行数据肩标不同大写字母表示差异极显著（$P<0.01$），不同小写字母表示差异显著（$P<0.05$），相同字母表示差异不显著（$P>0.05$）。

（二）紫花苜蓿、黑麦草

1. 配方制定　紫花苜蓿、黑麦草作为浙东白鹅肉鹅青饲料，对屠宰性能、肉质性能的影响，试验用浙东白鹅雏鹅170只，从雏鹅出壳（1日龄）开始至

56日龄（育肥前），设3个处理（表5-24），每个处理57只，育雏期（1～20日龄）采用舍饲方式，每个处理分三栏，每栏3 m^2；育成期（21～70日龄）采用舍饲＋放水方式，各处理舍饲面积150 m^2，水域面积60 m^2。3个处理精饲料日粮育雏期采用宁波正大551＃鸡饲料，育成期夜料用玉米粉。根据草质变化情况对所喂的黑麦草、紫花苜蓿采样，按采食量比例混合后测定其营养成分。精料、青饲料营养成分见表5-25。

表5-24　试验处理

处理1	处理2	处理3
紫花苜蓿	黑麦草	黑麦草＋紫花苜蓿（1∶1）

表5-25　牧草、精料营养成分测定

项目	DM/%	CP/%	CF/%	NDF/%	ADF/%	ASH/%
苜蓿草	93.78	26.31	17.68	31.79	24.90	10.86
黑麦草	94.62	21.13	19.81	47.03	24.62	11.89
玉米粉	87.57	9.61	1.79	—	—	1.37
精饲料	89.19	22.36	2.62	—	—	6.24

试验前三个处理的出壳重基本一致。不同处理的日增重见表5-26。整个试验期日增重、育成期的日增重以紫花苜蓿＋黑麦草组最高，分别达67.56、73.93 g，比黑麦草组提高15.92%和17.18%，也比紫花苜蓿组分别提高3.62%和5.89%。其次是紫花苜蓿组，分别达65.20、69.82 g，比黑麦草组分别提高11.87%和10.67%。育雏期日增重以紫花苜蓿组最高，达51.34 g，分别比紫花苜蓿＋黑麦草组和黑麦草组提高5.94%和17.08%；其次是紫花苜蓿＋黑麦草组，达48.46 g，比黑麦草组提高10.51%。精料料重比以紫花苜蓿组为最好，达1∶1.34，分别比紫花苜蓿＋黑麦草组、黑麦草组提高7.46%、5.63%；其次是黑麦草组，为1∶1.42，比紫花苜蓿＋黑麦草组提高1.41%。每1 kg增重饲料成本以紫花苜蓿组为最低，分别比黑麦草组和紫花苜蓿＋黑麦草组降低5.82%、8.59%。

紫花苜蓿鲜草属豆科牧草，该草鲜嫩多汁，营养丰富而全面，营养价值很高，不仅蛋白质、钙、磷含量高且比例平衡，还含有丰富的维生素、微量元素和未知生物活性物质。饲喂紫花苜蓿鲜草，不仅可以促进生长、降低成本、改善畜产品品质，而且彻底改变了植物蛋白缺乏的现状，增加饲料资源。而黑麦草属禾本科，紫花苜蓿和黑麦草合理搭配利用后，在保障了青饲料供应的同时，还使得青饲料营养结构更丰富、全面，利用率更好。本试验表明，紫花苜蓿+黑麦草组日增重尤其是育成期日增重明显优于其他两组，充分说明了紫花苜蓿草质明显优于黑麦草，合理搭配的牧草优于单一牧草，而料重比和每千克增重饲料成本以紫花苜蓿组为好，这与紫花苜蓿+黑麦草组育雏期雏鹅发病死亡有关，影响了试验结果。

表 5-26　不同组的日增重、料重比和饲料成本

项　　目		紫花苜蓿	黑麦草	紫花苜蓿+黑麦草
出壳重/g		105.61	105.51	103.43
2 周龄重/g		824.43	719.35	781.92
4 周龄重/g		1 740.70	1 491.96	1 750.51
6 周龄重/g		3 016.16	2 571.20	2 983.59
8 周龄重/g		3 756.74	3 369.02	3 886.92
日增重/g		65.20	58.28	67.56
其中	育雏期日增重/g	51.34	43.85	48.46
	育成期日增重/g	69.82	63.09	73.93
耗料	精料/g	5.04	4.78	5.58
	青料/g	52.41	46.20	57.98
料重比	精料	1.34	1.42	1.44
	青料	13.95	13.71	14.92
饲料成本/元		3.61	3.82	3.92

注：宁波正大 551＃鸡饲料按 2.5 元/kg，玉米粉 1.5 元/kg，黑麦草成本 0.111 元/kg，紫花苜蓿 0.103 元/kg 计成本。

2. 屠宰性能　不同处理组胴体性状、肌胃重见表 5-27。试验结果表明，各处理对胴体性状、肌胃重的影响不大。紫花苜蓿组、紫花苜蓿+黑麦草组半净膛屠宰率（87.85%、88.37%）、全净膛屠宰率（75.35%、75.55%）、胴体率（67.21%、67.69%）基本接近，而黑麦草组则略低（85.22%、71.28%、63.28%）。黑麦草组胸肌率（10.42%）、腿肌率（21.13%）、胸腿肌率（31.54%）最高，紫花苜蓿组最低，分别为 7.02%、17.51%和 24.53%。各处理组肌胃重在254.00～281.50g，差异不显著。

表5-27 不同处理组的胴体性状和肌胃重

处理		宰前重/kg	半净膛屠宰率/%	全净膛屠宰率/%	胴体率/%	胸肌率/%	腿肌率/%	胸腿肌率/%	肌胃重/g
紫花苜蓿	平均数	3.88	87.85	75.35	67.21	7.02	17.51	24.53	254.00
	标准误	0.17	1.56	1.90	2.08	0.53	1.1	1.44	11.32
黑麦草	平均数	3.67	85.22	71.28	63.28	10.42	21.13	31.54	271.50
	标准误	0.13	2.78	2.35	2.02	0.67	1.59	2.08	11.16
紫花苜蓿＋黑麦草	平均数	4.13	88.37	75.55	67.69	9.35	18.51	27.86	281.50
	标准误	0.11	1.14	1.54	1.64	0.36	0.46	0.49	13.19

不同处理组的肉质见表5-28。试验结果表明，各处理对肉质的影响不大。各组肉色（OD值）在1.44～1.88，差异不大，变异系数也较小。系水力在0.65～0.71、pH在5.93～6.00，基本相近；嫩度值以紫花苜蓿＋黑麦草组为最好，其次为紫花苜蓿组，最差是黑麦草组，这可能与黑麦草纤维素含量比紫花苜蓿草高有关。

表5-28 不同处理组的肉质

处理		肉色/OD值	系水力			嫩度值/N	pH
			压前重/g	压后重/g	系水力/g		
紫花苜蓿	平均数	1.49	1.64	0.93	0.71	27.14	6.00
	标准误	0.19	0.04	0.02	0.03	2.06	0.02
黑麦草	平均数	1.44	1.63	0.96	0.67	30.28	5.93
	标准误	0.11	0.03	0.03	0.03	3.43	0.02
紫花苜蓿＋黑麦草	平均数	1.88	1.65	1.0	0.65	26.66	5.97
	标准误	0.23	0.03	0.02	0.01	2.45	0.05

3. 效果分析

（1）紫花苜蓿和黑麦草（1∶1）搭配后可明显提高日增重，尤其是育成期效果更显著。单一牧草饲喂则以蛋白质含量高、纤维素含量低的紫花苜蓿为好，且能降低饲料成本，提高经济效益，特别是育成期后阶段紫花苜蓿正处旺季，草质鲜嫩多汁，而黑麦草草质此季节已明显变差。而料重比和每1kg增重饲料成本紫花苜蓿组也明显优于黑麦草组，至于紫花苜蓿＋黑麦草组效果不显著，这可能与紫花苜蓿＋黑麦草组育雏期雏鹅发病死亡有关，影响了试验结果。而紫花苜蓿、黑麦草不同比例的搭配对日增重、料重比、饲料成本等影响有待于进一步试验。

（2）紫花苜蓿组、紫花苜蓿＋黑麦草组半净膛屠宰率、全净膛屠宰率、胴体率基本接近，但略优于黑麦草组；而胸肌率、腿肌率、胸腿肌率则以黑麦草组略好。

（3）各处理对肉质的影响效果不明显，而嫩度值以紫花苜蓿＋黑麦草组为最好，其次为紫花苜蓿组，最差是黑麦草组，这可能与黑麦草纤维素含量比紫花苜蓿草高有关。

（4）紫花苜蓿等优质青饲料能大大降低规模养殖后鹅的饲养成本，提高日增重和经济效益，且该草多年生、生育期又长，能解决5—6月、9—10月本地禾本科牧草（黑麦草、墨西哥饲用玉米等）淡季这一问题，建议在生产中加以推广。同时，在使用时做好与禾本科牧草合理搭配，以提高牧草利用率，提高养鹅经济效益。

（三）牧草与全精料饲喂日粮对比

1. 配方制定　2004年进行牧草饲喂与全精料饲喂对比试验，试验在舍饲条件下，对0～10周龄浙东白鹅进行了饲喂牧草补饲精料与全精料饲喂的饲养效果对比。试验鹅经过0～2周龄预饲，分为2组，精料组配方见表5-29，青饲料组在精料基础上，根据季节分别加喂黑麦草、墨西哥玉米、紫花苜蓿等青饲料。

表5-29　试验饲料配方

项目	精料组	青饲组
玉米/%	16	36
小麦/%	12	
米糠/%	10	30
薯干/%	26	
鱼粉/%	6	3
豆粕/%	7	15

（续）

项目	精料组	青饲组
菜饼/%	8	2
统糠/%	10	10
贝壳/%	5	4
CP/%	14.07	15.02
ME/(MJ/kg)	2.16	2.17
价格/(元/kg)	1.18	1.24

2. 增重与饲料报酬　从表 5-30 中可看出，至 10 周龄 2 组体重分别为(3 662.50±229.27)g 和（3 696.83±212.06)g，牧草组试验期日增重比精料组高 0.65 g，差异不显著（$P>0.05$）。说明全精料饲养与青饲料补饲精料饲养的生长速度无显著差异。从表 5-31 中可看出，试验期精料组精饲料消耗量大大高于牧草组，差异达 142.59%，每千克增重精饲料消耗量精料组比牧草组高 2 187 g，由此使其增重的精料成本增加 2.49 元/kg，试验结果精料组每只鹅亏损 0.81 元，而牧草组每只鹅除去青饲料成本 3.06 元，实际盈利 4.06 元。表明舍饲条件下，浙东白鹅牧草加精料补充料方法养殖的效益明显高于全精料养殖效益。

表 5-30　增重比较

项目	2 周龄重/g	10 周龄重/g	试验期增重/g	平均日增重/g
牧草组	313.73±50.46	3 696.83±212.06	3 383.10	60.41
精料组	315.95±43.11	3 662.50±229.27	3 346.55	59.76
增加比例/%	−0.71	0.93	1.09	1.09

表 5-31　饲料报酬

项目	0～2 周龄耗料/(g/只)		3～10 周龄耗料/(g/只)		精料料重比	饲料成本/(元/只)	增重成本/(元/kg)	利润/(元/只)
	精料	青饲料	精料	青饲料				
牧草组	1 150	1 210	4 928	30 610	1 457	11.41	1.80	7.12
精料组	1 150	1 210	12 195	0	3 644	16.56	4.29	−0.81
增加比例/%			147.46		150.10	45.14	138.33	111.38

注：①消耗青饲料 30 610 g 中，黑麦草 10 800 g，墨西哥玉米 19 230 g，紫花苜蓿 580 g；②试验中的利润核算不包括劳动力成本。

3. 屠宰性能　屠宰结果（表 5 - 32）2 组屠宰性能接近，无显著差异，精料组和牧草组的全净膛率分别为 65.29%和 65.51%，半净膛率分别为 76.55%和 77.64%，但是腿肌和胸肌占全净膛的比重精料组均高于牧草组 1 个百分点左右，表明精料组营养沉积高于牧草组。从内脏重量看，精料组的肌胃重量明显低于牧草组，重量差异达 48.95 g，近 40%，表明饲喂牧草可以促进肌胃发育，腹脂率精料组高 5.15 个百分点，饲喂牧草明显降低脂肪沉积。

表 5 - 32　屠宰性能比较

项目		牧草组	精料组	增加比例/%
宰前体重		3 696.83 g	3 662.50 g	0.94
屠体	重量	3 218.8 g	3 192.50 g	0.82
	比例	87.07%	87.17%	−0.11
全净膛	重量	2 497.43 g	2 391.25 g	4.44
	比例	65.51%	65.29%	0.34
半净膛	重量	2 878.16 g	2 807.75 g	2.65
	比例	77.64%	76.55%	0.12
腿肌	重量	756.39 g	741.25 g	2.04
	比例	30.29%	31.00%	−2.29
胸肌	重量	193.17 g	216.38 g	−1.07
	比例	8.00%	9.05%	−11.60
内脏重	腺胃	14.28 g	16.38 g	−12.82
	肌胃	171.45 g	122.50 g	39.96
	心	27.01 g	30.75 g	−12.16
	肝	120.53 g	85.88 g	40.35
腹脂	重量	43.37 g	155.50 g	−72.11
	腹脂率	1.35%	6.50%	−79.23

第六章
浙东白鹅饲养管理

第一节　生态养殖模式

一、“鹅-草”新颖生态牧业体系

从20世纪80年代开始，象山县委、县人民政府将浙东白鹅列入县农业发展重点产业“三水”产业（水产、水果、水禽）之一，动员农村千家万户大力发展浙东白鹅生产，饲养量快速增加，产品畅销东南亚国家。但随着农村产业结构的进一步调整，千家万户小规模的传统养殖效益已对农户失去吸引力，农村劳动力转移、传统放牧模式、放牧场地困难等制约，和其他浙东白鹅产区一样，象山鹅业逐渐走向萎缩。针对这一情况，象山县开始研究重振浙东白鹅雄风的新思路。从20世纪90年代开始，学习外地先进经验，引入牧草良种，开展种草养鹅，形成了“鹅-草”新颖生态牧业体系，使浙东白鹅优势产业重新快速发展，成为象山县“7＋1”农业龙型（主导）产业之一。

（一）“鹅-草”生态牧业体系构成

“鹅-草”新颖生态牧业体系由良种鹅选育推广体系、牧草四季均衡供给体系、综合饲养管理技术体系三部分组成，在“种草养鹅”的过程中，逐步形成一个完整的规模生产体系，对象山县浙东白鹅快速向规模化发展方式转变发挥了重要作用，奠定了象山县浙东白鹅核心产区的坚实基础。

1. 良种鹅选育推广体系建设　良种是产业之根本，首先在原有为期7年5世代本品种选育的基础上，进一步进行分系提纯复壮，使浙东白鹅生长速度持续加快，品种性能达到整齐一致，繁殖性能大幅度提高，良种优势明显突现。

其次是进行良种推广体系建设。设立了省种苗工程浙东白鹅良种繁育基地，划定种质资源保护区，指导农户建立 11 个浙东白鹅市级种鹅场，形成了从原种场→种鹅场（保护区）→种鹅大户的新的良种推广体系，2010 年种鹅存栏达到 13.5 万只，比 2005 年增加 42.1%。在确保种苗质量的同时，大幅度增加种苗产量，畅销于县内外。

2. 牧草四季均衡供给体系建设　牧草是养鹅之基础，发展规模养鹅就要有丰富而均衡的牧草供给。对此，相继引入牧草良种 100 多个，先后在原良种场、贤庠镇溪沿村、大目涂建立亚热带牧草引繁基地 8 hm^2、23 hm^2 和 57 hm^2，新建基地综合用房 250 m^2，温室 2 000 m^2，为各项试验研究提供了先进的设施条件，筛选出适合象山栽培并可作鹅饲料的紫花苜蓿、黑麦草、饲用高粱、墨西哥玉米等十几个优良品种加以推广，尤其是紫花苜蓿首次在江南地区大面积高产种植成功，年产草量达到 90 000 kg/hm^2 以上，不但丰富了牧草品种，而且解决了冬春、秋冬二个养鹅旺季牧草供应问题，从而基本达到了一年四季鲜草均衡轮作供应的目的，并通过这一系列技术的示范和推广应用，初步形成了“紫花苜蓿→黑麦草→紫花苜蓿→饲用高粱”的牧草四季均衡供给体系，全县种植优质牧草 3 500 hm^2 以上，种草养鹅模式覆盖 90%以上养鹅户，饲养成本下降 35%，每只母鹅年多产苗鹅 2.5 只，种蛋受精率提高 3 个百分点，受精蛋出雏率提高 2 个百分点，育雏率提高 2.4 个百分点。

3. 综合饲养管理技术体系建设　鹅草结合是养鹅之关键，充分利用建立的良种推广体系、牧草均衡供给体系的优势，大胆开展牧草养鹅综合饲养管理方面的探索，推广牧草饲料配方和规模饲养管理、疫病防治等技术，制订《象山白鹅》《浙东白鹅规模生产技术规程》等地方标准，绘制《浙东白鹅标准化饲养技术模式图》，找准鹅与草的有机结合点，形成生态型综合饲养管理技术体系，从而扩大养鹅生产规模，增加养鹅效益。

（二）“鹅-草”生态牧业体系的实施措施

1. 建立技术推广网络　为使“鹅-草”新颖生态牧业体系得到不断完善和全面推广，2001 年成立县种草养鹅生产领导小组，建立技术研究与推广网络，在原有畜牧兽医事业推广体系外，成立专门开展浙东白鹅生产技术研究的市级民营科研机构——象山县浙东白鹅研究所，研究所根据生产实际与大专院校进行技术合作，申请建立国家水禽产业体系综合试验站，开展科研工作，完成各级科研项目20多个，并使这些成果及时得到推广。同时，帮助成立象山县养鹅专业技术协会、象山县浙东白鹅生产合作社，通过这些机构的技术推广示范和培训，加快“鹅-草”生态牧业体系的建立完善，并发挥出更大的效益。

2. 加强宣传示范　为使“鹅-草”生态牧业体系建立的好处得到更多养鹅户的接受，相关部门不遗余力地开展多渠道、多途径宣传，不断在县内外的广播、电视、报纸上进行“鹅-草”牧业体系及典型示范经验的报道，编发《养鹅技术与信息》《优质牧草栽培技术》等技术资料，向养鹅户传授“鹅-草”生态牧业体系技术，建立规模化种鹅、肉鹅示范场，多次召开种蛋人工孵化和牧草生产现场会。通过宣传，绝大多数养鹅户对“鹅-草”牧业体系有更进一步的认识，养鹅种草已形成常识，种蛋人工孵化被基本接受，新的养鹅免疫程序应用由被动变主动。

3. 强化体系建设的扶持力度　为更好地营造“鹅-草”新颖生态牧业体系，加快浙东白鹅优势产业的形成发展，2000年县政府专门出台了扶持政策。在发展种草养鹅予以土地优先安排，水电优惠、税收优惠的基础上，增加以下内容：一是每年安排白鹅事业经费，在列入省、市级白鹅种苗基地或国家和省、市级绿色（无公害）基地的，予以项目资金配套和奖励；二是鼓励良种体系建设，对种鹅生产基地场（户），存栏种鹅1 000只以上，年提供良种1万只以上的，新增种鹅每只补助良种培育费10元；三是扶持牧草生产发展，连片种草面积2 hm^2 以上，每平方千米补助450元，并对切草、割草机械应用补助费用的30%；四是每年实行养鹅扶贫，对扶贫户免费发放苗鹅或助残贷款购买苗鹅，扶持贫残户发展养鹅脱贫。

（三）“鹅-草”生态牧业体系成效

1. 优势产业形成　“鹅-草”生态牧业体系建设，给浙东白鹅发展注入了新的活力，优势产业已形成。2009年浙东白鹅年饲养量达到235万只，比2005年增加17.5%，并确定优势产业地位，产值超亿元（包括种苗产值），为农户增加效益5 200余万元。饲养规模迅速扩大，规模养鹅户达到212户，其中种鹅场（户）36户，存栏种鹅10.2万只，户均存栏2 800只以上，比2005年提高63.3%；肉鹅场（户）176个，年出栏42.7万只，户均2 426只，比

2005年提高21.5%，占全县出栏总数的80.5%。

2. 效益不断提高　浙东白鹅优势产业形成，产生了显著的社会、经济和生态效益。产业的发展，不但给农户带来了5 200多万元的养殖效益，还在近3年中使2 000多户贫残户增加收入305万元，1 230户脱贫，48户进入规模养鹅行列。牧草的种植形成鹅→粪（肥）→草→鹅的良性生态循环链，既解决了发展畜牧业带来的污染问题，又提高了土地单位面积产出效率，减少冬闲田抛荒现象，促进种植业结构向粮、经、草（饲）三元结构方向发展，形成了一个新的生态牧业模式，为象山县生态型滨海城市建设目标的实现打下基础。此外，还对周边地区有很好的辐射作用，象山县浙东白鹅苗鹅、肉鹅已远销全国6省（直辖市）的50个县（市），年销量达200多万只，牧草生产技术也开始在周边地区得到应用发展。

二、虾塘“虾-草-鹅”低碳循环种养模式

农业循环经济是农业可持续发展战略的必然选择，水禽低碳养殖是突破持续发展空间的关键之一。“虾-草-鹅”低碳循环种养模式是利用南美白对虾淡水养殖池塘每年5～8个月的休闲期进行种草养鹅的一种生态循环种养模式创新，是一个节约资源、减少投入、控制污染、促进生产的低碳农业模式，值得进一步完善提高和推广。

（一）“虾-草-鹅”低碳循环种养模式的实施

1. 模式流程　虾苗投放（3月）⟶大棚对虾第1茬养殖（3—5月）⟶对虾起捕（5月）⟶大棚对虾第2茬和普通虾塘养殖（6—9月）⟶对虾起捕（10月）⟶种植黑麦草（10—11月）⟶饲养肉鹅（大棚虾塘11—3月，普通虾塘11—6月）⟶虾苗投放（3月），见图6-1循环生产时间布局。

2. 种草　10月左右南美白对虾起捕后，排干塘水，最好在塘底开排水沟，可以防止积水。塘底无积水后，把黑麦草种子直接撒播塘底泥上面，如果塘底干后底泥开裂再播种，草籽掉进裂缝，留在土面的草籽因干后土壤水分不足和板结，种子发芽困难且不能扎根，影响出苗率。如果塘底土壤已经干燥开裂，则要翻耕后播种。黑麦草播种后不施化肥、农药，以免造成残留，塘底淤泥可为黑麦草提供养料。虾塘如有大棚的，盖上薄膜保温，可以促进黑麦草生长。

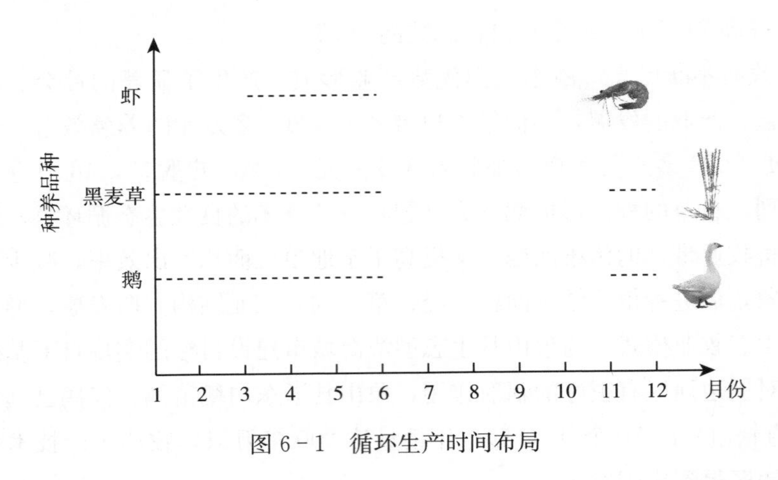

图 6-1　循环生产时间布局

3. 养鹅　黑麦草播种 1 个月后开始引入雏鹅饲养。鹅舍要保持干燥清洁，饲养 7 d 后即可以放入虾塘自由采食牧草，视鹅的大小及黑麦草生长情况，一般 1～3 d 更换放牧虾塘，让牧草再生。虾塘种草可以养鹅 2～3 批，浙东白鹅承载量为 750～1 800 只/hm^2，割草饲喂可以提高虾塘利用率，增加鹅承载量。到下一个养虾时期，直接灌水就可以了，残留塘底的鹅粪、黑麦草及草根可以肥塘。

（二）实施实例

石昌鱼种场 2009 年利用虾塘 27.2 hm^2 进行循环种养试验，其中大棚池塘 15.9 hm^2 种植黑麦草养鹅，其余种植蔬菜。大棚虾塘第 1 茬南美白对虾养殖在 3 月放养虾苗，5 月起捕，平均产量 6 450 kg/hm^2，大棚虾塘第 2 茬和普通露天虾塘养殖在 6 月放苗，10 月起捕，平均产量 6 750 kg/hm^2。南美白对虾起捕后，将池塘水放干，直接播种黑麦草，放养肉鹅 4 000 只。肉鹅在塘内草地上放牧，饲养后期用周边蔬菜基地的菜叶和谷糠进行夜间补饲，每年可以养殖商品肉鹅 2～3 批，出栏成活率达到 95%以上，平均利润 25 元/只，共增收入 9.5 万元（表 6-1），每平方千米达 6 000 元。

2010 年石昌鱼种场新建对虾养殖和农业种植的渔农两用钢管大棚池塘 9 hm^2，继续实施低碳循环种养模式，实施面积 40 hm^2，其中种植黑麦草面积增加到 23.3 hm^2，养殖白鹅 6 000 只，南美白对虾产值 144 300 元/hm^2，由于解决了黑麦草塘排水技术、草地轮流放牧办法等问题，养鹅收入增加到 8 800 元/hm^2。

表 6-1　每只肉鹅效益核算

收支	项目	2009 年	2010 年	备　注
收入	出栏体重/kg	4.06	4.11	
	售价/(元/kg)	18.00	19.50	
	产值/元	73.08	80.15	
支出	雏鹅价格/元	22.00	21.00	冬季价格较高
	种草成本/元	2.30	2.25	黑麦草种子和播种用工
	补饲成本/元	16.18	14.13	蔬菜下脚料收集和谷糠
	用工工资等/元	7.50	6.80	包括 1.5 元/只防疫、折旧
	小计/元	47.98	44.18	
利润/元		25.10	35.97	

石昌鱼种场为了更好地实现种养结合，进行浙东白鹅的自繁自养，划出一个池塘饲养种鹅。鹅舍部分建在池塘上面，鹅粪直接漏入鱼塘，由于新鲜鹅粪没有接触空气，未经腐败而被水中浮游生物利用，达到生态肥塘效果。由于塘中养料丰富，鱼儿不需要再投放其他饵料也生长很快，养殖 2 年的青鱼体重可以超过 5 kg。2013 年种鹅存栏 3 000 多只。

石昌鱼种场这种新型的种养模式得到了对虾养殖户的认可，2011 年全县推广“鹅-草-虾”低碳循环种养池塘面积 135.8 hm^2。

（三）“虾-草-鹅”模式的低碳成效

1. 增加单位面积土地的经济效益　“虾-草-鹅”低碳循环种养生产成本投入低，产量、收入稳定。虾塘种植黑麦草的栽培技术简单，用工少，只需要排干塘水，撒下黑麦草种子即可。虾塘内的黑麦草，低于地平面，冬天北风吹不着，且石昌鱼种场的虾塘还有大棚薄膜覆盖，室内温度高于 10℃，适宜黑麦草营养生长，同时，塘底土壤因对虾养殖后残余饵料和对虾排泄物的沉积，底质肥沃。气温适宜，土壤肥沃，黑麦草处于生长旺季，其产量比同期的普通大田高 1～3 倍，肉鹅饲养的单位面积承载量增加 50％。

2. 充分利用闲置土地资源　以往对虾养殖池塘在虾起捕后，完全闲置，土地资源和农村劳动力资源没有得到充分利用。根据南美白对虾养殖周期、黑麦草生产和浙东白鹅养殖季节，安排合理的种养循环方案，保证土地得到充分利用。通过淡水池塘土地种草养鹅的二次利用，提高了土地利用率和产出率，增加农户的生产收入。

3. 改善农牧生产的生态环境　池塘养殖对虾后，塘底沉积物腐败形成的淤泥中，含有硫化氢、氨等对虾有害的物质，对虾养殖期池塘水质容易恶化，池塘环境变差，对虾发病频繁。因此，以往对虾起捕后，还需要花费劳力，增加药物投入，进行清塘消毒和晒塘处理。通过种草养鹅循环，黑麦草发达的须状根系能把底质中对虾有害物质转化为植物养料吸收，黑麦草饲喂或放牧肉鹅，将塘底有害物质转化为鹅肉。在达到清塘目的同时，留下的牧草根系和部分鹅粪，在下季养虾时，增加塘内有机质含量，促进水中微生物生长，提高塘水的肥度，丰富对虾饵料，加快对虾生长，“鹅-草-虾”形成了一个良好的生态循环体系。

4. 虾塘底质的改良效果　对 9 月 24 日（对虾捕捞后）、12 月 6 日（黑麦草成熟期）和翌年 3 月 29 日（对虾养殖前）池塘底质进行土壤取样，检测土壤中 N、P 含量。检测结果（表 6－2）显示，通过黑麦草种植，池塘底质总 N 和总 P 含量分别降低 54.14％和 65.76％，比种植蔬菜的 N、P 减量效果要好，幅度分别达到 30.14 和 37.67 个百分点。12 月黑麦草已进入旺长期，N、P 吸收利用率分别为 43.03％、30.43％，后期 P 吸收水平明显高于 N 的吸收，达到 71.88％，而种植蔬菜后期底质的 N、P 吸收能力下降，尤其是 P 的利用能力显著低于黑麦草。种草改良池塘底质，不需要进行清塘，避免清塘淤泥的排放，减少养殖污染，降低对周围环境污染。

表 6－2　池塘底质检测结果

检测项目		种植黑麦草			种植蔬菜		
		9 月 24 日	12 月 6 日	3 月 29 日	9 月 24 日	12 月 6 日	3 月 29 日
总 N	含量/(mg/kg)	4.95	2.82	2.27	2.00	1.31	1.52
	降幅/％	—	43.03	54.14	—	34.50	24.00
总 P	含量/(mg/kg)	1.84	1.28	0.63	0.89	0.58	0.64
	降幅/％	—	30.43	65.76	—	34.83	28.09

三、“稻-草-鹅、鸭”循环种养模式

浙东白鹅产区属水网地带，种植业以种植水稻为主。在新常态下，基于水稻稳步增产与农户效益下降的矛盾、过度依赖农药化肥的生态矛盾、水稻大幅

增产与优质粮食结构性短缺的矛盾、现代农业发展所需的技术与理念较为缺乏的矛盾，迫切需要“水稻＋”高效生态新型模式，改进与发展水稻与水产养殖、水稻与畜牧养殖、水稻与经济作物等有机结合的生态农作模式，建立复合种养生态系统，在保障水稻产量、提升质量的同时，以期进一步提高土地产出率和种养效益。为了解决在水稻生产存在的问题，改进与发展水稻与水禽养殖有机结合的一种生态农作模式，建立“稻-草-鹅、鸭”生态循环种养模式，给予稻草（鹅）轮作、稻鸭共育新的理念，以适应稻牧模式的稻田结构构建。从原来的单纯在稻田养殖鹅、鸭增加收入为目标，向增加水稻产量品质，构建稻田生态结构，提高鹅、鸭养殖效益等综合效益为目标转变。

（一）模式图

以鹅、鸭稻田养殖为手段，生产生态稻米为目标。水稻在抽穗前放养鸭子，在稻田中采食杂草、害虫，达到除虫、除草作用，同时，鸭子在稻田中活动，起着松土、透气作用，鸭粪可以作为有机肥。一个稻期刚好为鸭子的饲养期，并以此实现水稻生产不用农药和化肥，产出的生态稻米市场价格远高于一般大米，达到种稻创收目的。水稻收割后，种植黑麦草，用黑麦草养鹅，形成生态循环，生产商品肉鹅的同时，黑麦草残留和鹅粪增加稻田有机质，为下茬水稻提供养分（图 6－2）。

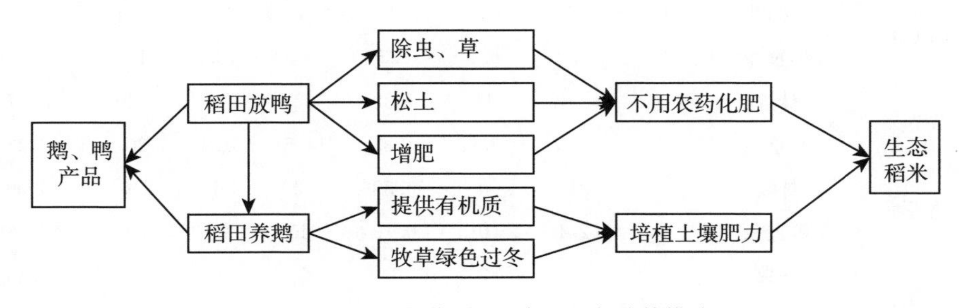

图 6－2　“稻-草-鹅、鸭”生态种养模式

“稻-草-鹅、鸭”生态种养模式参数：

（1）选择养殖品种　鹅为浙东白鹅，鸭为绍兴麻鸭。

（2）饲养时间　鹅 60～70 d，鸭 70～80 d。

（3）饲养密度　鹅 300～750 只/hm^2，鸭 150～300 只/hm^2。

（4）出栏体重　鹅 4 000 g 以上，鸭 1 400 g 以上。

（二）稻田养鸭除草效果

通过鸭子稻田活动和采食杂草，对稗草、莎草、陌上菜、耳叶水苋、节节菜、鸭舌草、千金子、李氏禾等稻田杂草起到了明显的除灭效果。从表6-3稻田放鸭除草效果看，总杂草数平均为58.33株/m^2，105.53g，而不放鸭的对照组为156.00株/m^2，709.47g，分别是放鸭组的2.67倍和6.72倍。试验结果，稻田放鸭可使水稻增产23.4kg，5%。放鸭稻田能够实现生态种植，整个水稻生长期不用农药、化肥（一次性施用缓释有机肥），生产的无公害大米，市场价格高于普通大米，是“稻-草-鸭、鹅”生态种养模式的关键目的。

表6-3　稻田放鸭除草效果

杂草		放鸭				不放鸭			
		1	2	3	平均	1	2	3	平均
稗草	株数	1	0	1	0.67	6	6	3	5
	鲜重/g	25	0	33	19.33	41	63.2	41.1	48.43
莎草	株数	3	1	8	4	4	11	16	10.33
	鲜重/g	5	6.1	66.3	25.80	24.2	132.6	285	147.33
耳叶水苋	株数	0	54	74	42.67	119	49	62	76.67
	鲜重/g	0	43.1	105.5	49.53	268.2	98.4	122.5	163.03
陌上菜	株数	0	2	4	2	3	11	21	11.67
	鲜重/g	0	0.8	6.1	2.3	2	13.2	17.1	10.77
节节菜	株数	0	5	17	7.33	32	5	40	25.67
	鲜重/g	0	1.6	3.9	1.83	14.5	1.4	20.8	12.23
鸭舌草	株数	0	1	0	0.33	32	1	6	13.00
	鲜重/g	0	2.1	0	0.70	640	9.1	79.3	242.80
千金子	株数	0	0	3	1	5	12	20	12.33
	鲜重/g	0	0	12.2	4.07	18.3	83.5	147.8	83.20
丁香蓼	株数	0	0	1	0.33	0	0	0	0
	鲜重/g	0	0	5.9	1.97	0	0	0	0
李氏禾	株数	0	0	0	0	4	0	0	1.33
	鲜重/g	0	0	0	0	5.2	0	0	1.73
总杂草	株数	4	63	108	58.33	205	95	168	156.00
	鲜重/g	30	53.7	232.9	105.53	1 013.4	401.4	713.6	709.47

（三）稻田黑麦草养鹅肥田效果

水稻收割后，9月播种黑麦草（或与紫云英混播），至第2年3月初，黑麦草生长旺盛，开始饲养浙东白鹅肉鹅，进行黑麦草稻田放牧或刈割饲喂，5月中旬，商品肉鹅出栏销售，剩余黑麦草及其发达的根系翻耕作为稻田绿肥，鹅粪作为有机肥。稻田种植牧草翻耕后，土壤N、P、K养分提高，增加土壤有机质含量和土壤孔隙度，有力促进后作水稻的生长，实现提质增产。

（四）应用范例

宁波七禾加百列农业科技有限公司应用“稻-草-鹅、鸭”生态种养模式，选择以海藻基或木质素基缓释性生态环保型肥料作为主要肥料，一次性施用可满足整个水稻生育期需肥要求，不用化学肥料，减少劳动力投入。选用纳米级硅制剂，对水稻进行补硅，确保水稻有效吸收足量硅质元素，防止水稻在生育后期出现早衰现象，同时有效防治水稻前期虫害卷叶螟的危害，避免农药施用对鹅、鸭的危害。公司“稻-草-鹅、鸭”生态种养示范田收获无公害大米25 t，大米价格16元/kg（会员价10元/kg），比常规价格高10元/kg，鹅、鸭子价格高于市场50%左右（规模数量多价格还可以增加），在线上APP、特定客户群（绿城集团、种植农场等）销售，经济效益明显。

四、海水养鹅

浙东白鹅的养殖用水主要为淡水，从长远看淡水资源贫乏制约浙东白鹅生产发展。如核心区象山县地处半岛，淡水资源缺乏，人均淡水资源占有量仅为1 752.5 m^3，大大低于全国人均2 200 m^3 的水平，在浙江省全面启动“五水共治”实施农业面源污染整治的大背景下，拓展新的养殖空间对浙东白鹅产业发展显得尤为重要。同时，象山海洋资源得天独厚，海岸线长800 km，其中大陆海岸线长300 km，海岛海岸线长500 km，若能开发海水资源养鹅对象山县浙东白鹅产业的进一步发展和节约淡水资源都有重要意义。

（一）研究方案

通过浙东白鹅淡水养殖与海水养殖对比试验，探究海水养殖对浙东白鹅生长发育和生产性能的影响，从而为海水养殖浙东白鹅提供科学依据。

1. 材料　选择1日龄体质健康的浙东白鹅雏鹅360只作为海水养鹅的研究对象，在养殖场所设淡水池、海水池各500 m^2，池边各建鹅舍100 m^2，运动场200 m^2。

2. 分组

(1) 肉鹅　将1日龄鹅分别称重，并用脚号标记。按照体重相近（组间统计差异不显著，$P>0.05$）的原则将试验鹅随机分为海水组和淡水组，每组180只种雏（其中母雏150只、公雏30只），试验期为70 d，雏鹅用精料、青草室内集中饲养14 d后，分别放入淡水池、海水池自由活动。

(2) 种鹅　采用浙东白鹅第1年种鹅分海水组和淡水组，各组母鹅80只，公鹅16只（公、母鹅比例1∶5）。

3. 饲养管理　试验鹅采用地面平养，鹅舍为封闭式，运动场为全开放式，分别在淡水池和海水池戏水。试验按照《浙东白鹅规模饲养技术规程》进行常规免疫和日常饲养管理。

4. 记录

(1) 体重测定　在每周五8～9时对肉鹅进行空腹称重并做好记录，计算平均日增重。

(2) 耗料测定　分别记录每组每天试验鹅采食的精料量、青饲料量。

(3) 产蛋记录　记录种鹅开产时间，每天早上9时前捡蛋，下午补捡1次，并记录产蛋量。

(二) 肉鹅生长发育

1. 体重　由表6-4可知，海水组42日龄内体重略大于淡水组，差异均不显著（$P>0.05$）；但从49日龄开始，海水组体重略低于淡水组，但差异均不显著（$P>0.05$）。

表6-4　海水养鹅与淡水养鹅的体重对比

日龄	海水组/g	淡水组/g
1	108.1±10.2	107.5±9.8
7	207.5±30.8	205.6±29.2
14	785.6±118.5	777.5±110.8
21	1 025.8±226.4	1 006.1±210.4

（续）

日龄	海水组/g	淡水组/g
28	1 343.8±295.0	1 316.8±275.8
35	1 622.8±341.6	1 621.8±313.0
42	1 828.9±376.2	1 827.2±349.0
49	2 326.4±480.2	2 440.6±448.9
56	2 857.4±522.2	2 879.6±517.0
63	3 163.1±520.5	3 195.7±534.3
70	3 380.8±516.9	3 443.8±555.7

2. 耗料　由表 6－5 可知，海水组 28 日龄内精料和青饲料采食量略高于淡水组，从 42 日龄开始海水组精料和青饲料采食量略低于淡水组，但均无显著性差异。

表 6－5　海水养鹅与淡水养鹅的耗料情况对比

日龄	海水		淡水	
	精料/g	青饲料/g	精料/g	青饲料/g
7	213.2	311.2	211.8	308.2
14	375.3	415.2	368.9	426.7
21	533.3	576.2	516.7	578.3
28	528.4	596.6	523.3	581.4
35	526.3	935.7	538.9	898.2
42	1 024.1	2 289.2	1 142.0	2 314.8
49	1 441.7	2 331.3	1 446.5	2 578.6
56	1 493.7	1 886.8	1 646.8	2 243.6
63	1 724.0	1 948.1	1 935.9	2 051.3
70	1 589.4	1 986.8	1 655.8	2 077.9
合计	9 236.2	13 277.1	9 986.6	14 059

3. 日增重、日采食量、料（草）重比对比　由表 6－6 可知，淡水组的日增重、日采食量、料（草）重比均略高于海水组。

表 6－6　日增重、日采食量、料（草）重比对比

类别	日增重/g	精料日采食量/g	料重比	青饲料日采食量/g	草重比
海水	46.8	131.9	2.82	189.7	4.1
淡水	47.7	142.7	2.99	200.8	4.2

从试验情况及结果看，浙东白鹅进入海水中活动有 3～5 d 的适应过程，与淡水池对照，其活动行为基本无差异，增重、耗料等生长指标基本接近，表明浙东白鹅可以在海水环境中正常饲养。

（三）种鹅产蛋性能

试验结果（表 6－7、图 6－3），浙东白鹅在海水环境中能正常产蛋、交配，其产蛋率、种蛋孵化率等指标略高于淡水对照组（$P>0.05$），2 组的各周产蛋率曲线（图 6－4）基本相近，海水组前期较高，淡水组后期较高，表明浙东白鹅种鹅能够在海水环境中正常饲养和繁殖。从行为观察，种鹅能在海水塘中正常游水。

表 6－7　海水环境中浙东白鹅繁殖性能表现

繁殖性能	海水组	淡水组
产蛋周数	34	34
每只母鹅产种蛋数/只	25.23	24.96
种蛋受精率/%	84.85	83.71
种蛋孵化率/%	73.92	71.23
受精蛋孵化率/%	87.12	85.09
健雏率/%	94.94	94.39

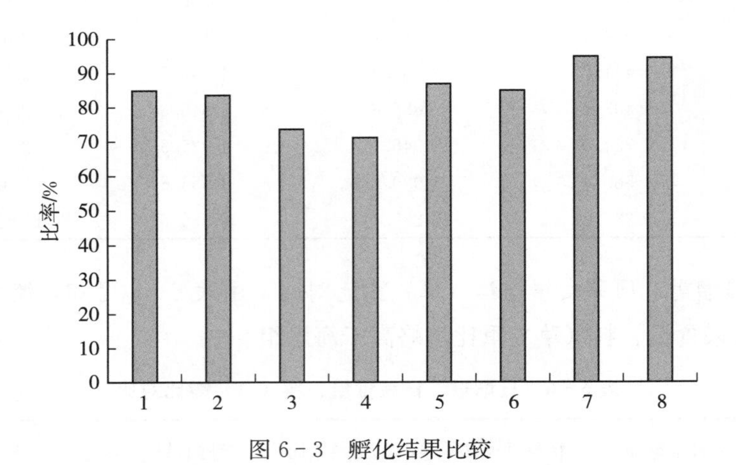

图 6－3　孵化结果比较

注：1、3、5、7 为海水组受精率、孵化率、受精蛋孵化率、健雏率，
2、4、6、8 为淡水组受精率、孵化率、受精蛋孵化率、健雏率。

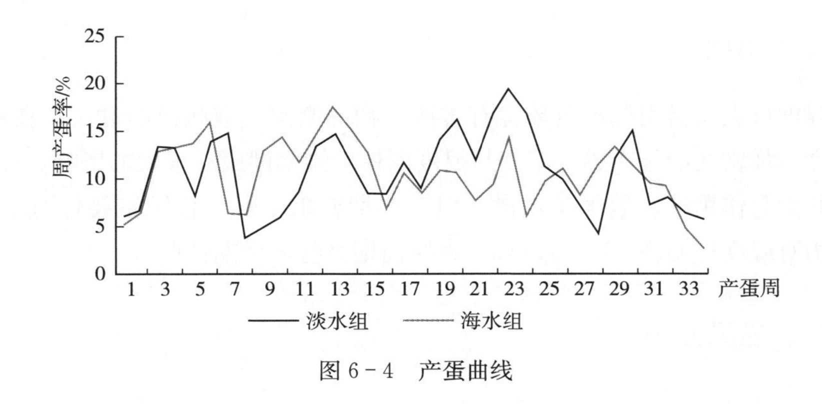

图 6-4　产蛋曲线

第二节　饲养环境管理

一、温湿度环境管理

浙东白鹅环境适应性强，对温湿度要求不高，但为了确保浙东白鹅生产性能指标的实现，尤其是规模养殖条件下，对养殖环境温湿度要进行合理控制。

（一）温度

出壳至 28 日龄称育雏期。雏鹅绒毛稀少，体温调节机能尚未完善，对外界温度的变化适应力弱，特别是对低温、高温和剧变温度的抵抗力很差。雏鹅保温随育雏季节、气候不同而不同，一般需人工保温 3～4 周。检测温度计应挂在离地面 15～20 cm 墙壁上，根据育雏室大小确定温度计的悬挂数量。

浙东白鹅雏鹅个体大，适应性较强，育雏温度要求相对不高。育雏期推荐适宜温度见表 6-8。温度掌握原则是：小群略高，大群略低；弱雏略高，强雏略低；冷天略加高，热天略降低；夜间略高，白天略低；昼夜温差不超过 2℃。

表 6-8　育雏期适宜温度推荐

日龄	育雏器温度/℃	室温/℃
1～5	28～27	15～18
6～10	26～25	15～18
11～15	24～22	15
16～20 以上	22～18	15

（二）湿度

湿度过大，易引起养殖环境有害微生物的繁殖，威胁鹅的健康；在冬季，高湿度会加剧鹅的寒冷感。湿度与温度同样对雏鹅健康有很大的影响，而且两者是共同起作用的。鹅虽是水禽，但育雏期要求干燥。育雏室要保持干燥清洁，相对湿度控制在55％～70％，育雏前期高些，后期低些。

二、通风光照

（一）通风

养鹅场环境通风条件要好。育雏舍要保持适宜的通风，但要防好贼风，人进入舍内不觉得闷气，更没刺眼、鼻的臭味为宜。

（二）光照

光照对鹅生长和生产性能发挥均有影响，调控光照可改变浙东白鹅的繁殖季节。育雏阶段适宜的光照是雏鹅采食、饮水所必需，一周内光照24 h，第2周18 h，第3周16 h，以后可自然光照。

三、饲喂饮水

（一）饮水

鹅饮水要求符合饮用水标准，日常保持饮水充足和清洁。育雏期一般雏鹅出壳后24～36 h，在育雏室内有2/3雏鹅要吃食时应进行第一次饮水。饮水的水温以25℃为宜，饮水中可用0.05％高锰酸钾（$KMnO_4$）或5％～10％葡萄糖水和含适量复合B族维生素的水。

（二）喂料

雏鹅第一次饮水后即可饲喂饲料，用雏鹅配合饲料或颗粒饲料加上切细的少量青绿饲料，其比例一般为先1∶1，后1∶2，对小群饲养而无条件的可用蒸熟的硬米饭加些许细米糠替代配合饲料或颗粒饲料。浙东白鹅育肥期每天喂料4～5次，其中晚上1～2次，放牧条件下，白天一般不另外喂料。其他时期喂料可以每天2～3次，种鹅休蛋期可每天饲喂2次，但之间应该加喂青绿饲料1～2次。

四、饲养密度控制

一般要求育雏密度1～5日龄每平方米饲养数为20～25只，6～10日龄为15～20只，11～15日龄为12～15只，16～20日龄为8～12只，20日龄后密度逐渐下降。每栏（群）以25～30只为宜。

饲养方式影响饲养密度，2015年对浙东白鹅肉鹅地面养殖与网上养殖效果比较，网上平养的密度为0.8只/m²，地面平养密度为0.25只/m²，提高2.2倍，其结果见表6-9、表6-10、表6-11、表6-12、表6-13，饲料养分利用、耗料情况及增重、屠宰性能、肉质指标均无显著变化。说明网上养殖较地面养殖可大大提高饲养密度，网上养殖还可以节约填料，减少清粪等工作量，但网上养殖要有相适应的设施和配套的管理技术，否则易发生腿病等，甚至增加死亡。

表6-9　网上、平养方式增重与耗料比较

日龄	网上平养		地面平养	
	体重/g	料重比	体重/g	料重比
初生	99.8±10.2		100.3±9.3	
7	252.2±25.7	1.60±0.04	257.6±30.4	1.55±0.17
21	1 021.9±115.1		1 021.5±128.7	
28	1 497.7±152.6	2.32±0.11	1 551.8±202.9	2.16±0.11
35	2 104.3±216.7	2.56±0.22	2 162.2±262.8	2.53±0.17
42	2 611.5 ±282.5	3.70±0.47	2 519.8±273.7	4.11±0.82
49	3 071.1±340.8	3.61±0.42	3 053.3±363.4	3.68±0.47
56	3 566.5±420.3	4.29±0.24	3 542.4±409.6	4.31±0.21
63	3 851.1±493.4	7.92±2.05	3 830.7±400.2	8.79±1.29
70	4 162.1±514.8	6.34±0.64	4 106.2±473.9	6.66±0.57

表6-10　不同饲养方式下饲料养分利用率

养分	网上平养	地面平养
CP/%	52.94±3.81	55.79±3.82
EE/%	91.56±2.88	89.31±4.32
Ca/%	16.44±9.03	17.86±7.06
P/%	43.70±2.16	45.74±3.41

表 6-11　不同饲养模式下的屠宰性能

项目	网上平养	地面平养
活重/g	4 135.42±297.84	4 094.41±425.90
屠体重/g	3 644.17±250.56	3 624.50±395.95
半净膛/g	2 622.71±196.47	2 578.38±284.40
全净膛/g	2 219.77±175.73	2 176.11±234.40
腿重/g	677.38±84.72	696.87±109.89
腿肌重/g	381.80±48.76	407.72±46.36
胸肌重/g	363.60±14.04	359.97±32.74
腹脂重/g	140.51±35.34	123.82±47.26
肠脂重/g	80.97±20.01	74.93±35.47
皮脂重/g	20.42±6.70	20.03±8.05
头重/g	160.65±16.76	164.21±22.48
翅重/g	424.88±55.21	414.88±41.67
掌重/g	125.95±16.25	119.82±10.65

表 6-12　不同饲养方式下的内脏器官发育

项目	网上平养	地面平养
心/g	28.40±3.22	29.08±3.67
肝/g	70.58±12.41	67.73±9.43
肺/g	43.03±9.20	38.21±10.18
胰/g	8.97±1.35	9.85±1.66
脾/g	3.02±1.03	2.82±1.18
肠/g	98.90±9.55	102.45±18.64
腺胃/g	13.59±2.30	14.34±2.64
肌胃/g	116.78±13.22	138.91±15.23

表 6-13　不同饲养方式下肉质指标

项目	网上平养	地面平养
L* 肉色 1 值（正值）	38.93±2.84	39.63±4.28
a* 肉色 2 值（正值）	9.69±0.52	9.49±0.76
b* 肉色 3 值（正值）	8.10±1.68	8.02±3.05
胸肌 pH	5.99±0.19	5.98±0.09
失水率/%	6.14±4.09	5.97±2.60

种鹅密度控制按照不同繁殖周期变化确定，在产蛋繁殖期饲养密度不宜过高，否则除了一般影响外，会影响产蛋，如争抢产蛋窝等问题，还影响配种，降低种蛋受精率。后备种鹅及休蛋期种鹅可以比产蛋期种鹅适当提高饲养密度。

第三节　饲养管理技术

一、育雏

（一）雏鹅的特点

雏鹅生长发育快，新陈代谢旺盛，浙东白鹅初生重 100 g 左右，到 4 周龄时体重增加近 10 倍。但雏鹅消化道容积小，肌胃收缩力弱，消化道中蛋白酶、淀粉酶等消化酶数量少、活力低，消化能力不强。雏鹅免疫机能不全，对疾病的抵抗力也较差。此外，在生长过程中，性别对生长速度影响较大，一般公雏比母雏快 5%～25%。根据雏鹅的生理特点，育雏阶段饲养管理特别重要，它直接影响雏鹅的生长发育和成活率，继而影响育成鹅的生长发育和种鹅阶段的生产性能。

（二）育雏前的准备

规模养鹅必须要有育雏室，育雏室要求光线充足，保温通风良好，并要求干燥，便于消毒清洗。育雏前 2～3 d 育雏室要进行清扫后用消毒药消毒，墙壁用 20%石灰乳涂刷，地面用 5%漂白粉悬混液喷洒消毒，密封条件好的育雏室最好进行熏蒸消毒，地面用火焰消毒器消毒。饲料盆（槽）、饮水器等用 5%热烧碱（NaOH）或 0.05%氯毒杀、消毒威或 1∶200 百毒杀等喷洒或洗涤后，用清水冲洗干净；垫料（草）等清洁、干燥、无霉变，使用前在阳光下曝晒 1～2 d。育雏前还要做好保温、育雏饲料、常用药物等准备工作，并考虑到育雏结束后育成计划和准备。进雏前育雏室要进行预温，一般冬季和北方地区要预温至 28～30℃，南方春秋季节预温至 26～28℃。

雏鹅运输温度保持在 25～30℃，运输车上覆被盖，天冷时用棉毯，但要留有通气口，运输中要经常检查雏鹅动态，防止打堆或过热引起“出汗”（绒毛发潮变湿）。

（三）育雏方式

1. 育雏方式　按育雏设备分，育雏方式有垫草平养、网上平养和笼养；也可地面平养与网上或笼养结合，饲养1～3周转入地面平养。垫草平养要保证垫料干燥清洁，垫草厚度秋春季节7～10 cm，冬季13～17 cm。小群的可放在鹅篰或竹筐内育雏。网上平养可防止鹅栏潮湿，但必须保温。笼养是大规模育雏的最佳方法，节约育雏室、劳动力，育雏效果好。

按温度来源可分为给温育雏和自温育雏两种，给温育雏就是人工提供热源，育雏效果好，劳动生产率高，适合于大群育雏和天气寒冷时采用。自温育雏就是雏鹅在有垫料的草篰、箩筐、草囤内，上覆保温物利用雏鹅自身散发的热量保温，对小群育雏具有设备简单、经济等优点。

2. 饲养季节　饲养季节与气候条件、青绿饲料供应、鹅产品季节差价等因素有关。浙东白鹅10月后进入出雏旺季，饲养后在元旦前后可以出栏，市场消费需求增加，一般价格较高，但此时雏鹅价格也高，饲养中后期天气转冷，饲草资源减少，饲养成本也较高。11月雏鹅饲养出栏正值过年，称为“年夜鹅”，养殖户希望养这一期鹅。12月至翌年2月饲养的雏鹅一般价格最低，但雏鹅价格也相应较低。3—4月养殖的雏鹅，在清明节前后出栏，称为“清明鹅”，正是当地吃鹅肉的季节，价格也较高，且这阶段气候适宜浙东白鹅生长，自然饲草资源丰富，是全年最佳养鹅季节。此后饲养的肉鹅称为“六月鹅”或“晒死鹅”，由于气温升高，鹅的生长速度受影响，饲养时间拉长，出栏体重下降，农户此时的一般养殖规模较小。

（四）饲养管理

1. 开水、开食　“开水”或称“潮口”，即雏鹅第一次饮水，“开水”方法可轻轻将雏鹅头在饮水中一按，让其饮水即可。“开水”后即可开食，开食方法可将配制好的饲料撒在塑料布上，引诱雏鹅自由吃食，也可自制长30～40 cm、宽15～20 cm、高3～5 cm的小木槽喂食，周边要插一些高15～20 cm、间距2～3 cm竹签，以防雏鹅采食时跳入槽内将饲料勾出槽外造成浪费。育雏鹅要保证充足饮水，饲料饲喂次数一般3日龄前每天喂6～8次，4～10日龄喂8次，10～20日龄喂6次，20日龄后喂4次（其中夜间1次），精饲料、青饲料配比10日龄后改为1∶3，喂时应先喂青饲料后喂精饲料。如果饲养规模不大或饲养地青饲料供应充裕，还可以加大青饲料饲喂比例，这样能降低饲料成本。

2. 保温　要根据雏鹅表现的观察，确定保温温度是否适宜，一般要求雏鹅均匀分布，活泼好动，如雏鹅集中在热源处拥挤成堆，背部绒羽潮湿（俗称“拔油毛”），并发出低微而长的鸣叫声，说明育雏温度偏低，应及时加温；如雏鹅远离热源，张口喘气，大量饮水，食欲下降，则表明温度过高，应降温。推荐的温度是对一般情况下的要求，如果育雏室湿度较低，温度也可低些，雏鹅健康状况不好，应该高些。保温热源可用坑道、水蒸气（管道）、煤或天然气热风炉、红外线或空调（电热风机）等电热源，炉子保温要防止一氧化碳中毒，红外线灯泡保温，灯泡高度应在雏鹅 7 日龄内离地面 40～50 cm，以后随日龄增加而逐步升高，一般每盏 250 W 红外线灯泡可保温雏鹅 100 只。育雏脱温时间要根据饲养季节、饲养地区、育雏室条件等确定，但原则是根据雏鹅能适应脱温后的环境温度。

3. 控湿　育雏期间应维持较低的育雏室湿度。低温高湿使雏鹅体热散发很快，觉得更冷，致使抵抗力下降而引起打堆、感冒、腹泻，造成僵鹅、残次鹅和死亡数增加，这往往又是一些疫病发生流行的诱导因素。高温高湿则使体热难以散发，雏鹅食欲下降，容易引起病原菌的大量增殖，雏鹅发病率上升。在保温的同时，一定要注意空气流通，以及时排出育雏窝内的有害气体和水汽。为防止育雏室过湿，一般要求垫料经常更换或添加，喂水切忌外溢，加强通风干燥，还可用生石灰吸湿。

4. 分栏　分栏应根据雏鹅的大小、强弱进行，有条件的进行公、母分栏。为提高育雏的整齐度，要加强弱群、小群的饲养管理。鹅是水禽，要进行放水，以提高鹅的素质，一般育雏 1 周左右可进行放水，初次放水应在浅水塘中，自由下水 2～5 min 后即赶上岸，特别是寒冷天气，要防止放水引起受冻。另外，要搞好育雏室的清洁卫生和定期消毒，同时，还要防止鼠害。育雏室保持安静，以防雏鹅应激。

5. 放牧　一般 20 d 左右雏鹅可以放牧，夏天 10 d 左右就能放牧。放牧鹅群要健康活泼，放牧要求先近后远，放牧场地平坦，嫩草丰富，环境安静。放牧时应做到迟放早归，放牧时间由短到长，开始时间在 0.5 h 左右。放牧群体以 300～600 只为宜。一般放牧 1 周后，可让雏鹅下水运动，但时间不宜过长。放牧后，白天饲料饲喂次数和数量可逐渐减少，至 1 月龄后只需晚上补饲。

（五）笼养技术

笼养育雏是规模养鹅的管理基础，具有饲养密度高，育雏质量好，便于机械化操作，劳动生产率高等优点。

1. 笼的设计　笼养育雏适宜于较大规模饲养，笼的设计也可因地制宜，就地取材。分大笼和小笼两种，大笼笼养时间为1～28日龄。一般笼的面积以200 cm×（400～500）cm为宜，每笼养鹅100～150只；小笼笼养时间为1～21日龄。一般笼的面积以60 cm×（80～100）cm为宜，每笼养鹅10～15只，14日龄后每笼养6～8只。饲养规模大的一般采用大笼育雏，可以把笼养分2个阶段，第1阶段为1～2周龄，第2阶段为3～4周龄，第2阶段笼的面积扩大60%～100%，因鹅的体重增大，笼底网的强度要加大。笼的高度因育雏日龄而定，一般30～40 cm，分2个阶段的，第2阶段高度增加到50 cm。为便于捕捉，笼的正面要做成活动的，笼的四周围栏，因鹅的跳跃能力较差，高度可在25～30 cm。笼底用1.5 cm×1.5 cm或1.2 cm×6.0 cm网眼的铁丝，也可用2 cm宽的竹条，间距1.5 cm。笼下设承粪板，笼的两边分设饮水槽和喂料槽，槽口离笼底高度根据鹅体大小调节。小笼可单层饲养，也可双层或3～4层饲养。

2. 笼养管理　笼养育雏室内必须人工保温，1周龄18～22℃，2周龄14～18℃，3～4周龄12～14℃。育雏室内保持清洁和干燥，并勤清粪。笼养育雏室保温最好用暖气管道，规模大、有条件的用小型锅炉热蒸汽或热风炉保温，使室内温度保持均匀。雏鹅3～4周龄后，个体较大，应及时下笼饲养，以防雏鹅因活动少而发生软脚病等。初下笼雏鹅的平地活动量要由小到大，不可立即外出放牧，下笼前7～10 d内一定要在日粮中补充足量的钙、磷和维生素D，钙、磷比例控制在1∶0.7为宜。

二、育成

（一）育成鹅特点

1. 生产特点　育成鹅是指4周龄以上到育肥、后备期的鹅，它的觅食力、消化力、抗病力大大提高，对外界环境的适应力很强，是肌肉、骨骼和羽毛迅速生长阶段。鹅的绝对生长速度成倍高于育雏期。此间，浙东白鹅食量大，耐粗饲，在管理上一般可以放牧为主，同时适当补饲一些精料，满足其高速生长的需求。但随着规模化养殖的发展，全舍饲方式是发展方向。为提高养鹅效益，应有合理的青绿饲料种植计划，并应根据育成期耐粗饲特点，要充分利用当地价廉物美的粗饲料，以降低养殖成本。就养鹅而言，全精料饲养是不可取的，因为这样违背了鹅的消化生理特点，既浪费精料，又增加生产成本。育成期鹅的生长发育好坏，与出栏（上市）肉鹅的体重、品质以及作为后备种鹅的质量好坏有着密切的关系，因此这一阶段的管理虽比育雏鹅简单，但仍十分重要。

2. 换羽规律　育成鹅生长过程中需要换羽。换羽与日龄、营养状况、体质、气温有密切关系。表 6－14 为羽毛发育更换一般规律，凡长羽速度较快的雏鹅，其生长速度也快，加速育成期羽毛的生长对缩短饲养期有很重要的经济意义。

表 6－14　育成鹅换羽情况

俗称	日龄	羽毛生长	体重掌握
小翻白	15	胎毛由黄翻白	约 0.5 kg
大翻白	25～30	胎毛全部翻白	约 1.25 kg
四搭毛	35～40	尾部、体侧、翼、腹部长大毛	
头顶光	50	头面换好羽毛	
斜凿头	50～55	翼羽长出似凿子状羽管	
两段头	55～60	背腰部羽毛尚未长齐	
半斧头	60～65	翼羽连续生长	
毛足肉足	65～80	已无血管毛	3.7 kg 以上

根据营养情况，70～90 日龄浙东白鹅开始羽毛长齐后的第 2 次换羽，换羽次序是臀、胸、腰、头颈和背部，而翼羽和尾羽不脱换。养殖户通常所说的“三面光”是指鹅的头颈、身体两侧、腹部三面羽毛长齐。待其背部羽毛长齐称为“附近光”。第 2 次换羽与饲养管理条件相关，浙东白鹅商品肉鹅一般在第 2 次换羽前出栏，若饲养管理不完善，导致达到出栏体重时处于第二次换羽期，屠宰时不能褪尽胴体中血管毛，严重影响屠体品质。

（二）饲养管理

1. 饲养方式　育成鹅要养得好就离不开水。因此，育成鹅舍应建在有游水场地处，鹅舍应高燥、向阳，环境安静，有一定的隔离条件，最好周边有放牧场地。育成鹅的饲养方式根据品种、规模、季节等确定，一般可分放牧、半放牧和舍饲三种。对周边放牧场地充裕或饲养规模较小的，可采用放牧方式，饲养成本低、经济效益好；同时，放牧可使鹅得到充分运动，能增强体质，提高抗病力。放牧条件限制多，具有一定饲养规模的，可采用半放牧方式，如结合种草养鹅，也能获得高的经济效益。无放牧条件或生产规模大的，采用舍饲方式，利用周边土地人工种植牧草，并按饲养规模确定种草面积、牧草品种和播种季节，做到常年供应鲜草，这种方式不受放牧场地和饲养季节等的限制，并能减少放牧时人员的劳动强度，饲养规模大，劳动力、土地利用率高，是现代化大规模养鹅的主要途径。

2. 放牧饲养　对放牧鹅，在放牧初期，一般上、下午各一次，中午赶回鹅舍休息；天热时，上午要早放早归，下午晚放晚归，中午在凉棚或树荫下休息；天冷时，则上午迟放迟归，下午早放早归，随日龄增长，慢慢延长放牧时间和放牧距离。鹅的采食高峰在早晨和傍晚，因此放牧要尽量做到早出晚归，使鹅群能尽量多食青草。放牧场地，要选择鹅喜食的优良牧草，要有清洁的水源，同时又有树荫或其他遮阴物，可供鹅遮阴或避雨。浙东白鹅的消化吸收能力很强，为保证其生长的营养需要，晚上要补喂饲料，饲料以青绿饲料为主，拌入少量精料补充料或糠麸类粗饲料。夜料在临睡前喂给，以吃饱为度。

在放牧过程中要做到“三防”：一防中暑雨淋，热天不能在烈日暴晒下长久放牧，要多饮水，防止中暑，中午在树荫下或水池边休息，或者要赶回鹅舍。50 日龄以下中鹅，遇雷雨、大雨时不能放牧，及时赶回鹅舍，因为羽毛尚未长全，易被雨淋湿而发生疾病。二防止惊群，育成鹅对外界比较敏感，放牧时将竹竿高举、雨伞打开、大声吆喝、穿红色衣服经过等突然动作，都易使鹅群不敢接近，甚至骚动逃离，发生挤压、踩踏，不要让狗及其他兽类突然接近鹅群，以防惊吓。三防中毒，不在施过农药（包括除草剂）后的草地放牧。此外，放牧时要尽量少走，不应过多驱赶鹅群，归牧时防止丢失。放牧鹅群一般以 200～500 只为宜，大群的也可在 700～1 500 只，但要有大的放牧场地，放牧人员充裕。避免在高低差距大、坑洼的场地放牧，如必须放牧的，要缓慢通过，防止鹅群受伤或弱小鹅只丢失。

3. 舍饲管理　对于舍饲的育成鹅，周边如没有青绿饲料来源的，建议实行种草养鹅。舍饲时要注意游水塘水的清洁，勤换鹅舍垫草，勤清扫运动场。饲料和饮水槽盆数量充足，防止弱的个体吃不到料，影响生长，拉大体重差异。舍饲的每群育成鹅数量以100～200只为宜，大规模可在300～500只，小规模控制在50～100只。舍饲的育成鹅饲料以青绿饲料为主，添加部分粗饲料和精饲料补充料。为防止青绿饲料浪费，喂前应切碎，最好与精、粗饲料混合饲喂（夏季一次饲喂时间不能过长，以防饲料酸腐）。舍饲关养而缺少运动，特别要注意在饲料中保证蛋白质的营养和钙、磷比例合理，饲料中可以添加微生态制剂，改善消化道功能。运动场内必须堆放沙砾，以防消化不良。鹅的消化速度快，为促进生长，饲喂次数一定要多，一般日喂3～4次，夜间1次。如青、精饲料分喂，青饲料饲喂次数还可增加。有条件的应尽量扩大运动场面积。

4. 育成指标　育成期饲养管理好坏，要看鹅的育成率和生长发育情况。一般要求浙东白鹅的育成率达到90%以上，70日龄平均体重要求在4 000 g以上（高温季节在3 800 g以上）。同时，育成期羽毛生长情况也是十分重要的，要检查鹅是否在品种特性所定的日龄内达到正常的换羽和羽毛生长要求，在正常出栏日龄时羽毛生长不全或提前换羽，将影响鹅的屠体品质。达不到育成指标的应及时调整饲养管理方式和饲料配比、结构。

（三）育肥

1. 育肥方法　育成鹅在60～70日龄，从中选出留种鹅进入种鹅后备期饲养，其余的鹅应进行育肥。以半放牧或舍养方式为主的，育肥日龄可提早到40～50日龄，60～65日龄就能出栏。育成鹅通过育肥既可加快育成后期生长速度，又可保证肉鹅的出栏膘情、屠宰率和肉质，是饲养肉鹅经济效益的最后保证。育肥期一般10～14 d。育肥过迟，绝对增重下降，同时出现1次小换羽，影响饲料利用率，屠体质量也会下降；育肥过早，鹅处于发育阶段，育肥效果差，饲料利用率低，出栏时羽毛没有长齐。育肥方法，以舍饲、自由采食为多，因此饲料要供应充足，不要出现抢食现象，造成鹅群大小不齐。育肥一般日喂3次，夜间喂1次。喂富含碳水化合物的谷类为主，加一些蛋白质饲料，也可使用配合饲料与青绿饲料混喂，育肥后期改为先喂精饲料，后喂青绿饲料。如育肥效果不满意，要增加饲粮中精饲料比例。

2. 育肥管理　育肥期要限制鹅的活动，育肥期一般不进行放牧，控制光照与保证安静，减少对鹅的刺激，让其尽量多休息，使体内脂肪迅速沉淀，供给充足饮水，增进食欲，帮助消化。要保持场地、饲槽和饮水器的清洁卫生，定期消毒，防止疾病发生。对于有特殊生产要求的鹅，如肥肝生产、烧鹅生产，还要根据肥肝、烧鹅生产的要求进行填饲等强化育肥。

三、种鹅生产

（一）后备鹅

1. 选留季节　在60～70日龄的育成鹅群中选留后备鹅。选留种鹅时还应注意公、母鹅性成熟期的匹配，公鹅选留可以比母鹅早1～2周。

浙东白鹅的繁殖生理特点有明显的季节性，传统生产的后备鹅应在3月上中旬选留，目前多从“早春鹅”和“清明鹅”中选种，至夏季休蛋期（6月）前产下头窝蛋，头窝蛋因个体小、发育不全，不能作种蛋，而此时的雏鹅价格也为最低。休蛋期过后，到下半年产“白露蛋”时，就可继续产蛋作种用，至9—10月产的种蛋已基本达到孵化要求，此时的雏鹅价最高。这样使种鹅当年就可利用，因此，这个留种方法的经济效益最佳。如采用繁殖季节调控的，留种季节可以按照生产计划确定。

2. 饲养　后备鹅仍处于生长发育期，为提高其今后的种用价值，必须加强管理，既保证后备种鹅的正常发育，又要防止育肥或造成性成熟过早，影响成年体重和产蛋能力。

后备鹅为保证其正常的生长发育，不宜过早粗饲，对放牧的鹅应每日补喂精料2～3次，补饲的精饲料、青绿饲料比例以1∶2为宜。产下头窝蛋后开始转入“粗饲”（限制饲养），在“粗饲”期间促使种鹅骨架的继续生长，并控制性成熟期，做到开产时间一致。对放牧的鹅群应吃足青绿饲料，一般不喂精料。舍饲的鹅群也以青绿饲料为主，适当添加以糠麸饲料为主的粗饲料和其他必需的微量营养成分。后备鹅在正式开产前30 d左右应开始加料，数量由少增多，在产蛋前7 d加喂到产蛋期的饲料量。

3. 管理　在后备鹅管理上先要做好调教合群工作，便于今后管理。根据饲养要求，可采用公、母分开或混合饲养方式。对舍饲的鹅群要有适当的运动场面积，保证其一定的运动量，保持体格的健壮和避免活动不足引起的脂肪沉积，影响繁殖性能发挥。限制饲养期间应按免疫程序进行免疫接种和体内外寄生虫的驱除工作。同时，为促使换羽保证今后产蛋一致，在后阶段可进行人工拔羽而强制换羽。后备鹅接近产蛋期时要求全身羽毛紧贴，光泽鲜明，尤其是颈羽显得光滑紧凑，尾羽和背羽整齐、平伸，后腹下垂，耻骨开张达3指以上，肛门平整呈菊花状，行动迟缓，食欲旺盛。公鹅达到品种的成熟体重要求，外表灵活，精力充沛，性欲旺盛。在开产前还应准备好种鹅产蛋窝，对新母鹅的产蛋窝内还应放些“样蛋”，以防开产后母鹅到处乱生蛋，引起种蛋污染和破损。

（二）产蛋鹅

1. 饲养　产蛋期种鹅饲养是关键，决定产蛋量和种蛋品质。产蛋鹅饲养一般以舍饲为主，有条件的还可进行适度放牧。产蛋期饲喂次数一般每日3次，产蛋高峰期可在晚上补喂1次。产蛋种鹅营养必须保持充足供应，并保持日粮配方的基本稳定。一般日精料饲喂量视鹅群产蛋率及营养状况为120～220g，运动场中堆放沙砾和贝壳，精料中注意蛋白质补充，最好能添加0.1%蛋氨酸，同时要确保青绿饲料的满足供应。精饲料补充要满足产蛋鹅营养需要，一是察看产蛋前种鹅的营养状况，体重过小的比常规补料量要多，体重超过的则相应减少；二是看种鹅的行为状况，采食欲望较强的，排出的鹅粪粗大、松软呈条状，表面有光泽，表明营养和消化正常，补料比较合理，采食欲望不强，鹅粪细小、发黑，有黏性，表明精饲料补充过多，需要适当减量，并增加青绿饲料喂量；三是在产蛋期间，畸形蛋增加、蛋重下降，说明精饲料不足，并增加精饲料补充料中的蛋白质含量。母鹅营养不良或新开产会发生脱肛现象，应及时抓出，单独饲养，并进行治疗。种公鹅在配种期间的饲料要增加蛋白质营养，要喂足精料和青绿饲料，有条件的应单独饲养，并加强种公鹅的运动，防止过肥，保持强健的配种体况。浙江省象山县民间为使公鹅在母鹅开产前有充沛的精力配种，在配种前10d左右和配种期间加喂生地（300～500g）和荔枝或桂圆干若干枚，以补阴养精，提高受精率。

2. 管理　产蛋前期在管理上要及时查看产蛋情况，注意产蛋量的上升情况，而按繁殖要求确定配种方案，保证种蛋的受精率，对所产种蛋应及时收集、除污、消毒和贮存，特别对个别母鹅在产蛋窝外产蛋的，要立即捡走种蛋，并消除产蛋环境，否则不便于管理和种蛋质量的保证。种鹅舍保持清洁、卫生、干燥。产蛋窝填草柔软干燥，发现赖抱母鹅占窝要随时移出。在上午产蛋期间，尽量保持环境安静。种鹅饲养中要注重光照控制，以促进产蛋、减少就巢性，从10月以后，可在鹅舍（非露天关养的鹅群）适当开灯补充光照，在达到12h后保持稳定，这能提高部分产蛋率。浙东白鹅有就巢性，要加强母鹅恋巢期的管理，对自然孵化的母鹅在孵化结束后，进行自由采食，任其吃饱尽快恢复体质，为产下一窝蛋打下基础。如不进行自然孵化的就要采取醒抱措施。人工醒抱就是把就巢母鹅在产蛋窝或就巢窝里移出，放在有水的光线充足处关养，还可进行断水断料（气温高时不可断水），以促进醒抱。另外，可用醒抱灵等药物醒抱，但使用药物醒抱时，一定要在刚出现就巢性时马上进行，否则影响醒抱效果。公、母分开饲养的，要加强公鹅饲养管理，并设定固定的配种时间，以保持其旺盛的性欲，提高种蛋受精率。公、母混养的也应采用人工辅助配种等方式增加配种机会。对产蛋期采取放牧的，要求母鹅产蛋尽量集中，并在产蛋结束，上午10时后进行放牧，放牧场地应离鹅舍较近且比较平坦，放牧时因母鹅行动迟缓，应慢慢驱赶，尤其是上下坡时，更应防止跌伤。鹅抗寒性能好，种鹅在南方地区可露天关养；而北方地区，因冬季气温过低，需要进行保温，为节约成本，可搭塑料暖棚关养，有条件的，在晚上暖棚内可适当加温。

（三）繁殖季节调控

1. 饲养　浙东白鹅繁殖季节调控，进行全年产蛋，需要人工调节光照，饲养管理措施要与光照处理模式适应。在自然生产情况下，浙东白鹅于4—6月停产，再于9月开产，其休蛋期约为2个半月，鹅群在一年中完全没有蛋的时间一般为55～65d，因此如果要使种鹅在4月上旬或3月开产，一般按2个月的休蛋期计算，应该使鹅在3月上旬或1月中下旬停产。再按照鹅还必须接受30～40d的长光照处理才能停产，因此最早的处理必须于1月中旬开始甚至更早地于12月上中旬开始。鹅在接受长光照时，可能会表现出产蛋率升得很高的现象。同时，还会表现出减少采食量的现象，由于鹅在此时产蛋高而采食量低，会出现软脚问题，甚至完全不采食而死亡。因此，这一时期需要喂营养价值高一些的饲料，在光照处理后一开始就要提高日粮的能量蛋白质水平，以防止这一问题的发生。在鹅出现软脚问题时，需要将其隔离，白天多晒太阳，并可注射维丁胶性钙，增加钙的吸收利用。如软脚问题与病原有关，还要进行治疗。在鹅接受长光照处理后约30d，鹅会开始脱掉小毛，到光照处理后第30～35 d（从开始开灯处理算起的第30或35天），此时也已经开始停蛋。于光照处理后35～40 d，可以拔去公鹅大毛（主副翼羽和尾羽）。母鹅在长光照处理后35～40 d基本处于停产状态，每天只有很少一些鹅蛋产出。但在长光照处理50 d左右，又会表现出大规模脱掉小毛的现象，应该继续长光照使这些小毛继续脱掉。然后，在长光照处理后55～60 d（比公鹅晚20～25 d），拔掉母鹅的大毛。此时母鹅的饲料供应控制在每天125～140 g稻谷（有青草可以减少饲料或稻谷用量），以推迟其大毛生长或使鹅群羽毛生长更为集中一致，从而使母鹅不要过早产蛋，使母鹅的产蛋与公鹅的生殖活动恢复同步，减少无精蛋发生。当母鹅开产后，应该给予营养价值较高的饲料，提高鹅饲料中的蛋白含量；或者鹅群见蛋时，提高日粮中能量蛋白质水平，然后随着产蛋量的上升，在每天产蛋率达到20%以上时，可以继续提高日粮中能量蛋白质水平。每隔5 d，添加一些多种维生素。但在产蛋高峰以后，要相应降低能量蛋白质水平。6月天气炎热时，产蛋母鹅容易发病，应多喂多种维生素等抗热应激添加剂。密切注意鹅群健康状况，一旦发现有发病现象，立即予以针对性治疗。

2. 管理

（1）公、母鹅分开管理　在长光照开始处理后55～60 d，开始将公、母鹅分开，把公鹅的光照时间缩短为每天13 h，即晚上7时关灯，早晨就不用开灯了（假定早晨6时天亮）。而此时母鹅的光照时间仍然维持在每天18 h，再过4周或30 d左右，把母鹅的光照时间也缩短为每天13 h（与公鹅的一样），并使公、母鹅混合在同一群体。此时稍稍增加一些饲料（每天150 g），预计再过3周左右母鹅即可开产。开产时种蛋的受精率达到30%以上，再过几天可以达到80%。夏季产蛋，要在运动场上架遮阳膜，同时保持良好通风，降低炎热的不良影响。

（2）公、母鹅集中管理　如果母鹅拔毛比公鹅晚25 d，可以一直使用长光照，即将长光照处理一直进行到第75～80天，此后缩短光照可以每3 d缩短1 h（每隔3 d从原来的晚上12时关灯改为提前1 h关灯）。预计再过3周左右母鹅即可开产。这样做的好处是不需要分开公、母鹅，但可能鹅蛋的受精率会受一定影响。产完蛋的抱窝鹅，其光照处理与产蛋鹅一样，白天放出鹅舍外，夜间同样需要关进鹅舍内缩短光照，这样可以持续保持和促进其生殖器官处于发育状态，使其可以尽快进入下一轮产蛋高峰。

（四）休蛋鹅

1. 换羽　鹅每年都有休蛋期，一般种鹅在5—6月后，开始进入休蛋期。进入休蛋期，种鹅群产蛋率和种蛋品质下降，母鹅羽毛逐渐干枯开始脱落，体重下降。种公鹅生殖器官萎缩、配种能力下降、体重减轻，也出现换羽现象。

当种鹅休蛋并开始换羽时，为便于鹅群的一致性和提早产蛋，可采用强制拔羽的办法，达到统一换羽的目的。拔羽一般先拔主翼羽、副翼羽，后拔尾羽，并可拔去腋下绒羽（绒羽的经济价值较高，可以利用，不容忽视）。拔羽一般公鹅要比母鹅提前10～20 d，拔羽应在温暖的晴天进行，拔羽前后要加强营养和管理，并在饲料中添加抗生素、抗应激和防出血药物，拔羽后当天不能下水，以防毛孔感染。强制换羽后一般鹅群产蛋整齐，并能提早产蛋，增加产蛋量。

2. 饲养管理　休蛋种鹅可进行放牧，舍饲的也以喂青绿饲料为主，适量添加一些糠麸类粗饲料。休蛋期饲喂次数每天1～2次。有条件的在休蛋期可自然放牧，不再补饲。至母鹅产蛋前30～40 d开始加料，饲料数量和质量由少增多、增高，至产蛋前7 d达到产蛋料水平。公鹅加料应比母鹅提前15 d，以确保配种能力。

第七章
浙东白鹅疾病防治

一、病毒性疾病

（一）小鹅瘟

小鹅瘟又称鹅细小病毒病，是由鹅细小病毒（Goose parvovirus，GPV）引起的鹅的一种急性、高度接触性、败血性传染病，主要侵害出壳后4～20日龄的雏鹅和雏番鸭，本病的特征性病变是小肠空肠和回肠部分呈急性卡他性、纤维素性坏死性肠炎。根据调查分析，该病流行广，传播快，危害严重，10日龄以内雏鹅发病后，死亡率可达100%。近些年该病已经给部分饲养户造成较为严重的经济损失，是危害养鹅业的最主要疫病之一。

1. 病原特性　小鹅瘟病原属细小病毒科细小病毒属鹅细小病毒。该病毒主要存在于鹅的脑、肝、脾、肾、肠和血液中，对酸、碱、温度及外界环境有较强的抵抗力。本病毒在－30℃下能存活两年以上，加热至56℃能耐受3h。

2. 流行特点　鹅细小病毒在自然条件下仅在雏鹅中发生，最早1～4日龄开始发病，数日内波及全群。主要侵害3～20日龄的雏鹅，日龄越小越易发病，死亡率一般为40%～100%；20日龄以上发病率低，1月龄以上雏鹅较少发病。随着日龄的增长，易感性下降。发病率和死亡率在很大程度上与当年种鹅的免疫状态有关。白鹅、灰鹅、雁鹅、狮头鹅等不同品种的鹅对该病的易感性相似。病雏鹅、带毒鹅及带毒种蛋是本病的主要传染源。病毒通过污染的饲料、饮水、用具和环境通过消化道感染而发病，也可经污染了的种蛋而感染。

3. 临床症状　本病潜伏期一般为3～4d，临床症状可分为最急性型、急性型和亚急性型。

（1）最急性型　最急性型通常发生在1周龄内的雏鹅，常无临床症状突然死亡，或发现精神委顿后数小时死亡。此型传播迅速，数小时内波及全群，致死率高达95%～100%。

（2）急性型　5～15日龄内所发生的大多数病例为急性型，开始精神尚好，但饮食不振，食管膨大部柔软，含有大量的液体和气体；喙端和蹼发绀，鼻孔有浆液性分泌物，周围污秽不洁；排含气泡的水样粪便。病鹅离群站立，不食不饮，临死前出现神经症状，颈部扭转，两腿麻痹，全身抽搐；病程0.5～2 d。15日龄以上雏鹅病程稍长，一部分能转为亚急性，症状以精神委顿、消瘦和腹泻为主，少数能幸存，但此后有一段时期生长发育不良。

（3）亚急性型　多发生于流行后期孵化出的雏鹅或15日龄以上的雏鹅。表现为不愿走动，减食或不食，腹泻，症状较轻，病程也较长，可延续一周以上，少数病例可自然康复，但生长发育严重受阻。

4. 病理变化　最急性的病理变化不明显，可见十二指肠黏膜肿胀，有淡黄色的黏液，有的病例黏膜出血。胆囊充盈，胆汁稀薄。急性型病程2d以上的，出现典型的肠道病变。小肠黏膜发炎、坏死和有大量的渗出物，肠腔中有脱落的假膜；小肠的中下段，尤其是靠近卵黄柄和回盲部的肠段，体积极度膨大，比正常的肠段大2～3倍，质地坚硬，形似香肠，俗称“腊肠样特征性病变”，这也是小鹅瘟的特征性病变。肠中有灰白色或淡黄色的栓子，将肠腔完全堵塞，栓子干涸，中心有褐色的肠内容物，外层为坏死的肠黏膜组织和纤维素性渗出物构成的凝固物，这也是小鹅瘟的特征性病变。肝脏肿大，呈紫色或黄白色；脾脏和胰脏充血，偶尔出现灰白色的坏死点。亚急性病例肠道变化更为明显，肝脏肿大，呈深红色或黄红色，脾脏和胰脏肿大充血。

5. 诊断要点　根据临床症状和病理变化，肠道卡他性炎症及纤维素性坏死性炎症（腊肠样特征性病变）有助于临床诊断，可初步做出诊断。确诊需采病雏的肝、脾做病原分离鉴定（如PCR检测）和特异性抗体的血清学检测（包括中和试验、琼扩试验和ELISA试验等），尤其是初次发生本病的地区更应这样做。

鉴别诊断：本病注意与禽副伤寒相区别，禽副伤寒发病在5～10日龄死亡率最高，肠腔内有凝固物，但不能形成栓塞；而小鹅瘟肠腔中的栓子具有特征性病变。

6. 防治措施　本病应主要以预防为主，环境消毒和孵化器的消毒是防止本病传播的有效方法，做好孵化场、育雏舍及器具等的消毒，种蛋入孵前应用福尔马林熏蒸消毒。对种鹅注射小鹅瘟疫苗是预防本病最经济、最有效的方法，在种鹅产蛋前 1 个月左右连用 2 次小鹅瘟疫苗，一个月后所产的种蛋孵化出的鹅雏具有坚强的免疫力。本病无有效的治疗药物，抗小鹅瘟血清可用于治疗和预防本病，预防每只皮下注射 0.5 mL，保护率可达 90%。病鹅治疗时，15 日龄以下每只注射 1 mL；15 日龄以上每只注射 2 mL，隔日再注射 1 次，治愈率可达 70%～85%；也可用高免蛋黄注射液进行紧急防治。在治疗过程中，肠道往往发生其他细菌感染，故在使用血清进行治疗时，可适当配合使用其他广谱抗生素、电解质、维生素 C、维生素 K_3 等药物，以辅助治疗，可获得良好的效果。

（二）鹅副黏病毒病

鹅副黏病毒病是由副黏病毒引起的一种具有高度发病率和死亡率的传染病。鹅副黏病毒病的发病率和死亡率均较高，临床上表现以腹泻为主要特征，严重危害养鹅业的健康发展。

1. 病原特性　本病的病原属于副黏病毒科禽副黏病毒Ⅰ型，病毒形态多样，有囊膜，囊膜上有纤微突。病毒可在 10 日龄鸡胚、鹅胚中增殖，并在 2～3 d 内致禽胚死亡。

2. 流行特点　本病流行没有明显季节性，一年四季都可发病，一般潜伏期 3～5 d。各种品种鹅都易感，但日龄越小发病率和死亡率越高。发病最小日龄仅为 3 日龄，最大 300 余日龄。发病率为 16%～32%，其中 15 日龄以内雏鹅的发病和死亡率可达 100%。随日龄增长，发病率和死亡率均呈下降趋势。

3. 临床症状　病程一般 2～5 d，发病初期排灰白色稀粪，随病情加重粪便呈水样稀便，带暗红、黄色、绿色或墨绿色。患鹅精神委顿，蹲地少动，有的时时单脚提起，或随水流漂游，少食或拒食，体重迅速减轻，饮水增加。后期部分患鹅出现扭颈、转圈、仰头等神经症状。10 日龄左右病鹅有甩头、咳嗽等症状。未死的雏鹅，一般发病后 6～7 d 开始好转，9～10 d 康复。

4. 剖检变化　从食管末端至泄殖腔的整个消化道黏膜都有不同程度的充血、出血和坏死等病变。肠黏膜纤维性坏死。十二指肠、空肠、回肠、结肠黏膜有散在性或弥漫性大小不一、淡黄色或灰白色的纤维素性结痂，剥离后呈现出血或溃疡面；盲肠扁桃体肿胀、出血，盲肠黏膜出血或有纤维素性结痂；肝脏肿大，淤血，质地较硬，有芝麻至黄豆大小、数量不等的坏死灶；脾脏肿大，淤血，有芝麻大或绿豆大的坏死灶；胰脏肿大，有灰白色坏死灶；脑充血、淤血；心肌变性；气管环出血，整个肺脏出血，肺部有针尖或粟粒大甚至黄豆粒大的淡黄色结节。部分病例腺胃及肌胃充血，出血；皮肤淤血。

5. 诊断要点　根据流行病学、临床症状和病理变化，可初步诊断为本病。确诊需要进行病毒的分离鉴定（如 PCR）和血清学检测（如 ELISA）。当雏鹅发病后常被误诊为小鹅瘟，应用各种抗生素、磺胺类药物以及抗小鹅瘟血清预防和治疗均无效，应注意与小鹅瘟的鉴别诊断。

6. 防治措施　一般不要从疫区引进雏鹅，切实做好引种鹅群的隔离消毒工作。产蛋前 2 周对种鹅肌内注射鹅副黏病毒油乳剂灭活苗，使鹅群产蛋期具有免疫力；当雏鹅 15～20 日龄时进行鹅副黏病毒油乳剂灭活苗接种，每只肌内注射 0.3 mL。商品鹅雏鹅 7～9 日龄，进行免疫接种，免疫期达 2 个月。对发病鹅做好紧急隔离工作，首先对健康鹅免疫注射鹅副黏病毒的高免血清，凡发病鹅每只皮下注射 0.8～1 mL；然后再免疫假定健康鹅，同时适当使用抗生素以防止继发感染。严格卫生消毒，对养鹅场、用具等定期用含氯消毒剂进行消毒，以杜绝传染。同时鹅群必须与鸡群分开饲养，不准混养，避免相互传染。

（三）禽流感

禽流感（禽流行性感冒），是由 A 型流感病毒引起的高度接触性烈性传染病，主要感染各种家禽和多种野鸟。该病又叫真性鸡瘟、欧洲鸡瘟，给世界许多国家养禽业造成了巨大经济损失。该病对鸡和火鸡危害最大，水禽常呈隐性感染，但近年来造成发病死亡的报道增多。

1. 病原特性　禽流感病毒属正黏病毒科 A 型流感病毒。A 型流感病毒可感染禽、人、猪、马。由于 H、N 抗原不同，病毒的血清型众多，且各血清型间的交叉保护力较弱。禽流感病毒对外界抵抗力较弱，不耐热，对常用的消毒药敏感。

2. 流行病学　鹅流感一年四季都有可能发生，以冬春季最常见。一般为隐性感染，但高致病力毒株对各日龄和各品种的鹅具有高度的发病率和致病性。天气变化大、相对湿度高时发病率较高。各龄期的鹅都会感染，尤以 1～2 月龄的仔鹅最易感病。发病时鹅群中先有几只出现症状，1～2 d 后波及全群，病程 3～15 d。本病既可水平传播，又可垂直传播。患鹅的排泄物及被污染的水源、饲料、用具及环境都是重要的传染源。

3. 临床症状　患鹅体温升高，食欲减退或废绝，仅饮水，腹泻，离群，羽毛松乱，呼吸困难，眼眶湿润；下痢，排绿色粪便，出现跛行、扭颈等神经症状；干脚脱水，头冠部、颈部明显肿胀，眼睑、结膜充血出血（又叫红眼病），舌头出血。育成期鹅和种鹅也会感染，但其危害性要小一些，病鹅生长停滞，精神不振，嗜睡，肿头，眼眶湿润，眼睑充血或高度水肿向外突出呈金鱼眼样子，病程长的仅表现出单侧或双侧眼睑结膜混浊，不能康复。发病的种鹅产蛋率、受精率均急剧下降，畸形蛋增多。患鹅病程不一，雏鹅一般 2～4 d，成年鹅为 4～9 d，母鹅在发病后 2～5 d 内停止产蛋，鹅群绝蛋。未死的鹅一般要在 1 月后才能恢复产蛋。

4. 病理变化　体内脑、肺、消化道、胸腺、脾脏、肝脏、肾脏、胰腺、法氏囊、卵巢等实质器官充血或出血，其中脑组织出血最为严重。毛孔充血、出血，全身皮下和脂肪出血，头肿大的病例颈部皮下水肿，眼结膜出血，颈上部皮肤和肌肉出血。心、肝、肾等有时出现坏死点。

5. 诊断要点　依据本病的流行病学、临床症状（红眼等典型症状）、剖检病变等仅可作出初步诊断。确诊必须依据实验室诊断，进行病毒分离、鉴定和血清学检查。琼扩试验多用于未接种禽流感疫苗鹅群的血清学调查。ELISA、RT - PCR 等也可用于本病的诊断，也可作血凝试验（HA）、血凝抑制试验（HI）、琼扩试验（AGP）。

6. 防治措施　平时要加强饲养管理，减少应激刺激（低温、潮湿、饲养密度等），增强鹅体抵抗力，鹅舍及周围环境要定期消毒，最好对鹅群进行带禽消毒，保持清洁卫生。水上运动场以流动水最好。水塘、场地可用生石灰消毒，平时隔 15 d 消毒 1 次，有疫情时隔 3 d 消毒 1 次；用具、孵化设备可用福尔马林熏蒸消毒或百毒杀喷雾消毒；产蛋房的垫料要常换、消毒。禁止从疫区引种，从源头上控制本病的发生。正常的引种要做好隔离检疫工作，最好对引进的种鹅群抽血，做血清学检查，淘汰阳性个体；无条件的也要对引进的种鹅隔离观察 5～7 d，淘汰盲眼、红眼、精神不振、步态不正常、排绿色粪便的个体。鹅群接种禽流感灭活疫苗。种鹅群每年春秋季各接种 1 次，每次每只接种 2～3 mL；仔鹅 10～15 日龄每只首免接种 0.5 mL，25～30 日龄每只再接种 1～2 mL，可取得良好的效果。避免鹅、鸭、鸡混养和串栏。禽流感有种间传

播的可能性，应引起注意。一旦受到疫情威胁或发现可疑病例立刻采取有效措施防止扩散，包括及时准确诊断病例、隔离、封锁、销毁、消毒、紧急接种、预防投药等。

（四）鹅的鸭瘟病

鹅鸭瘟病是由鸭瘟病毒感染鹅的一种传染病，主要发生在小鹅群中，以传染快，死亡率高，眼和泄殖腔出血及腹泻粪为其特征。本病常呈周期性暴发，发病率和死亡率较高，是严重危害水禽（鸭、鹅）业的病毒性传染病。

1. 病原特性　鸭瘟病毒属于疱疹病毒Ⅰ型，呈球形，大小约100 nm，病毒存在于患鹅的各个内脏器官、血液、分泌物及排泄物中，其中肝与脾的病毒含量最高。病毒无血凝活性，对外界因素（热、干燥等）抵抗力较强，对消毒药较为敏感。病毒只有一个血清型，但不同毒株的致病性有所差异。病毒可在9～14日龄鸭胚的绒毛尿囊膜上生长增殖，并在7～9 d时致鸭胚死亡。病毒也可在鸡胚、鸭胚和鹅胚成纤维细胞上增殖，并产生细胞病变。

2. 流行特点　60日龄以下的鹅群一年四季均可发生鹅鸭瘟病，但以春夏和秋季发生最多且严重，传播快而流行广，发病率高达95%以上，小鹅死亡率高达70%～80%。60日龄以上大鹅也有发生，产蛋母鹅群的发病率和死亡率均可高达80%～90%。鸭瘟的传染源主要是病鸭或病鹅，潜伏期带毒鸭、鹅及病愈后不久的带毒鸭、鹅。被病鸭、鹅污染的饲料、水源、用具、运输工具及周围环境都可能造成疾病的传播。此外，某些感染或带毒的野生水禽和飞鸟也可能成为传染源或传播媒介。某些吸血昆虫也可能传播本病。在低洼潮湿和水网地带及河川下游放牧饲养的鹅群，最容易发生鹅鸭瘟病。该病常呈地方性流行，发病至死亡过程一般为2～7 d。消化道感染是鸭瘟的主要传染途径，也可通过呼吸道、交配和眼结膜感染。人工感染可通过口服、滴鼻、泄殖腔接种、静脉注射、肌内注射等途径，都可引起健康鸭、鹅发病。鸭瘟一年四季都可以发生，在鸭、鹅群饲养密度高、流动频繁的春夏之际和秋季流行最为严重。

3. 临床症状　本病的潜伏期是3～4 d，发病初期，病鹅表现精神不振，体温升高，羽毛粗乱。食欲不振甚至不采食饲料。严重者趴地不起，不愿下水，强行驱赶时，病鹅步态蹒跚。站立不稳，甚至倒地不起而死亡。病鹅排黄白色、乳白色或黄绿色黏稠稀粪，眼流泪，眼睑发生水肿。病鹅眼结膜出血或充血，有的病鹅在死亡后其眼周围有出血斑迹。头颌水肿出血，病鹅头部及颌部皮下水肿。临死时前全身震颤。泄殖腔黏膜出血或充血和水肿。有些病鹅的眼鼻和口角均有出血。一般发病后2～5 d死亡，有的可持续1周以上。

4. 病理变化　病鹅呈现败血症病变，皮下组织炎性水肿，皮下有出血点或出血斑，眼睑结膜出血。口腔、食管及泄殖腔黏膜坏死，形成灰黄色或褐色假膜，剥离后可见出血斑或溃疡。十二指肠和直肠严重出血，泄殖腔黏膜出血。肝脏上有大小不等的灰黄色坏死点，有些坏死点中间还有出血点或出血斑。心包膜、口腔、食管和腺胃黏膜上有出血点。法氏囊黏膜充血，囊腔内充满白色的凝固渗出物或血凝块。

5. 诊断要点　根据其流行病学特点、临床症状和剖检病理变化即可初步确诊此病。病毒的分离鉴定和血清中和试验可做出确诊。

6. 防治措施

（1）隔离消毒　平常严格禁止健鹅与发生鸭瘟或鹅鸭瘟的病群接触。发生鹅鸭瘟后，应立即隔离和严格消毒，一般可采用10％～20％的石灰水或5％漂白粉水溶液消毒鹅舍、运动场及其他用具。暂停引进新鹅，待病鹅痊愈并彻底消毒后，才能引进新鹅群。

（2）免疫接种　平时可用鸭瘟疫苗对鹅群进行免疫接种，有良好的免疫预防效果。在疫区周围或附近地带，可用鸭瘟疫苗作紧急接种，肌内注射剂量为：15日龄以上的鹅用鸭瘟疫苗10～15羽份/只，15～30日龄用20～25羽份/只，30日龄以上至成龄鹅用25～30羽份/只。

（3）治疗方法　每只病鹅用板蓝根注射液1～4 mL，维生素C注射液1～3 mL，或用地塞米松注射液1～2 mL，1次肌内注射。每天1～2次，连用3～5 d。每只病鹅用聚肌细胞注射液5～10 mL，1次肌内注射。每天注射1次，连用2～3 d。为预防混合感染，在病鹅群中可用适量恩诺沙星拌料后口服，连喂2～3 d。

二、细菌性疾病

（一）禽巴氏杆菌病

鹅巴氏杆菌病是由多杀性巴氏杆菌引起的接触性传染病。可引起鹅的急性败血症及组织器官出血性炎症，并常伴有严重的下痢，故又称禽霍乱、禽出血性败血症、摇头瘟等。该病流行于世界各地，无明显的季节性，一年四季均可发生。该病发生后，不仅同种畜禽，而且不同种的畜禽间也可互相传染。可通过污染的饮水、饲料、用具等经消化道或呼吸道以及损伤的皮肤黏膜等传染，是危害养鹅业的一种严重的传染病。

1. 病原特性　本病的病原是禽源多杀性巴氏杆菌。病菌在干燥空气中2～3 d死亡，在高温下立即死亡，但在腐败尸体中可生存1～3个月，埋在土壤中可以生存5个月之久，在厩肥中至少也能存活1个月。本菌对一般消毒药的抵抗力不强，对青霉素、链霉素、土霉素及磺胺类药物等较敏感。在急性病例，很容易从病禽的血液、肝、脾等器官中分离到病原菌。慢性病例可从咽喉部进行接种分离。

2. 流行特点　本病流行的季节性不强，不同年龄的鹅均可发病。各种家禽（包括鸡、鹅、鸽、鹌鹑等）、野禽（野鸭、天鹅、海鸥等）都能感染本病，其中鸡、鸭、鹅最为易感，发病率最高。本病的发生常为散发性，多为急性发病。病鹅和带菌鹅以及其他病禽是本病的主要传染源。健康鹅直接接触病禽或接触经病禽污染的饲料、饮水、器械、环境等，经消化道或呼吸道而感染，有时也可通过损伤的皮肤而引起感染。此外，在不良应激条件下，如天气突变、饲养密度过大、通风不良、环境卫生条件恶劣、鹅群嬉戏的水塘水质严重污染，以及营养不良，长途运输等，可促使本病的暴发。狗、猫、飞禽（麻雀和鸽等）及野生动物，甚至人都能够机械带菌，有些昆虫如苍蝇、蜱、螨等也是传播本病的重要媒介。

3. 临床症状　本病的潜伏期为2～9 d，典型病理变化为心脏心内、外膜出血点或出血斑，肝脏表面具有分布均匀的灰白色坏死点。根据病程长短可分为最急性、急性和慢性三种病型。

（1）最急性型　常发生在本病刚开始暴发的最初阶段，最急性病例常无任何先兆而突然倒地死亡，此种病例剖检常无特征性病变，偶见消化道有出血性变化。在本病流行过程中，最急性病例只占极少数。

（2）急性型　病鹅精神委顿，不愿下水游泳，即使下水也行动缓慢，常落于鹅群后面或离群独处，羽毛松乱，体温升高42.3～43℃，食欲减少或废绝、口渴，眼半闭或全闭，打瞌睡，缩头弯颈，尾翅下垂，口和鼻腔有浆液、黏液流出，呼吸困难，张口伸颈，常摇头，欲将蓄积在喉部的黏液排出，故群众称之为“摇头瘟”。病鹅发生剧烈腹泻，排出绿色或白色稀粪，有时混有血液，具有腥臭味。病鹅往往发生瘫痪，不能行走，患鹅的喙和蹼明显发紫，通常都在出现症状的 2～3 d 内死亡。

（3）慢性型　病程稍长的转为慢性，病鹅消瘦，有些发生关节肿胀，跛行，行走不便，行动受限或脚蹼麻痹，起立和行走很困难，时间较长则局部变硬。

4. 病理变化　病死鹅尸僵完全，皮肤发紫或皮肤上有少量散在的出血斑点。禽霍乱的特征性病变表现为心冠脂肪、心耳及心内外膜有弥漫性出血斑点，肺淤血、水肿，肝脏肿大，淤血，表面密布针尖大小灰白色坏死点。此外，腹膜、皮下组织和腹部脂肪及浆膜常有出血斑点；心包积液，呈现透明橙黄色，有的心包内混有纤维素絮片。胆囊充盈、肿大，充满绿色胆汁，多数脾脏肿大，有散在的坏死灶，胰腺亦肿大，有出血点，腺泡明显。肠道中以十二指肠的病变显著，发病严重的呈现急性卡他性肠炎或出血性肠炎，肠黏膜淤血，出血。肠内容物中含多量脱落黏膜碎片的淡红色液体。肌胃角质膜下亦有出血斑点。慢性型病例可见关节面粗糙，附着黄色的干酪样物质或红色的纤维组织，关节囊增厚，内含有暗红色、混浊的黏稠液体；局部穿刺见有暗红色液体，呈干酪样坏死或机化，切开肿胀部位有豆腐渣样渗出物。心肌有坏死灶，肝发生脂肪变性和局部坏死。

5. 诊断要点　根据流行特点、临床症状和典型的病理变化，可对本病作出初步诊断。确诊需进行细菌的分离培养鉴定，如生化试验，动物试验等。

6. 防治措施　平时应搞好饲养管理和环境卫生，减少不良应激因素对鹅群的影响。健康鹅群接种禽霍乱弱毒活菌苗或氢氧化铝或蜂胶灭活菌苗。有条件的鹅场，最好通过药物敏感性试验，选择敏感的抗菌药物进行治疗。该菌一般对丁胺卡那高敏，对青霉素、磺胺噻唑中敏。如可用青、链霉素混合肌内注射，每千克体重各用 10 万～20 万 U，每日 2 次，连用 2～3 d，能迅速减少死亡，控制病情。也可将磺胺类药物（如磺胺嘧啶、磺胺二甲嘧啶、磺胺异噁唑等）按 0.4%～0.5%的比例混于饲料中内服，拌料一定要均匀，慎防磺胺中毒，同时添加一定量的碳酸氢钠。此外，最好同时紧急接种禽霍乱蜂胶灭活疫苗，每只鹅视大小胸肌注射 1～2 mL。给药和紧急接种灭活疫苗可迅速有效遏制本病的流行。对高发地区的鹅群应采用标准疫苗和当地疫苗株制成的灭活菌苗联合免疫，可获得更有效的预防效果。加强饲养管理，禽霍乱的发生多因该病原是体内条件致病菌，当遇到饲养条件欠佳、环境气候突变等应激因素时即可引发该病。一旦发病，应及早隔离治疗，全面消毒，并应全群进行预防性投药。在该病严重发生地区，应加强环境卫生，鹅舍保持通风干燥，并令鹅适当运动。防止家禽混养，严禁在鹅场附近宰杀病禽。坚持定期检疫，早发现早治疗，降低损失。

（二）鹅大肠杆菌病

鹅大肠杆菌病是由致病性大肠杆菌所引起的局部或全身性感染的细菌性疾病的总称。临床上常见的有卵黄性腹膜炎、急性败血症、心包炎、脐炎、气囊炎、滑膜炎、大肠杆菌性肉芽肿、胚胎病及全眼球炎等病变。本病是危害养鹅业的常见细菌病，与养殖环境条件密切相关。产蛋期种鹅发生该病，称为卵黄性腹膜炎，俗称母鹅“蛋子瘟”，不仅影响产蛋率，有时死亡率也很高，对养鹅业危害极大。

1. 病原特性　致病性大肠杆菌主要是大肠埃希氏杆菌，为中等大小杆菌，其大小为（1～3）μm×（0.5～0.7）μm，有鞭毛，无芽孢，有的菌株可形成荚膜，革兰氏染色阴性，需氧或兼性厌氧，生化反应活泼、易于在普通培养上增殖，适应性强。本菌对一般消毒剂敏感，对抗生素及磺胺类药等极易产生耐药性。

2. 流行特点　大肠杆菌广泛分布于自然界，也存在于健康鹅和其他禽类的肠道中，是健康畜禽肠道中的常在菌，可分为致病性和非致病性两大类，是一种条件性致病菌，正常情况下不能致病，在卫生条件差、饲养管理不良的情况下，很容易造成此病的发生。大肠杆菌普遍存在于饲料、饮水、鹅的体表、孵化场、孵化器等处，其中种蛋表面、孵化过程中的死胚及蛋中分离率较高。大肠杆菌对环境的抵抗力很强，附着在粪便、土壤、舍内的尘埃或孵化器的绒毛、碎蛋壳等的大肠杆菌能长期存活。

鹅大肠杆菌病感染途径：种蛋污染后可传给鹅胚，外界的大肠杆菌可经呼吸道和消化道、生殖道感染。典型的就是种鹅生殖器感染后通过交配继续传播，引起母鹅卵黄性腹膜炎。

各种年龄的鹅均可感染。“蛋子瘟”在养鹅地区的种鹅群中经常发生，尤其在产蛋高峰及寒冷季节多见。鹅群中一旦出现病鹅即陆续不断地发生，发病率可达25％以上，死亡率在15％左右。未死者则产蛋停止，鹅群的产蛋率显著下降，病鹅所产蛋的受精率和孵化率也明显降低。种母鹅大肠杆菌全身性感染时，部分大肠杆菌经血液而到达输卵管，或患有生殖器官大肠杆菌病的公鹅与母鹅交配，公鹅即将大肠杆菌传播给母鹅，这两种情况均可使母鹅输卵管发炎，导致输卵管伞部在排卵时不能移动、张开和接纳卵泡（卵黄），卵即跌落腹腔，引发腹膜炎。当母鹅产蛋停止后，本病的流行也告终止。

3. 临床症状　大肠杆菌侵害的部位不同，该病在临床上的表现症状也不同。根据病理特征可分为几种病型。

（1）蛋子瘟型　多见于成年公、母鹅。发病母鹅，据病程长短，可分为以下 3 种类型。

①急性型　在流行初期，常未见明显症状而突然死亡。死亡鹅膘情较好，输卵管中常有硬壳或软壳蛋滞留。

②亚急性型　病初精神沉郁，行动迟缓，不活泼，常离群独处。腹部逐渐增大而下垂，常呈企鹅式的步行姿态，触诊其腹部，有敏感反应，并有波动感。有些病例的腹部胀大而稍硬，宛如面粉团块。有些病例呈现贫血，腹泻，出现渐进性消瘦。有些病鹅虽一直保持其肥度，最后多半出现脱水、饥饿以及炎症、内（类）毒素吸收等原因引起衰竭死亡。病程 2～6 d。

③慢性型　少数病鹅病程 6 d 以上，最后因为消瘦、衰竭而亡，其中少数能够自行康复，但产蛋力丧失。

成年种公鹅，轻者整个阴茎严重充血、肿大，螺旋状的精沟消失，阴茎表面布满芝麻大小或黄豆大的黄色脓性或黄色干酪样结节；重者阴茎高度肿大、脱出，不能缩回体内，阴茎表面出现黑色结痂，剥除结痂后出现溃疡面。凡外露阴茎的病公鹅除失去交配能力外，精神、食欲和体重均无异常，不出现死亡。

（2）脑炎型　多见于 1 周龄的雏鹅，病程稍长的转为脑炎型。病鹅扭颈，出现神经症状，吃食减少或不食，病程 2～3 d。

（3）浆膜炎型　大多数是由雏鹅耐药引起的。病鹅精神不振，食欲减退，干脚，雏鹅第一天晚上精神、食欲正常，第二天早上有部分病鹅卧地不起，严重者以背部卧地，两脚划动，不能翻身，眼周围出现黑色眼圈。一般情况下全群不会同时发病，未及时选择有效药物控制会渐进地出现一部分病鹅，其死亡率较高，耐过者生长不良。

（4）关节炎型　临床上多见于 7～10 日龄的雏鹅，偶尔亦见于青年鹅和成年鹅。病雏鹅趾关节和跗关节肿大；常见跗关节周围红肿，患肢跛行，不愿着地，运动受限，触碰肿胀部位有波动感和热痛感，病鹅饮食欲不振，由于取食困难，逐渐消瘦衰竭死亡。青年鹅、成年鹅患病严重的通常被迫淘汰处理。雏鹅病程为3～7 d，青年鹅和成年鹅病程可达10～15 d以上。

（5）眼炎型　多见于1～2周龄的雏鹅，发病雏鹅结膜发炎、流泪，有的角膜混浊，病程稍长的眼角有脓性分泌物，严重者封眼，病程1～3 d。

（6）肉芽肿型　多见于青年鹅或成年鹅，病鹅精神沉郁、食欲不振、腹泻、行动缓慢、常落群，羽毛蓬松，最后衰竭而死，病程1周以上。

（7）脐炎型及卵黄囊型　临床上见于1周龄以内的幼鹅，尤其是3日龄的雏鹅，病鹅精神委顿，少食或不吃，怕冷，缩颈垂翅，眼半睁半闭，腹部膨大，脐部肿胀坏死，常蹲卧，不愿活动，病雏常于数日内败血死亡或因衰弱挤压致死。

（8）败血症　见于各种日龄的鹅，但以1～2周的雏鹅多发。常突然发生，最急性的则无任何症状出现死亡。病鹅精神沉郁，羽毛蓬松、缩颈闭眼、腹泻、常卧、不愿行动，怕冷，常挤成一堆，不断尖叫，体温升高，比正常鹅高1～2℃。粪便稀薄而恶臭，混有血丝、血块和气泡，肛周沾满粪便，食欲废绝，渴欲增加，呼吸困难，最后衰竭窒息而死亡，死亡率较高。部分病鹅出现呼吸道症状，眼鼻常有分泌物。病程1～2 d。

4. 诊断要点　母鹅发病表现为产蛋突然停止，每天都有产蛋的行为而实际上无蛋产出。商品鹅发生本病，与鸭疫里默氏菌感染和鸭沙门氏菌病的某些病例颇为相似，仅依靠临床诊断，很难进行鉴别。对大肠杆菌进行分离鉴定，极易与其他细菌性疾病区分。

5. 防治措施

（1）饲养管理　加强饲养管理，改善鹅舍的通风条件，保持养殖环境干燥卫生是控制本病的重要措施。认真落实消毒措施，定期消毒，可用适量高锰酸钾和甲醛熏蒸鹅舍或用雾化消毒剂喷雾消毒。鹅经常出入的地方也要定期消毒，饮水卫生干净，垫料定期清除和消毒，减少空气中大肠杆菌的含量。控制其他常见疾病的发生，减少各种应激因素，避免诱发大肠杆菌病。公鹅在本病的传播上起着重要作用，因此，在种鹅繁殖季节前，应对种公鹅进行逐只检查，凡种公鹅外生殖器上有病变的一律淘汰，不能留做种用。育雏期适当在饲料中添加抗生素，有利于控制本病的暴发。

（2）免疫接种　接种疫苗对预防本病有一定效果，但大肠杆菌血清型众多，应选择适宜的多价疫苗进行预防。

（3）药物治疗　发生大肠杆菌病后，可以用药物进行治疗，但大肠杆菌对药物极易产生抗药性，现在已经发现青霉素、链霉素、土霉素、四环素等抗生素几乎没有治疗作用。庆大霉素、阿普霉素、新霉素、丁胺卡那霉素、黏杆菌素、磷霉素、加替沙星、二氟沙星、头孢类药物有较好的治疗效果，但对这些药物产生抗药性的菌株已经出现并有增多的趋势。因此，采用药物治疗时，最好进行药敏试验，或选用过去很少用过的药物进行全群治疗，且要注意交替用药。给药时间要早，早期投药可控制早期感染的病鹅，促使痊愈，同时可防止新发病例的出现。某些患病鹅，已发生各种实质性病理变化时，治疗效果极差。在生产中可交替选用以下药物：0.01%～0.02%氟甲砜霉素拌料，连用3～5 d；0.05%～0.1%丁胺卡那霉素拌料，连用3～4 d；环丙沙星或氧氟沙星、加替沙星0.008%～0.01%饮水，连用3～5 d。

（三）鹅副伤寒

鹅副伤寒是由沙门氏菌引起鹅的一种急性传染病。不同日龄的鹅都能感染发病，但以2～3周龄的幼鹅最为易感，死亡率较高。成年鹅往往呈慢性或隐性感染，成为带菌者。主要表现为腹泻、结膜炎、消瘦等症状，成年鹅症状不明显。

1. 病原特性　本病原为沙门氏菌属细菌，本菌为革兰氏阴性小杆菌；种类很多，主要是鼠伤寒沙门氏菌、鸭沙门氏菌、肠炎沙门氏菌等，病原菌的种类常因地区和家禽种类的不同而有差别。沙门氏菌的抵抗力不强，对热和多数常用消毒剂都很敏感，一般的消毒药能很快杀灭，60℃ 10 min即死亡。而病原菌在土壤、粪便和水中生存时间较长，土壤中的鼠伤寒沙门氏菌至少可以存活280 d，鸭粪中的沙门氏菌能够存活28周，池塘中的鼠伤寒沙门氏菌能存活119 d，在饮用水中也能生存数周至3个月之久。

2. 流行特点　本病的发生常为散发性或地方性流行，不同种类的家禽（鹅、鸡、鸭、鸽、鹌鹑）和野禽（野鸡、野鸭等）及哺乳动物均可发生感染，并能互相传染，也可以传播给人类，常引起人类食物中毒，在公共卫生上意义重大。本病在世界分布广泛，几乎所有的国家都有本病存在。幼龄的鹅对副伤寒非常易感，尤以3周龄以下的鹅易发生败血症而死亡，成年鹅感染后多成为带菌者。鼠类和苍蝇等也是携带本菌的传播者。临床发病的鹅和带菌鹅以及污染本菌的畜禽副产品是本病的重要传染来源。禽副伤寒的传染方式与鸡白痢相似，可通过消化道等途径水平传播，也可通过卵而垂直传播。

3. 临床症状　病鹅主要表现为下痢，粪如清水，鹅日趋衰弱。病鹅食欲消失、腹泻，粪便污染后躯，干涸后封闭肛门，导致排粪困难。成年鹅呈慢性经过，主要是消瘦。根据病情常可分为急性型和慢性型。

①急性型　多见于雏鹅，大多由带菌种蛋引起。2 周龄以内雏鹅感染后，常呈败血症经过，往往不表现任何症状突然死亡。多数病例表现嗜睡、呆钝、畏寒、垂头闭眼、两翅下垂、羽毛松乱、颤抖、厌食、饮水增加、眼和鼻腔流出清水样分泌物，下痢、肛门常有稀粪，体质衰弱、动作迟钝不协调、步态不稳、共济失调、角弓反张，最后抽搐死亡。少数病例可能出现呼吸道症状，表现呼吸困难、张口呼吸或出现关节肿胀、跛行。

②慢性型　多见于成年鹅，常成为慢性带菌者，一般无临床体征，有的表现为下痢消瘦、关节肿大、跛行等症状，如继发其他疾病，可使病情加重，加速死亡。

4. 病理变化　典型病变一般为食管空虚，肝脏肿大、充血，黏膜充血、出血，气囊膜混浊，盲肠肿胀，内容物呈干酪样。急性病例往往无明显病理变化。初生雏鹅的主要病变是卵黄吸收不良和脐炎，俗称“大肚脐”，卵黄黏稠，色深，肝脏轻度肿大。日龄稍大的幼鹅常肝脏肿大，呈古铜色，表面有散在的灰白色坏死点（副伤寒结节）。有的病例气囊混浊，常附有淡黄色纤维素的团块，亦有表现心包炎，心肌有坏死结节的病例。脾脏肿大、色暗淡，呈斑驳状；肾脏色淡，肾小管内有尿酸盐沉着，输尿管稍扩展，管内亦有尿酸盐；最特征的病变是盲肠肿胀，呈现斑驳状。盲肠内有干酪样物质形成的栓子，肠道黏膜轻度出血，部分节段出现变性或坏死。

5. 诊断要点　根据流行特点、临床症状和病理变化可作出初步诊断。本病主要发生于 20 日龄以下的雏鹅，应注意与小鹅瘟、禽霍乱、鹅大肠杆菌病等的鉴别诊断。本病的确诊要进行病原菌的分离培养、生化鉴定和动物试验等。

6. 防治措施　注意饲养管理，不喂腐败的饲料，慢性病的种鹅要淘汰，常发地区从种蛋孵化起就应注意消毒，雏鹅要加强饲养管理。加强鹅群的环境卫生和消毒工作，地面的粪便要经常清除，防止污染饲料和饮水。雏鹅和成年鹅分开饲养，防止直接或间接接触。种蛋、孵化用具等应经常进行必要的消毒。本病常发地区，可用禽副伤寒灭活疫苗接种母鹅，产蛋前1个月接种，2周后加强免疫一次，可使雏鹅获得坚强免疫力。常用的抗生素也可进行防治，如强力霉素按每千克加100 mg拌料饲喂。严重的可结合注射庆大霉素，20日龄的雏鹅每只肌内注射3 000～5 000U，连续3～5 d，可使疾病得到控制。可用辣椒粉、生姜适量，放入锅内炒几分钟，然后拌入米糠再炒。待米糠炒熟放凉后饲喂，连喂2 d即可治愈。用敌菌净饮水、拌料效果较好。

（四）鹅结核病

鹅结核病是由禽结核分支杆菌引起的家禽和鸟类的一种慢性接触性传染病。其主要特征是呈慢性经过，渐进性消瘦、贫血、产蛋减少或不产蛋，各器官尤其是肝、脾和肠管形成结核结节。由于本病多呈慢性，病禽无明显的临床症状，但生长发育和生产性能受到影响，重者死亡，可造成严重的经济损失。

1. 病原特性　本病的病原是禽结核分支杆菌，属抗酸菌。禽型结核杆菌对外界环境的抵抗力较强，在干燥的分泌物中能够存活数月，消毒药以福尔马林、漂白粉和臭药水的效果较好。禽结核杆菌属于抗酸菌类，普遍呈杆状，两端钝圆，也可见到棍棒样的、弯曲的和钩形的菌体，长约13 μm，不形成芽孢和荚膜，无运动力。结核菌为专性需氧菌，对营养要求严格。最适生长温度为39～45℃，最适pH6.8～7.2。生长速度缓慢，一般需要1～2周才开始生长，3～4周方能旺盛发育。本菌细胞壁中含有大量脂类，对外界因素的抵抗力强，特别对干燥的抵抗力尤为强大；对热、紫外线较敏感，60℃ 30 min死亡；对化学消毒药物抵抗力较强，对低浓度的结晶紫和孔雀绿有抵抗力，因此分离本菌时可用2%～4%的氢氧化钠、3%的盐酸或6%硫酸处理病料，在培养基内加孔雀绿等染料以抑制杂菌生长。

2. 流行特点　各品种的不同年龄的家禽都可以感染。因为禽结核病的病程发展缓慢，早期无明显的临床症状，故老龄鹅中，特别是淘汰、屠宰的鹅中发现多。尽管老龄鹅比幼龄者严重，但在幼龄鹅中也可见到严重的开放性的结核病，这种小鹅是传播强毒的重要来源。病鹅肺空洞形成，气管和肠道的溃疡性结核病变，可排出大量禽结核分支杆菌，是结核病的第一传播来源。排泄物中的分支杆菌污染周围环境，如土壤、垫草、用具、鹅舍以及饲料、水，被健康鹅接触后，即可发生感染。卵巢和产道的结核病变，也可使鹅蛋带菌，在本病传播上也有一定作用。其他环境条件，如鹅群的饲养管理、密闭式鹅舍、气候、运输工具等也可促进本病的发生和发展。结核病的传染途径主要是经呼吸道和消化道传染。前者由于病禽咳嗽、喷嚏，将分泌物中的分支杆菌散布于空气或造成气溶胶，使分支杆菌在空中飞散而造成空气感染（飞沫传染）；后者则是病禽的分泌物、粪便污染饲料、水，被健康鹅吃进而引起传染。污染受精蛋可使鹅胚传染。此外，还可发生皮肤伤口传染。病禽与其他哺乳动物一起饲养，也可传给其他哺乳动物，如牛、猪、羊等。野禽患病后可把结核病传播给健康家禽。人也可机械地把分支杆菌带到一个无病的鹅舍。

3. 临床症状　由于本病呈慢性经过，病鹅初期往往无示病症状。但是如果本病在鹅群中流行，随病程发展，则可在患病个体中观察到部分临床症状。病鹅通常表现为精神沉郁、食欲不振甚至废绝；有些个体虽然食欲良好，但通常表现为渐进性消瘦，体重减轻，尤以胸肌萎缩明显，胸骨明显突出，甚至变形。此时，病鹅羽毛蓬松、暗无光泽，无毛部位皮肤粗糙。因肝脏病变，可见黄疸。如果病鹅关节或肠管受到感染，可出现一侧性跛行、翅膀下垂，或顽固性腹泻。随病程发展，有些鹅触诊腹部可能发现沿肠管分布的结节。病禽最后多因全身衰竭而死亡，病程 2～3 个月，甚至 1 年以上，有的甚至发生肝、脾破裂而突然死亡。发生本病时，产蛋鹅产蛋率下降，甚至停产。患病鹅所产的蛋受精率和孵化率均较低。

4. 病理变化　病变的主要特征是在内脏器官，如肺、脾、肝、肠上出现不规则的、浅灰黄色、从针尖大到 1 cm 大小的结核结节，将结核结节切开，可见结核外面包裹一层纤维组织性的包膜，内有黄白色干酪样坏死，通常不发生钙化。有的可见胫骨骨髓结核结节。多个发展程度不同的结节融合成一个大结节，在外观上呈瘤样轮廓，其表面常有较小的结节，进一步发展，变为中心呈干酪样坏死，外有包膜。

5. 诊断要点　本病为慢性疾病，早期症状不明显，不易诊断。可选 1～2 只病鹅进行剖检，根据肝、脾、肺和肠壁上的特征性的结核结节，结合鹅群病史，可作出初步诊断。有条件的可取肝、脾、肠上的结节病灶直接涂片，火焰固定后用石炭酸复红染色，在镜下可见红色的结核杆菌。也可取中心坏死与边缘组织交界处的材料，制成涂片，发现抗酸性染色的细菌，或经病原微生物分离和鉴定，大多数结核结节的切片可见到抗酸性染色的杆菌，即可确诊本病。本病应注意与肿瘤、伤寒、霍乱相区别。结核病最重要的特征是在病变组织中可检出大量的抗酸杆菌，而在其他任何已知的禽病中都不出现抗酸杆菌。

6. 防治措施　禽结核一般呈慢性经过，为减少传染机会，应不断更新鹅群，及时淘汰老龄鹅群。禽结核杆菌对外界环境因素有很强的抵抗力，其在土壤中可生存并保持毒力达数年之久。一个感染结核病的鹅群即使是被全部淘汰，其场舍也可能成为一个长期的传染源。因此，消灭本病的最根本措施是建立无结核病鹅群。基本方法是：①淘汰感染鹅群，废弃老场舍、老设备，在无结核病的地区建立新鹅舍；②引进无结核病的鹅群，对养禽场新引进的鹅，要重复检疫 2～3 次，并隔离饲养 60 d；③检测小母鹅，净化新鹅群，对全部鹅群定期进行结核检疫（可用结核菌素试验及全血凝集试验等方法），以清除传染源；④禁止使用有结核菌污染的饲料，淘汰其他患结核病的动物，消灭传染源；⑤采取严格的管理和消毒措施，限制鹅群运动范围，防止外来感染源的侵入。此外，已有报道用疫苗预防接种来预防禽结核病，但目前还未做临床应用。本病一旦发生，通常无治疗价值。但对价值高原种鹅类，可在严格隔离状态下进行药物治疗。可选择异烟肼（30 mg/kg）、乙二胺二丁醇（30 mg/mL）、链霉素等进行联合治疗，可使病鹅临床症状减轻。建议疗程为 18 个月，一般无毒副作用。

（五）鹅葡萄球菌病

鹅葡萄球菌病又称传染性关节炎，是由致病性葡萄球菌引起的鹅的一种传染病。其临床上有多种表现，如脐炎、关节炎、腹膜炎等。雏鹅感染后，常呈急性败血经过，死亡率可达 50%。

1. 病原特性　家禽体内分离到的葡萄球菌包括金黄色葡萄球菌、表皮葡萄球菌和禽葡萄球菌 3 种，其中只有金黄色葡萄球菌对家禽具有致病性，鹅的葡萄球菌病即是由金黄色葡萄球菌感染引起。葡萄球菌的抵抗力较强，在固体培养基上或在脓性渗出物中可长时间存活，在干燥的环境中能存活几周，60℃ 30 min 才能将其杀死。3%～5%的石炭酸或 70%酒精可于数分钟内将该菌杀死，其他消毒药一般需 30 min 才能杀死该菌。有些菌株还有抗热和抗消毒剂的作用。根据葡萄球菌的这些抗性，可以用高盐（7.5%氯化钠）培养基从污染严重的病料中分离金黄色葡萄球菌。另外，葡萄球菌容易产生抗药性，尤其是对抗生素类药物。

2. 流行特点　该菌在自然界广泛分布，鹅的皮肤、羽毛和肠道中都有存在。各种年龄的鹅均可感染，幼鹅的长毛期最易感。鹅是否感染，与体表或黏膜有无创伤、机体抵抗力的强弱及被病原菌污染的程度有关。传染途径主要是经伤口感染，也可通过口腔和皮肤感染，也可污染种蛋，使胚胎感染。本病常呈散发式流行，一年四季均可发生，但以雨季、空气潮湿的季节多发。雏鹅密度过大，环境不卫生，饲养管理不良等常成为发病的诱因。

3. 临床症状　患鹅精神委顿，食管膨大部积食，食欲减退或不食，下痢，粪便呈灰绿色，胸、翅、腿部皮下有出血斑点，足、翅关节发炎、肿胀，病鹅跛行。有时在胸部或龙骨上出现浆液性滑膜炎，一般病后 2～5 d 死亡。根据葡萄球菌病的临床表现可分为四种病型。

（1）急性败血型　临床上见于2周龄以内的幼鹅，病鹅精神委顿，不吃或少食，怕冷，缩颈垂翅，眼半睁半闭，胸腹部浮肿，积有血液或渗出物。病雏常于数日内因败血症或衰弱挤压死亡。

（2）关节炎型　常见于胫、跗关节肿胀，热痛，跛行，卧地不起，有时胸部龙骨上发生浆液性滑膜炎，最后逐渐消瘦死亡。

（3）脐炎型　腹部膨大，脐部发炎，有臭味，流出黄灰色液体，为脐炎的常见病因之一。

（4）趾瘤型　多发生于种鹅，特别是种公鹅，呈慢性过程。种鹅脚底由于擦伤而感染葡萄球菌，感染的局部形成大小不等的疙瘩。最初疙瘩触之有波动感，随着病程延长变得硬实，病鹅行走困难，出现跛行。此外，维生素缺乏、皮肤龟裂，也会感染葡萄球菌而患病。

4. 病理变化　败血症的病变可见全身肌肉、皮肤、黏膜、浆膜水肿、充血、出血；肾脏肿大，输尿管充满尿酸盐。关节内有浆液性或浆液纤维素性渗出物，时间稍长变成干酪样；龙骨部及翅下、四肢关节周围的皮下呈浆液性浸润或皮肤坏死，甚至化脓、破溃；实质器官不同程度的肿胀、充血；肠有卡他性炎症。关节炎型为关节肿胀，关节囊中有脓性、干酪样渗出；关节软骨糜烂，易脱落，关节周围的纤维素性渗出物机化；肌肉萎缩。脐炎型则见卵黄囊肿大，卵黄绿色或褐色，腹膜炎，脐口局部皮下胶样浸润。

5. 诊断要点　根据症状和典型病变可以作出初步诊断，确诊需做病原学检查。幼鹅感染常引起急性败血症，成年鹅感染后多发生关节炎或趾瘤。必要时对病原菌进行染色镜检或分离培养进行确诊。

6. 防治措施　做好预防工作，一是消除产生外伤的因素；二是搞好环境卫生，定期消毒；三是加强饲养管理，注意通风，防止雏鹅拥挤，防止潮湿等。一旦发病，应及时隔离治疗或淘汰，对大群投药预防。治疗药品为：①青霉素，按雏鹅 1 万 U，青年鹅 3 万～5 万 U 肌内注射，4 h 一次，连用 3 d。②磺胺六甲氧嘧啶或磺胺间甲嘧啶（制菌磺），按 0.04%～0.05%混饲，或按 0.1%～0.2%浓度饮水。③氟苯尼考，按每千克体重 20 mg 肌内注射或内服，每天 2～3 次。同时，饲料中添加电解多维等，以提高鹅体的抗病能力。

（六）鸭疫里默氏菌病

鸭疫里默氏菌感染是由鸭疫里默氏菌引起的鸭、鹅、火鸡和其他多种鸟类的一种接触传染性疾病，可造成急性或慢性败血症。在养鸭业，该病又称为鸭传染性浆膜炎；在养鹅业，可将该病称为鹅传染性浆膜炎。由于大肠杆菌病等疾病也具有浆膜炎的病理变化，因此，国际上建议将该病称为鸭疫里默氏菌感染。近年来，鸭疫里默氏菌感染在养鹅业的发生呈上升趋势，对养鹅业的健康发展构成了危害。

1. 病原特性　鸭疫里默氏杆菌属于革兰氏阴性、不运动、不形成芽孢的杆菌，菌体宽 0.3～0.5 μm，长 1～2.5 μm。单个、成双存在或呈短链，液体培养可见丝状。本菌经瑞氏染色呈两极着色，用印度墨汁染色可显示荚膜。

该菌在巧克力琼脂、胰酶大豆琼脂、血液琼脂、马丁肉汤、胰酶大豆琼脂等培养基中生长良好，但在麦康凯琼脂和普通琼脂上不生长，血液琼脂上无溶血现象。在胰酶大豆琼脂中添加 1%～2%的小牛血清可促进其生长，增加 CO_2 浓度生长更旺盛。在胰酶大豆琼脂上，于烛缸中 37℃培养 24 h 可形成突起、边缘整齐、透明、直径为 0.5～1.5 mm 的菌落，用斜射光观察固体培养物呈淡蓝绿色。

37℃或室温条件下，大多数菌株在固体培养基中存活不超过 3～4 d。在肉汤培养物中可存活 2～3 周。55℃作用 12～16 h，该菌全部失活。曾有报道称从自来水和火鸡垫料中分离到的细菌可分别存活 13 和 27 d。该菌对青霉素、红霉素、新生霉素、林可霉素敏感，对卡那霉素和多黏菌素 B 不敏感。迄今为止，国际上报道该菌存在 21 个血清型，不同血清型之间缺乏交叉保护。

2. 流行特点　在自然条件下，鸭疫里默氏菌主要侵害 1～8 周龄的雏鹅，2～3 周龄的雏鹅高度易感，8 周龄以上的鹅很少感染。本病一年四季均可发生，低温、阴雨和潮湿的冬春季节多发。

该病可通过被污染的饮水、饲料、尘土及飞沫经消化道和呼吸道传播，也可通过皮肤外伤，特别是足部皮肤感染。本病的发生与鹅群中的应激因素相关，温度忽高忽低，被污染的饲料、饮水，饲养密度大，饲料中缺少维生素和微量元素及恶劣的环境条件或并发病，都是本病的诱因。

3. 临床症状　本病潜伏期1～5 d，有时可达1周左右。潜伏期的长短通常与菌株的毒力、感染途径及是否有应激等因素有关。

（1）最急性型　病鹅看不到任何明显临床症状而突发死亡。

（2）急性型　患病初期，病鹅嗜睡，精神沉郁，羽毛松乱，食欲不振，离群独处，喙抵地面，行动迟缓，共济失调，头颈震颤；流泪，眼眶周围绒毛湿润并粘连，形如“戴眼镜”；鼻腔或窦内充满浆液性或黏液性分泌物；排白色稀粪，肛门周围被黄绿色、灰白色粪便污染。濒死前出现神经症状，如点头、摇头、头往后仰。病程一般1～3 d，若无并发症，可延至4～5 d。

（3）慢性型　多发生日龄稍大的鹅或由急性型转变而来，症状与急性相似，病程一般达一周以上，死亡率较低。耐过的鹅生长迟缓。

4. 病理变化　最具特征性的病变是纤维素性心包炎、肝周炎和气囊炎。脑、脾脏、胸腺、法氏囊、肾脏、皮肤、关节、肺脏及消化器官等也可见类似病变。急性病例的病变可见心包液增多及心外膜有出血点或表面有纤维素性渗出物。病程较长的心包腔有淡黄色纤维素填充，使心包膜与外膜粘连。肝脏肿大，质地较脆，表面有淡黄色纤维素性渗出物，形成厚薄不均易剥离的纤维素膜。胆囊肿大，内充满胆汁。气囊混浊，其上附有多量的纤维素性渗出物。肺脏充血、出血，表面有黄白色纤维蛋白渗出。脾脏肿大，外观大理石样，其表面附有纤维素性渗出物。胸腺、法氏囊萎缩，见胸腺出血。有神经症状的病例，见纤维素性脑膜炎，脑膜充血、出血。肾肿大，质地较脆。

5. 诊断要点　根据纤维素性心包炎、肝周炎和气囊炎的病理变化，可做出初步诊断，但这些病理变化易与大肠杆菌病和沙门氏菌病的某些病例混淆，分离到鸭疫里默氏菌即可做出确诊。

（1）细菌分离与鉴定　采集心血、脑、肝脏，接种于血液琼脂或胰酶大豆琼脂，置于烛缸中37℃培养，易分离到鸭疫里默氏菌。若将细菌菌落接种于麦康凯琼脂平板，易与大肠杆菌和沙门氏菌鉴别：鸭疫里默氏菌不生长，大肠杆菌形成粉红色菌落，沙门氏菌形成灰白色菌落。若要鉴定血清型时，则用定型血清进行玻片或试管凝集试验和琼脂扩散沉淀试验。挑取细菌菌落制涂片，经火焰固定后，用鸭疫里默氏菌的特异性荧光抗体染色，在荧光显微镜下，可见鸭疫里默氏菌呈黄绿色环状结构，其他细菌不着染，以此可进一步与鸭大肠杆菌、鸭沙门氏菌和多杀性巴氏杆菌等细菌相区分。

（2）分子检测　以分离株的核酸为模板，用 PCR 扩增 *16S rRNA* 编码基因，将长约 1.5 kb 的扩增产物测序后，与鸭疫里默氏菌参考菌株的 *16S rRNA* 编码基因序列进行比较，若序列同源性在 99%以上，则可对分离株进行准确鉴定。对 *16S rRNA* 基因的 PCR 扩增产物进行限制性片段长度多态性分析，亦可用于鸭疫里默氏菌分离株的分类和鉴定。

6. 防治措施

（1）加强饲养管理　保持室内通风良好、地面干燥、饲养密度适宜，有助于本病的控制，应勤换垫料，清除地面尖锐物，对料槽及饮水器进行定期清洗消毒。

（2）主动免疫　疫苗免疫是预防该病的有效措施。由于鸭疫里默氏菌分为 21 种血清型，不同血清型之间缺乏交叉保护，应根据流行菌株的血清型分布情况，选择适宜的多价疫苗进行免疫。

（3）药物防治　头孢类、青霉素类、氟苯尼考等药物可用于本病治疗，亦可根据以往病史进行预防性给药。用鸭疫里默氏菌分离株进行药敏试验，有助于选择合适的敏感药物。

三、真菌感染及黄曲霉毒素中毒症

（一）曲霉菌病

曲霉菌病是一种常见的真菌性传染病，几乎所有的禽类和哺乳动物都能感染。主要引起小鹅的呼吸道（尤其肺和气囊）发生炎症，雏鹅常呈急性群发性，具有较高的发病率和死亡率。

1. 病原特性　烟曲霉菌、黄曲霉菌、黑曲霉菌、青霉菌等都可能成为该病的致病菌，其中烟曲霉菌致病性最强。这些霉菌及其产生的孢子，在鹅舍地面、空气、垫料及谷物中广泛存在。主要通过污染饲料、垫料、用具、环境等传播本病。尤其是鹅舍矮小，空气污浊，高温高湿，通气不良，鹅群拥挤以及营养不良、卫生状况不好的环境，更易造成本病的发生和流行，导致大批雏鹅发病死亡。

2. 流行特点　曲霉菌对不同日龄的鹅都具有感染性，雏鹅的易感性最高，常呈急性暴发，死亡率可达50%以上。成年鹅较少发生，常呈慢性经过，死亡率不高。污染的垫料、空气和发霉的饲料是引起本病流行的主要传染源，其中可含大量的曲霉菌孢子。本病多发生于温暖潮湿的梅雨季节，也正是霉菌最适宜增殖的季节，而饲料、垫料受潮后更适合霉菌的生长繁殖。若雏鹅的垫料不及时更换，或饲料保管不善，鹅舍潮湿，通风不良，饲养密度过大，往往就会造成本病的暴发。此外，本病的传播亦可经污染的孵化器或孵坊，幼鹅出雏后1日龄即可患病，出现呼吸道症状。自然条件下，病菌主要通过呼吸道传播感染。

3. 临床症状　病鹅主要表现为食欲减少或停食，精神委顿，眼半闭，缩颈垂头，呼吸困难，喘气，呼气时抬头伸颈，有时甚至张口呼吸，并可听到“鼓鼓”沙哑的声音，但不咳嗽。少数病鹅鼻、口腔内有黏液性分泌物，鼻孔阻塞，故常见甩鼻，表现口渴，后期下痢，最后倒地，头向上向后弯曲，昏睡不起，以致死亡。雏鹅发病多呈急性，在发病后2～3 d内死亡，很少延长到5 d以上。慢性者多见于大鹅。

4. 病理变化　病死鹅的主要特征性病变在肺部和气囊。肉眼明显可见肺、气囊中有针头乃至米粒大小的浅黄色或灰白色颗粒状结节。粟粒大小，切面呈同心圆轮层状结构，中间为干酪样坏死组织。肺组织质地变硬，失去弹性，切面可见大小不等的黄白色病灶。气囊壁增厚混浊，可见到成团的霉菌斑，坚韧而有弹性，不易压碎。肠黏膜常充血。有些病例的胸部气囊或腹部气囊有霉菌斑，霉菌斑厚2～5 mm，圆碟状，中央凹陷。多数病例肠道黏膜呈卡他性炎症。

5. 诊断要点　根据流行病学、临床症状和剖检病理变化可作出初步诊断。确诊可采取病鹅气囊或肺等器官上的结节病灶，制成抹片，用显微镜检查曲霉菌的菌丝和孢子，有时直接抹片镜检可能看不到霉菌，应采取结节病灶的内容物对霉菌进行分离培养，才能作出确诊。

（1）镜检　取肺和气囊上的黄白色结节，置玻片上剪碎，加10%氢氧化钾1～2滴，盖上盖玻片，在酒精灯上微微加温后，轻压盖玻片，在显微镜（400×）下镜检，可见短的分支状有隔菌丝。

（2）分离培养　取有黄色结节的肺组织小块，接种于沙堡氏琼脂平板，37℃温箱培养，48 h后见有灰白色绒毛状菌落生长，随后2～7 d菌落颜色由灰蓝色变为暗绿色，菌落中心部分尤为明显。取培养物镜检，见分生孢子穗柱状，菌丝有隔，顶囊呈烧瓶状，确诊为烟曲霉菌。

6. 防治措施　改善饲养管理，做好鹅舍卫生，注意防霉是预防本病的主要措施。不使用发霉的垫草，严禁饲喂发霉饲料。及时清除霉变饲料，同时在饲料中添加脱霉剂。育雏舍定期用福尔马林熏蒸消毒。垫草要经常更换、翻晒；潮湿、多雨季节，鹅舍必须每天清扫，尽量保持舍内的干燥清洁，防止垫草、垫料、饲料发霉。本病治疗无特效药物。可试用制霉菌素，剂量为每只雏鹅口服2万～5万U，连用3～5d。口服碘化钾有一定的疗效，每升饮水加碘化钾5～10g。也可试用0.03%硫酸铜溶液或0.01%煌绿溶液饮水。对发病鹅群应立即更换垫料或停喂发霉饲料，清扫和消毒鹅舍。饲料中加入土霉素或供含链霉素的饮水，链霉素剂量为每只1万U，可以防止继续感染，在短期内减少发病和死亡。

（二）鹅口疮

鹅口疮又称鹅念珠球菌病、霉菌性口炎，是由白色念珠菌引起鹅的一种上消化道真菌病。其主要特征为上消化道（口腔、食管、食管膨大部）黏膜发生白色的假膜和溃疡，临床上以幼鹅多见。本病特点是传染迅速，来势凶猛，发病率和死亡率高。各种应激是暴发本病的重要因素。

1. 病原特性　本病病原为白色念珠菌，属于酵母菌群，在自然界中广泛存在，主要在健康鹅的口腔、上呼吸道和肠道等处寄居。在培养基上菌落呈白色金属光泽，革兰氏染色为阳性。

2. 流行特点　本病在各种家禽和野禽中均可发生，常见于幼禽，人和家畜也可感染。雏鹅的易感性和死亡率较成年鹅高。本病主要通过消化道感染，也可通过蛋壳感染，不良的卫生条件和使机体致弱的因素，都可诱发本病，或发生继发感染。过多地使用抗菌药物，易引起消化道正常菌群的紊乱，也是诱发本病的一个重要因素。

3. 临床症状　患病鹅无特征症状，表现为生长发育不良，精神委顿，羽毛松乱，食欲减退，气喘，呼吸困难等。用异物撬开其口腔，可见其舌面发生溃疡，舌上部常见有假膜性斑块与容易脱落的坏死性物质，致使吞咽困难，呼吸急促，频频伸颈张口，食管膨大部肿大，用手捏时有剧痛感，压之有酸臭味内容物从口中排出。胸腹气囊混浊，常有淡黄色粟粒状结节。

4. 病理变化　剖检病鹅的特征性病变为病鹅上呼吸道黏膜特殊性增生和

溃疡病灶。病死鹅鼻腔有分泌物，可见上呼吸道（口腔、食管膨大部、食管）黏膜有灰白色或黄色的假膜，假膜剥离后可见红色的溃疡面。成年鹅可见口腔外部嘴角周围形成黄白色假膜，呈典型的鹅口疮。

5. 诊断要点　病鹅上呼吸道黏膜的特征性增生和溃疡病灶，结合鹅场环境状况和抗菌药使用情况，一般可以初步诊断。确诊时要取病变组织或渗出物作抹片检查，观察酵母状的菌体和假菌丝。也可对霉菌进行分离培养，取培养物给小鼠或兔子静脉注射，一般4～5d内死亡，并在肾和心肌中形成粟粒状脓肿。

6. 防治措施　加强饲养管理，搞好清洁卫生，鹅舍通风良好，保持环境干燥，防止垫草潮湿，控制饲养密度，避免过度拥挤，避免长期滥用抗菌药，尤其是广谱抗菌药，以免影响消化道正常细菌区系。预防其他疾病的发生，避免产生继发感染或肌体衰弱的一些应激因素。种鹅蛋入孵前要清洗消毒，发现病鹅立即隔离治疗。育雏期间应在饲料和饮水中添加多维，以提高抵抗力。治疗可用以下药物：①制霉菌素按每千克饲料加0.2g药（4×50万U/片，即200万U），连用2～3d即可。②硫酸铜水溶液按1∶2 000比例混水饮服，连饮1周。③口腔中溃疡部分可用碘甘油或冰硼散涂擦。④少数或个别治疗时，也可饮服0.01%的结晶紫溶液，连服5d；重病鹅滴服0.1%结晶紫溶液每只1mL，每天2次，连滴3～5d。

（三）黄曲霉毒素中毒症

黄曲霉毒素中毒是由黄曲霉毒素引起鹅的一种中毒性疾病。临床上以消化机能障碍，全身浆膜出血，肝脏器官受损以及出现神经症状为主要特征，呈急性、亚急性或慢性经过，不同种类和日龄的家禽均可致病，但以幼禽易感。幼鹅中毒后，常引起死亡，对鹅业生产危害较大。

1. 病因　黄曲霉毒素是黄曲霉菌一种有毒的代谢产物，是一组结构相似的化合物的混合物。可产生黄曲霉毒素的菌种，包括黄曲霉、寄生曲霉、溜曲霉、黑曲霉等20多种。但常见的只有黄曲霉和寄生曲霉产生的黄曲霉毒素。目前已经确定结构的黄曲霉毒素有B_1、B_2、B_3、D_1、G_1、G_2、G_{2a}、M_1、M_2、P_1、Q_1、R_0等18种，并且可以用化学方法合成。B_1、B_2、G_1和G_2是4种最基本的黄曲霉毒素，其他种类的毒素都是由这4种毒素衍生而来。其中毒力最强的是B_1毒素，其毒性是氰化物的10倍，砒霜的68倍。这种毒素是目前最有害的致癌物质之一。结晶的黄曲霉毒素 B_1 是目前发现的各种毒素中最稳定的毒素。高温（200℃）、强酸、紫外线照射都不能将其破坏，在高压锅中，120℃ 2h，毒素仍不能被破坏。只有加热到 268～269℃时，其毒素才开始分解。5%的次氯酸钠可以使黄曲霉毒素完全被破坏。在氯气、氨气、过氧化氢和二氧化硫中，黄曲霉毒素 B_1 也能被分解。

2. 临床症状　不同种类和日龄的家禽均可致病，但以幼禽易感。幼鹅中毒后，常引起死亡。中毒症状的轻重与黄曲霉毒素摄入量和鹅日龄、体质等有关。病鹅最初采食减少，生长缓慢、羽毛脱落、腹泻、步态不稳，常见跛行、腿部和脚蹼可出现紫色出血斑点，1 周龄以内的雏鹅多呈急性中毒，死前常见有共济失调、抽搐、角弓反张等神经症状，死亡率可达 100%。成年鹅通常呈亚急性或慢性经过，精神、食欲不振，腹泻，生长缓慢，有的可见腹围增大；产蛋率和孵化率都降低。

3. 病理变化　病死雏鹅剖检可见胸部皮下和肌肉有出血斑点，肝脏肿大，色淡，有出血斑点或坏死灶，胆囊扩张，肾脏苍白、肿大或有点状出血，胰腺亦有出血点。病死成年鹅剖检可见心包积液，腹腔常有腹水，肝脏颜色变黄，肝硬化，肝实质有白色坏死结节或增生物，严重者肝脏发生癌变。有的甚至肠黏膜、肌肉出血。

4. 诊断要点　根据临床症状和剖检病理变化，检查饲料是否发霉等作出初步诊断。必要时可用可疑发霉饲料做人工发病试验或进行黄曲霉毒素检测以确诊。

5. 防治措施　预防本病的关键是禁喂霉变饲料；加强饲料贮存保管，注意保持通风干燥，防止潮湿霉变。若饲料仓库被黄曲霉菌污染，可用福尔马林熏蒸消毒处理。在饲料中添加霉菌毒素吸附剂。本病治疗无特效药物，但可参考曲霉菌病治疗方法用药。

四、寄生虫病

（一）鹅球虫病

鹅球虫病是由球虫引起的一种寄生虫病，本病多发生于每年天气温暖多雨、湿度大的 3 月至 9 月底。主要发生于 2～7 周龄不同日龄段的雏鹅和仔鹅，尤其是雏鹅，一旦暴发流行，发病率可高达 90%～100%。耐过的病鹅发育不良，成为带虫者，该病对养鹅业危害很大。

1. 病原特点　球虫属于单细胞的原虫，生活史复杂。鹅球虫病分为肾球虫病和肠球虫病二大类。寄生在肾脏的有 1 种球虫，寄生在肠道的有 14 种。肾球虫病的病原为截形艾美耳球虫，其致病力较强，寄生于肾小管上皮，卵囊呈卵圆形，有卵膜孔和极帽，卵囊壁平滑，通常有外残体。肠球虫病的病原有 14 种，其中以柯氏艾美耳球虫致病力最强，其卵囊呈长椭圆形，一端较窄小，具有卵膜孔和极粒，无外残体，内残体呈散开的颗粒状。鹅艾美耳球虫卵囊呈球状，囊壁一层，光滑无色，具有卵膜孔。

2. 流行特点　鹅肠球虫病主要通过消化道感染发病，鹅食入混入饲料、饮水中的具有感染能力的孢子化卵囊而受到感染。感染后，球虫在鹅的肾脏、肠道上皮细胞内进行裂体生殖和配子生殖，损害上皮细胞。该病各种日龄鹅均易感，雏鹅的易感性最高，发病率和死亡率也最高。成年鹅感染，常呈慢性或良性经过，成为带虫者和传染源。该病以潮湿多雨季节多发。鹅舍周围的带虫野禽常常成为传染源。鹅肠球虫病主要发生于 2～11 周龄的幼鹅，以 3 周龄以下的鹅多见。常引起急性暴发，呈地方性流行。发病率 90%～100%，死亡率为 10%～96%。通常是日龄越小发病越严重，死亡率很高。鹅肾球虫病主要发生于 3～12 周龄的幼鹅，发病较为严重，寄生于肾小管的球虫，能使肾组织受严重损伤，死亡率可高达 87%。

3. 临床症状

（1）肾球虫病　多呈急性型，病鹅精神萎靡，极度衰弱，消瘦，羽毛松乱，下水时极易浸湿。病鹅不肯活动，翅下垂，排白色石灰浆样粪便。死亡率达 30%～100%，耐过者，歪头扭颈，步态摇晃，以背卧地。

（2）肠球虫病　病鹅精神沉郁，食欲减退，虚弱，步态不稳，时时摇头甩水，羽毛蓬松，下水时羽毛易浸润，眼无神，腹泻。病轻者多排棕黑色稀粪，病重者排血液或血块，粪便常沾污肛门周围羽毛。病鹅数日后衰竭死亡。

（3）混合感染　呈急性经过，病鹅迅速消瘦，精神呆滞，反应迟钝，步态蹒跚，采食时常甩头。排血样白色稀粪，死亡率极高。

4. 病理变化　肾球虫病可见肾肿大，呈淡灰黑色或红色，肾组织上有出血斑和针尖大小的灰白色病灶或条纹，内含尿酸盐沉积物和大量卵囊。肾小管肿胀，内含卵囊、崩解的宿主细胞和尿酸盐。病灶中含有尿酸盐沉积物和大量虫卵。肾小管体积增大 5～10 倍，其内含有将要排出的寄生虫。肠球虫病可见小肠肿胀，呈现出血性卡他性炎症，尤以小肠中段和下段最为严重，肠内充满稀薄的红褐色液体，肠壁上可能出现大的白色结节或纤维素性类白喉坏死性肠炎。肠腔充满稀薄的红褐色液体，黏膜明显脱落，镜检可见大量虫卵。肝脏肿大，胆囊充盈，有的胰腺亦肿大，充血，腔上囊水肿。

5. 诊断要点　根据症状、流行病学调查、病变及粪便或肠黏膜涂片或在肾组织中发现各发育阶段虫体而确诊。对肾球虫病，应取肾脏上的病灶涂片，滴加适量的饱和食盐水镜检，若发现大量裂殖体和卵囊，即可确诊；对肠球虫病，可取病变部位的肠内容物涂片，加适量的饱和食盐水镜检，发现大量卵囊即可确诊。

6. 防治措施

（1）预防

远离污染区：将鹅群从高度污染地区隔开，不在有球虫卵囊的潮湿地区放牧。

分开饲养：雏鹅必须与成年鹅分开饲养，以减少交叉感染。

搞好清洁卫生和消毒工作：料槽和水槽必须每天清洗、消毒、晾晒。圈舍应定期消毒，鹅舍必须保持干燥，每天必须清除粪便。

保证青绿饲料供给：尤其应供给富含维生素A的青绿多汁饲料。青料不足，应补充复合维生素，以提高对球虫的抵抗力。

适时投放药物：在鹅精料中添加大蒜素以抵抗球虫感染，根据不同日龄补添一些抗球虫药物。

（2）治疗　氯苯胍每千克体重10 mg拌料，每天2次，或者用敌菌净每千克体重30 mg拌料，每天2次，两种药物最好交替使用，连用3～5 d。在饮水中添加阿莫西林控制继发感染，添加量为每千克体重25 mg，每天3次，连用3～5 d。

（二）鹅蛔虫病

鹅蛔虫病是由蛔虫寄生于鹅的小肠内引起的一种寄生虫病。幼鹅与成鹅都可感染，但以幼鹅表现为明显，可导致幼鹅出现生长发育迟缓，腹泻，贫血等症状，严重的可引起死亡。成年鹅主要表现为生长不良，贫血，消瘦等。

1. 病原特性　蛔虫是鹅体内最大的一种线虫，虫体为淡黄白色、豆芽梗样，表皮有横纹，头端较钝，有3个唇片，雌雄异体，雄虫长26～70 mm，雌

虫长 65～110 mm。

虫卵为椭圆形，卵壳表面平滑，大小（70～86）μm×（47～51）μm。蛔虫卵对寒冷的抵抗力很强，而对 50℃以上的高温、干燥、直射阳光敏感。对常用消毒药有很强的抵抗力。在荫蔽潮湿的地方，虫卵可存活较长时间。在土壤中，感染性虫卵可存活 6 个月以上。

2. 流行特点　蛔虫的自然宿主有鸡、火鸡、鸭、鹅、鸽等；3 月龄以下的鹅易感，随着日龄增大，鹅的抵抗力增强。成鹅感染的较少，而且多为隐性感染，但也有种鹅感染较严重的报道，感染强度达 10 条以上。环境卫生不佳，饲养管理不良，饲料中缺乏维生素 A、B 族维生素等，可使鹅感染蛔虫的可能性提高。

3. 临床症状　鹅感染蛔虫后表现的症状与鹅的日龄、感染虫体的数量、本身营养状况有关。轻度感染或成年鹅感染后，一般症状不明显。雏鹅发生蛔虫病后，可表现出生长不良，发育迟缓，精神沉郁，行动迟缓，羽毛松乱，食欲减退或异常，腹泻，逐渐消瘦，贫血等症状。严重的可引起死亡。

4. 病理变化　剖检可见病鹅小肠肠腔内有大量虫体，肠道黏膜水肿或出血，严重的病例肠管可能穿孔或破裂。

5. 诊断要点　根据剖检病鹅肠道内有蛔虫虫体，检查粪便中的蛔虫虫卵，即可确诊。采用饱和盐水浮集法漂浮粪便中的虫卵，载玻片蘸取后镜检，观察虫卵形态与数量。

6. 防治措施

（1）预防　①搞好鹅舍的清洁卫生，特别是垫草及地面的卫生，定期消毒。②及时清除鹅舍及运动场地的粪便并进行发酵处理。③运动场地保持干燥，有条件时铺上一层细沙。④定期驱虫。

（2）治疗　可用下列药物进行驱虫治疗。

磷酸哌嗪片：按每千克体重 0.2 g 拌料。

驱蛔灵（枸橼酸哌嗪）：按每千克体重 0.25 g，在饮水或饲料中添加 0.025%驱蛔灵。必须在 8～12 h 内服完。

四咪唑（驱虫净）：按每千克体重 60 mg 喂服。

甲苯咪唑：按每千克体重 30 mg 一次喂服。

左咪唑（左旋咪唑）：按每千克体重 25～30 mg 溶于半量的饮水中，在 12 h 内饮完。

丙硫苯咪唑（丙硫咪唑）：按每千克体重 10～25 mg 混料喂服。

（三）鹅剑带绦虫病

鹅剑带绦虫病是由矛形剑带绦虫寄生于鹅的小肠所引起的一种寄生虫病，呈全球性分布，往往造成地方性流行。对幼鹅危害严重，临床上表现为下痢，运动失调，贫血，消瘦，严重感染者可造成死亡。

1. 病原特性　本病原为矛形剑带绦虫，属膜壳科，是一种大型虫体，为乳白色。虫体长达 13 cm，呈矛形。头节小，上有 4 个吸盘，顶突上有 8 个小钩，颈短。链体由 20～40 个节片组成，前端窄，往后逐渐加宽，最后的节片宽 5～18 mm，颈短，成熟的节片上有 3 个睾丸，睾丸呈椭圆形，横列于内侧生殖孔的一侧。卵巢和卵巢腺则在睾丸的外侧。生殖孔位于节片上角的侧缘。虫卵为椭圆形，无卵袋包裹。

2. 流行特点　本病分布广泛，世界各地养鹅地区均有发生，多呈地方性流行。本病有明显的季节性，一般多发生于 4～10 月的春末和夏秋季节，而在冬季和早春较少发生。发病年龄为 20 日龄以上的幼鹅。临床上主要以 1～3 月龄的放养鹅群多见，但临床所见的最早发病日龄为 11 日龄，可能在出壳后经饮水感染。轻度感染通常不表现临床症状，成年鹅感染后，多呈良性经过成为带虫者。本病除感染家鹅外，也感染鸭、野鹅以及某些野生水禽。

3. 临床症状　常见有腹泻，食欲减退，生长发育不良，贫血消瘦等。有的鹅头突然倒向一侧，行走摇晃不稳，有时失去平衡而摔倒；夜间有时伸颈，张口，如钟摆样摇头，然后仰卧，作划水动作。发病后期，食欲废绝，羽毛松乱，常离群独居，不愿走动，常出现神经症状，走路摇晃，运动失调，向后坐倒，仰卧或突然倒向一侧不能起立，发病后一般在 1～5 d 后死亡。雏鹅严重感染时常引起死亡。成年鹅感染剑带绦虫后，一般症状较轻。

4. 病理变化　病死鹅瘦弱无膘，病程较长的胸骨如刀。部分病例心外膜有出血点，肝脏略肿大、胆囊充盈、胆汁稀呈淡绿色；肠道黏膜充血，有时出血，呈卡他性炎症；十二指肠和空肠内有多量绦虫，甚至堵塞肠腔；肌胃内较空虚，角质膜呈淡绿色。

5. 诊断要点　检查病鹅粪便中是否有绦虫节片或虫卵，并结合临床症状和尸体剖检，即可做出诊断。用水洗沉淀法检查粪便，如无节片，再将粪渣过滤，涂片镜检可确诊。

6. 防治措施　不要在剑水蚤较多的不流动水域中放牧。不同日龄的鹅应分开饲养，对青年鹅、成年鹅群应实施定期驱虫，一年至少进行两次，通常在春秋季，以减少环境的污染和病原的扩散。常用药物有吡喹酮（每千克体重10～15 mg）、丙硫咪唑（每千克体重50～100 mg）、硫双二氯酚（每千克体重150～200 mg）或氯硝柳胺（每千克体重50～100 mg），一次喂服。也可使用槟榔，每千克体重700 mg，内服或煎服，服后要供给充足的饮水。

五、营养缺乏病

（一）维生素A缺乏症

鹅维生素A缺乏症是指鹅体内因缺乏维生素A或含量不足，不能满足新陈代谢需要而发生的以生长发育不良，器官黏膜损害，上皮角化不全，视觉障碍及胚胎畸形为特征的一种营养代谢病。各种年龄的鹅均可发生，多见于舍饲的鹅，以冬季、早春缺乏青绿饲料时多见。

1. 病因　日粮中维生素A或胡萝卜素含量不足或缺乏而导致。其常见原因如下：

（1）饲料单一　长期使用谷物、油饼、糠麸、糟渣、马铃薯等胡萝卜素含量低的饲料，极易引起维生素A的缺乏。

（2）慢性消化道疾病、消化道有寄生虫寄生及肝脏的疾病　胃肠道的疾病可阻碍维生素A的吸收。由于维生素A是脂溶性的，肝脏的疾病影响脂肪的消化，引起维生素A随未分解的脂肪排泄；另外，肝脏的疾病也会影响胡萝卜素的转化及维生素A的贮存。

（3）饲料中维生素A和胡萝卜素被破坏　饲料长期存放、发热、霉败、酸败、日光曝晒及饲料中缺乏抗氧化剂（如维生素E）等都能引起维生素A和胡萝卜素的破坏、分解。

2. 临床症状　雏鹅发生该病时，生长发育严重受阻，倦怠，消瘦，衰弱，羽毛蓬乱；流黏稠的鼻液，呼吸困难；骨骼发育障碍，行走蹒跚，轻瘫痪或全瘫；脚蹼颜色变浅。成年鹅缺乏维生素A，产蛋率、受精率、孵化率均降低，也可出现眼、鼻的分泌物增多，黏膜脱落、坏死等症状。该病的一个特征性症状是一侧或两侧眼睛流出灰白色干酪样分泌物，继而角膜混浊，软化，穿孔和眼房液外流，最后眼球下陷，失明。病鹅易患消化道和呼吸道疾病，引起食欲不振，呼吸困难等症状。

3. 病理变化　孵化常见死胚和畸形胚较多，胚皮下水肿；胚胎、肾及其他器官常出现尿酸盐沉着，眼部常肿胀。剖检病死雏鹅常见鼻道、口腔、咽、食管、食管膨大部等黏膜上皮细胞被鳞状细胞代替，并发生退行性变化，黏膜表面出现白色坏死灶，不易剥落，严重时融合成一层白色假膜覆盖物。呼吸道黏膜及其腺体萎缩，变性，原有的上皮由一层角质化的复层鳞状上皮代替。眼睑粘连，内有干酪样渗出物。内脏实质器官出现尿酸盐沉积，肾脏肿大，颜色变淡，呈花斑样；肾小管、输尿管充满尿酸盐，严重时心包、肝、脾等表面也有白色尿酸盐沉积。

4. 诊断要点　根据典型临床症状和病理变化特征，结合饲料和饲喂等情况，可以作出初诊。确诊需检测血液和肝脏中维生素 A 含量的高低。

5. 防治措施

（1）预防　①平时要注意饲料多样化，青饲料或禽用多维素必不可少。②根据季节和饲源情况，冬春季节以胡萝卜或胡萝卜缨为最佳，其次为豆科绿叶（如苜蓿、三叶草、紫云英、蚕豆苗等），夏秋季节以菰草等野生水草为最佳，其次为绿色蔬菜、南瓜等。③一旦发现患维生素 A 缺乏症的病鹅，应尽快在日粮中添加富含维生素 A 的饲料，如在配合饲料中增加黄玉米的比例，青绿饲料饲喂不可间断。必须注意的是，维生素 A 是一种脂溶性维生素，热稳定性差，在饲料的加工、调制、贮存过程中易被氧化而失效，应防止饲料酸败、发酵、产热。

（2）治疗　①外源性维生素 A 在体内能够被迅速吸收，因此人工补充外源性维生素 A 后，病鹅症状会很快消失。②群体治疗鹅维生素 A 缺乏症时可采用肌内注射鱼肝油法，体重 250 g 以上的幼鹅每次可肌内注射 1 mL，也可采取在每千克精饲料中添加鱼肝油 20 mL 的方法治疗。

（二）维生素 D 缺乏症

维生素 D 是鹅正常骨骼、喙及蛋壳形成中必需的物质。因此，当日粮中维生素 D 缺乏或光照不足等，都可导致维生素 D 缺乏症，引起鹅钙、磷吸收代谢障碍，临床上以生长发育迟缓，骨骼变软、弯曲、变形，运动障碍及产蛋鹅产薄壳蛋、软壳蛋为特征的一种营养代谢病。成年鹅患病时产蛋减少或产软壳蛋。

1. 病因　该病的主要诱因有四个方面。

（1）长期缺少阳光照射是造成维生素 D 缺乏的重要原因，笼养或长期舍饲的鹅群最易发生。

（2）饲料中维生素 D 的添加量不足或饲料贮存时间太长。

（3）消化道疾病或肝肾疾病，影响维生素 D 的吸收、转化和利用。

（4）日粮中脂肪含量不足，影响维生素 D 的溶解和吸收。

2. 临床症状　雏鹅维生素 D 缺乏时，一般在 3～4 周发病，也有 10 日龄左右出现症状的。病鹅食欲尚好而生长发育不良，两肢无力，行动困难，步态不稳，常以跗关节着地，借以获得休息。关节肿大，骨骼、喙与爪变柔软，弯曲变形，长骨脆弱易折，胸骨弯曲，肋骨与肋软骨结合处肿大呈串珠状，即所谓佝偻病。产蛋鹅在缺乏维生素 D 2～3 个月后才出现症状，产蛋量下降或停产，产薄壳蛋、软壳蛋，种蛋孵化率明显降低，死胚增多，个别母鹅在产出蛋之后，双腿无力，蹲伏数小时后恢复正常。随病情加重，母鹅出现“企鹅式”姿势，以后龙骨、喙、爪逐渐变软，易弯曲，胸骨、肋骨失去正常硬固性，并在背肋、胸肋连接处向内弯曲，在胸部两侧出现一种肋骨内弯现象，即所谓软骨症。

3. 病理变化　特征病变是在肋骨与脊椎骨连接处出现肋骨弯曲，以及肋骨向下、向后弯曲现象，呈 S 形弯曲，长骨变形，骨质变软，易骨折；骨髓腔增大，关节肿大，肋骨与肋软骨的接合部可出现明显球形肿大，排列成串珠状。成年产蛋母鹅可见骨质疏松，胸骨变软，跖骨易折。种蛋孵化率显著降低，早期胚胎死亡增加，胚胎四肢弯曲，腿短，多数死胚皮下水肿，肾脏肿大。慢性病例则骨骼变形，胸骨向一侧弯曲，中部明显凹陷，从而使胸腔体积变小。

4. 诊断要点　根据饲养调查、病史、特征性临床症状和剖检变化，可作出诊断。血液和饲料中钙、磷的测定有助于确诊。同时，应注意与锰、维生素 B_1、维生素 B_2 缺乏症的鉴别诊断。

5. 防治措施

（1）预防　加强饲养管理，密切注意饲料中的维生素 D 及钙、磷的含量，并添加足够量，尽可能增加光照时间。在正常情况下，鹅每千克饲料添加维生素 D_3 200 IU。

（2）治疗　①对发生维生素 D 缺乏症的鹅群，可在每千克饲料中添加鱼肝油 10～20 mL 和 0.5～1 g 多维素添加剂，一般连续喂 2～3 周可逐渐恢复正常。②对重症病鹅可逐只肌内注射维生素 D_3，每千克体重用 15 000 IU；也可注射维丁胶性钙 1 mL，每天 1 次，连用 2～5 d，可收到良好效果。③喂服鱼肝油2～3滴，每日3次，连用1周。此外，对病鹅还应加强饲养管理，增加富含蛋白质和维生素的精料及增加光照量。

（三）维生素E-硒缺乏症

维生素E-硒缺乏症又名白肌症，是鹅的一种因缺乏维生素E或硒而引起的营养代谢病。硒和维生素E缺乏，可使机体出现抗氧化机能障碍，是临床上一种以渗出性素质、脑软化和白肌病等为特征的营养代谢病。临床上主要见于1～6周龄的幼鹅。患鹅发育不良，生长停滞，日龄小的雏鹅发病后常引起死亡。

1. 病因　常见有以下四种原因。

（1）因饲料长期储存，饲料发霉或酸败，或因饲料中不饱和脂肪酸过多等，均可使维生素E受到破坏，活性降低，若用上述饲料喂鹅，极易发生维生素E缺乏，同时也会诱发硒缺乏。饲料中硒严重不足，也同样会影响维生素E的吸收。

（2）球虫病及其他慢性胃、肠道疾病，可使维生素E的吸收利用率降低而导致缺乏。

（3）环境污染，环境中镉、汞、铜、钼等金属与硒之间有颉颃作用，也可干扰硒的吸收和利用。

（4）本病在我国的陕西、甘肃、山西、四川、黑龙江等缺硒地带发生较多，常呈地方性发生。若该地区处于缺硒带，按正常的饲料配方配制饲料喂鹅，也易致该病的发生。

2. 临床症状　雏鹅维生素E缺乏症在临床上主要表现渗出性素质、脑软化和白肌病。

（1）脑软化症　主要见于1～2周龄以内的雏鹅。3～4日龄雏鹅患病，常在1～2d内死亡。主要表现共济失调，头向后方或下方弯曲或向一侧扭曲，向前冲，两腿呈有节律的痉挛（急促地收缩与放松交替发生），但翅和腿并不完全麻痹。最后衰竭而死。

（2）渗出性素质　多发于20～60日龄雏鹅，以20～30日龄为多，主要表现为伴有毛细血管通透性异常的一种皮下组织水肿。轻者表现胸、腹皮下有黄豆大到蚕豆大的紫蓝色斑点；重者，雏鹅站立时两腿远远分开，可通过皮肤看到皮下积聚的蓝色液体。穿刺皮肤很容易见到一种淡蓝绿色的黏性液体，这是水肿液里含有血液成分所致。有时突然死亡。

（3）白肌病（肌营养不良） 多发于4周龄左右的雏鹅，当维生素E和含硫氨基酸同时缺乏时，可发生肌营养不良。表现全身衰弱，运动失调，无法站立，可造成大批死亡。一般认为单一的维生素E缺乏时，以脑软化症为主；在维生素E和硒同时缺乏时，以渗出性素质为主；而在维生素E、硒和含硫氨基酸同时缺乏时，以白肌病为主。雏鹅维生素E缺乏主要表现为白肌病。种公鹅生殖器官发生退行性变化，睾丸萎缩，精子数减少或无精。母鹅所产的蛋受精率和孵化率降低；胚胎常于4～7日龄时开始死亡。

3. 病理变化 患脑软化症的病雏可见小脑柔软和肿胀，脑膜水肿，小脑表面常有出血点，脑回展平，脑内可见呈现黄绿色混浊的坏死区。患渗出性素质的病鹅，可见头颈部、胸前、腹下等皮下有淡黄色或淡绿色胶冻样渗出，胸、腿部肌肉常见有出血斑点，有时可见心包积液、心肌变性或呈条纹状坏死。白肌病病例，可见全身的骨骼肌色泽苍白，胸肌和腿肌中出现条纹状灰白色坏死。心肌变性，色淡，呈条纹状坏死，有时还可见肌胃有坏死。

4. 诊断要点 根据病鹅典型的病理变化（脑软化、渗出性素质和肌营养不良等）可作出初步诊断。脑软化病与脑脊髓炎的区别：脑脊髓炎的发病时间常为2～3周龄，比脑软化症发病早；脑软化症的病变特征是脑实质发生严重变性，可和脑脊髓炎相区别。

5. 防治措施

（1）预防 ①维生素E在新鲜的青绿饲料和青干草中含量较多，籽实的胚芽和植物油等中含量丰富，鹅的日粮中如谷实类及油饼类饲料有一定比例，又有充足的青饲料时，一般不会发生维生素E缺乏症。但这种维生素易被碱破坏，因此，多喂些青绿饲料、谷类可预防发生本病。②在低硒地区，还应在饲料中添加亚硒酸钠。

（2）治疗 ①雏鹅脑软化症，每只鹅每日喂服维生素E 8IU，轻症者1次见效，连用3～4d，为一疗程，同时每千克日粮应添加0.05～0.2mg的亚硒酸钠。②雏鹅渗出性素质病及白肌病，每千克日粮添加维生素E 20IU或植物油5g、亚硒酸钠0.2mg、蛋氨酸2～3g，连用2～3周。③成年鹅缺乏维生素E时，每千克日粮添加维生素E 10～20IU或植物油5g或大麦芽30～50g，连用2～4周，并酌喂青绿饲料。

第八章
浙东白鹅养殖场建设与环境控制

第一节　鹅场选址与建设

一、选址

鹅场场址的选择，关系到经济效益的高低，是养鹅成败的关键。一般要求有利于疫病预防、生产性能发挥和生产成本的下降。鹅场场址的选择要根据鹅场性质、自然条件和社会条件等因素进行综合判断。

（一）水源充足

除了有鹅场饮用、冲洗、灌溉、消防等常规用水外，浙东白鹅需设游水场地。因此，需要有未经污染的充足水源。鹅场建设应该选择水质好、水源充足的场地，在条件许可的情况下，应尽量选择水量大、流动的地面水作为水源。供饮用的水选择自来水，如用地面水需要经人工净化和消毒处理。选用地下水作饮用水时，虽然洁净，但应切实注意，其一般含有某些矿物性成分，硬度较地面水大，有时也会含有某些矿物性毒物。

鹅舍如建在河边或湖滨处，水面尽量宽阔，水深在1～2 m，水面波浪小，上游无污染源，周边环境安静。如是较大河流，应避开主航道，选择支汊或河道内凹处，必须注意水面与养殖量的匹配。水源做到排放流动，否则，长期饲养易引起水质发绿变质，影响鹅的健康，并造成环境污染。养鹅与水产养殖结合，可形成立体养殖和生态循环。无自然水源条件的，可人工开挖池塘或打井，从附近水源引入活水或地下水。规模鹅场不提倡直接在江河、水库、溪流及池塘等水体中养殖，以免粪污排放量超出水体自净能力而引起污染。浙东白

鹅传统依水而养，因此，一般也不提倡旱养，但要求节水养殖。

（二）地势高燥

浙东白鹅虽喜水，但要在高燥的地方休息。鹅舍及陆上运动场的地势应高燥平缓，排水良好，最好向水面倾斜5°～10°，地下水位应低于建筑鹅场地基0.5 m以下。常发洪水地区，鹅舍必须建于洪水水线以上。鹅场应远离屠宰厂、污水源等，与人口密集地保持距离1 000 m以上。鹅舍不能建于低洼、积水等潮湿地区，否则易受有害昆虫、微生物的侵袭。场址土质要求是坚实、渗水性强、未被污染的沙土、沙壤土或壤土，如建于黏土上，则必须在上覆20 cm以上沙质土，否则，雨天会引起排水不良和泥泞，不能保持鹅舍干燥。

（三）坐北朝南

鹅场选址要避开风口，坐北朝南，宜建在向阳缓坡地带。鹅舍尽量建于水源的北边，背风向阳，朝向南面或偏东南面，做到冬暖夏凉，防止冬季吃风，夏季迎西晒。据研究，朝西或朝北建舍与朝南比，其饲料消耗增多，死亡率提高，鹅产蛋率下降。这对小规模粗放管理鹅场尤为重要。

（四）饲草资源

丰富的草源是降低鹅的饲料成本，提高生产性能及鹅肉品质的基础。鹅舍附近能有较宽裕的牧草生产地，使鹅有青绿饲料供应的保障。如在鹅场周边有草地、草坡、林地、果园、滩涂地等条件，则更有利于鹅的放牧，可节省饲料，降低成本。建议鹅场建在种植园中，直接利用种植业副产品和废弃物作鹅饲料，鹅粪还能直接还田，做到农牧循环结合。

（五）交通便捷

鹅场的位置，首先考虑居民的环境卫生，应选择距居民点较远地方，位于住宅区下风向和饮水水源下方，应距交通要道500 m以上。鹅场出入的交通便捷，有利于饲料、鹅产品的运输，在有利于防疫和保持环境安静的条件下靠近主交通干线。此外，还应有水、电和通信条件，尤其是一定规模的养鹅场，在设计和选址时，这些条件必须满足，否则，现代化技术和科学养鹅技术就难以全面应用，严重影响养鹅的经济效益和今后的进一步发展。

二、建设

鹅舍建筑要求冬暖夏凉，空气流通，光线充足，便于饲养，容易消毒和经济耐用，建筑材料应就地取材，以利科学管理和节约成本，鹅舍建筑类型应根据鹅的不同生理阶段、用途、生产目的等进行区分。

（一）鹅场布局

规模鹅场布局一般要分为生活经营区、生产区和隔离区。生活经营区是鹅场经营管理、对外联系及员工生活的场区，包括行政区、生活区、生产管理区等；生产区为养殖区域，根据不同阶段鹅可以分育雏区、育成区、种鹅区（根据鹅场规模和性质还可以分繁殖鹅、后备鹅等），其中的饲料生产贮存、孵化需要单独分区；隔离区是鹅场病鹅、粪便等污物集中处理之处。在分区的基础上，鹅场规划还要整体考虑道路、供电管路、给排水线路、防疫及环境控制等。

1. 布局原则　鹅舍建设布局要以为鹅群提供良好的环境为目标。注重科学实用，鹅舍间保持合理间隔，有利于防疫卫生及区域间的相对隔离，有利于生产的组织管理。鹅群分类分区布局要有利于全进全出制度的执行。规划留有发展余地。

2. 风向与地势　规模鹅场各类鹅舍间的布局要做到因地制宜，科学合理，以节约资金，提高土地利用率，便于生产管理和预防疫病传播。布局时要考虑各类鹅舍和粪便处理的顺序，合理利用风向和地势，达到分区、隔离、不交叉的目的，此外，还要考虑人员生活区对鹅场的影响。因此，设计时首先应按鹅场所处地势的高低和主导风向，将各类房舍依防疫、工艺流程需要的先后次序进行合理安排（图 8－1）。如果地势与风向不一致，按防疫要求又不好处理时，则以风向为主，地势服从风向。一般种鹅舍与自然孵化室相连，接下去是育雏室（要求在上风干燥处），育成、育肥舍相邻，育成结束后可直接迁至育肥舍。一定规模鹅场应设兽医室，鹅粪便清出后应集中堆放在下风处发酵（注意不得露天堆放）。鹅场门口建设消毒池等设施，饲料进出与粪道能分开。

3. 鹅舍的朝向　鹅舍的朝向与通风换气、防暑降温、防寒保暖及采光密切相关。朝向选择适当，能充分利用太阳光和主导风向，有利于生产。浙东白

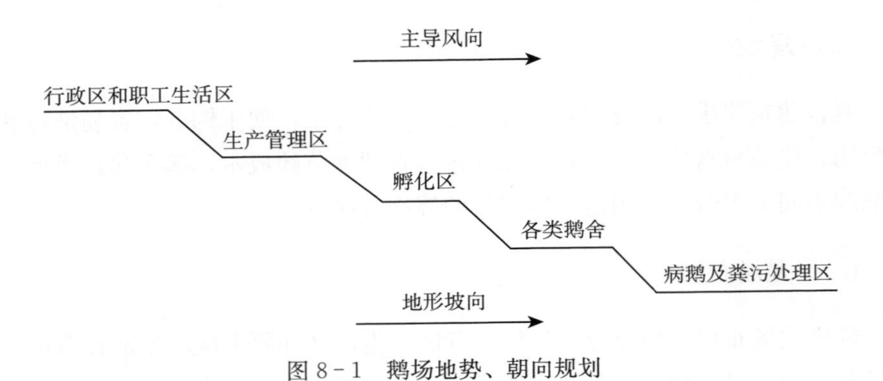

图 8-1　鹅场地势、朝向规划

鹅产区处于亚热带，夏季炎热，冬季寒冷。所以，鹅舍朝向偏南，有利防暑降温和防寒保暖。但选择朝向时存在与主导风向不一致等具体情况，这时就要按照不同的条件，因地制宜。比如有的地区，从鹅舍通风换气角度考虑应朝向西南，但当主导风向不明显时，则应改为朝向东南，有利于夏季防暑降温和冬季防寒保暖。从防止冷风的渗透和加强排污效果等因素综合考虑，鹅舍朝向应取与主风向成 30°～45° 为最适宜。

（二）育雏舍

1. 鹅舍建筑内容　育雏舍一般为 28 日龄内雏鹅的饲养区。雏鹅绒毛稀少，体质比较娇嫩，调节体温能力差。因此，育雏舍要有良好的保温性能，且能保证舍内干燥、空气流通但不漏风。规模养殖应有供温设施。有较大的采光面积，一般窗户与地面面积比为 1∶(10～15) 为好，北窗离地面 100 cm 左右，南窗离地面 60～70 cm。鹅舍高度在 2～2.5 m，后檐高 1.6～1.8 m，前屋檐高 1.8～2.0 m，舍顶有天花板，以增加保温性能，也可设置气窗，便于空气调节。舍内留有合理的保温、照明、通风、饮水、喂料、清粪等设备设施安装空间。鹅舍地面用水泥或砖铺成，有一定倾斜，以便于消毒及冲洗排水，比舍外高 20～30 cm，做到清洁干燥。育雏舍对外通道均应设防兽装置。对育雏日龄较大的，还应有舍外活动场所和游水池，池不宜太深，且应有一定坡度（彩图 17）。

2. 鹅舍面积确定　育雏舍的饲养面积每舍或每栏（圈）80～100 只雏鹅为宜，规模养殖的舍生产单元饲养数以 1 000～5 000 只为宜，设施优良的笼养育雏舍养殖规模可扩大到 10 000～20 000 只。育雏舍大小应根据生产规模确定，一般的地面育雏饲养密度要求1～5日龄为20～25只/m^2，6～10日龄为15～20只/m^2，11～15日龄为12～15只/m^2，16～20日龄为8～12只/m^2，20日龄后密度逐渐下降。

3. 不同育雏方式的建筑结构　随着养殖规模的扩大，育雏要求提高，育雏方式上已开始实施离地育雏和笼上育雏。这些方式育雏，对育雏舍的结构要求更高，但单位面积的饲养密度增加，如采用2～4层笼上育雏，其育雏舍的单位面积可比地面育雏减少1/3左右。此外，育雏舍要保证电力供应稳定，防止突然停电造成损失，经常停电地区要自配发电设备，有条件的安装太阳能装置进行发电或加（保）温。

（三）肉鹅舍（育成舍）

育雏结束后，育成鹅的羽毛开始生长，对环境温度适应能力增强，鹅舍的保温要求不如雏鹅严格，育成阶段鹅的生活力较强，在南方只要建简易的棚架或鹅舍就可以了。要求鹅舍能做到遮雨、挡风，北方地区还要注意防寒。育成舍的建筑结构简单，基本要求是能遮挡风雨、夏季通风、冬季保暖、室内干燥。鹅舍下部能适当封闭，防止敌害。上部敞开，增加通风量，夏季特别要注意散热。南方至42日龄后，可半露宿饲养。因此，鹅舍外应有舍外水陆运动场，鹅舍与陆地运动场面积的比例在1∶2以上。每舍或每栏鹅群可扩大到200～300只，舍内密度6～7只/m^2。

（四）育肥舍

育成期结束后上市的商品鹅经过一段时间育肥能增加体重、肉质和屠宰性能。育肥舍要求环境安静，光线暗淡，通风良好。平养育肥密度为5～8只/m^2。育肥舍中栏圈单位应小些，一般以每群20～50只为宜，不应超过100只。为提高育肥效率，最好选择离地育肥。离地育肥应保证通风、饮水供应充分。

（五）种鹅舍

1. 种鹅舍类型　规模化浙东白鹅种鹅场的种鹅舍一般为开放式，建设类型可以分双列和单列2类。

双列式是运动场设在当中，两边是鹅舍（图8-2），游水池共用，中间栅栏隔开。每栋种鹅舍长 50 m，宽 10 m，运动场宽 21 m，其中游水池宽 1 m。适合于存栏规模 2 000 只以上的大群饲养。

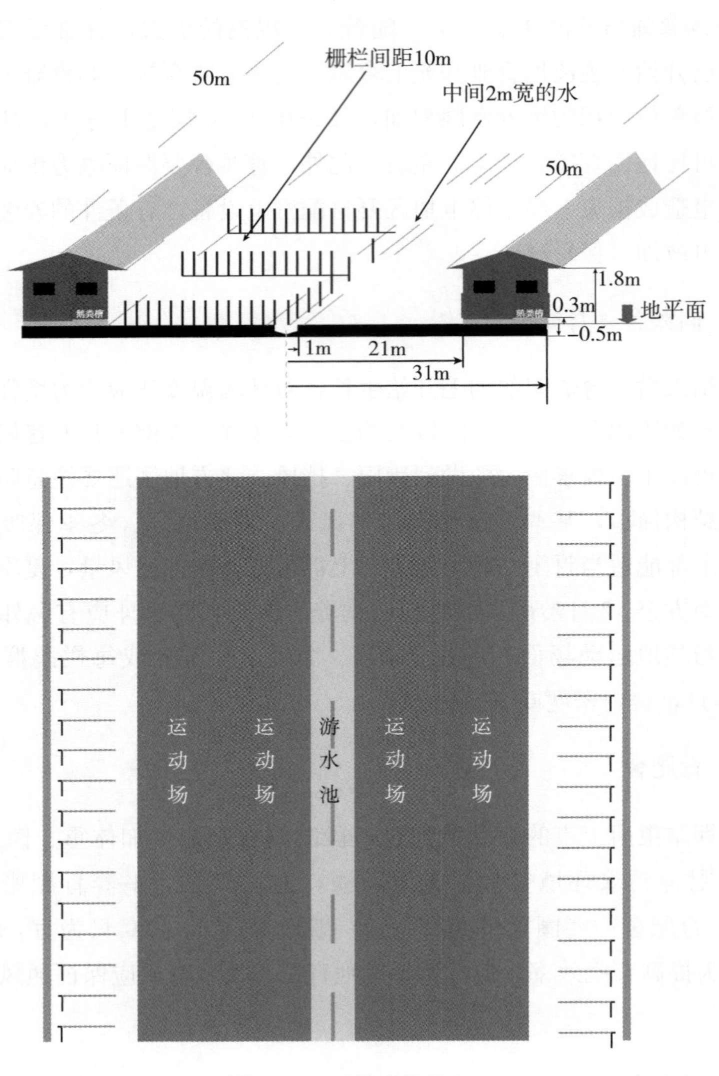

图 8-2　开放式种鹅舍 1

单列式是种鹅舍在当中（图 8-3），两边是运动场，长度 50 m，宽 11.6 m，中间过道 1.6 m，运动场 8.2 m，其中游水池 2 m，适合于小群饲养。浙东白鹅保种场、选育场需要小栏饲养，也适宜用单列式鹅舍。

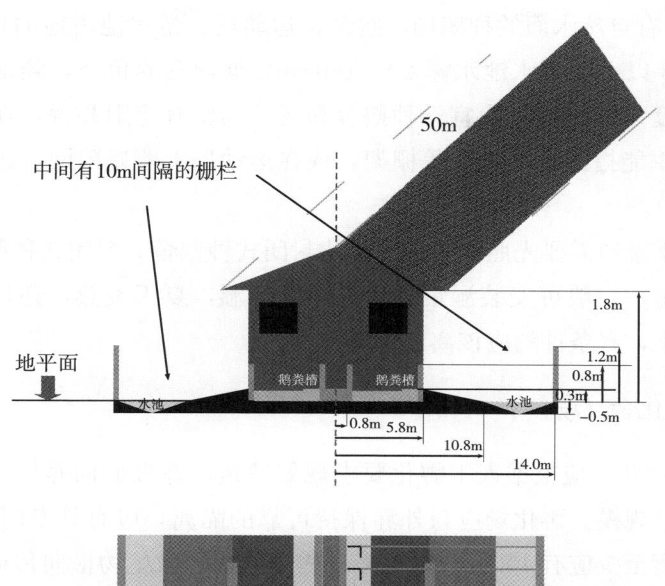

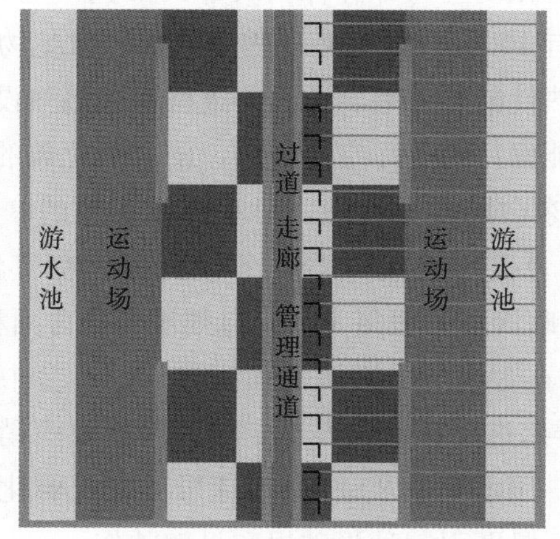

图 8-3　开放式种鹅舍 2

2. 建设内容　**种鹅舍建筑视地区气候而定。浙东白鹅在南方可以露天圈养，种鹅舍内设产蛋窝。种鹅舍要有较好的防寒散热性能，光线充足。一般舍檐高 1.8～2 m，采光面积与舍内地面面积比为 1∶(10～15)。种鹅舍内应清洁、干燥，靠产蛋箱（窝）处光线要暗。一般鹅舍、运动场的比例为 1∶(2～2.5)，种鹅舍的饲养密度为 2～2.5 只/m^2，陆地运动场较大的，达到 1∶(3～3.5) 或 1∶(4～6)，分别可增加到 4～5 只/m^2 和 6～8 只/m^2，但群体不能过大。每群大小以 400～500 只为宜，也可以 1 000～2 000 只，过大增加管理难度，影响种蛋受精率。运动场中建戏水池（游水池），宽度 1～2 m，水深 30～**

40 cm 为宜。有自然水面的种鹅场，鹅舍、运动场、游水池占地的比例为 1∶(2～2.5)∶3 以上，游水池水深 80～150 cm，塘内套养鱼类，陆地至水面连接坡面的坡度以 15°～35°为宜。种鹅舍和运动场要有遮阳装置，在周围种植落叶树，夏季能搭葡萄、丝瓜等棚架，或在运动场上覆遮阳网，进行遮阴防暑（彩图 18）。

实施错季繁殖需要光照调控的，要建封闭式种鹅舍。封闭式种鹅舍要设通风、降温设施，一般可安装湿帘进行通风、降温，夏天炎热，还可再装冷风机，地面硬化，有条件的应该离地饲养。

（六）孵化舍（场）

1. 人工孵化　应根据人工孵化要求规划建筑，并根据饲养规模和发展计划设定孵化场规模。孵化场应与外界保持可靠的隔离，应有其专门的出入口，与鹅舍的距离至少应有 150 m，以免来自鹅舍的病原微生物横向传播。孵化场应具有良好的保温隔热性能，外墙、地面要进行保温隔热设计。孵化厅要求有机械通风换气设备，能保持孵化厅空气清洁，使二氧化碳的含量低于 0.01%。

2. 自然孵化　浙东白鹅就巢性强，对小规模养殖的一些地方还实行母鹅自然孵化。自然孵化舍要求环境安静，冬暖夏凉，空气流通。窗离地面高 1.5 m，舍内光线适当暗淡。一般每 100 只母鹅需孵化舍面积 12～20 m^2，舍内安放孵化窝（巢），窝在舍内一般沿墙平面排列安放，舍中安放的，各列间距为 30～40 cm，便于孵鹅进出和操作人员走动。饲养规模稍大的，为节约孵化舍，可进行层叠孵化，用木架做 2～3 层，让母鹅在上孵化，但操作时必须人工捉放，防止母鹅自行跳跃引起种蛋破损和母鹅跌伤。

第二节　鹅场设施

一、养殖设施

（一）育雏设备

1. 自温育雏用具　浙东白鹅传统养殖采用自温育雏，利用箩筐或竹围栏作挡风保温器材，依靠雏鹅自身发出的热量达到保温的目的。自温育雏设备用具简单且经济，适用于农家养殖小规模育雏。

（1）自温育雏箩筐　分两层套筐和单层竹筐两种。两层套筐由竹片编织而成的筐盖、小筐和大筐拼合而成。筐盖直径 60 cm，高 20 cm，作保温和喂料用。大筐直径 50～55 cm，高 40～43 cm；小筐的直径比大筐略小，高 18～20 cm，套在大筐之内作为上层。大、小筐底铺垫草，筐壁四周用草纸或棉布保温。每层可盛初生雏鹅 10 只左右，以后随日龄增大而酌情减少。这种箩筐还可供出雏和嘌蛋用。另一种是单层竹筐，筐底和周围用垫草保温，上覆筐盖或其他保温物。筐内育雏，喂料前后提取雏鹅出入和清洁工作等十分烦琐。浙东地区小规模育雏用稻草编织的鹅篰一般直径 60～80 cm，篰高 50 cm，内覆布毯，其保温防湿性能很好，用后在阳光下曝晒后可作下次用。

（2）自温育雏栏　在育雏舍内用 50 cm 高的竹编成的篾围，围成可以挡风的若干小栏，每个小栏可容纳 100 只雏鹅以上，以后随日龄增长而扩大围栏面积。栏内铺上垫草，篾上架以竹条盖上覆盖物保温，此法比在筐内育雏管理方便。

2. 给温育雏设备　给温育雏设备多采用热风（水）管、地下炕道、电热育雏伞或红外线灯等给温。优点是适用于寒冷季节大规模育雏，可提高管理效率。

（1）热风（水）管给温　适合一定规模的育雏舍应用，一般使用锅炉（煤、天然气、油、电）提供热源，设备包括锅炉、管道、散热器、温控仪等。通过锅炉加热管道中的水或空气等媒介，由管道送入育雏室中，用风机散热器或管道自然散发热量，自动温控仪根据育雏室保温要求，调节散热量，维持育雏室温度。热风（水）管给温清洁、便捷、易控温，是规模化育雏的首推方法，但小规模育雏受投资成本等影响，建议使用太阳能保温。

（2）炕道育雏　分地上炕道式与地下炕道式两种。由炉灶与火炕组成，均用砖砌，大小长短数量需视育雏舍大小形式而定。地下炕道较地上炕道在饲养管理上方便，故多采用。炕道育雏靠近炉灶一端温度较高，远端温度较低，育雏时视日龄大小适当分栏安排，使日龄小的靠近炉灶端。炕道育雏设备造价较高，热源要专人管理，燃料消耗较多。

用煤饼或煤球炉加温有成本低、操作简便的优势。用高 50～60 cm 的小型油桶割去上下盖，在下端 30 cm 处安上炉栅和炉门，上烧煤饼（球），再盖上盖，盖上接散热管道。一般一次能用 1 d，每个炉可保温 20 m^2 左右（视气温和保温要求定）。但使用时，一定要保证炉盖的密封和散热管道的畅通，并接至室外，否则会造成煤气中毒。

（3）电热育雏伞　用铁皮或纤维板制成伞状，伞内四壁安装电热丝作热源。有市售的，也可自制。一个铁皮罩，中央装上供热的电热丝和2个温度自动控制仪，悬吊在距育雏地面50～80 cm高的位置上，伞的四周可用20 cm高的围栏围起来，每个育雏伞下，可育雏200～300只，管理方便，节省人力，易保持舍内清洁。

（4）红外线灯给温　采用市售的250 W远红外线灯泡，悬吊在距育雏地面50～80 cm高度处，每2 m^2 面积挂1个（1周后减半），不仅可以取暖，还可杀菌，效果良好。此外，太阳能加热和目前市场上有的电热板等加温、保温器材都可以因地制宜地利用。

对大规模育雏，应采用锅炉热风保温，锅炉加热管道中的空气或水，再把热空气或热水用管道送到育雏室内，通过由自动温控的散热器，控制热空气或热水流量，使育雏室保持恒温。

（5）育雏给温方式选择原则　育雏给温方式及给温设备的类型、数量的选择除了考虑育雏室面积、育雏规模、经济效益等主要因素外，还须考虑育雏室通风、排湿等因素，因为育雏温湿度和风速之间具有很大的相关性，以表8-1可见，不同湿度（RH）不同风速时鹅的体感温度不同。

表8-1　不同湿度和风速时体感温度

室温/℃	RH/%	体感温度/℃					
		0 m/s	0.5 m/s	1.1 m/s	1.5 m/s	2.0 m/s	2.5 m/s
35	30	35.0	31.6	26.1	23.8	22.7	22.2
	50	35.0	32.2	26.6	24.4	23.3	22.2
	70	38.3	35.5	30.5	28.8	26.1	25.0
	80	40.0	37.2	31.1	30.0	27.2	25.2
32.2	30	32.2	28.8	25.0	22.7	21.6	20.0
	50	32.2	29.1	25.5	23.8	22.7	21.1
	70	35.5	32.7	28.8	27.2	25.5	23.3
	80	37.2	35.0	30.0	27.7	27.2	26.1
29.4	30	29.4	26.1	23.8	22.2	20.5	19.4
	50	29.4	26.6	24.4	22.8	21.1	20.0
	70	31.6	30.0	27.2	25.5	24.4	23.3
	80	33.3	31.6	28.8	26.1	25.0	23.8

（续）

室温/℃	RH/%	体感温度/℃					
		0 m/s	0.5 m/s	1.1 m/s	1.5 m/s	2.0 m/s	2.5 m/s
26.6	30	26.6	23.6	21.6	20.5	17.7	17.7
	50	26.6	24.4	22.2	21.1	18.9	18.3
	70	28.3	26.1	24.1	23.3	20.5	19.1
	80	29.4	27.2	25.5	23.8	21.1	20.5
23.9	30	23.9	—	—	—	—	—
	50	23.9	22.8	21.1	20.0	17.7	16.6
	70	25.5	24.4	23.3	22.2	20.0	18.8
	80	26.1	25.0	23.8	22.7	20.5	20.0
21.1	30	21.1	18.9	17.7	17.2	16.6	15.5
	50	21.1	18.9	18.3	17.7	16.6	16.1
	70	23.3	20.5	19.4	18.8	18.3	17.2
	80	24.4	21.6	20.0	18.8	18.8	18.3

（二）饲喂设施

应根据鹅的品种类型和不同日龄，配以大小和高度适当的喂料器和饮水器，要求所用喂料器和饮水器适合鹅的平喙型采食、饮水特点，能使鹅头颈舒适地伸入器内采食和饮水，但最好不要使鹅任意进入料、水器内，以免弄脏。其规格和形式可因地而异，既可购置专用料、水器，也可自行制作，还可以用木盆或瓦盆代替，周围用竹条编织构成。

雏鹅的喂料器和饮水器尺寸见表 8-2。40 日龄以上鹅饲料盆和饮水盆可不用竹围，盆直径 45 cm，盆高 12 cm，盆面离地 15～20 cm。种鹅所用的饲料器多为木制或塑料，圆形如盆，直径 55～60 cm，盆高 15～20 cm，盆边离地高 28～38 cm；也可用瓦盆或水泥饲槽，水泥饲槽长 120 cm，上宽 43 cm，底宽 35 cm，槽高 8 cm。育肥鹅用木制饲槽，上宽 30 cm，底宽 24 cm，长 50 cm，高 23 cm。

表 8-2　雏鹅用喂料器、饮水器尺寸

日龄	盆直径/cm	盆高/cm	竹条间距离/cm	饲喂鹅数/只
1～10	15	5	2.5	14～16
11～20	22	7	3.5	13～14
21～40	28	9	4.5	13～14

软竹围可圈围1月龄以下的雏鹅，竹围高40～60 cm，圈围时可用竹夹子夹紧固定。一个月龄以上的中鹅改用围栏，围栏高60 cm，竹条间距离2.5 cm，长度依需要而定。

（三）产蛋巢或产蛋箱

一般生产鹅场多采用开放式产蛋巢，即在鹅舍一角用围栏隔开，地上铺以垫草，让鹅自由进入产蛋和离开，或制作多个产蛋窝或箱，供鹅选择产蛋。也可以用高度适合的塑料箱作产蛋箱，方便清洁消毒。

种鹅场如作母鹅个体产蛋记录，可采用自动关闭产蛋箱。箱高50～70 cm，宽50 cm，深70 cm。箱放在地上，箱底不必钉板，箱前开以活动自闭小门，让母鹅自由入箱产蛋，箱上面安装盖板，母鹅进入产蛋箱后不能自由离开，需集蛋者在记录后，再将母鹅捉出或打开门放鹅。

二、环境卫生设施

鹅场环境卫生对养鹅生产及鹅场周边环境保护十分重要，也是标准化生产的基础。

（一）隔离设施

鹅场隔离设施具有防护功能，避免人畜擅自进入鹅场内。鹅场可以用绿化带进行隔离，也可用篱笆（竹木、铁丝网等）、围墙隔离，有条件的还可以在鹅场外围增加水体（自然河流或开挖水渠、水沟）隔离。采用的隔离方法和设施应根据鹅场周边环境和鹅场性质、规模等确定。

（二）粪便处理

一般规模鹅场产生的粪便可用堆积发酵法处理，在鹅场下风方搭建粪便堆积发酵棚，发酵棚不能漏雨，棚内不积水，周边用墙围起。较大规模场可建造粪便有机肥料厂，也可建沼气池，生产沼气作鹅场能源，沼渣沼液再进行利用。鹅粪还可生产蚯蚓、食用菌。

（三）污水处理

鹅场产生的污水可进行沼气发酵处理，建造三级生物沉淀池，污水经沉淀池生物氧化后，进行生态循环利用，用于作物灌溉或养鱼，也可通过种植莲藕、水葫芦等进行生物吸收后，达到排放标准。

（四）病死鹅处理

鹅场必须建有病死鹅无害化处理设施。其他废弃物也应有专门处理设施或方法。

三、大棚发酵床

为了更好地控制养鹅场生态环境，发酵床养鹅开始兴起。中小规模的浙东白鹅种鹅和肉鹅养殖场可以采用。

大棚发酵床鹅舍简单，生态，造价低。搭建大棚以东西向为好。大棚一般长 20～30 m，宽 6～8 m，高 2.2～2.5 m，呈拱形。以 24 m×8 m 的大棚为例，面积为 192 m^2，大棚主架钢管直径 2 mm，20 m×8 m 的大棚需 72 根，间隔 63 cm，顶层用 10 mm 厚的橡胶泡沫、厚密度农膜、草苫及遮阳网，若地面上架网片，则需用直径 6 cm 左右的木条和竹片作支架。发酵床可使用简单柱子、水泥瓦为结构。

1. 地上式　鹅舍的四周，用相应的材料（如砖块、土坯、土埂、木板或其他当地可利用的材料）做 30～40 cm 高的挡土墙遮挡垫料，地面要求是泥地，垫料厚度为 30～40 cm，填料中拌入菌种（微生态制剂）。发酵填料要经常翻动，防止板结，影响透气性。每次养殖结束，填料可以作为有机肥使用，也可以经过太阳暴晒后重复使用。

2. 半地下式　地势高燥地方可以采用半地下式，增加大棚高度。大棚内地面低于棚外 15 cm，挖出的泥土，在四周设挡土墙。放入填料 30～40 cm，填料中拌入菌种（微生态制剂）。管理方法与地上式相同。

3. 温湿度调控　充分利用大棚的阳光控制温度，上覆薄膜、遮阳网，配以摇膜装置，棚顶每 5 m 或全部设置天窗式排气装置，天热可将四周裙膜摇起散热。冬天温度下降，则可利用摇膜器控制裙膜的高低，来调控舍内温、湿度。冬天可将朝南遮阳网提高，以增加阳光的照射面积，达到增温目的。育雏时，要在大棚内搭小棚，并根据气温，提供适当的热源进行保温。

4. 通风　大棚发酵床可以使用传统的风机进行机械通风，或者自然通风。

（1）垂直通风　大棚顶部，必须每隔几米留有通气口或天窗，可以由两块塑料薄膜组成，一块固定，另外一块为活动的，打开通风口时，拉动活动的塑料薄膜，露出通风口，发酵产气可以直接上升排走，并起到促进空气对流的作用，并可垂直通风；在夏天可以利用这一通风模式。

（2）纵向通风　利用摇膜器，掀开前后的裙膜可横向通风；把鹅棚两端的门敞开，可实施纵向通风。自然通风不需要通风设备，也不耗电，是资源节约型的。

四、其他设施

（一）孵化设备

孵化设备包括传统孵化设备（孵窝）和机械孵化设备。

1. 孵窝　采用自然孵化方式的，要设孵窝（筐）。各地用的鹅孵窝规格不相一致，原则是鹅能把身下的蛋都搂在腹下即可。孵窝上径 40～43 cm，下径 20～25 cm，高 40 cm。一般每 100 只母鹅应备有 25～30 只孵窝。孵窝内围和底部用稻草或麦秸柔软保温物作垫物。在孵化舍内将若干个孵窝连接排列一起，用砖和木板或竹条垫高，离地面 7～10 cm，并加以固定，防止翻倒。为管理方便，每个孵窝之间可用竹片编成的隔围隔开，使赖抱母鹅不互相干扰打架。孵窝排列方式视孵化舍的形式大小而定，力求充分利用，操作方便。

设计和建造孵窝时必须注意以下几点：①用材省、造价低；②便于打扫、清洗和消毒；③结构坚固耐用；④大小适中；⑤能和鹅舍的建筑协调起来，充分利用鹅舍面积来安排孵窝；⑥必须方便日常操作；⑦母鹅在里面孵化能感到舒适；⑧能减少母鹅间的相互侵扰；⑨有利于充分发挥种鹅的生产性能。

2. 自动孵化器　各地都有鹅用孵化器生产，根据生产规模需要选择型号、规格。

（二）饲料生产调制设施

（1）饲料加工设备　饲料加工机械、制粒机械。

（2）青饲料生产设施　饲草收割设备、青绿饲料切碎设施。

（三）运输屠宰设施

1. 运输笼　用作育肥鹅的运输，铁笼、塑料笼或竹笼均可，每只笼可容纳8～10只，笼顶开一小盖，盖的直径为35 cm，笼的直径为75 cm，高40 cm。雏鹅运输盒一般用瓦楞纸制作，高度25 cm，大小视每盒放雏鹅的数量定，短距离可每盒20～50只，远距离每盒10～20只，每平方米纸盒面积雏鹅数为300～350只。雏鹅小规模运输一般用竹筐，筐底垫少量稻草等垫料，以每筐20～25只为宜。

2. 屠宰加工设施　规模较大的养鹅企业或产业化经营单位要配有屠宰加工厂，并有相应的屠宰加工设施。

第三节　养殖环境控制

一、环境控制因素

（一）太阳辐射

光照时间与强度结合环境温度，影响浙东白鹅的繁殖，在自然情况下，种鹅随着光照时间增加，气温提升，太阳辐射程度增强，母鹅于5月停止产蛋，公鹅性欲下降，停止交配。5、6月出雏的肉鹅，传统放牧条件下，虽有丰盛的饲草，但生长缓慢，此批鹅俗称“晒死鹅”。浙东白鹅一般露天饲养，太阳辐射对其有较大影响，尤其是夏天，阳光直射影响鹅的健康，遮阳降温措施不到位，鹅食欲下降，活动减少，容易发生日射病、热射病。对此，露天饲养种鹅的运动场要设遮阳设施，如种植白杨、梧桐、泡桐等树种，搭葡萄棚、丝瓜棚，拉遮阳网等，减少阳光的直接照射，降低地面温度。放牧的肉鹅要做到早出晚归，中午让鹅在背阴处休息或游水。

（二）环境温度

环境温度与太阳辐射密切相关，浙东白鹅虽有较强的耐寒、耐热性，但高温会引起采食量下降。夏季天气闷热时，饲养密度较高的，在鹅舍、运动场配备扬风扇等空气流通设施，可以起到降温降湿和通风换气作用。相反，低温可造成雏鹅受冻，影响生产速度，引起鹅群参差不齐，降低育成率，严重的诱发传染病，损失更大。研究观察结果分析，骤然降温影响浙东白鹅的产蛋性能。

（三）环境湿度

浙东白鹅虽然是水禽，但生活环境需要干燥，湿度过大影响生产性能发挥

和健康。浙东地区气候环境使浙东白鹅能够适应高温高湿气候，但对低温高湿抵抗能力相对较弱。高湿度对雏鹅生长影响较大。

（四）气流、气压

浙东地区台风等强对流天气，对浙东白鹅应激程度较轻，但强台风来临要做好防范措施，防止鹅场水淹或围墙倒塌、隔离设施损坏，发生鹅只逃逸、压伤、压死。冬季强冷空气带来的大风降温会影响种鹅产蛋性能，鹅场建设应该考虑鹅不受东北风直吹。浙东白鹅能够适应低气压环境，但高湿度环境下持续低气压影响鹅的健康。

（五）尘埃、有害生物

通常情况下，浙东白鹅养殖环境不会发生尘埃污染。为减少鹅舍内尘埃及病原微生物、蚊、蝇、鼠等其他有害生物污染源，养殖场应远离粉尘产生地。养殖地面要铺上一定厚度的垫草，或网上养殖，运动场地面需要硬化，并建立打扫制度，保持清洁。不用发霉的垫草和饲料，制定环境消毒制度、蚊蝇消杀及灭鼠制度。

（六）有害气体

NH_3、H_2S、CO_2 等有害气体对浙东白鹅生活有一定影响。育雏、育成、封闭式种鹅舍等鹅舍密闭度好的，易造成有害气体积累，影响鹅的生长发育和产蛋等生产性能。因此，养殖场所要保持地面垫草干燥，减少有害气体产生，并进行通风，减少鹅舍内有害气体积累。

（七）噪声

环境噪声影响鹅的生活、生产活动。浙东白鹅历史上曾作为警戒用，对环境噪声敏感度很强，突发噪声很容易引起育雏、育成鹅应激，表现恐慌、逃窜和打堆，造成伤亡。成年浙东白鹅由于其群居性强，噪声耐受能力也较强，据观察，如鹅场周边的开山爆破等长时间的高噪声一般不会造成产蛋量的明显下降，但畸形蛋率增多，受精率、孵化率等繁殖性能会受一定影响。

二、废弃物减量化

鹅业生产经营生产的废弃物减量化，可以减少养殖风险，防止养殖污染，降低无害化处理成本。

（一）减量化原则

1. 源头减量化　在开展鹅业生产经营活动源头开始，注意节约资源和减少污染，用较少的原料、能源投入来达到既定的生产经营目的。

2. 力求资源化　对废弃物进行充分回收，尽量实现再生资源化及循环利用，减轻废弃物治理压力。

3. 处置生态化　鹅场废弃物处置要遵循生态循环原理，坚持生态化处理为主原则。单纯采用工业化处理，不但成本大幅度提升，还可能引起新的污染。

（二）减量化途径

1. 生产工艺合理　鹅场广泛应用干湿分离、雨污分流设施，改善运动场废水、鹅粪等处理工艺。

2. 养殖结构调整　对鹅场的养殖结构进行合理调整，种鹅与肉鹅不能混养，商品肉鹅生产尽量做到全进全出，集中处理废弃物。

3. 饲养管理科学　采用科学的饲养管理技术，提高饲料利用率，减少粪便产生量。专用饮水器减少水资源浪费及污水产生量。

4. 生态化、资源化技术应用　应用先进的废弃物生态化、资源化利用技术，开展可再生利用技术研究，如鹅场养殖用水养鱼及生态再循环利用，鹅粪作为肥料资源、饲（饵）料资源、燃料资源开发，将废弃物变废为宝，减少废弃物的处理量，降低处理难度和处理成本。

（三）控制途径

1. 产前控制　从事浙东白鹅生产经营者首先要树立牢固的环保法律意识，坚持清洁生产理念。做好鹅场规划，鹅舍布局合理，配套功能齐全。搞好鹅场环境绿化，净化空气。

2. 产中控制　采用先进的饲养管理方式，如商品肉鹅的分段饲养、全进全出方式，应用日粮全价配合、节料饲养等技术，通过营养调控、微生物制剂应用等，减少粪便产生数量与有机物浓度，应用饲料加工调制技术，减少饲喂浪费。完善生产设施，降低废弃物产生排放量。改进废弃物收集、处理方法，降低废弃物处理成本。

3. 产后处理　针对鹅场及生产经营产生的废弃物特性，遵循综合利用优先，减量化、无害化、生态化、资源化原则，充分发挥利用废弃物的肥力、能量资源，开拓一条资源开发和废弃物处置相结合的道路。

三、废弃物利用与无害化处理

养鹅生产在为人类提供产品的同时，也会产生废弃物，如粪尿、生产污水、死胚、蛋壳、因病死亡的尸体、用过的垫料、鹅场及鹅舍内的有害气体、尘埃等。这些废弃物中，数量最大的是粪尿和污水，它们不经处理或处理不当会污染环境，若经适当处理或转化则可充分利用粪尿、污水中的可利用物质，变废为宝（图 8－4）。

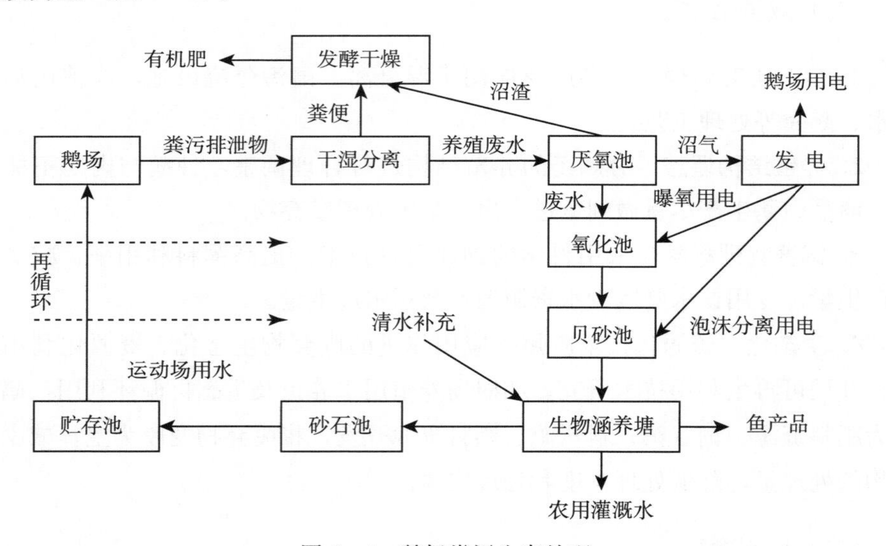

图 8－4　鹅场粪污生态处理

（一）废水处理与水体保护

浙东白鹅与水的关系十分紧密，在养殖生产中会产生废水。鹅场废水虽然有机物浓度大幅度低于猪场等畜牧场产生的污水，但规模鹅场长期直接排放，可引起周边水体有机物的积聚，产生污染。应对规模鹅场废水的综合处理，实现达标排放或循环利用（零排放），达到环境保护目的。废水的处理方法一般有 3 类。

（1）物理处理　利用污水的物理特性，用沉淀法、过滤法和固液分离法将污水中的有机物等固体物分离出来，经两级沉淀后的水可用于浇灌作物、果树或养鱼。

（2）化学处理　将鹅场污水用酸碱中和法进行处理后再加入胶体物质，使污水中的有机物等相互凝结而沉淀，或直接向污水中加入氯化消毒剂生成次氯酸而进行消毒。

（3）生物处理　利用污水生产沼气或用微生物分解氧化污水中的有机物，动植物吸收利用水中有机养分，达到净化污水的目的。目前我国已有牧场采用专门的处理系统对粪尿和污水进行生物无害化处理，但系统性较差，成本高。

鹅场的养殖用水以运动场废水为主，收集的废水通过生物综合净化处理，方法简便、投入少，在处理过程中不影响鹅场环境卫生，不污染周边环境，并尽可能实现生态循环利用（图 8－5）。

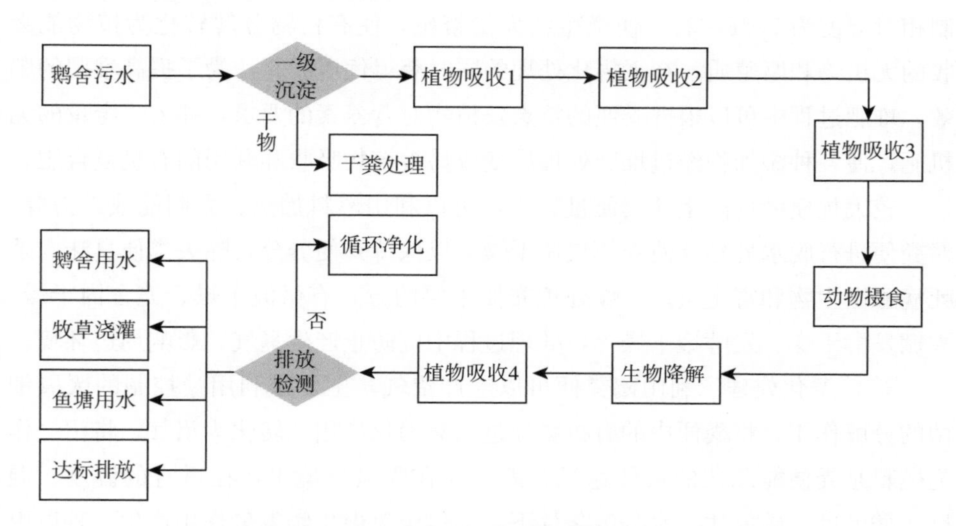

图 8－5　鹅场用水处理与循环利用

（二）粪便清理与利用

据测定，一只种鹅每天平均排粪 0.194 kg，全年排粪量约 70.8 kg。肉鹅按饲养期 70 d，平均成年鹅 1/3 当量计，每只排粪量约 4.5 kg。对规模养殖场来说，有较大的排粪量。浙东白鹅养殖所用饲料是含高碳水化合物的谷类饲料和粗纤维含量高的糠糟类饲料以及牧草。因而鹅粪具有色黄、纯净、氨气少的特点。晒干的鹅粪经浙江省饲料公司饲料研究室测定，含水分 11.3%，粗蛋白质 12.05%，粗脂肪 0.83%，粗纤维 30.05%，无氮浸出物 29.48%，灰分 16.29%，钙 0.18%，磷 0.59%，表明鹅粪含有较丰富的剩余营养，有再利用的价值。

1. 清理　常规养殖情况下，鹅场粪便通过清扫集中，做到每天清理。笼养或网上养殖的，粪便落入网、笼下，不与鹅直接接触，可以定期清理，肉鹅为一个养殖周期（从进到出）清理一次，种鹅根据网、笼结构和环境气候状况，在气味、渗水或疫病防控要求容许情况下，也可以一个产蛋年清理一次。鹅粪清理干净后，要进行清洗消毒，肉鹅舍需有一定的空栏期。

2. 堆积发酵　鹅粪中含有大量未消化吸收的营养物质。清理出的鹅粪在发酵棚内堆积发酵，粪便在堆肥过程中，产生 60～80℃的温度，可以有效杀死其中各种病原体和寄生虫卵。鹅粪与其他有机物如秸秆、杂草混合堆积，控制相对湿度为 70%左右，使微生物大量繁殖，使有机物分解转化为植物能吸收的无机物和腐殖质，在无害化处理的同时获得优质肥料。为了提高堆肥的肥效，堆肥过程中可以根据粪便的特点及植物对营养素的要求，拌入一定量的无机肥，使各种添加物经过堆肥处理后变成易被植物吸收和利用的有机复合肥。

较大规模鹅场产生的粪便量较大，可以利用燃料加热、太阳能或风力等，对粪便进行脱水处理，使粪便快速干燥，以保持粪便养分，除去粪便臭味，杀死病原微生物和寄生虫。干燥处理粪便主要的方式有微波干燥、笼舍内干燥、大棚发酵干燥、发酵罐干燥等，处理过程中应防止产生臭气，影响周边环境。

3. 能源化处理　利用鹅粪便可以生产沼气，主要是利用受控制的厌氧细菌的分解作用，将粪便中的有机物经过厌氧消化作用，转化为沼气。将沼气作为燃料是粪便能源化的最佳途径。鹅粪便在厌氧环境中，在适宜的温度、湿度、酸碱度、碳氮比、水分等条件下，通过厌氧微生物发酵作用产生一种以甲烷为主的可燃气体。其优点是无须通气，也不需要翻堆，能耗省、维护费低。通过厌氧微生物处理可去除大量可溶性有机物，杀死传染性病原，有利于降低传染性疾病发生和提高生物安全性。沼气生产中的沼渣、沼液可以通过科学手段进行综合利用。其中，发酵原料或产物可以产生优质肥料，沼气发酵液可作为农作物生长所需的营养添加剂。

4. 饲（饵）料化利用　由于浙东白鹅肌胃发达，采食能力强，且消化道短，产生的粪便量大，粪便中纤维素含量高，新鲜鹅粪经微生物处理后可以作为水产养殖饵料，投入到水体中，有利于水中藻类的生长和繁殖，使水体能保持良好的鱼类生长环境。但要注意控制水体的富营养化，避免使水中的溶解氧耗竭。水体中放养的鱼类应以滤食性鱼类（如鲢、鳙）和杂食性鱼类（鲫、草鱼、鲤、鳊）为主。在粪便的施用上，应以腐熟后为宜，直接把未经腐熟的粪便施于水体常会使水体耗氧过度，使水产动物缺氧而死。鹅粪还可以养殖蚯蚓、蝇蛆等。

（三）病死鹅处理

鹅场的病死鹅在查明原因后，可以进行深埋、化尸等处理。若为传染病死亡的鹅必须经 100℃高温熬煮处理消毒或直接与垫料一起在焚烧炉中焚烧。有条件的地方可以进入病死动物无害化处理厂（场）集中处理，鹅场把病死鹅在专用冷藏柜内冷藏，定期送处理厂处理，运输死鹅或死胚的容器应便于消毒密封，以防在运输过程中污染环境。

（四）有害生物消杀处理

对鹅有害的病毒、细菌、真菌、寄生虫、蚊蝇等有害昆虫，鼠类等生物要予以消杀处理。在加强饲养管理、保障鹅群健康的基础上，鹅场应建立并严格执行清洁卫生和定期消毒制度，减少或消灭有害微生物。鹅场内蚊子、苍蝇、老鼠等不但骚扰鹅的生产生活，还是病原微生物的携带传播者，此外，如生产过多的蚊蝇还要影响周边居民的生活。因此，必须有消杀处理措施和制度，根据其繁殖特性与繁殖季节，有针对性地开展消杀工作，将蚊、蝇、鼠密度降低到最低限度，减少其对鹅场安全的威胁。同时，在蚊、蝇、鼠消杀工作中，要注意鹅群的安全，提倡生物控制和物理方法消杀，如使用捕蝇笼、粘蝇纸、诱蚊灯、捕鼠笼等方法。

（五）其他废弃物及处理

浙东白鹅生产中，还有鹅舍垫料、散落的羽毛、废弃的饲料（草）等养殖废弃物，孵化产生的蛋壳、废弃胚胎、运输雏鹅的废弃包装物和垫料等以及屠宰加工的废弃下脚料等。另外，臭味、噪声等也会产生。

1. 垫料处理　鹅舍垫料、散落的羽毛、废弃的饲料（草）等其他养殖废弃物，要及时收集堆积发酵或焚烧处理。随着鹅饲养数量增加，需要处理的垫料也越来越多。可以尝试垫料的重复利用，即进行堆肥发酵，产生的热量杀死病原微生物，通过翻耙排除氨气和硫化氢等有害气体，处理后的垫料再重复利用，可以降低生产成本，减少养殖场废弃物处理量。

2. 孵化废弃物处理　鹅蛋在孵化过程中也有大量的废弃物产生，可以进行废物利用。第一次验蛋时可挑出部分未受精蛋（白蛋）和少量早死胚胎（血蛋）；出雏扫盘后的残留物以蛋壳为主，有部分中后期死亡的胚胎（毛蛋），这些构成了孵化场废弃物。孵化废弃物中有大量蛋壳，其钙含量非常高，一般在17%～36%，可以经高温消毒、干燥处理后，生产蛋壳钙粉，也可以生产溶菌酶等。运输雏鹅的废弃包装物和垫料可以进行焚烧处理。

3. 屠宰废弃物处理　屠宰加工的废弃内脏、粪便、废羽毛、血水等废弃下脚料先进行资源化利用，再进行专门化处理设施处理，并按规定对处理物进行达标排放或利用。

4. 臭味处理　保证饲料中营养充分、全面，应用酶类、酸化剂等，减少排放粪便的臭味；沸石粉等矿石粉、丝兰提取物吸收和吸附臭味，控制温湿度，减少粪便、污水腐败产生臭味；也可用次氯酸钠、高锰酸钾等化学物质中和臭味；还可采用粪便密封堆积微生物发酵，防止臭味外逸，利用光合菌、芽孢杆菌、酵母菌、乳酸菌等对水体臭味成分进行吸收利用。

5. 噪声处理　浙东白鹅叫声洪亮，规模种鹅场的噪声较大，与居民集聚区较近的，需要进行减噪处理，一般在鹅场周边种植常绿乔木，邻近居民集聚区最好种植乔木林或构筑隔音墙，减少噪声传播。管理上，平常要减少人员在鹅场走动，晚上灯光要弱，鹅场避免突发声音产生。

第九章
浙东白鹅开发利用与品牌建设

第一节　品种资源开发利用现状与前景

一、种源数量及增减趋势

21 世纪以来，象山县人民政府把浙东白鹅提升为农业“七大龙型”产业，进行重点发展。2012 年全县饲养量达到 263 万只，比 1983 年增加 7.8 倍，其中种鹅存栏 17.8 万只；到 2018 年，全县浙东白鹅种鹅饲养量达到 30 万只，同时，有 5 万只以上浙东白鹅种鹅饲养在江苏和山东等地，所产种蛋运回象山县孵化，鹅苗再销往全国各地。饲养量尤以东陈乡、丹西街道、大徐镇、贤庠镇、西周镇、岳浦镇、墙头镇等乡镇、街道为最多，种鹅分布情况见表 9－1，种鹅存栏量比 1983 年统计数（表 9－2）增加 10.5 倍，种鹅户养殖规模扩大，分布地区进一步集中。近几年，由于 H7N9 禽流感疫情等影响，肉鹅市场行情

表 9－1　象山县 2012 年浙东白鹅种鹅存栏分布

乡镇街道	存栏量/万只		乡镇街道	存栏量/万只		乡镇街道	存栏量/万只	
	公鹅	母鹅		公鹅	母鹅		公鹅	母鹅
丹东街道	0.15	0.81	大徐镇	0.07	0.47	西周镇	0.36	1.93
丹西街道	0.26	1.28	涂茨镇	0.19	0.92	高塘乡	0.01	0.05
东陈乡	0.76	4.12	黄皮岙乡	0.02	0.11	岳浦镇	0.25	1.24
茅洋乡	0.02	0.10	新桥镇	0.26	1.41	其他乡镇	0.11	0.42
贤庠镇	0.18	0.97	泗洲头镇	0.02	0.32			
石浦镇	0.06	0.26	墙头镇	0.12	0.55	合计	2.84	14.96

波动过大，养殖户利益难以保障，加之 2014 年以来浙江省“五水共治”和“清三河”等工作开展，加大畜禽养殖污染治理力度，当地肉鹅养殖大幅度减少；但随着全国浙东白鹅种苗市场的不断拓展，种苗价格和种鹅养殖户收入基本稳定，种鹅生产得以稳定发展，2016 年种鹅存栏量达到 22.1 万只，比 2012 年增加 24.16%（表 9-3）。

表 9-2　象山县 1983 年浙东白鹅种鹅存栏分布

乡镇街道	存栏量/只		乡镇街道	存栏量/只		乡镇街道	存栏量/只	
	公鹅	母鹅		公鹅	母鹅		公鹅	母鹅
东港	51	430	下沈	48	381	后岭	38	326
涂茨	49	423	西周	56	483	岳浦	36	319
大徐	69	597	莲花	41	352	樊岙	30	253
雅林溪	43	366	儒下洋	14	121	高塘岛	40	349
黄皮岙	57	494	泗洲头	49	422	昌国	62	534
贤庠	66	574	灵南	30	264	东门	1	7
珠溪	60	518	东溪	55	471	檀头山	1	14
林海	89	765	新桥	60	514	金星	33	280
南庄	72	607	旦门	30	242	丹城	13	109
东陈	69	590	中娄	60	525	爵溪	7	61
茅洋	57	493	定塘	52	450	石浦	1	13
亭溪	53	450	大塘	36	308			
墙头	44	375	晓塘	40	344	合计	1 612	13 824

表 9-3　象山县浙东白鹅历年发展情况

主要年份	饲养量/万只	存栏量/万只	出栏量/万只	种鹅存栏量/万只
1949	4.10	0.72	3.38	0.22
1952	5.25	0.98	4.27	0.28
1957	5.80	1.06	4.74	0.31
1965	7.74	1.42	6.32	0.41
1978	18.00	4.00	14.00	0.93
1980	20.00	5.00	15.00	1.26

（续）

主要年份	饲养量/万只	存栏量/万只	出栏量/万只	种鹅存栏量/万只
1983	30.00	6.00	24.00	1.54
1990	68.40	14.80	53.60	4.10
1998	49.20	9.50	39.70	2.70
1999	66.40	12.50	53.90	3.50
2000	112.00	27.60	84.40	7.50
2008	235.00	45.00	190.00	12.50
2010	251.24	50.12	201.12	13.5
2012	263.00	65.00	198.00	17.80
2016	88.20	31.80	56.40	22.10

二、充满希望的产业

深入开展浙东白鹅品种资源开发利用，加快推进浙东白鹅产业转型升级，实现产业化生产经营，具有十分广阔的发展前景。

（一）品种资源优势明显

浙东白鹅以肉质鲜美、早期生长速度快、风味独特著称，是通过浙江省东部地区人民长期选育形成的我国优秀的地方白鹅良种。据史书记载，唐朝已初步形成产业，距今已有千余年历史。20 世纪 60 年代，浙东白鹅先以奉化白鹅为名列入品种志，是《中国畜禽品种志》中浙江省被列入的 15 个主要品种之一，也同样被列入 1982 年版《浙江省畜禽品种志》中的 34 个品种资源之一。根据《中华人民共和国畜牧法》规定，浙江省专门颁布了《浙江省畜禽遗传资源保护名录》，浙东白鹅再次列入省级畜禽遗传资源保护范畴。2014 年，在国家畜禽遗传资源保护品种调整中，列入《国家畜禽遗传资源保护名录》。2008 年，全省已建立了 24 个种鹅场、存栏 10.18 万只，其中 85%以上为浙东白鹅。其中以象山县浙东白鹅原种场为首的 2 个一级种鹅场、3 个二级繁殖场；到 2016 年，更是发展到 23 个浙东白鹅种鹅场，存栏种鹅 24.15 万只，初步形成建立了由原种场、原种保护基地、良种繁育试验场和商品种鹅场组成的比较完整的地方品种资源保护和良种繁育推广体系，浙东白鹅的良种率达 95%以上。

（二）节粮增效风味独特

据《浙江省农业志》记载，鹅的功能相当宽泛，“鹅在古代都供肉用，又是一种观赏动物”，因此也就有王羲之在绍兴有鹅池和鹅碑之典故，并由此产生了鹅文化的发祥。苏东坡在杭州任职期间写的《仇池笔记》中有“鹅能警盗，亦能却蛇，有二能而不能免死”的记载。所以，那个时候是“水乡田家多畜”。但从经济角度分析，浙东白鹅的这种警盗、却蛇功能日渐退化，更多的是因其肉质鲜美、早期生长速度快和独特的风味得到了不断的开发利用，是节粮型畜牧业的主要品种之一。随着社会经济的快速发展，食品安全问题日益引起各级领导的高度重视和社会各界的广泛关注，以草为食的浙东白鹅顺应绿色产业发展的方向，也能够较好地推进养鹅场户实现增效增收目标。

（三）规模化养殖已占主导地位

改革开放以来，特别是1998年浙江省委省政府提出了“大力发展效益农业”的决策以后，全省畜牧业逐步迎来了规模化养殖的新格局。浙东白鹅以规模化养殖技术的研究开发为支撑，以牧草人工种植为载体，经过多年来科研人员的品种选择、高产栽培、牧草常年均衡供应生产及加工调制等技术应用，基本做到了冷暖季型牧草的合理搭配，每666.67 m^2 人工牧草的产草量达到了15 000～20 000 kg；同时，为提高鲜草品质，丰富牧草种类，还进行了一系列豆科牧草栽培试验，并获得成功。紫花苜蓿在产区大面积种植成功，突破了不能在江南地区（降水量超过1 000 mm）种植的禁锢，使秋播次年每666.67 m^2 鲜草产量达到6 000 kg，解决了养鹅牧草品种单一、营养搭配不全、蛋白质缺乏等问题，从而使浙东白鹅的规模化养殖成为可能并得到快速发展。象山县2003年的种鹅规模养殖户达到12户，存栏种鹅6.8万只，在产区中名列前茅。到2008年，全县饲养100只以上种鹅户的户均种鹅数由312只增加到576只。2016年，户均种鹅数快速增加到14 000只，最少的为3 200只，全省浙东白鹅的养殖方式基本也实现了规模化目标。

（四）产业化建设正在起步

在加快推进规模化养殖的同时，浙东白鹅的产业化体系建设也得到不断发展，基本形成了一条技术研究推广、生产合作和加工销售的浙东白鹅产业链。

主产区象山县的浙东白鹅研究所、亚热带牧草研究所等建立了浙东白鹅原种场、浙东白鹅生产试验基地、亚热带牧草引繁基地等研究基地。通过品牌建设，浙东白鹅的销售网络也不断完善，销售渠道不断扩大，目前除宁波、舟山、绍兴和杭州等省内市场外，还向海南、上海、山东、江苏、安徽、河南、江西等省、直辖市扩展，省内、外市场逐渐发生变化，省外市场正在不断扩大。特别是从消费情况来看，随着人民生活水平的不断提高和消费结构的日趋变化，鹅肉正符合人们的绿色消费需求，市场必将越来越大，产业发展的前景也将越来越广阔。

三、产业亟须转型升级

经过多年的发展，尽管浙东白鹅已初步形成了专业化、规模化和区域化生产格局，市场不断扩大，产品信誉不断提高，效益也不断趋好，但也存在一些突出问题和影响产业发展的制约因素，产业必须抓住机遇，加快转型升级。

（一）关键问题是缺乏一个浙东白鹅产业发展的总体规划

没有一个科学的发展规划，产业发展就好像是一只无头苍蝇，盲目乱闯、乱飞，势必经常碰壁；没有一个具有权威的产业规划，在项目安排上，往往经常沦落到“其他”一类，不能名正言顺地加大扶持力度和资金项目投入；没有一个系统的产业规划引导，也很难形成或不断扩大优势区域，建设浙东白鹅的产业带、产业群和强县、强镇。这些年，浙江省在安排畜禽种苗工程项目、畜牧小区项目中，浙东白鹅的项目安排比较少，其中规划缺失和缺乏规模化、集群的产业基础是两个很重要的原因。

（二）核心问题是浙东白鹅的产业档次还不高

白鹅自古以肉用为主，迄今仍然是几千年前延续下来的以销售活鹅和消费活鹅为主。一是缺乏对浙东白鹅加工产品的研发，尽管已经成立了象山县浙东白鹅研究所，但重点还是集中在生产环节的研究，对加工产品的开发研制还没有起步，鹅肉仍然局限于鲜销鲜食，鹅蛋也只有鲜食一条路子，导致产品单一，产业功能比较狭窄。二是缺乏现代加工型龙头企业的支撑，现有的加工企业缺乏针对性的浙东白鹅深加工开发实力，也没有具有足够影响力的白鹅品牌，大部分肉鹅主要经过鹅贩子销售，中间环节多，价格受到控制，养鹅户利润较低，产品销售网络和销售力度受到限制，市场风险增大，制约生产规模的扩大和产业的提升。三是产业的组织化程度较低，合作社和协会虽然已经建立起来了，但数量不多，规范不足，带动功能不强，再加上养殖场户普遍规模不大，基础条件差，养殖设施简陋，养殖用地也大都属于临时性租赁，导致饲养场（户）一般都不愿投入或很少投入，影响了产业的升级改造和品牌的拓展。

（三）内在问题突出在养殖空间减少、疫病风险加大和种鹅繁殖率低下

①随着城市化进程的加快，工业用地、商贸用地不断增多，城镇、农村居民对生活环境要求的提高，禁养区面积不断扩大，尤其是浙江省“五水共治”以后，浙东白鹅养殖空间受到严重挤占。②尽管目前冬闲田面积日趋扩大，浙江海涂和草山草坡面积也不少，但由于养殖业不仅受自然、市场波动的风险影响大，而且还要承担疫病的风险。目前，浙江省各河流、池塘均不同程度地受到工业、农业和生活污染影响。以余姚市为例，1984年的全市河道一、二类水质占80%以上；2008年以后，全市河道水质在三、四类以下的占80%以上，有的河流、池塘已经污染严重，已无法继续养鹅。即使河流、池塘可以继续养殖，随着生态环境保护力度的不断加大，环保部门已经开始出台相关措施，禁止在水塘、河流养殖水禽。③尽管近几年通过原种选育和人工孵化技术的推广应用，浙东白鹅繁殖性能得到一定的提高，每只母鹅增加生产雏鹅2～3只，达到25只左右，但与其他品种鹅相比，繁殖性能仍处于较低水平，导致种苗成本增高，市场竞争优势降低。

上述三方面突出存在的问题，表明了浙东白鹅产业在业已取得初步成效的基础上，面临一个新的转折时期，犹如逆水行舟，不进则退。

四、培育新型产业体系是关键

浙江省畜牧业进入了一个规模化养殖占据主导地位、生产方式明显转变并正向标准化生产、生态化养殖、产业化经营发展的关键时期。浙江省已经提出了要建设畜牧业强省的明确目标，把培育新型畜牧产业体系建设作为建设畜牧业强省的重要途径。浙东白鹅产业是畜牧业的一种重要产业，小产业要有大作为，必须紧跟形势，把握机遇，率先推进，转型升级。

（一）规划先行，优化浙东白鹅产业布局

启动全省浙东白鹅产业发展规划的制定，明确发展目标、总体思路、基本原则、重点区域和发展重点，逐步形成杭嘉湖区块、杭甬与甬台温区块、金衢丽区块三大浙东白鹅产业区域，建设10个浙东白鹅重点县和50个浙东白鹅重点乡镇。相关主产市、县（市、区）也要相应制定发展规划和发展计划，形成产业布局合理、农牧结合和生态化的浙东白鹅产业区块、产业特色。

（二）发挥资源优势，打造精品鹅业

培育新型产业体系，“种”是基础，是引擎。①要充分发挥浙东白鹅的资源优势，提升现有资源场的档次和水平，加大对种质资源的保护和开发力度，完善良种繁育体系。计划在3～5年内再新建2～3个省级浙东白鹅的种鹅场，依托种苗工程项目提升和改造现有3个种鹅场，力争种鹅的生产性能在现有基础上再提升一个档次。②转变生产方式，扩大规模化养殖水平。在主产区、重点县和重点乡镇大力推进浙东白鹅养殖的规模化和小区建设，新建和改扩建万只以上的规模化浙东白鹅养殖场、养殖小区30个，新增生产能力50万～100万只，规模化水平在现有基础上再提高3～5个百分点。③着力推广各类现代先进适用技术，重点推广农牧结合的生态养殖新技术，创新农作制度，大力实施冬闲田养鹅、种草养鹅、虾塘养鹅和水鹅岸养等新模式，继续改良和引进新的牧草新品种，扩大适合浙东白鹅发展的牧草产业基地建设，创新科技，提高品质，促进农民增收。

（三）实施产业拓展行动，积极培育新型产业体系

加强与国内各科研院所、大专院校和国家水禽产业技术体系之间的合作与联系，建立专家科技联系制度，以浙东白鹅研究所为核心基地，拓展加工产品的研究领域，积极开发鹅休闲食品和新型鹅肉制品等的开发研制，增加鹅产品附加值，提高养鹅经济效益。以项目为纽带，扶持和支持建设一批鹅产品加工型龙头企业，探索建立现代企业制度，创制一批国内知名鹅产业品牌和名牌，拓展市场空间。建立一批紧密型的鹅产业体系，集加工龙头企业、规模养殖基地、现代化屠宰企业和现代营销系统，以品牌为载体，形成新型的浙东白鹅产业体系，建立利益共享和风险共担机制。大力组建各类养鹅专业合作社和协

会，提高组织化程度，按照《浙江省农民专业合作社组织条例》要求，规范合作社运行机制，强化合作社生产经营的质量安全控制，提升产业基础设施和产业监管水平，实施标准化生产。同时，要积极拓展鹅文化产业，发展鹅业旅游、鹅餐饮和以鹅为特色的农家乐，提升鹅产业档次。

（四）强化信息监测，构建浙东白鹅专业信息平台

以规模化畜禽养殖场登记备案制度为契机，建立浙东白鹅产业信息平台，完整体现浙东白鹅规模化养殖场、加工企业等信息，扩大交流宣传，及时进行产销与价格监测，掌握国内外产业发展动态，指导产业发展，防止价格大起大落。

第二节　主要产品加工工艺

鹅全身都是宝，可以进行综合利用（图 9－1），随着其产品特性研究的深入，深加工产品的开发，可以大大提高养鹅生产的经济价值。浙东白鹅除了不适合用于肥肝生产外，其他加工产品都可以开发（彩图 19）。

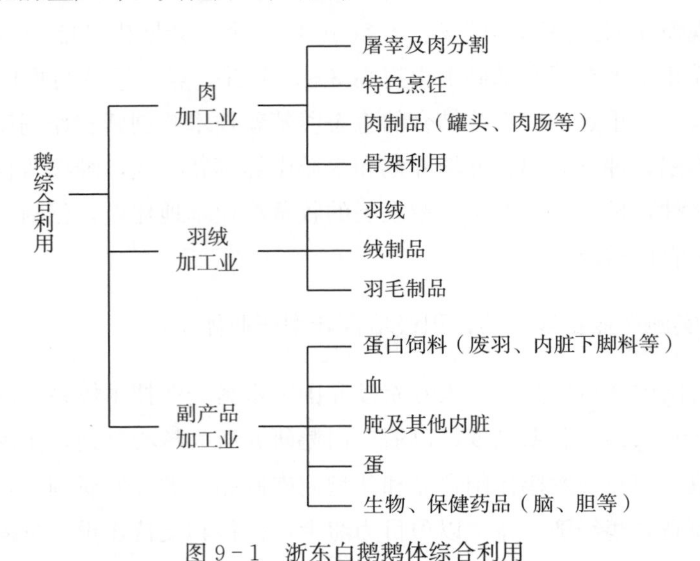

图 9－1　浙东白鹅鹅体综合利用

一、鹅肉产品加工

浙东白鹅由于肉质好，适合做卤鹅、酱鹅、鹅肉香肠等各种加工产品的原料。

（一）卤鹅

卤鹅是鹅经老卤水卤制后包装、灭菌后的熟制品。

1. 工艺流程　光鹅→预处理→卤煮→冷却→真空包装→微波杀菌→冷却→外包装→成品。

2. 操作要点

（1）预处理　将光鹅仔细拔净羽毛，去头，留颈，割去脚爪、翅尖、尾脂腺，然后泡在凉水中，至无血水渗出为止。

（2）卤煮　在锅中先注入1/2清水，置入香辛料包（香辛料包以100 kg鹅肉计：陈年老酱2 kg、花椒100 g、大茴香150 g、小茴香100 g、桂皮200 g、白芷100 g、大葱1 kg和生姜300 g），加入鹅胴体和水总重量2.5%的食盐及0.5%～1.0%的白糖。升温，沸腾片刻后逐只放入鹅胴体。为了使鹅预煮受热均匀，在预煮时应将鹅全部浸在水中。受热后蛋白质逐渐凝固，液面不断泛出的浮沫应及时撇去，以保持预煮后鹅胴体洁白。预煮应以旺火为主加速煮熟，开始旺火20 min，再微火焖煮1 h，焖煮过程中添加黄酒1 kg、味精10 g，卤煮过程勤翻动。

（3）冷却　起锅后胴体应在清洁的操作台上摊凉，使胸腹向上整齐排列，以利散热。

（4）包装　将鹅半分后，小心地放入袋中，装袋时应注意要将袋口与鹅体隔开，以免造成袋口汤汁污染。将装好鹅肉的袋抽真空封口。

（5）微波杀菌　真空封合后，进行微波杀菌。

（6）冷却、外包装　取出杀菌后的袋在通风处冷却至40℃以下，进行外包装。

（二）风味香酱鹅

风味香酱鹅是在酱鹅加工的基础上，对老汤和卤汁进行适当调制，从而得到适合全国不同地方特色的熟制品。

1. 工艺流程　鹅→宰杀→烫毛、煺毛→净膛→清洗→腌制→卤煮→涂鹅体→烘烤→真空包装→微波杀菌→成品。

2. 操作要点

（1）宰杀　选用重量在2 kg以上的鹅为最好。宰前将鹅放在圈内停食

10～12 h，供水。反剪双翅使其固定，鹅头向下，然后两鹅脚向上套入脚钩内，一个一个吊挂在宰杀链条输送带上。操作人员用刀切颈放血，切断三管（气管、血管、食管），把血放净并摘除三管，刀口处不能有污血。

（2）烫毛、煺毛　宰杀后趁鹅体温未降前，立即放入烫毛池或锅内浸烫，水温保持在 65～68℃，水温不要过高，以拔掉背毛为准，浸烫时要不断地翻动，使鹅体受热均匀，特别头、脚要浸烫充分，用打毛机除毛。

（3）去绒毛、净膛　鹅体煺毛后，残留有若干绒毛。除绒方法有：①将鹅体浮在水面（20～25℃），用拔毛钳（一头是钳一头是刀片）从头颈部开始逆向钳毛，将绒毛和毛管钳净。②松香酯拔毛，松香酯拔毛要严格按配方规定执行，操作得当，要避免松香酯流入鹅鼻腔、口腔，除毛后仔细将松香除干净。然后切开腹壁，将内脏全部取出，只存净鹅。

（4）配料　按 50 只鹅计算，配料中含酱油 2.5 kg、盐 3～4 kg、白糖2 kg、桂皮 150 g、八角 150 g、陈皮 40 g、丁香 15 g、砂仁 10 g、红曲米 350 g、葱 1.5 kg、姜 16 g、绍兴酒 2.5 kg 和腊肉 500 g。

（5）腌制　将鹅体用细盐擦满，腹内放少许盐和 1～2 粒丁香、少许砂仁，腌 5～6 h，取出滴尽血水。

（6）配制老汤　将上述辅料，用布包好，平放在锅底，然后将葱、姜、绍兴酒、500 g 腊肉随即放入水中（1/3 的水）。

（7）煮鹅　将腌好的鹅逐只摆放（方便出锅为好），摆放整齐后，放满水（水要超过鹅体），开始加热。煮开 30 min，改文火煮 40～60 min，当鹅的两翅“开小花”即可起锅，盛放在盘中冷却 20 min，备用。

（8）调卤汁涂鹅体　用上述部分老汤，加入红曲米、白糖、绍兴酒、姜，用铁锅熬汁，一般烧到卤汁发稠，色泽红色时即可。然后将整只鹅挂在架上，均匀涂抹红色卤汁，鹅色泽成酱黄后，挂在 50～65℃的烘房内烘烤 4～6 h，冷却后真空包装，微波杀菌。

（三）鹅肉香肠的加工

鹅肉香肠是我国中式传统加工产品，鹅肉经过绞碎或者斩拌，灌肠、烘烤而成，产品结构致密，耐贮藏。

1. 工艺流程　原料准备→预处理→配料→拌料→灌装→漂洗→晾晒→烘烤→成品。

2. 操作要点

（1）原料预处理　肉鹅宰杀后清理干净，除去内脏的鹅肉剔骨、洗净，用直径0.4～0.8 cm的筛板绞碎，猪五花肉切成0.5～0.6 cm^2 的小块肉丁。

（2）配料　50 kg鹅肉加50 kg猪五花肉或60 kg鹅肉加40 kg猪五花肉、精盐3 kg、白糖2 kg、白酒200 g、味精10 g、五香粉10 g、硝酸钠40～50 g。

（3）拌料　将配料按比例放入拌料机内拌匀，放置1 h后灌制。

（4）灌制　取小肠衣一头打结，另一头套入灌肠机，把准备好的肉馅灌入小肠衣内，灌肠时要求不断用手挤紧，每隔20～30 cm，用细线结扎，并用针刺小肠衣，以便排空肠中的气体。当肠中肉馅灌满时，肉馅要适当压紧，内部不留气泡，并用线结扎小肠，最后用温水淋去肠表面黏附的馅料。

（5）晾晒、烘烤　当气温比较低时，挂在通风阴凉处风干，经15～25 d即成制品；当气温比较高时，挂在50～55℃的烘房内烘烤3～4 d即可。

二、鹅羽绒加工

浙东白鹅的羽绒柔软轻松、弹性好、保暖性强，可以加工成高级羽绒服装、被褥。古代用羽翎制作弓箭的箭羽，是一种重要的战略资源，因浙东白鹅翎羽洁白光滑，挺拔坚硬，羽丝连接精致细密，可以制作羽箭，成为浙东白鹅产区地方进贡朝廷的贡品，现在是制作羽毛球及羽毛扇、羽毛画等工艺品的原料。

（一）羽绒的收集

1. 活体采收　根据鹅的换羽生理特性，活体采集羽毛，但要尽量做到不影响产蛋、配种、健康，不明显影响浙东白鹅的生长发育和产蛋性能。试验证明，浙东白鹅活体采收羽毛可以加强皮肤血液循环，反馈性刺激机体控制羽毛生长的激素系统，使之作用加强，促进羽毛再生，增加羽毛产量，提高羽绒质量。

张宏芬等1989年对浙东白鹅进行活体羽毛采收试验，试验鹅分别在80、130、175和220日龄进行拔毛，平均每只鹅得毛167.1 g，其中毛片含量65.83％，含绒率34.17％。羽毛采收后一般第4天出毛，11 d出齐，毛长1 cm左右，15 d长至2 cm，并有血管毛出现，45～50 d基本长齐，可以进行再次拔毛。拔毛后母鹅开产时间、第一窝产蛋数、蛋重与对照组无显著差异，表明浙东白鹅可以进行活体采收羽毛，基本不影响产蛋性能。

2013 年，王惠影等进行羽绒采收对羽绒生长影响试验。试验在相同饲养条件下，用 120 日龄浙东白鹅 120 只随机分试验、对照组，每组 6 个重复，每个重复 10 只。从表 9－4 的试验结果看，羽绒采收对浙东白鹅绒重有明显影响（$P<0.05$），对绒朵长、千朵绒重、蓬松度、含脂率均无显著影响（$P>0.05$）。45 d 时试验组的千朵绒重、蓬松度、含脂率有增长趋势。

表 9－4　羽绒采收对浙东白鹅羽绒性能的影响

指标	对照组	试验组	
	45 d	1 d	45 d
绒重/g	31.10±5.80[b]	32.72±6.10[b]	37.53±6.15[a]
绒朵长/mm	28.89±3.13	28.10±2.14	28.65±1.65
千朵绒重/g	2.28±0.93	2.61±0.85	2.81±0.79
蓬松度/cm	14.30±3.25	14.50±2.97	15.40±3.46
含脂率/%	1.20±0.52	1.20±0.49	1.50±0.61

注：同行数据肩标不同字母表示差异显著（$P<0.05$），相同字母表示差异显著（$P>0.05$）。

由表 9－5 可知，在初始体重无显著差异的情况下，羽绒采收对浙东白鹅采食量和第 1、第 2 周日增重有显著影响（$P<0.05$），对终末体重，第 3、第 4 周日增重，料重比无显著影响（$P>0.05$）。其中，羽绒采收 1 周后，试验组体重下降，日增重显著低于对照组（$P<0.05$），但第 2 周则显著增加，平均增速为对照组的 4 倍以上（$P<0.05$）。45 d 试验期的试验组平均日采食量高于对照组（$P<0.05$），平均每日多采食 41.77 g。

表 9－5　羽绒采收对浙东白鹅生长性能的影响

指标	对照组	试验组
初始体重/g	4 390.22±438.70	4 399.10±579.17
终末体重/g	4 649.31±656.91	4 705.92±653.20
平均日增重		
第 1 周/g	153.17±12.69[a]	−41.42±8.11[b]
第 2 周/g	83.58±11.00[b]	352.87±13.90[a]
第 3 周/g	122.74±7.83	131.89±11.84

（续）

指标	对照组	试验组
第4周/g	38.36±4.44	39.53±7.35
平均日采食量/g	239.40±30.29[b]	281.17±37.76[a]
料重比	16.85±2.36	16.30±2.49

注：同行数据肩标不同字母表示差异显著（$P<0.05$），相同字母表示差异显著（$P>0.05$）。

由表9-6可知，羽绒采收对浙东白鹅血清总蛋白（TP）、白蛋白（ALB）、球蛋白（GLB）、葡萄糖（GLU）、钙（Ca）、磷（P）含量及谷草转氨酶（AST）活性有显著影响（$P<0.05$），而对尿素氮（BUN）含量及转肽酶、谷丙转氨酶（ALT）、碱性磷酸酶（ALP）活性均无显著影响（$P>0.05$），其中羽绒采收2、4 d后，血清TP、ALB、GLB及P含量与羽绒采收前1 d相比显著降低（$P<0.05$），而GLU则显著升高（$P<0.05$）。羽绒采收4 d后血清Ca含量与羽绒采收前1 d相比差异不显著（$P>0.05$）；羽绒采收2 d后血清AST活性显著高于采收前1 d和前4 d（$P<0.05$），羽绒采收4 d后AST活性基本恢复正常水平，与采收前1 d相比，差异不显著（$P>0.05$）。

表9-6 羽绒采收对血清生化指标的影响

指标	羽绒采收前1 d	羽绒采收2 d后	羽绒采收4 d后
总蛋白/(g/L)	58.17±7.88[a]	48.39±7.51[b]	46.29±5.05[b]
白蛋白/(g/L)	50.94±2.87[a]	43.37±4.72[b]	40.96±3.00[b]
球蛋白/(g/L)	7.26±5.82	5.29±3.82	5.37±4.05
尿素氮/(mmol/L)	1.32±0.73	0.95±0.82	0.98±0.87
葡萄糖/(mmol/L)	5.93±0.42[b]	7.82±1.21[a]	8.69±1.02[a]
钙/(mmol/L)	2.62±0.05[a]	1.89±1.03[ab]	1.68±1.11[b]
磷/(mmol/L)	6.60±1.21[a]	2.79±1.76[b]	1.81±1.54[b]
转肽酶/(U/L)	4.14±2.07	4.78±1.73	4.83±1.83
谷丙转氨酶/(U/L)	16.73±4.33	15.66±8.57	21.06±12.23
谷草转氨酶/(U/L)	23.64±6.82[b]	40.87±22.92[a]	19.07±15.10[b]
碱性磷酸酶/(U/L)	299.75±122.34	179.33±58.65	200.50±40.29

注：同行数据肩标不同字母表示差异显著（$P<0.05$），相同字母表示差异显著（$P>0.05$）。

（1）采收时间　浙东白鹅55～65日龄就开始换羽，通常后备种鹅到5—6月90～120日龄毛已长齐，开始第一次拔毛，以后视气候、饲养管理条件，每隔5～7周拔毛一次，到9月结束，可连续拔毛2～4次，拔毛间隔时间以绒羽长度和拔绒量等指标综合评定。

浙东白鹅5月左右产蛋结束后，羽根毛细血管萎缩，毛囊退化，毛孔变松，会陆陆续续自然换羽，换羽时间的不统一，造成浙东白鹅个体产蛋期的差异，影响群体产蛋率，还会在较长的一段时间内羽绒脱落乱飞影响环境。对休蛋、休配期种鹅在产蛋后期进行强制换羽，实施第一次拔毛，可促进新陈代谢，达到群体产蛋期统一的目的，提高产蛋率。

（2）采收前的准备　羽毛采收前鹅群要做好主要疫病的免疫和体内外寄生虫驱除工作。在开始羽毛采收前一天，应先抓几只鹅进行试拔，如羽毛容易拔下，而且毛根已干枯，无未成熟的血管毛，说明羽毛已经成熟，可以拔毛采收；反之，则应再饲养一段时间。采收前2～3 d饲料和饮水中添加维生素C和抗应激的药物。还应注意气象预报，选择天气晴和的日子，采收当天从清晨开始就要停止喂料和饮水，以便排空粪便，防止采收时鹅粪污染羽毛。如果鹅群羽毛很脏，可在清晨赶鹅群下河洗澡，随后上岸理干羽毛后再行采收。采收前还要对鹅群检查一遍，将体质瘦弱发育不良，体型明显小的弱鹅剔除。

羽毛采收应选择避风向阳之处，最好在室内，以免羽绒飘失和污染环境；地面打扫干净，最好再铺上一层干净的塑料薄膜或者旧报纸，以防掉落到地面上的羽绒被尘土污染。采收设备是比较简单的，首先要准备好围鹅用的围栏等，以便把鹅群集中围在一起；其次要准备好放鹅毛绒的容器，一般常用的是较深的木桶、木箱，也可以用塑料盆代替，以免将绒毛放入盆内时，飘散到盆外。还要准备一些塑料袋，把盆中拔下的鹅毛集中到塑料袋中贮存。另外，还要准备几张凳子以便人坐在凳子上采收。操作时要穿上工作衣裤，戴口罩。

（3）采收方法　采收的部位应集中在胸部、腹部、体侧和尾根等羽绒含量高的地方，颈的下部产量较少，背部的羽毛含绒量低，对休蛋种鹅换羽期还要拔鹅翅膀上的羽毛和尾部的尾羽，可用于羽毛球和羽毛扇的原料。

为使采收羽毛时鹅不易挣扎，采收时要做好鹅体保定。保定方法一种是采收人员坐在凳子上，用一只手抓住鹅的颈脖，两脚、双腿夹住鹅体，使其腹部朝上，用另一只手采收羽毛；另一种方法是采收人员两脚轻轻踏住鹅的两掌，鹅体靠在拔毛者双腿中间，一手抓住头颈，一手采收羽毛；第三种方法是采收人员坐在凳子上，把鹅胸腹部朝上，鹅头向人，平放在人的两腿上把鹅头按在人的两腿下面，用两腿同时夹住鹅的头颈与两翅，使鹅不能动弹，一手按压皮肤，一手采集羽毛。

采收顺序先从颈的下部、胸的上部开始，从左到右，自胸至腹，一排排紧挨着用拇指、食指和中指捏住羽绒的根部，一把一把地往下拔。拔时不要贪多，特别是第一次拔毛的鹅，毛根紧缩，遇到较大的毛片时，每把最多拔 2～3 根，一次拔得过多，容易拔破皮肤。胸腹部的羽毛采收完后，再转向体侧，腿侧和尾根旁的羽绒；随后把鹅头从采收人员的两腿下拉到腿上面，一手抓住鹅颈上部，另一只手再拔颈下部的羽毛。最后把鹅身翻过来，用两腿夹住鹅体与两翅，采收背部的羽毛。采集的羽毛要轻轻地放入身旁的木箱或塑料盒中，放满后要及时装入塑料袋中，装满、装实随后用绳子将袋口捆紧贮存。通常三个人采收羽毛，一个人负责把鹅。采收时注意不要将羽绒拔断而降低品质。操作时不小心造成鹅皮肤破损的，在皮肤伤口上涂上红汞药水消毒。羽毛采集结束后，将鹅轻轻放入栏舍。

（4）药物脱羽　活体收集羽毛的另一种方法是药物脱羽，用复方脱毛灵（复方环磷酰胺），每千克体重用药剂量为 45～50 mg；饲料中添加 2%～2.5% 氧化锌或硫酸锌，连用 5～12 d。弱、病、老鹅不宜药物脱毛。

鹅服复方脱毛灵后 1～2 d 食欲减退，个别鹅排出绿色稀便，3 d 后即可恢复正常。服用氧化锌会出现精神不振、食欲下降情况。

服复方脱毛灵后 13～15 d 可以采收羽毛，采收前，停食 1 d，并在前 1 d 让鹅下水进行洗浴，使其身体干净，保证羽绒质量。服用氧化锌待主翼羽开始脱落，可以采收羽毛。

小规模的还可灌酒麻醉，放松毛囊肌肉，扩张毛囊，松弛皮肤，有利于羽绒脱离。采收羽毛前 10 min 左右，给每只鹅灌 45%乙醇浓度的食用酒精或白酒（52 度）10～12 mL。

2. 羽毛采收后的饲养管理

（1）采收后行为　经羽毛采收，鹅体失去了一部分体表组织，对外部环境的适应能力和抵抗力均有所下降。这时，需要加强饲养管理，创造一个适宜的生活环境，保证鹅的健康，使其尽早恢复羽毛生长。采收羽毛利用浙东白鹅换羽的生理特性，捕捉、采收会产生应激，采收后第1天，鹅出现精神委顿（俗称“发蔫”），活动减少，喜站不愿卧，行走时摇摇晃晃，胆小怕人，翅膀下垂，食欲减退，有的鹅甚至表现体温升高、脱肛等。在第2天可见好转，第3天就基本恢复正常，通常不会引起疾病或造成死亡。一般4 d后绒羽开始长出，第11～14天长齐，1个月左右羽绒覆盖全身。

（2）养殖环境　羽毛采收5～7 d内，有条件的进行舍内饲养，舍内应保暖不漏风，地面应平坦、干燥，并铺上新鲜干草，冬季舍内要适当保温或供热3～5 d。

舍外养殖的，羽毛采收3～7 d内要防止烈日照射，避免下水，防止淋雨，夏季还要防止蚊虫叮咬。

（3）加强营养　羽毛采收后要加强补饲，日粮中适当增加精饲料比例，添加蛋氨酸等含硫氨基酸。精饲料中增加豆粕、麸皮、玉米等含量，多喂青绿饲料，保障微量元素的饲喂量，以增加蛋白质和能量供给，各种养分供给平衡，促进羽绒生长发育。据资料介绍，服用中草药“五草饮”有促羽生长，固本祛邪，抗病及催产醒抱作用，不妨一试。“五草饮”配方为益母草500 g、鱼腥草250 g、稗子草500 g、三叶草500 g、车前草250 g。加水煎熬、冷却后，加入饮水中，供200～300只鹅1d饮用，采收羽毛前2d开始饮用，连用7d。冬春季可加入适量板蓝根、芦根、艾叶、柳枝等；夏、秋季可加鱼腥草、三叶草，用适量茅根、蒲公英、野生地、蝉蜕等；用于醒抱时，可灵活加入薄荷、生地、冰片等适量，适当加益母草、薄荷。

（4）精心管理　羽毛采收前后要注意鹅群动态观察，以便采取相应措施。采收羽毛后皮肤裸露，要防止鹅之间互啄，造成损伤。刚采收后出现摇晃、站而不卧、食欲不振等，是应激反应，属正常现象，只要有适宜的环境及合理的营养，1～2 d内就可好转。如果摆头、鼻孔甩水、不食甚至不喝水，说明舍温低，应采取相应措施，并对有症状鹅只进行治疗。

3. 屠宰收集

（1）干采　在宰鹅后放血将尽而屠体还温热之际，手工将鹅的羽毛迅速拔下。这样干拔的鹅毛，质量较好，色泽光洁，杂质也少，但较费人工，大批集中宰杀时不易做到，目前仅在少数地区的农家采用。随着养鹅专业户和专业屠宰场的兴起，为了提高鹅毛质量和售价，采用一种改进的干拔鹅毛法，就是在大量鹅集中宰杀放血后，分批将屠体放在70℃的热水中稍泡一下，然后挂起沥去水分，擦干毛片，使屠体受热皮肤毛孔舒张，然后趁热拔去羽毛，再将内层较干的绒朵用手指推下，从而大大提高拔毛的工效。这种方法可提高鹅毛的质量。

（2）水烫拔毛　这是绝大多数采用的传统拔毛方法。宰鹅放血后浸入70℃左右的热水中，水烫后再拔毛，这种方法羽毛容易拔下，但鹅毛经热水浸烫后，弹性降低，蓬松度减弱，色泽受到影响，鹅毛中最珍贵的部分——绒朵，混浮在浸烫的热水中常随水一起倒掉。一些家禽屠宰场，虽有屠宰流水线，屠体经浸烫后由脱毛机脱毛，但不少“绒朵”亦常随水一起流失；屠宰场往往又同时缺乏羽毛脱水烘干装置，依靠日光晒干。在湿毛晒干过程中，如遇到持续阴雨天气，鹅毛易结团、霉烂变质；即使天气晴朗，绒朵亦易随风飘失，同时又常混进灰沙杂质，严重影响鹅毛的质量。以江苏和安徽一带收购的水烫鹅毛为例，把能够使用的毛片、珍贵的绒朵、使用价值很低的翅梗毛（其中部分可做羽毛球和羽毛扇原料）和灰沙杂质所占的比例，见表9－7。

表9－7　水烫鹅毛原毛中各种成分比例

名　称	夏秋季鹅毛/%	冬春季鹅毛/%
毛　片	40	41
绒　朵	7	11
翅梗毛	27	32
灰沙杂质	26	16
合　计	100	100

虽然冬春季产的鹅毛含绒量高于夏秋季产的鹅毛，质量要好些，但其可以利用部分亦只占50%多点，其中含绒量也只有11%。而外贸部门出口鹅毛原毛的最低要求是：毛片占70%，绒朵占15%，其他杂次品总量不超过15%（其中最高允许量为薄片5%，鸡毛1%，灰沙杂质9%）。对照出口要求，目前国内收购的水烫鹅毛，质量是很差的，必须经过加工处理，把占羽毛重量一半左右的翅梗毛和灰沙杂质去掉，才能作为出口的原料，供加工使用。

（二）羽绒的贮藏与加工

1. 羽绒的贮藏　拔下的鹅羽绒不能马上售出时，要暂时贮藏起来。由于鹅毛保温性能好，不易散失热量，如果贮存不当，容易发生结块、虫蛀、霉烂变质，影响毛的质量，降低售价。浙东白鹅鹅毛洁白，一旦受潮，更易发热，使毛色变黄。因此，必须认真做好鹅羽绒的贮藏工作。

（1）羽绒清理　对拔下的羽毛进行简单加工，有利于贮存安全，保证毛的质量，提高售价。为此，可将拔下的鹅毛先用温水洗涤1～2次，洗去尘土和其他杂质。然后在草席、薄膜上或筛子里摊薄晒干，有风天时要用纱布罩上，防止被风吹散、飘失。晒干后用细布袋装好扎好，放置在通风干燥的地方，以备出售或进一步加工。

（2）防潮防霉　羽毛保温性能很强，受潮后不易散潮和散热，在贮藏或运输过程中，易受潮结块霉变，轻者有霉味，失去光泽，发乌、发黄。严重者羽枝脱落，羽轴糟朽，用手一捻就成粉末。特别是烫煺的湿毛，未经晾干或干湿程度不同的羽毛混装在一起，有的晾晒不匀或冰冻后未及时烘干，或存毛场潮湿，遮雨不严，遭受雨淋漏湿等，均易造成霉变。一定要及时晾晒，干透以后再装包存放。存放毛的库房，地面要用木杆垫起来，地面经常撒新鲜石灰，有助于吸水。通风要良好，有助潮气排出。

（3）防热防虫　羽毛散热能力差，加上毛梗（羽轴）中含有血质、脂肪以及皮屑等，容易遭受虫蛀。常见的害虫有皮蠹、麦标本虫、飞蛾虫等。它们在羽毛中繁殖快，危害大。可在包装袋上撒上杀虫药水。每到夏季，库房内要用敌敌畏蒸汽杀灭害虫和飞蛾，每月熏一次。

（4）包装　包装袋上要注明品种、批号、等级及毛色，按规定进行堆放，防止标签脱掉或丢失，并定期检查，发现问题及时处理。

2. 羽绒初加工　在一般情况下，羽绒加工有两种程序：一是水洗羽绒加工程序；二是不经水洗的羽绒加工程序。

水洗羽绒的加工程序是：羽绒原料的质量检验→洗涤→甩干烘干→分选→质量检验。

（1）羽绒原料的质量检验　羽绒原料在加工前必须进行质量检验。因为加工前已知这批羽绒加工后的用途及质量要求，检验原料就能得知原料的质量，做到心中有数，并且依据加工过程中各环节绒的损失率及羽绒的清洁度，可确定加工方法和投入原料的数量，以便达到或接近加工后的质量要求。这样，就可减少加工的盲目性，以便提高加工质量，降低加工成本，提高加工的经济效益。原料的质量检验，要按照羽绒质量检验程序和方法进行。

（2）洗涤　将质检后的原料放入水洗机，加入适量适温中性热清水和适量中性洗涤剂，将羽绒洗涤干净，达到所需求的清洁度标准。

（3）甩干与烘干　就是去掉洗涤后羽绒中的多余水分，使羽绒干燥蓬松、易于分选。这一加工过程，在一般情况下是先用甩干机甩干，再进入烘干机烘干。

（4）分选　将干燥、蓬松和羽绒原料送入分选机内，控制分选机的风力，把绒毛和大、中、小毛片分开，落入不同的集毛箱内。

（5）质量检验　羽绒原料加工后的质量检验是必不可少的程序。检验不仅仅是验证加工后的羽绒是否达到要求，而且也是检验各加工过程中所采用的方法是否得当及绒毛的损失率是否合理以便总结经验提高加工技术水平，降低加工成本，提高效益。更主要的是得知各箱羽绒含绒率，可选择不同的用途，提高羽绒的综合利用率，增加经济收入。

不经水洗的羽绒加工程序是：羽绒原料的质量检验→除尘→分选→质量检验。这个加工程序与水洗羽绒加工程序相同的部分按水洗羽绒程序进行。除尘是将羽绒放入除灰机内，除去羽绒的杂质，达到标准要求。

3. 羽毛饲料加工　利用羽绒及其下脚料，可生产畜禽所需的蛋白质饲料产品，如羽毛粉、氨基酸添加剂等。这一生产过程是综合利用羽绒资源不可缺少的加工业，它可充分利用羽绒资源中的下脚料及废弃原料，变废为宝，增加社会财富，减少对环境的污染。

常用羽毛加工饲料产品有三种方法：一是水解法，二是酸解法，三是碱解法。

水解法是利用水为解质，在一定压力下加温将角蛋白的双键解开。做法是将羽毛放入水煮锅内，加入适量的水，在 4 kg 压力下高温蒸煮 2 h 左右，再经 24 h 左右烘干，然后磨成粉。这种羽毛粉是动物所需的动物性蛋白饲料。有的在水解中加入适量的尿素或亚硫酸，以加速羽毛的水解。

酸解法是利用稀酸溶液经过加温，使羽毛溶解在溶液中的方法。这种方法虽然未在生产中应用，但仍有发展前景。实验室的做法是：将清除杂质后的羽绒，放入 10%的酸溶液中，浸泡 24 h，再放入三角烧瓶中，在常压下加温到煮沸，搅拌，使羽毛全部溶解，停止加热，自然冷却到常温，倒出溶液过滤，过滤液为氨基酸水溶液，可做饲料添加剂。

碱解法是利用碱溶液经过加温，使羽毛溶解在碱溶液中的方法。用工业烧碱与水配成 2%的碱溶液，其他做法与酸解法相同。

第三节　品种资源利用

一、开展杂交利用

（一）杂交方向

浙东白鹅杂交繁育就是利用其生长速度快等特点，与具有其他诸如产蛋性能好等特点的品种进行交配，使后代产生良好的杂种优势，表现出生活力增强，抗逆性、抗病力和繁殖力提高，料重比提高和生长速度加快，达到实际生产需要的经济目的。浙东白鹅的杂交利用一直在开展，1947 年，象山县农业推广所引进永康灰鹅与浙东白鹅进行杂交改良试验，翌年获得改良鹅种 432 只；1987 年，绍兴市畜牧兽医站进行了浙东白鹅与四川白鹅杂交试验，明显增加后代产蛋量。浙东白鹅产区以外地区也广泛引进浙东白鹅，开展杂交利用，并收到较好的杂交利用效果。浙东白鹅作为杂交改良亲本，也很普遍，国内现有的一些品种含有浙东白鹅血统。

（二）经济杂交

浙东白鹅作为杂交亲本进行杂交试验及杂交组合推广，尽管在不同地区、不同时期、不同品种中，杂交后代生产性能有所不同，但均能获得显著的杂交优势，属于我国比较常用的杂交亲本，对一些新选育品种形成也作出了重要贡献。

1. 四川白鹅杂交　1987 年，绍兴市畜牧兽医站开展浙东白鹅与四川白鹅杂交，F_1 平均受精率为 80.08%，入孵蛋出雏率 60.36%。2008 年，绍兴市富民鹅业育种有限公司的浙东白鹅（绍兴白鹅）与四川白鹅杂交试验报道，正交（浙东白鹅公鹅×四川白鹅母鹅）F_1 年产蛋量为 51 个，比浙东白鹅提高 21.4%；反交（四川白鹅公鹅×浙东白鹅母鹅）F_1 年产蛋量为 55 个，提高 31.0%。其后代育雏率、育成率差异不显著。F_1 初生重，30、60、80、90、100、120 日龄体重虽略低于浙东白鹅，但差异不显著（表 9－8）。产蛋量显著增加（表 9－9），正反交组比浙东白鹅分别增加 21.43%、30.95%（$P<0.05$）。表明浙东白鹅与四川白鹅杂交，可明显提高后代的产蛋率，而育雏率、育成率差异不大。F_1 兼有浙东白鹅适应性强、早期生长快，四川白鹅产蛋量高等特性。

表 9-8　增重比较

组别	数量/只	初生重/g	30 日龄/g	60 日龄/g	80 日龄/g	90 日龄/g	100 日龄/g	120 日龄/g
反交后代	100	100	1 350	3 510	3 840	4 150	4 403	4 512
正交后代	100	90	1 270	3 120	3 540	3 870	4 010	4 150
浙东白鹅	100	110	1 405	3 600	4 000	4 350	4 500	4 600

表 9-9　产蛋性能比较

组别	测定数/只	开产日龄/日	年产蛋数/个	蛋重/g	年产蛋窝数	就巢性
反交后代	100	150	55[a]	145	1	无
正交后代	100	155	51[a]	140	2	有
浙东白鹅	100	145	42[a]	150	4	有

2. 不同品种作为四川白鹅杂交亲本的比较　1999 年彭祥伟等试验报道，浙东白鹅与莱茵鹅作为四川白鹅杂交亲本，浙东白鹅×四川白鹅 28 日龄日增重为 64.4g，进入生长高峰；莱茵鹅×四川白鹅则 49 日龄达到生长高峰，表明浙东白鹅×四川白鹅组合遗传了父本早期生产速度快的特性（表 9-10）。各组相对生长强度差异不大，浙东白鹅×四川白鹅、莱茵鹅×四川白鹅、莱茵鹅、四川白鹅分别为 190.7%、192.1%、190.9%、191.3%。70 日龄累积生长杂交组合浙东白鹅×四川白鹅为 3 720.8 g，高于四川白鹅 3 572.5 g (4.15%)，杂交优势明显，但低于莱茵鹅×四川白鹅的 3 980.0g（表 9-10）。放牧补饲条件下，精料的料重比以浙东白鹅×四川白鹅最佳，料重比为 1.14∶1，莱茵鹅×四川白鹅、四川白鹅分别为 1.28∶1、1.40∶1。

表 9-10　不同品种及杂交组合增重比较

	项目	0	7	14	21	28	35	42	49	56	63	70
浙东白鹅×四川白鹅	测定数/只	18	16	16	16	16	16	16	16	16	16	16
	体重/g	79.2	254.2	535.0	908.1	1 358.8	1 767.7	2 149.2	2 503.6	2 906.7	3 315.4	3 720.8
	增重/g		175.0	280.8	373.2	450.6	409.0	381.5	354.4	403.1	408.8	405.4
	日增重/g		25.0	40.1	53.5	64.4	58.4	54.5	50.6	57.6	58.4	58.0
	相对生长/%		105.0	71.2	51.7	39.8	26.2	19.5	15.2	14.8	13.	11.5

（续）

	项目	0	7	14	21	28	35	42	49	56	63	70
莱茵鹅×四川白鹅	测定数/只	36	32	31	31	31	31	31	31	31	31	31
	体重/g	80.4	295.9	638.2	1 073.3	1 500.5	1 946.3	2 414.0	2 918.0	3 272.0	3 616.0	3 980.0
	增重/g		215.5	342.3	435.1	427.2	445.8	467.8	504.0	354.0	344.0	364.0
	日增重/g		30.8	48.9	62.2	61.0	63.7	66.8	72.0	50.6	49.1	52.0
	相对生长/%		114.5	73.3	50.9	33.2	25.9	21.5	18.9	11.4	10.0	10.4
莱茵鹅	测定数/只	14	13	13	13	13	13	13	13	13	13	13
	体重/g	93.8	320.4	687.5	1 153.0	1 576.5	2 018.8	2 452.0	2 844.0	3 254.0	3 646.0	4 010.0
	增重/g		226.6	367.1	465.5	423.5	442.3	433.3	392.0	410.0	392.0	364.0
	日增重/g		32.4	52.4	66.5	60.5	63.2	61.9	56.0	58.6	56.0	52.0
	相对生长/%		109.4	72.9	50.6	31.0	24.6	19.4	14.8	13.4	11.4	9.5
四川白鹅	测定数/只	36	31	30	30	30	30	30	30	30	30	30
	体重/g	79.8	263.7	564.5	947.3	1 295.5	1 668.8	2 047.0	2 412.8	2 795.0	3 182.3	3 572.5
	增重/g		183.9	300.8	382.8	348.3	373.3	378.3	365.8	382.3	387.3	390.3
	日增重/g		26.3	43.0	54.7	49.8	53.3	54.0	52.3	54.6	55.3	55.8
	相对生长/%		107.1	72.7	50.6	31.1	25.2	20.4	16.4	14.7	13.0	11.6

表 9-11　不同品种及杂交组合累积生长

品种及组合	28 日龄		56 日龄		70 日龄	
	体重/g	增长/%	体重/g	增长/%	体重/g	增长/%
莱茵鹅	1 576.5	121.7	3 254.0	116.4	4 010.0	112.3
莱茵鹅×四川白鹅	1 500.5	115.8	3 272.0	117.1	3 980.0	111.4
浙东白鹅×四川白鹅	1 358.8	104.9	2 906.7	104.0	3 720.8	104.2
四川白鹅	1 295.5	100.0	2 795.0	100.0	3 572.5	100.0

同期浙江省农业科学院进行的杂交试验，亲本浙东白鹅、四川白鹅、莱茵鹅 70 日龄体重分别为（3 712±446）g、（2 759±458）g、（4 564±476)g，杂交后代浙东白鹅×四川白鹅 F_1、浙东白鹅×（浙东白鹅×四川白鹅）F_2、莱茵鹅×四川白鹅 F_1 的 70 日龄体重分别为（3 170±402）g、（3 395±377）g、（3 528±341)g，杂交后代均比母本四川白鹅显著提高，与彭祥伟等试验结果趋势一致，但体重低于彭祥伟等试验结果，可能与试验所选的四川白鹅母本不

同有关。杂交后代繁殖性能与其他杂交组合对比见表 9－12，浙东白鹅×四川白鹅产蛋数与母本四川白鹅接近，大大高于父本浙东白鹅。

表 9－12　不同亲本及杂交组合繁殖性能

品种及杂交组合	年产蛋量/个	受精率/%	受精蛋孵化率/%
浙东白鹅	36.05	88.92	86.37
四川白鹅	68.15	86.34	84.23
莱茵鹅	38.32	84.12	79.38
浙东白鹅×四川白鹅	62.83	85.76	85.16

3. 太湖鹅杂交　1989 年，丽水市畜牧兽医站以浙东白鹅为父本进行太湖鹅杂交试验，结果 F_1 比 70 日龄体重大于母本太湖鹅 0.81 kg（$P<0.01$），提高幅度为 32.66%，低于父本浙东白鹅 0.35 kg（表 9－13），料重比介于父母本之间，无显著差异。试验说明浙东白鹅与太湖鹅杂交可明显提高后代生长速度。

表 9－13　杂交对比情况

组别	数量/只	耗精料量/kg			70 日龄重/kg	日增重/g	料重比
		0～35 日龄	36～70 日龄	小计			
浙东白鹅	24	1.42	2.92	4.34	3.64[ab]	50.3	1.10∶1
太湖鹅	20	0.9	2.00	2.90	2.48[ab]	34.0	1.17∶1
杂交 1 代	28	1.15	2.79	3.94	3.29[a]	45.5	1.20∶1

注：同行数据肩标不同字母表示差异显著（$P<0.05$），相同字母表示差异显著（$P>0.05$）。

1991 年，杜文兴等对浙东白鹅与太湖鹅杂交后代繁殖性能观察，发现杂交后代产蛋数为 31.75 个，是太湖鹅 49.95 个的 63.56%，杂交后代产蛋期出现就巢现象，影响产蛋量，产蛋 1 个月后产蛋率明显下降。平均蛋重（134.82±11.30)g，比太湖鹅（130.24±12.30)g 提高 3.52%（$P<0.01$），种蛋的蛋形指数为 1.411 8±0.058 4（太湖鹅为 1.417 0±0.062 7）。

4. 定安鹅杂交　海南省农业科学院用浙东白鹅、阳春鹅与海南定安鹅进行杂交试验，浙东白鹅×定安鹅杂交后代 F_1 的蛋重为（170.42±18.18)g，蛋形指数 1.42±0.05，种蛋整齐度 89.25%，雏鹅初生重（116.2±10.2)g，整齐度 68.41%。从表 9－14 可知，浙东白鹅×定安鹅 F_1 21～91 日龄的体重均显著高于母本定安鹅，其中35、42、49、56日龄差异极显著（$P<0.01$）。90日龄耗料无显著差异（表9-15），成活率达到92.0%，但死淘率高于母本（$P<0.01$）。从表9-16看，浙东白鹅×定安鹅 F_1 300日龄体重为（4 186.9±807.2）g，显著大于母本（$P<0.05$），半潜水长（75.1±2.1）cm，与母本差异极显著（$P<0.01$）。

表9-14　浙东白鹅、阳春鹅与定安鹅及杂交 F_1 增重比较

日龄	定安鹅/g	浙东白鹅/g	阳春鹅/g	浙东白鹅×定安鹅 F_1/g	阳春鹅×定安鹅 F_1/g
初生	85.7±9.2	99.6±8.4	118.3±10.7	103.9±9.1	116.2±10.2
7	163.9±9.8	279.2±14.5	367.5±26.6	164.3±8.7	192.8±17.8^{a}
14	235.1±18.2	468.7±25.4	527.9±31.8	365.8±23.6^{a}	444.2±42.6^{a}
21	497.0±43.6	1 059.15±89.8	1 198.0±102.2	614.7±54.7^{a}	578.5±48.5^{a}
28	690.1±53.8	1 672.4±120.3	1 854.4±107.4	1 005.6±100.2^{a}	858.0±75.4^{a}
35	838.8±60.5	2 152.4±154.7	2 357.1±201.4	1 508.6±150.0^{A}	1 060.2±100.2^{a}
42	1 073.4±43.9	2 937.2±265.5	3 218.8±234.7	2 055.1±158.7^{A}	1 620.0±154.7^{a}
49	1 305.2±74.0	3 611.2±301.1	3 816.4±384.1	2 552.9±167.4^{A}	2 258.6±178.6^{A}
56	1 759.8±113.8	3 828.5±216.6	4 376.8±356.9	3 086.1±285.7^{A}	2 940.7±298.6^{A}
63	2 490.9±131.9	4 364.3±215.2	4 827.8±407.3	3 638.7±326.8^{a}	3 266.4±302.5^{a}
70	3 111.2±179.4	4 632.1±321.8	5 151.7±408.4	3 890.6±298.7^{a}	3 564.8±312.6^{a}
77	3 391.6±315.2	4 918.6±521.6	5 516.9±487.9	4 007.4±354.6^{a}	3 882.1±300.0^{a}
84	3 701.0±155.7	5 072.9±425.7	5 774.8±506.4	4 129.7±512.4^{a}	4 067.3±378.1^{a}
91	3 879.2±73.9	5 182.3±216.2	5 840.5±513.7	4 185.9±407.2^{a}	4 156.8±385.9^{a}

注：表中同行数据肩标不同大写字母表示差异极显著（$P<0.01$），不同小写字母表示差异显著（$P<0.05$），相同字母表示差异不显著（$P>0.05$）。

表9-15　浙东白鹅、阳春鹅与定安鹅及杂交 F_1 90日龄耗料、死淘情况

项目	定安鹅	浙东白鹅	阳春鹅	浙东白鹅×定安鹅 F_1	阳春鹅×定安鹅 F_1
料重比	3.4±0.2	3.1±0.4	3.1±0.3	3.3±0.02	3.2±0.02
成活率/%	95.2	89.1	90.6	92.0	90.0
死淘率/%	5.3	12.2	13.6	11.7^{A}	11.7^{A}

注：表中同行数据肩标不同大写字母表示差异极显著（$P<0.01$），不同小写字母表示差异显著（$P<0.05$），相同字母表示差异不显著（$P>0.05$）。

表 9-16 浙东白鹅、阳春鹅与定安鹅及杂交 F_1 300 日龄体重体尺对比

项目	定安鹅	浙东白鹅	阳春鹅	浙东白鹅×定安鹅 F_1	阳春鹅×定安鹅 F_1
体重/g	3 879.2±73.9	5 182.3±216.2	5 840.5±612.7	4 186.9±807.2[a]	4 156.8±281.9[a]
体斜长/cm	28.0±1.1	30.26±1.7	34.1±1.2	30.6±0.6	31.1±0.4
胸宽/cm	11.9±2.4	11.4±0.6	12.8±1.0	12.4±0.7	12.8±0.6
胸深/cm	11.4±1.4	10.7±0.6	12.1±1.3	11.2±0.9	11.5±0.4
骨盆宽/cm	7.8±0.7	8.0±0.7	9.0±0.4	8.5±0.9[a]	8.8±0.3[a]
胫长/cm	10.0±1.1	8.7±0.4	9.8±0.3	10.8±0.5	10.9±0.1
胫围/cm	5.1±0.5	5.7±0.3	6.4±0.2	5.1±0.6	5.5±0.1
半潜水长/cm	62.4±6.5	80.0±3.2	90.2±1.5	75.1±2.1[A]	80.6±7.1[A]

注：表中同行数据肩标不同大写字母表示差异极显著（$P<0.01$），不同小写字母表示差异显著（$P<0.05$），相同字母表示差异不显著（$P>0.05$）。

5. 其他杂交试验 2016 年，苏燕辉等报道浙东白鹅与扬州鹅杂交，由表 9-17 可见，能加快生长发育，70 日龄浙东白鹅×扬州鹅后代为（3 384.39±347.19)g，比扬州鹅提高 5.83%。运用 Logistic、Gompertz、Von Bertallanffy 3 种典型的非线性生长模型拟合浙东白鹅×扬州鹅及扬州鹅生长曲线，其拟合度分别在 0.996 和 0.997 以上（表 9-18、表 9-19），能较好地拟合出生长曲线。进行卡方（χ^2）检验，Gompertz、Von Bertallanffy 模型的估计值和测量值的 χ^2 检验值均大于 $\chi^2_{0.05}$（$\chi^2_{0.05}=11.07$，$df=5$），说明浙东白鹅×扬州鹅及扬州鹅各日龄体重估计值与实际观察值差异显著（$P<0.05$），而 Logistic 模型的估计值和测量值的 χ^2 检验值小于 $\chi^2_{0.05}$，说明 Gompertz 模型拟合效果最佳。Gompertz 模型浙东白鹅×扬州鹅及扬州鹅的拐点周龄分别为 4.070、4.090，对应的拐点体重为 1 442.851、1 375.044 g，拐点体重、最大周体重浙东白鹅×扬州鹅后代均大于扬州鹅，说明浙东白鹅杂交对扬州鹅改良具有一定效果。

黑龙江省畜牧研究所进行浙东白鹅×籽鹅、浙东白鹅×(皖西白鹅×籽鹅)、皖西白鹅×(浙东白鹅×籽鹅)、浙东白鹅×(四川白鹅×籽鹅)、浙东白鹅×(莱茵鹅×四川白鹅)、(皖西白鹅×四川白鹅) ×(浙东白鹅×籽鹅) 等组合的杂交试验，各组合生长情况见表 9-20。浙东白鹅×籽鹅后代种蛋受精率 86.90%、受精蛋孵化率 82.19%为最高，浙东白鹅×(莱茵鹅×四川白鹅) 受

精率最低，为42.46%，皖西白鹅×(浙东白鹅×籽鹅）受精蛋孵化率32.35%为最低。综合分析，浙东白鹅×(皖西白鹅×籽鹅）三系配套组合综合性能理想，从头部保留额包特征看，浙东白鹅×籽鹅、浙东白鹅×(四川白鹅×籽鹅)、浙东白鹅×(皖西白鹅×籽鹅）组合也比较合适。

表9-17 浙东白鹅与扬州鹅杂交生长发育情况

日龄	浙东白鹅×扬州鹅/g	扬州鹅/g
0	93.74±4.24	93.77±2.82
14	588.06±93.33	556.26±65.05
28	1 376.43±49.49	1 326.63±144.25
42	2 332.45±203.65	2 168.65±312.54
56	2 879.23±541.64	2 748.63±569.80
70	3 384.39±347.19	3 197.83±882.12

表9-18 生长曲线及参数

组合	浙东白鹅×扬州鹅			扬州鹅		
模型	Logistic	Gompertz	Von Bertallanffy	Logistic	Gompertz	Von Bertallanffy
A	3 479.919	2 921.669	4 311.246	3 313.109	3 737.370	4 117.195
B	15.812	3.619	0.769	15.301	3.567	0.761
K	0.573	0.316	0.229	0.562	0.311	0.225
R^2	0.996	0.999	0.999	0.997	0.999	0.999
拐点体重/g	1 739.950	1 442.851	1 277.406	1 656.555	1 375.044	1 219.910
拐点周龄	4.818	4.070	3.650	4.854	4.090	3.669
最大周体重/g	498.496	455.941	438.789	465.492	427.639	411.720

表9-19 体重估计值与测量值适合性 χ^2 检验

模型	Logistic	Gompertz	Von Bertallanffy
浙东白鹅×扬州鹅	69.675[a]	5.094	36.225[a]
扬州鹅	65.281[a]	1.938	26.522[a]

注：$\chi^2_{0.05}=11.07$，$df=5$。

表 9-20 不同杂交组合生长情况/g

日龄	性别	浙东白鹅×籽鹅	浙东白鹅×(皖西白鹅×籽鹅)	(浙东白鹅×籽鹅)×籽鹅	皖西白鹅×(浙东白鹅×籽鹅)	浙东白鹅×(四川白鹅×籽鹅)	浙东白鹅×(莱茵鹅×四川白鹅)	(皖西白鹅×四川白鹅)×(浙东白鹅×籽鹅)	浙东白鹅
0	公鹅	87.09±7.44	88.10±11.72	82.03±8.34		79.25±4.79	79.98±5.84	81.44±6.20	
	母鹅	84.90±7.56	89.82±8.60	90.74±9.46	106.92±25.41	85.39±4.46	79.30±10.26	82.21±4.84	88.88±9.81
14	公鹅	484.59±81.43	439.50±91.08	504.53±100.23		450.13±72.09	426.24±76.86	432.00±55.70	
	母鹅	466.21±70.63	400.50±99.44	459.75±95.78	422.25±99.44	405.73±62.97	388.76±66.78	442.78±41.43	372.50±67.18
28	公鹅	1 260.06±246.40	1 274.67±246.65	1 320.29±228.87		1 284.86±246.65	1 128.14±180.17	1 241.60±153.23	
	母鹅	1 186.74±179.40	1 123.20±211.29	1 196.90±273.20	1 203.67±152.52	1 142.60±188.60	1 081.12±164.08	1 259.22±113.51	984.50±48.79
42	公鹅	2 177.63±333.43	2 275.47±291.46	2 304.93±386.25		2 275.47±291.46	2 026.95±360.23	2 172.40±228.37	
	母鹅	2 051.38±267.32	2 002.17±255.26	1 995.83±368.33	1 926.50±325.94	1 967.82±250.07	1 853.12±240.31	2 081.11±286.39	1 874.00±195.16
56	公鹅	2 945.37±364.53	3 062.20±315.34	2 854.00±447.86		3 062.20±315.34	2 589.43±511.63	2 872.20±508.35	
	母鹅	2 614.17±292.40	2 596.00±285.89	2 510.75±429.60	2 904.00±521.56	2 579.82±219.05	2 441.65±291.20	2 680.33±337.96	2 745.00±342.24
70	公鹅	3 417.50±389.41	3 565.43±379.36	3 299.68±450.23		3 565.43±392.62	3 022.04±513.21	3 367.84±410.23	
	母鹅	2 976.46±340.28	2 960.62±328.48	2 830.64±501.82	3 347.30±567.05	2 909.64±284.90	2 783.21±352.67	3 058.62±393.45	3 191.02±403.44
84	公鹅	3 718.05±430.72	3 863.33±410.15	3 607.05±510.17		3 678.19±440.07	3 298.46±523.69	3 672.47±437.63	
	母鹅	3 180.97±435.58	3 173.66±411.22	3 026.87±564.26	3 613.32±611.32	3 121.39±336.38	2 976.53±420.17	3 275.14±503.15	3 397.79±471.27

二、作为配套系选育素材

浙东白鹅品种资源内部具有丰富的基因资源，群体中有生长发育、繁殖性能、抗病性等方面丰富的遗传变异，可以选育体型大生长发育快的父系和体型中等繁殖性能高的母系，还可以选育兼顾羽绒性状或兼顾肉质性状的其他品系。

浙东白鹅还可以与其他品种一起开展杂交育种工作，通过两个或多个品种杂交，组合优良基因，形成具有优异生产性能的新品系。

第四节　品牌建设

一、品牌建立与传播

品牌核心是凝集于顾客中的概念，中国农业已经进入了品牌时代。浙东白鹅的历史起源地在浙江东部地区，从全国乃至全球范围看，具有很大的局限性。浙东白鹅良种需要通过品牌建设手段，从“待字深闺”至家喻户晓，建立适宜的品牌，并使品牌更大范围被社会、消费阶层接受。

（一）品牌传播

当今是品牌消费时代，传播是品牌的生命力。提供差异化、有溢价的浙东白鹅产品，通过稳定的供应链、个性化营销（零售终端）和量价互补的渠道组合，给消费者体现产品价值、实现产品品牌可追溯和提升产品信用度。浙东白鹅品牌传播可以把以大书法家王羲之为首的历代知名文人墨客作为“品牌代言”，更加突出产品个性化，更好地实现与消费者价值同源。

（二）区域品牌建设

区域品牌也称区位品牌（Regional brand）或地区品牌，是指来自同一区域内的某类产品在市场上具有较高的知名度和美誉度，为顾客所信任，给顾客形成品质纯正、质量上乘的印象，该区域的企业在市场开拓中可以凭借区位品牌效应，节约营销费用，迅速打开市场。浙东白鹅作为地方特色产品，打造“浙东白鹅”、“象山白鹅”区域性品牌，可以实现品牌效应，统筹浙东白鹅品牌产品的推广宣传。浙东白鹅区域品牌建设需要浙东白鹅产区的多种主体积极参与，需要有政府的支持和参与，保持明显的地方特色，整合小而散的品牌。

政府进行区域品牌的信用背书+可追源，带动区域内浙东白鹅生产经营企业品牌的协同发展。

二、品牌发展历程

浙东白鹅的历史和文化，注定了她的发展潜力。以浙东白鹅文化和产业发展规模为依托，以象山县为中心的浙东白鹅品牌建设，取得了丰硕成果。

（一）品种品牌发展

20 世纪 70 年代末，在畜禽遗传资源调查中，在浙江东部地区发现了体型外貌相似、生产性能相近的象山白鹅、奉化白鹅、绍兴白鹅、舟山白鹅等一批白鹅地方品种，后由浙江省畜禽品种资源委员会统一命名为浙东白鹅。2002 年，浙东白鹅收入《中国家禽地方品种资源图谱》。商标注册是创立品牌的一个措施，1997 年象山县注册了“浙东”牌白鹅商标，在 2005 年，被认定为浙江名牌产品、浙江省及宁波市旅游指定产品，多次获全国、浙江省农博会等金奖、银奖。2009 年，“象山白鹅”注册国家工商行政管理总局的国家地理标志证明商标，2011 年，被国家质量监督检验检疫总局认定为国家地理标志产品保护。2014 年，浙东白鹅品种列入农业部国家畜禽遗传资源保护名录。奉化白鹅、绍兴白鹅、舟山白鹅等也分别开展了不同级别的品牌建设。

（二）主体品牌建设

浙东白鹅主体品牌是由浙东白鹅良种资源禀赋、产区独特鹅文化、历年综合生产技术的提升以及浙东白鹅产品传统消费群体等共同铸就的，具有自身的形成特点和发展规律，品牌建设已有较深的基础，打造出的“浙东白鹅”、“象山白鹅”区域公用主体品牌具有很高的知名度。在此基础上，要从历史与传统、科技优势、文化因子、情感元素、消费心理迎合等方面做好品牌建设，做好浙东白鹅品牌建设的发展定位和运作规划，规范品牌标准，始终坚持品牌的独特性、唯一性，把“浙东白鹅”“象山白鹅”作为体系产品品牌化的战略资源，培育成体系及产品主体品牌，可以起到事半功倍的效果。

（三）品牌文化建设

品牌是鹅业产业化生产经营的有效载体，是浙东白鹅综合信誉的凝集。不断营造与品牌相统一的企业文化和产品文化，品牌中植入文化元素，文化引领品牌。同时，品牌是市场认知产品、消费者获取产品知识的基础，品牌建设要与浙东白鹅产品的市场进入、市场发展、市场培育同步，把品牌建设与提高产品品质紧密捆绑，根据市场消费需求、生产和产品技术水平提高、产业发展情况与时俱进，不断更新增进浙东白鹅品牌的科技含量和文化内涵，在消费市场和消费者中形成较高的忠诚度、信任度，提升产品竞争优势，产生品牌溢价。

品牌与文化形成浙东白鹅产品的标准和个性特色，才能在市场竞争中保持领先势头。为了保证品牌的知名度和持续影响力，要严格实施标准化生产，并大力争取当地各级政府和管理部门的支持，建立品牌保护机制，加强品牌监管和保护。

三、品牌建设成效

由于浙东白鹅的独特性能及深厚的文化底蕴，通过产区生产经营者和各级政府部门、有关人士的努力，浙东白鹅品牌建设伴随着产业发展和品种性能、生产水平提升而开展，工作成效显著。

（一）浙东白鹅知名度不断提升

产区的拓展和饲养数量的增加，浙东白鹅由一个浙东地区的小品种发展成为我国主要鹅地方品种之一，列入国家畜禽遗传资源保护名录。浙东白鹅的知名度不断提升，浙东白鹅产品价值也随之提高，在我国主要鹅地方品种中种苗销售价格最高。

（二）市场占有度提高

浙东白鹅的市场占有度不断增加，产区由浙江东部地区一隅走向全国，在十几个省份均有饲养，特别是在海南省等地，被养鹅户称为“浙东鹅”而受到广泛欢迎。品牌知名度促进浙东白鹅产品的订单增加，养殖户收益增加，养殖规模扩大。

（三）促进了养殖效益的不断提升

进入 21 世纪以来，由于产业调整、流感疫情因素等影响，全国范围内出现了多次家禽生产的低谷，打击养鹅产业发展，造成养鹅效益下降、亏损。浙东白鹅品牌效应凸显，在市场竞争中脱颖而出，养殖效益在低谷中不降反升，特别是21世纪以来，象山县的浙东白鹅种鹅生产户连续十几年收入增加。

（四）为鹅业产业化创造了广阔的前景

象山（浙东）白鹅核心品牌和鹅业经营企业形象品牌是鹅业产业化体系的品牌建设灵魂，是鹅文化的体现。品牌建设使得浙东白鹅优异性能被市场不断认可，与当前消费者需求迎合度不断增加，夯实了浙东白鹅产业化生产经营的基础。品牌象征商品品质，代表产业发展成熟度，树立了“品种是引擎、品牌是核心、文化是灵魂”的产业经营理念。

第五节　产业化经营

浙东白鹅有早期生长速度快、肉质优等优势，随着品种保护、选育提高以及配套生产技术等研究的深入，品牌化战略的实施，已经在全国范围内确立了市场优势，资源的开发利用程度进一步加深，前景十分广阔。

现代农业产业化经营成功的核心是“品种·品质·品牌”三品。品种是平台，浙东白鹅品种资源开发利用与产业化经营以浙东白鹅良种建设为平台，浙东白鹅的特有性能是其他鹅品种所不具备的，是鹅业产业化经营体系发展方向；品质是基础，良种生产要有良法，让产品符合浙东白鹅优良的品种特性，在市场中具有独特性，提高鹅产品价值；品牌经营是营销的主要手段，是鹅产品获得市场的主要途径，把浙东白鹅优良产品通过以品牌建设为抓手的营销手段运作好，使市场和消费者了解并接受浙东白鹅的优质产品。“品种·品质·品牌”三品形成完整的浙东白鹅产加销产业链（全产业链），让浙东白鹅品种以最佳的生产方式，创造出最大价值的鹅产品，满足市场需求，从而让经营体系获得最好的效益。浙东白鹅品种资源开发利用前景与产业化经营密不可分。

一、概念

鹅业产业化经营有别于其他大宗畜禽，目前还没有完整的体系，需要不断地探索和实践。鹅业产业化经营需要形成产业化体系，产业化体系经营需要很多相关行业的合作，每一个经营环节需要养殖、加工、营销等农户、企业、经营者参与。因此，鹅业产业经营体系建设，相关生产经营人员、企业都可以“对号入座”，在合理、有序的竞争中开展合作，实现共赢。它符合我国以家庭为单位的基本农业生产与现代农业产业化经营发展的总体要求，鹅业产业经营体系建设是核心。

在此以浙东白鹅作为核心经营品种，进行产业经营分析，设想鹅业营销体系的建立与管理模式（图9-2）。

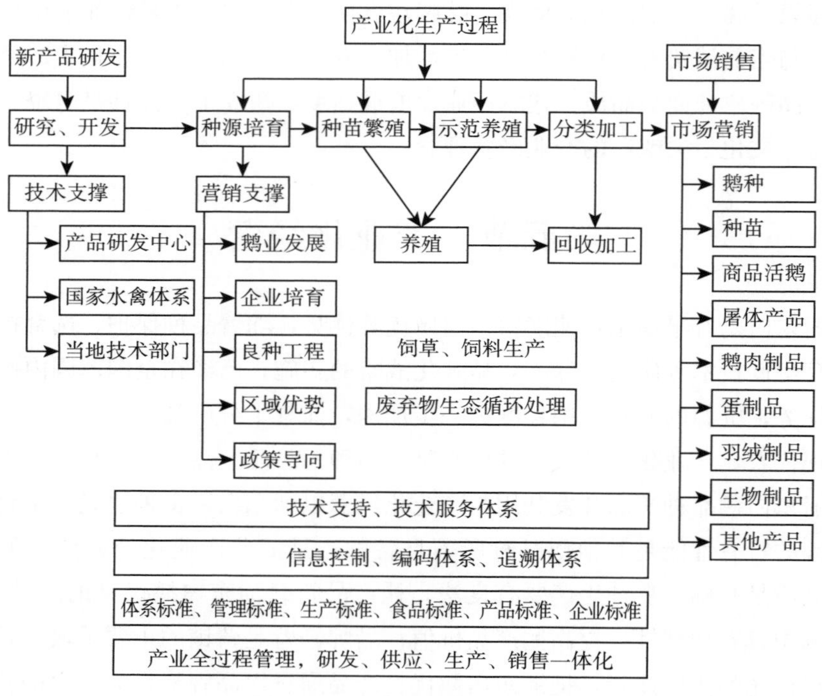

图9-2　浙东白鹅产业化经营

产业化经营是以浙东白鹅为基础品牌建立核心龙头企业（产业化引擎），逐步与现有鹅业经营主体融合，建立“资源-产品-废弃物-再生资源”完整的鹅业产业链（全产业链），产业上下游之间经营主体的融合，提高资源综合利用率。产业与经营主体的横向拓展和纵向延伸。龙头企业串联农民专业合作社、家庭农场，延伸鹅业产业链，产生效益链，使生产和加工环节前后延伸，实现产业放大效应。龙头企业建立生产与市场紧密联系体制，承担研究市场需求、产品研发、指导产业链生产和加工、建立和拓展销售渠道、组织开展产品营销活动，协调、指导、掌控各利益主体合作。开展产业交叉联合，拓宽鹅业的产业功能，构建多功能产业体系，以休闲旅游、关联体验等需求，与二三产业联动，交叉融合生产、生活、体验、生态功能，增加鹅产业新业态和新的商业模式，使一二三产业边界模糊化，扩张消费需求，增加鹅业发展的增值环节和空间。龙头企业建立观光园、产业园区等项目，提升消费者的体验价值，还需要生物、信息、航天、材料等现代高新科技向鹅业经营领域渗透、扩散，资金、技术、人才的参与。

鹅业产业经营体系建设中，要健全产业连接机制，构建产业的组织链、价值链和供应链，提倡各生产经营主体间的股份互持和活性流动，在拓展的市场和销售渠道中增加产业利益，以公开、公平、公正原则实现各生产经营环节主体的利益合理分配。建立新的生产经营平台，开展电子商务、现代企业管理模式、社会化服务等应用。利用资源特色、传统市场、产业集群等比较优势，集成集约资源等要素，充分转化为产业新优势。实现资源市场化，扶持政策的公开化，突破资源、政策扶持瓶颈。

鹅业营销体系与管理需要具有产业化经营理念。确定产业龙头，依托主打品牌（品种）浙东白鹅的优势，建成鹅种业引擎。通过营销手段和产业化服务，组织养殖者（户），联合营销者，抱团生成鹅业全产业链的控制能力，主导形成行业标准与规范，影响产业上游的种苗、饲料等定价权，产业下游的商品肉鹅收购、鹅产品销售价格等的定价权，进而规范鹅养殖及鹅产品销售环节，实施产业利益多重分配，实现各产业环节的利益均衡、合理，让每个环节的产业经营主体都能获益，稳定鹅产品市场，达到产业利益最大化目标，全面提升产业竞争能力，促进鹅业可持续发展。同时，通过文化、科技、创意、服务、金融环节，将养鹅业与种植业、微生物、加工业、休闲旅游业、商业营销、网络串联起来，形成多功能的大鹅业循环系统。鹅业及产品营销理念是门店公司化、消费者用户化，即在当今市场网络化的时代，每一个经营门店只是一个产品广告和展示平台，真正营销内容在店外，以公司经营模式运作，把消费者作为产品使用客户看待，也就是要有“售后服务”理念，让“回头客”成为营销义务宣传员。鹅业产业化经营体系的运行，既给体系带来丰厚的经济效益，又能创造显著的社会、生态效益。

总之，根据上述介绍的鹅业营销策略和方法，进行产业经营体系建设设想及整体经营模式的演练，为浙东白鹅产业发展和经营水平提升提供理论基础，具有重要意义。

二、内容

产业化中心建设也是产业化经营体系的大本营，具有十分重要的引擎作

用，其选址和建设内容直接关系到产业化经营的成败。产业化中心在经营内容上，主要是发挥核心与引擎作用。

（一）建设内容

1. 选址　正确选择鹅业产业化营销体系的起源地，对产业化经营中心建设意义重大。浙东白鹅起源地选择在作为浙东白鹅核心产区的象山县，可以直接利用现有的浙东白鹅产业发展基础，对产业化经营起着事半功倍的作用。象山县的浙东白鹅发展历史、传统生产消费方式、深厚的鹅文化底蕴，是浙东白鹅鹅业营销体系发展壮大的潜在动力。

2. 范围　鹅业产业化经营中心（引擎），需要的基本建设项目为：①企业总部，科技研发中心，育种中心（场）、核心群饲养场、保种场及配套饲料加工厂、孵化车间，新型鹅产业经营主体的生态循环示范区（包括观光、产品及文化展示、销售）。②鹅业产业化经营中心还需兴建现代化屠宰、深加工基地，鹅专用饲料厂，“公司＋农户”养殖模式的规模化生态养殖示范场（包括种鹅、商品肉鹅养殖）。③加盟、直营、连锁经营模式店面建设。④其他地区模式场（复制式）建设，专业市场建设，鹅业基地建设（养殖、加工、市场等结合）。

3. 建设内容　包括种源基地、加工厂、示范区、养殖场（标准化模式）等基本建设。产业化经营中心的基本建设应具有先进性、实用性和示范性，并根据经营体系的发展进程，有计划地进行，可以适当超前，但不能盲目建设，防止浪费和增加运行成本。

（二）经营内容

浙东白鹅产业化经营内容与体系运营是一个庞大复杂的系统，不仅是体系内的内容，还应该包括与产业化体系经营内容相关的内容（图 9－3），并有一个与之相适应的科学的控制系统。因此，在规划实施以下经营内容时，需要有通盘的考虑，不可以顾此失彼。

1. 育种　种业是鹅业产业化经营体系建设的引擎。以浙东白鹅为品牌良种，育成鹅品种（系）群，示范及合作经营鹅系列品种（系）与技术。

2. 技术研究、合作与输出　体系依托科研院校和当地技术研究推广技术力量，建立技术研发团队，开展鹅产业技术研究，形成企业自主核心技术，为

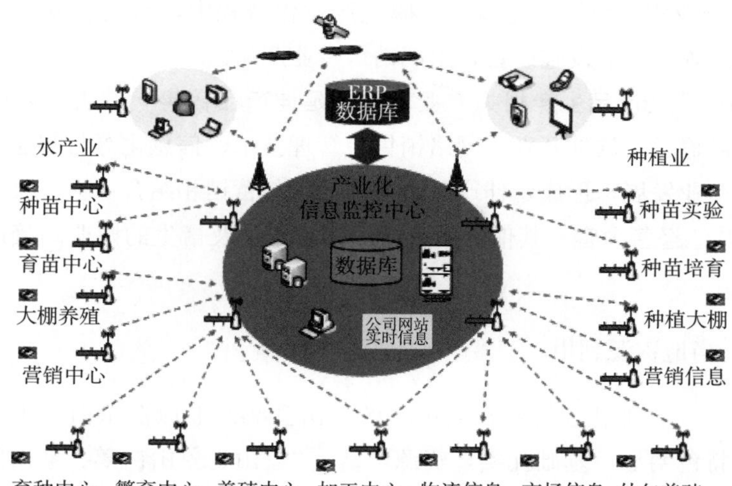

图 9－3　产业化运营与控制

体系鹅产业发展提供技术支撑。同时，开展技术研究合作与技术输出，提高核心技术及产业技术模式的经济价值，如配套系的合作生产、标准化养殖模式输出、饲料生产及疫病控制技术等。

3. 种苗生产与销售　应用育种成果，制定生产和合作标准，建设鹅良种繁育生产体系，形成种鹅规模养殖模式，分级生产种苗，推广销售良种。

4. 商品肉鹅生产与销售　根据种苗生产和鹅产品加工、销售要求，形成商品肉鹅生态化规模养殖和营销模式，制定生产和合作标准，开展饲养外包，与养殖者（农户）建立紧密的利益共同体，实现商品肉鹅生产、销售和回收加工。

5. 鹅产品加工及加工产品销售　建立鹅产品加工基地，回收商品肉鹅，进行屠宰加工，开发深加工产品，形成不同鹅肉加工产品系列。生产销售鹅肥肝及肥肝加工产品。进行羽绒、内脏等鹅加工副产品的加工利用，进一步提高加工附加值。建设物流、仓储、批发、零售等环节，开展鹅加工产品销售。

6. 饲料、兽药销售　鹅业营销体系专用鹅饲料、饲料添加剂与种鹅、商品苗鹅搭配销售或单一销售，专用饲料要因地制宜研究开发利用非常规饲料原料，以降低成本并确保产品独特性。开展牧草产品及种子销售。条件成熟，可以设立专用兽药生产厂或与兽药生产企业联合生产鹅用兽药销售。

7. 连锁经营模式　通过加盟、直营、连锁模式，建立鹅业生产、销售基地，鹅产品连锁销售店（公司）。

8. 鹅产业相关设施设备销售　鹅业产业化过程中，研发形成一系列相关养殖、加工等方面的设施设备，生产销售专业产品。

9. 与鹅业及产品生产相关产业发展，延伸产品销售　广告、鹅产业文化策划、产品输送、软件开发、网络销售、管理技术、信息化等与鹅业及其产品生产相关产业发展，形成延伸产品，实现品牌与营销相结合。

10. 其他经营内容　其他与鹅业营销体系相关及衍生的鹅业间接产业、产品经营。

（三）当地资源利用

1. 意义　产业化建设和经营中心的象山县鹅产业以浙东白鹅为重点，历史悠久，特色明显，基础扎实，资源丰富。“象山、象山白鹅、象山鹅业”汇聚鹅业的历史、文化、资源特色与优势，是鹅业营销体系的创业之本。嫁接当地产业，对现有鹅业资源予以整合和利用，既是鹅业体系建设的基础，又可在建设中带动当地鹅业生产水平的进一步提升，在鹅业体系建设和产业化过程中可以起到事半功倍的作用。鹅业经营体系规划宗旨是实现第一阶段“学习象山，融入象山”的重要内容，这也是鹅业体系建设的立项之本和目的之一，否则就失去发展特色及以象山为起点和总部的意义。

2. 浙东白鹅选育机构合作　获得几十年积淀的浙东白鹅选育及配套技术经验和资料、品牌资源等无形资产，相关的试验和选育场地、设施，是经营体系技术团队建立的基础。

3. 肉鹅饲养户模式化规模养殖改造　研究建立“公司＋农户”规模养殖标准模式，并在养殖户中推广，把肉鹅饲养户改造成模式化规模养殖场。

4. 联合当地鹅产品加工企业　采用股份合作方法，共同建设鹅业加工基地，在新的加工基地建设过程中，利用现有的加工场地挖潜改造，要求年加工能力达到50万只。与新加工基地投产前进行生产衔接。同时，利用现有鹅产品加工企业研发深加工产品，开拓加盟、连锁产品销售门店。

5. 改造和联合种鹅户　根据营销产业化进程，与象山县内及周边养鹅大户开展联合。中小种鹅户可以改造成“公司＋农户”模式化商品种鹅（父母代）饲养场。对种鹅养殖大户和种苗经销户，则根据公司营销的发展程度和大户的意愿，分步进行模式化规模养殖场改造、孵化基地建设、列入种苗营销队伍等。

参 考 文 献

B. W. 卡尔尼克，等，1991. 禽病学［M］. 高富，等，译 . 9 版 . 北京：中国农业大学出版社 .

P. D. 斯托凯，等，1982. 禽类生理学［M］. 北京：科学出版社 .

陈国宏，王继文，何大乾，等，2013. 中国养鹅学［M］. 北京：中国农业出版社 .

陈润龙，陈维虎，王亚琴，等，2004. 浙江效益农业百科全书・鹅［M］. 北京：中国农业科学技术出版社 .

陈维虎，陈淑芳，黄仁华，等，2013. 浙东白鹅持续发展的推力与新型鹅产业体系创建［J］. 中国畜禽种业，3：127 - 129.

陈维虎，卢立志，王亚琴，等，2005. 浙东白鹅育成期种质特性测定［C］. 北京：全国畜禽遗传资源保护利用学术研讨会：274 - 281.

陈维虎，沙玉圣，卢立志，等，2012. 高效养鹅 7 日通［M］. 第 2 版 . 北京：中国农业出版社 .

陈维虎，沙玉圣，王亚琴，等，2004. 养鹅致富诀窍［M］. 北京：中国农业出版社 .

陈维虎，王维金，贺正元，1991. 灭鼠药溴敌隆对鹅的毒性［J］. 养禽与禽病防治，3：24.

陈维虎，王亚琴，卢立志，等，2001. 浙东白鹅 8 周龄体重、体尺和免疫器官的发育研究［C］. 扬州：第四届中国畜牧兽医青年科技工作者学术研讨会 .

陈维虎，王亚琴，孙红霞，等，2008. 亚热带地区不同品种紫花苜蓿的首茬性状表现［C］. 厦门：农区草业论坛 .

陈维虎，2004. 浙东白鹅［M］. 北京：中国农业出版社 .

陈维虎，2017. 我国鹅良种繁育体系建设存在的问题及对策调研［J］. 浙江畜牧兽医，42（2）：20 - 22.

陈晓青，郑银潮，姜柏芳，等，2005. 浙东白鹅人工授精技术及效果分析［J］. 中国家禽，27（16）：20 - 21.

陈延龄，王勇，严允逸，等，1994. 浙东白鹅选育初报［J］. 上海畜牧兽医通讯，3：17 - 19.

程金花，赵文明，乔娜，等，2009. 鹅 *Pit - 1* 基因部分序列多态性分析［J］. 畜牧兽医学报，40（5）：658－663.
丁琳，张玉林，杨媛，等，2014. 响应曲面法优化浙东白鹅皮胶原蛋白提取条件［J］. 食品科学，35（2）：56－61.
杜文兴，杨茂成，张康宁，等，1994. 不同杂交组合母鹅繁殖性能研究［J］. 当代畜牧，3：10－11.
段修军，董飚，王健，等，2010. 6个白鹅品种 *GH* 基因第2外显子多态性研究［J］. 安徽农业大学学报，37（1）：41－46.
段修军，董飚，杨廷桂，等，2015. 鹅 *PRLR* 基因克隆及在生殖相关组织中的表达规律［J］. 西南农业学报，28（6）：2779－2783.
韩威，朱云芬，章双杰，等，2014. 我国地方鹅品种资源遗传多样性保护等级分析［J］. 家畜生态学报，35（10）：14－18.
何大乾，等，2017. 高效科学养鹅关键技术有问必答［M］. 北京：中国农业出版社.
赖淑静，姚金延，任晋东，等，2015. 浙东白鹅生长曲线拟合与分析［J］. 中国家禽，37（15）：54－56.
李慧芳，顾荣，汤青萍，等，2007. 中国中型鹅种的遗传多样性分析［J］. 西南农业学报，20（4）：812－815.
李进军，沈军达，陶争荣，等，2012. 浙江省主要鹅种体重、体尺及屠宰性能比较分析［J］. 中国草食动物，32（1）：19－22.
廖家斌，2011. 鹅裂口线虫病的诊治报告［J］. 当代畜牧，10：15.
凌天星，邢军，吴信生，等，2007. 浙东白鹅与句容四季鹅生产性能的比较［J］. 中国家禽，29（17）：17－20.
刘日坚，金敬岗，叶国强，等，2010. 鹅传染性浆膜炎的防制［J］. 畜牧兽医杂志，29（6）：129－130.
刘涛，潘道东，张小涛，等，2014. 浙东大白鹅宰后肌肉成熟过程中品质变化的研究［J］. 现代食品科技，30（5）：125－130.
陆新浩，朱梦代，刘鸿，等，2004. 小鹅球虫病的诊断与防治［J］. 中国兽医杂志，8：57.
雒宏琳，潘道东，孙杨赢，等，2016. 白酒对浙东白鹅肌原纤维蛋白结构的影响［J］. 现代食品科技，32（9）：69－76.
彭祥伟，李绥章，1999. 不同品种（组合）仔鹅早期生长速度研究［J］. 四川畜牧兽医，95（3）：22－23.
任锦芳，金良，2009. 地方畜禽良种资源如何做强做大——加快推进浙东白鹅产业转型升级的思考［J］. 中国牧业通讯，22：12－14.
沈晓昆，戴红星，王永昌，2011. 我国鹅品种选育史初探［J］. 中国家禽，33（2）：57－58.

舒琦艳，卢立志，王得前，等，2007. 浙东白鹅屠宰试验和若干肉质的物理化学性状比较分析［J］. 水禽世界，4：41－42.

苏东顿，丁余荣，张以训，1984. 鹅人工授精［C］. 北京：全国第二届家畜繁殖与人工授精学术讨论会：101－106.

苏蕊，徐廷生，雷雪芹，等，2012. 不同品种鹅种蛋品质的比较分析［J］. 中国农学通报，28（26）：28－31.

苏燕辉，原小雅，王苗苗，等，2016. 扬州鹅及杂交后代生长曲线拟合分析［J］. 中国兽医杂志，52（3）：6－9.

王惠影，龚绍明，姜涛，等，2015. 浙东白鹅网上平养与地面平养效果的研究［J］. 畜牧与兽医，47（6）：51－53.

王惠影，姜涛，刘毅，等，2015. 菜籽粕对 4～6 周龄浙东白鹅体增重、养分利用率及血清生化指标的影响［J］. 中国畜牧兽医，42（7）：1699－1704.

王惠影，刘毅，龚绍明，等，2015. 黑麦草添加量对浙东白鹅生长性能、消化代谢和屠宰性能的影响［J］. 上海农学通报，31（2）：31－34.

王惠影，刘毅，龚绍明，等，2016. 花菜叶替代部分日粮对肉鹅生长性能、血清生化指标和酶活性的影响［J］. 上海农学通报，32（3）：24－27.

王健，董飚，段修军，等，2010. 6 个鹅种 *GH* 基因单核苷酸多态性检测及群体遗传分析［J］. 中国兽医学报，30（8）：1133－1136.

王健，董飚，龚道清，等，2013. 不同鹅品种脂联素基因第 2 外显子多态性分析［J］. 江苏农业学报，29（5）：1092－1095.

王秋菊，周瑞进，李建磊，等，2013. 不同光照时间对鹅体重变化的影响分析［J］. 黑龙江畜牧兽医，9：65－66.

王亚琴，蒋永清，徐迎宁，等，2008. 不同牧草日粮对浙东白鹅肉鹅的饲喂效果［J］. 浙江农业学报，20（3）：168－171.

王勇，吴水金，1992. 小鹅瘟弱毒疫苗、高免血清和免疫蛋黄的防治效果试验［J］. 上海畜牧兽医通讯，2：18－19.

王勇，徐步洲，沈惠，1985. 吡喹酮等五种药物对鹅绦虫驱除效果的比较试验［J］. 中国兽医杂志，1：15－16.

王勇，朱炜煊，1990. 浙东白鹅配种间隔时间的探讨［J］. 浙江畜牧兽医，3：13－14.

吴德国，穆玉云，1986. 小群舍饲浙东白鹅的行为观察［J］. 畜牧与兽医，4：169－170.

吴华莉，周兵，王惠影，等，2011. 浙东白鹅生长曲线及拟合分析［J］. 中国畜牧兽医，38（5）：134－137.

谢媚，曹锦轩，潘道东，等，2014. 滚揉对成熟过程中鹅肉品质及其蛋白质结构的影响［J］. 现代食品科技，30（10）：205－211.

徐震宇，陈维虎，2003. 优质肉用中型鹅——浙东白鹅［J］. 中国牧业通讯，3：24－25.

严允逸，马振晏，王勇，1988. 浙东白鹅种质特性的初步研究［J］. 上海畜牧兽医通讯，4：16－18.

杨清山，张伯群，1985. 宁波白鹅鹅虱形态的观察［J］. 中国兽医科技，11：58－59.

张扬，乔娜，段修军，等，2013. 我国部分地方鹅品种的遗传多样性分析［J］. 中国畜牧杂志，49（21）：1－6.

张扬，俞钦明，黄正洋，等，2014. 浙东白鹅异地小群保种效果监测［J］. 中国畜牧杂志，50（3）：5－8.

郑晓，潘道东，曹锦轩，2013. 不同日龄浙东白鹅氨基酸及脂肪酸组成与含量分析［J］. 食品科学，34（12）：140－142.

郑云，龚道清，吴伟，等，2008. 鹅 *Myostatin* 基因单核苷酸多态性检测及群体遗传分析［J］. 39（10）：1320－1328.

朱红霞，王亚琴，陈维虎，等，2011. 提高浙东白鹅繁殖性能的技术研究［C］. 南昌：第四届中国水禽发展大会.

朱士仁，2008. 参观考察浙东白鹅、皖西白鹅繁育基地后的思考［J］. 中国禽业导刊，25（24）：15.

Chen Weihu，Zheng Yuefu，Chen Jingwei，et al，2013. Summary of prawn－ryegrass－goose low－carbon circular breeding mode in Shichang Fish Nursery，Xinqiao，Xiangshan ［C］. Hangzhou：Asia－Pacific region forum on studies and application of low－carbon raising modes in waterfowls conference proceedings：79－83.

Liu Yi，Wang Cui，Wang Huiying，et al，2014. A manuscript titled Molecular cloning，characterization and tissues expression analysis of the goose（*Anser cygnoides*）*VIP* gene ［J］. British Poultry Science，6：720－727.

Wang Cui，Liu Yi，Wang Huiying，et al，2014. Molecular characterization and differential expression of multiple goose dopamine D2receptors ［J］. Gene，535：177－183.

彩图1　公鹅

彩图2　母鹅

彩图3　公鹅与母鹅

彩图4　公鹅头部

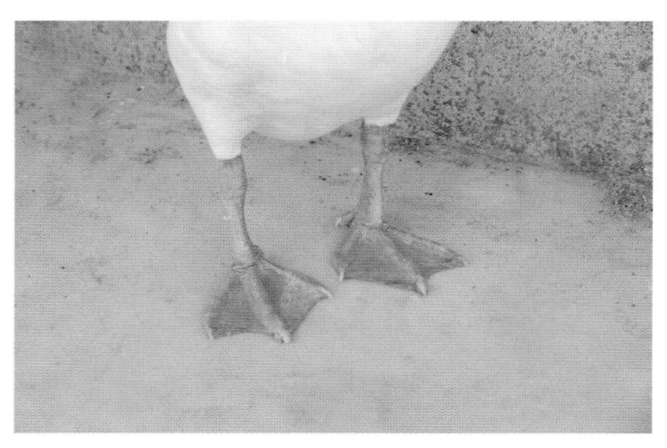

彩图5　公鹅脚掌

彩图6　公鹅翼展

彩图7　浙东白鹅群体

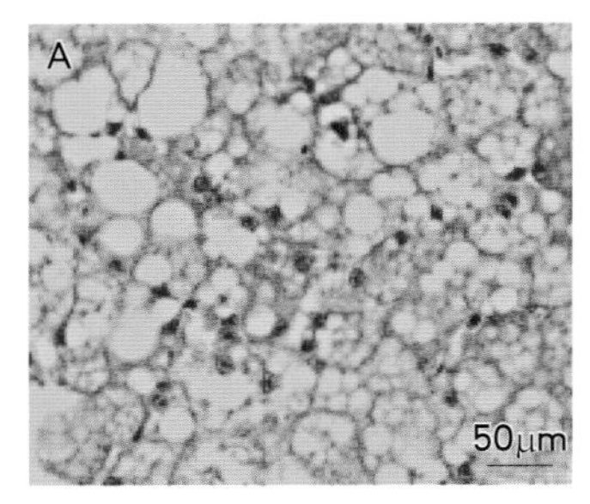

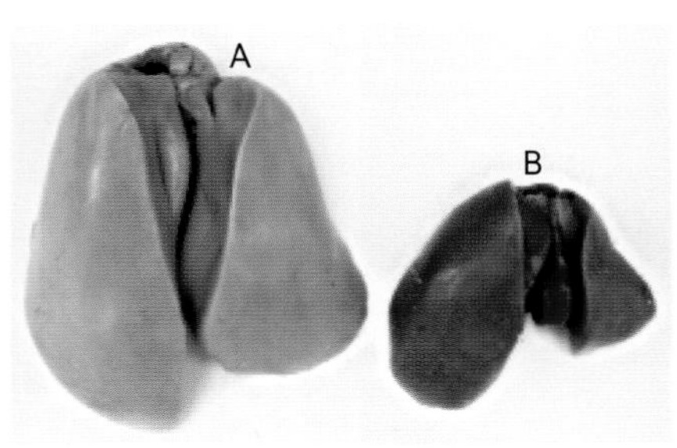

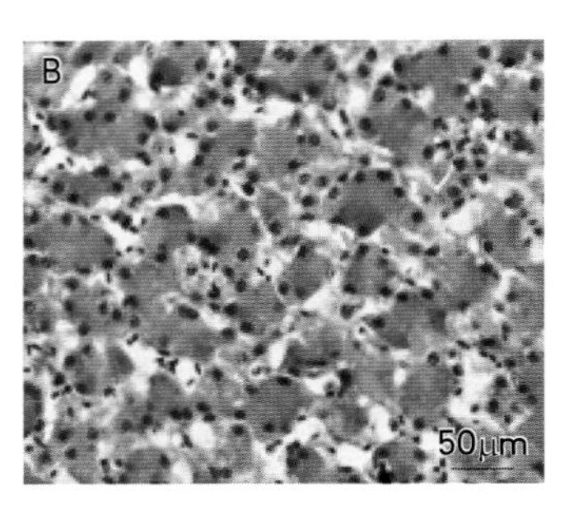

彩图8　高能饲料过量饲喂鹅肝增大比对

A.高能饲料过量饲喂　B.正常饲喂

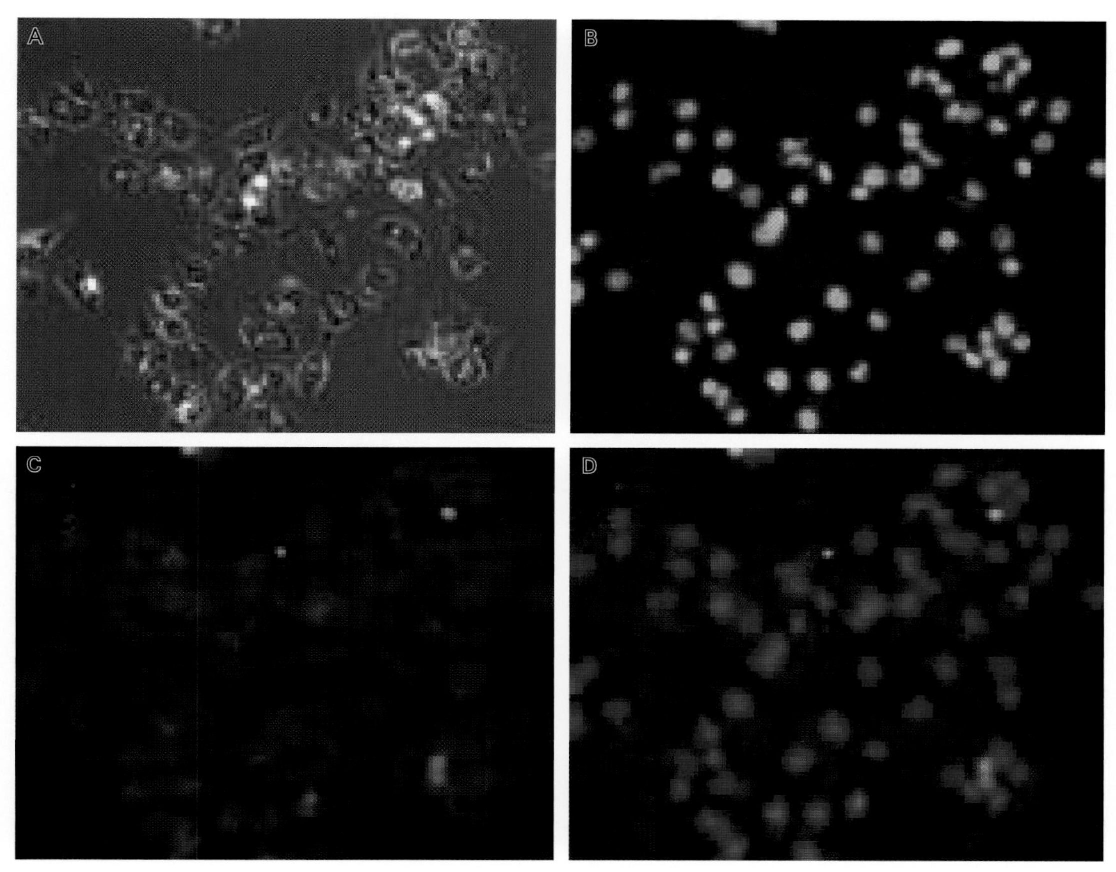

彩图9　浙东白鹅颗粒细胞FSHR免疫荧光鉴定（400×）

A.颗粒细胞形态　B.被DAPI标记的细胞核　C.表达FSHR的颗粒细胞　D.B、C叠加图

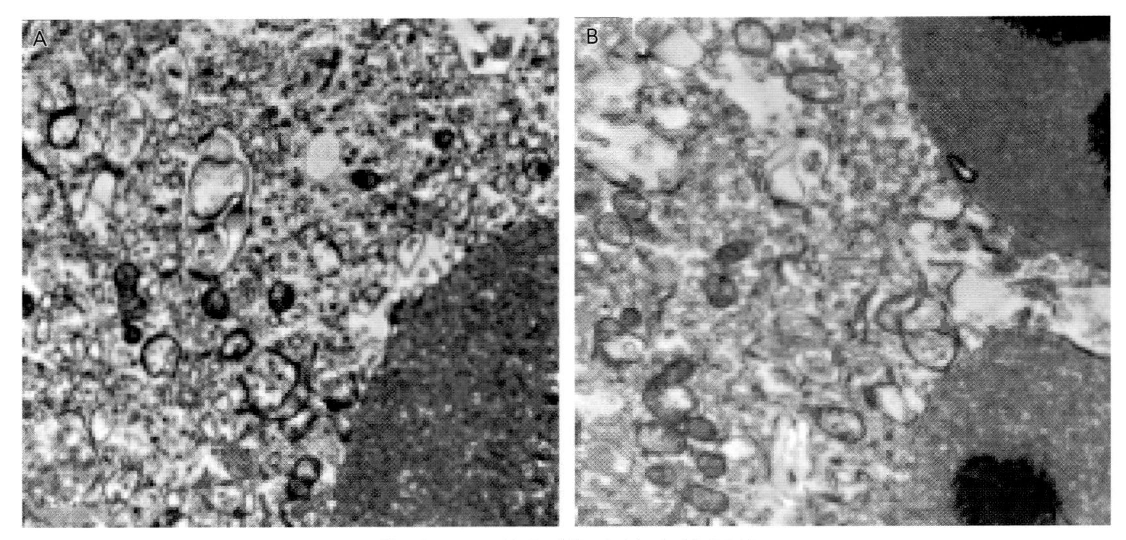

彩图10　不同时期卵泡电镜照片

A.LO电镜照片　B.BO电镜照片

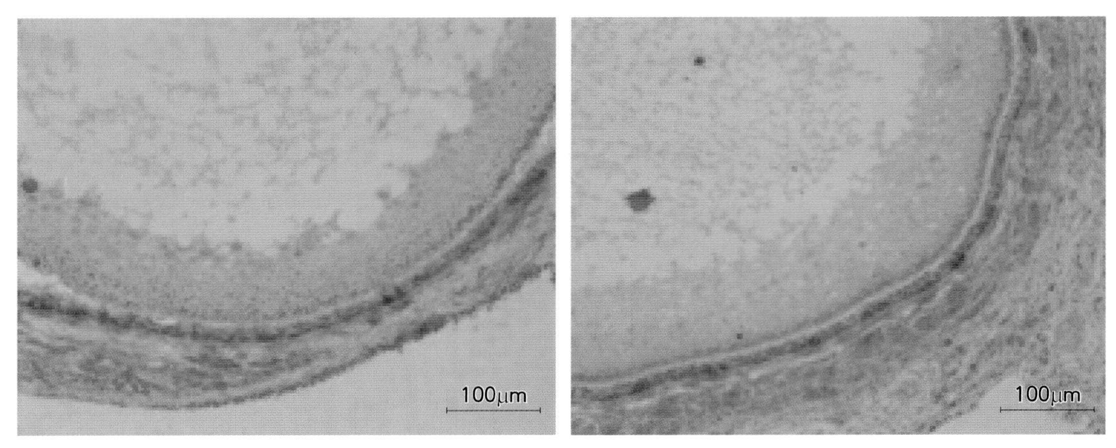

彩图11　卵泡原位杂交分析

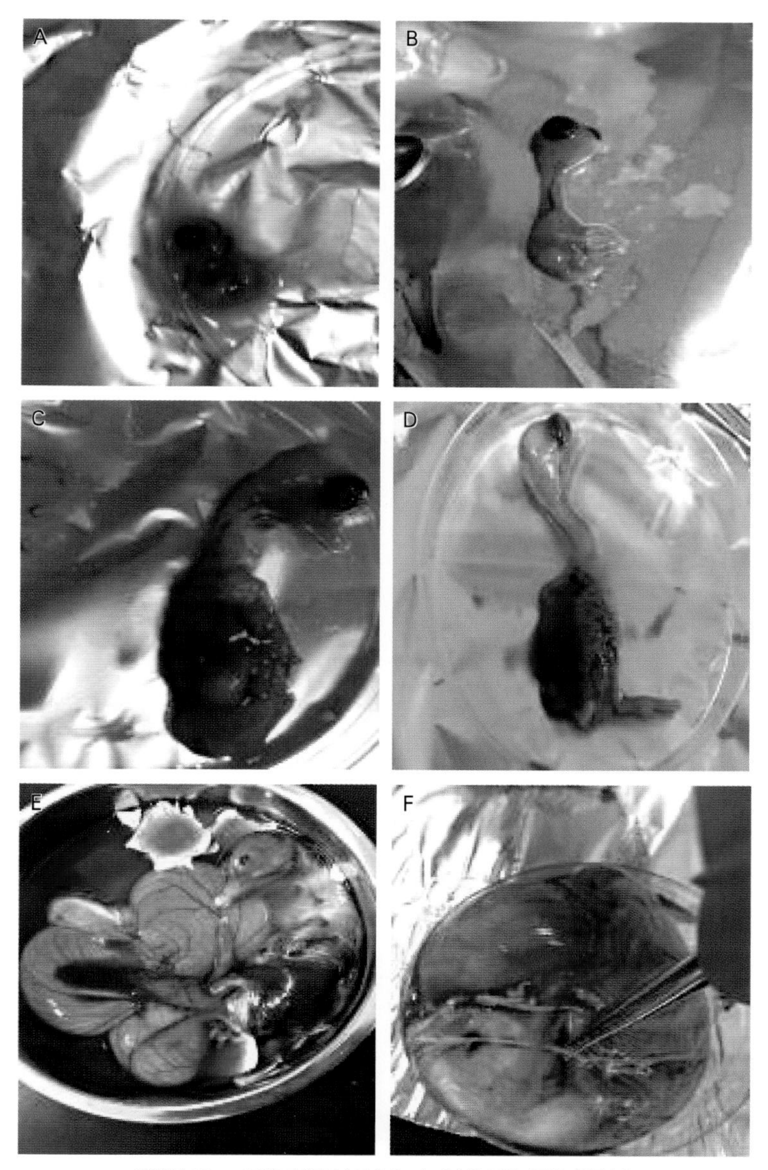

彩图12　不同胚龄浙东白鹅胚胎解剖照片

A.E7　B.E11　C.E15　D.E19　E.E23　F.E27

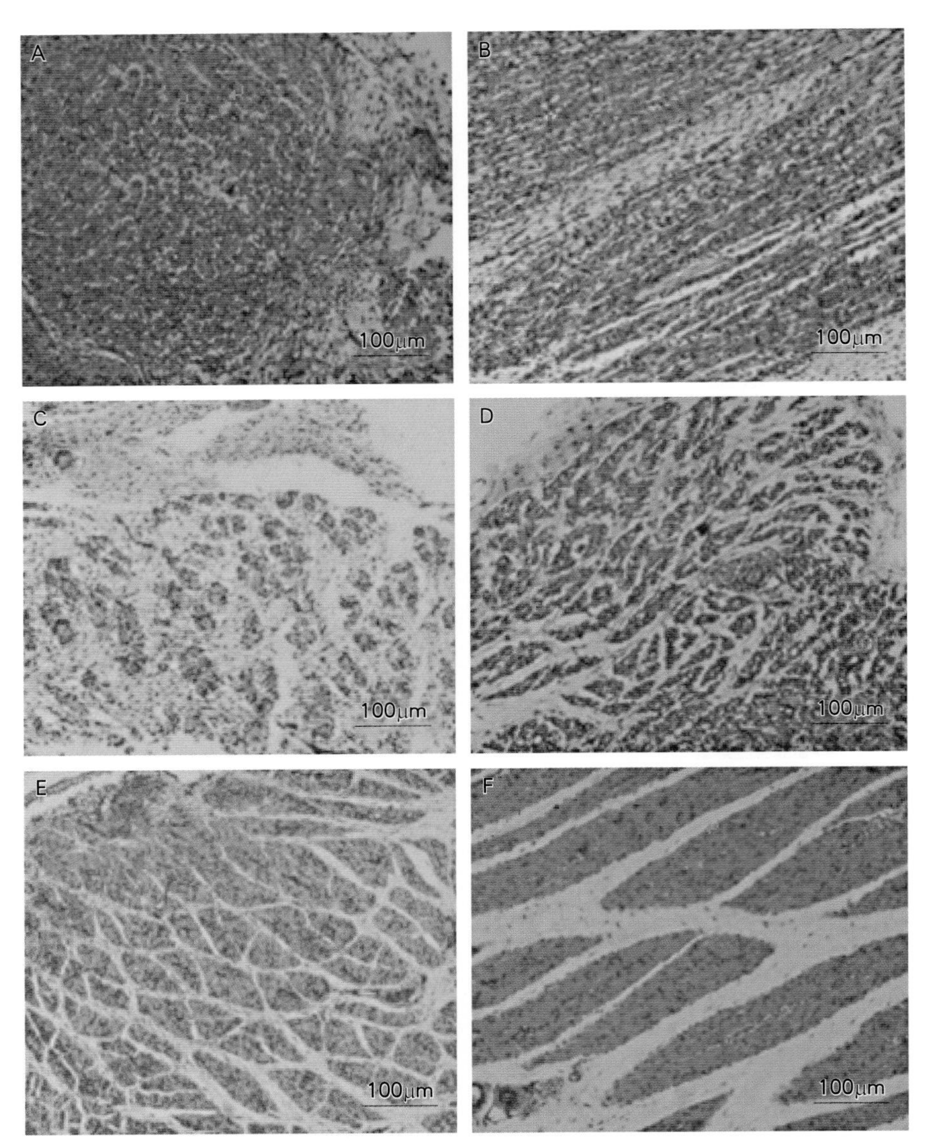

彩图13　胚胎期腿肌切片（200×，HE染色）

A.E7　B.E11　C.E15　D.E19　E.E23　F.E27

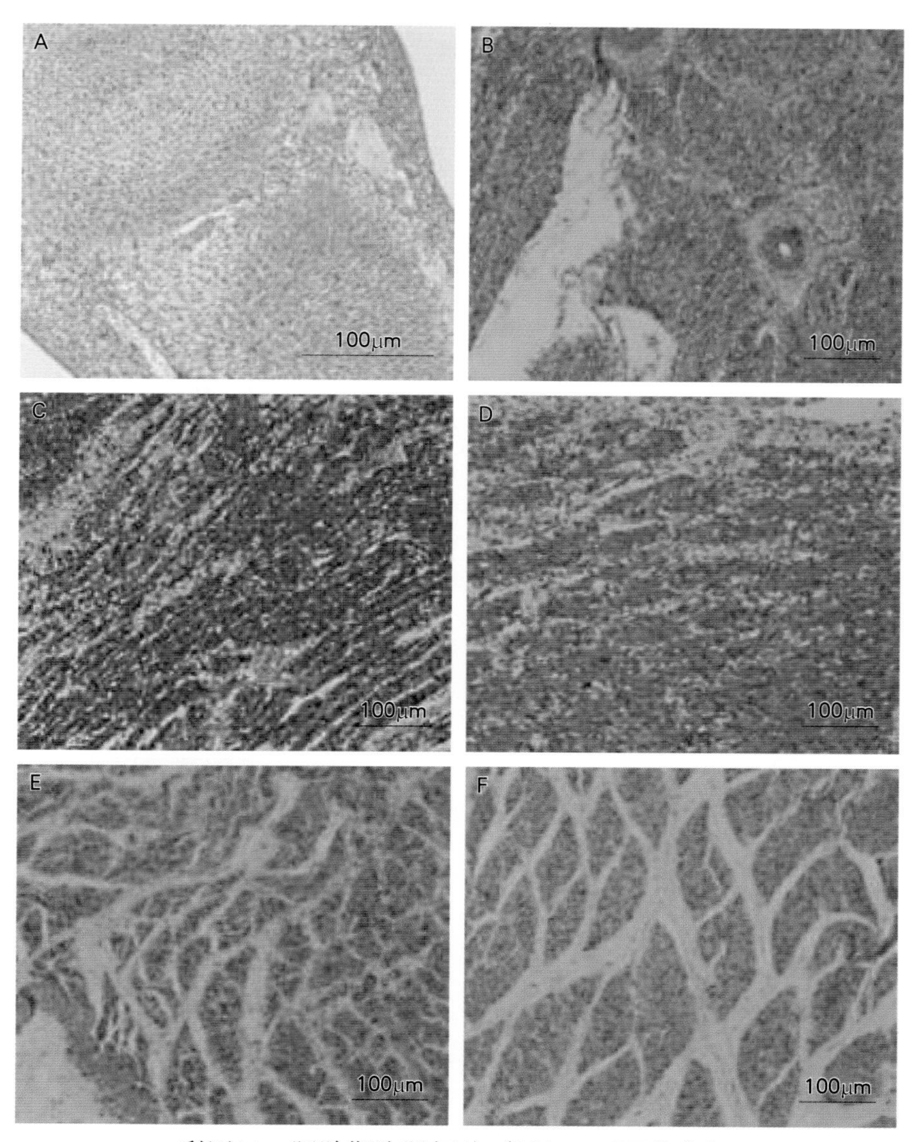

彩图14　胚胎期胸肌切片（200×，HE染色）
A.E7　B.E11　C.E15　D.E19　E.E23　F.E27

彩图15　现代化人工孵化大厅

彩图16　1日龄鹅苗

彩图17　运动场中间设长沟式戏水池

彩图18　运动场树木遮阳

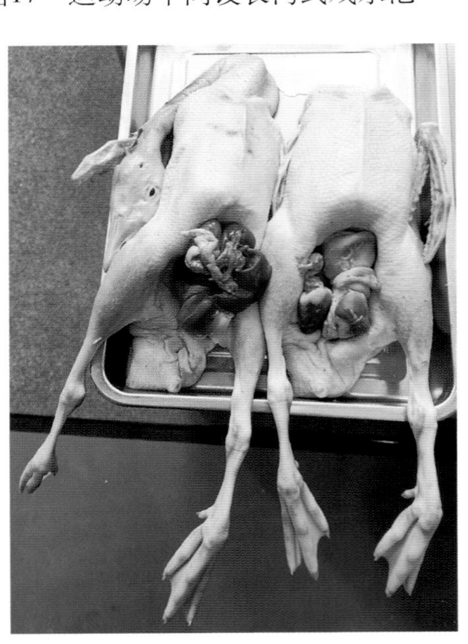

彩图19　浙东白鹅屠体